中国南黄海湿地

江苏盐城湿地珍禽国家级自然保护区
科学考察报告

邵　荣　陈　浩　李洪山　编著

科 学 出 版 社

北　京

内 容 简 介

南黄海湿地位于太平洋西海岸、长江三角洲北缘，是亚洲大陆边缘面积最大、保存最完好的沿海滩涂湿地，拥有湿地珍禽和麋鹿两个国家级自然保护区，是江苏首项世界自然遗产地，填补了我国滨海湿地类型遗产空白，成为全球第二处潮间带湿地遗产地。

本书针对江苏盐城湿地珍禽国家级自然保护区进行了较为全面的综合考察，内容包括社会经济、地质地貌、气候、水文、植物物种多样性、动物物种多样性、大型真菌物种多样性等，并对湿地生物区系、珍稀濒危动植物等进行了研究，为全面评估江苏盐城湿地珍禽国家级自然保护区的生物资源、生态环境演变提供了基础资料，为进一步开展湿地保护、保护区管理、科学规划和可持续发展奠定了基础。

本书可供生物学科、海洋学科、环境保护类等领域相关专业研究及管理人员参考，也可为高等学校、科研院所师生的相关学习和研究提供参考。

审图号：苏 S（2025）2 号

图书在版编目（CIP）数据

中国南黄海湿地 ： 江苏盐城湿地珍禽国家级自然保护区科学考察报告 / 邵荣等编著. -- 北京 ： 科学出版社， 2025. 9. -- ISBN 978-7-03-079688-2

Ⅰ. S759.992.533

中国国家版本馆 CIP 数据核字第 2024BA0261 号

责任编辑：周　丹　沈　旭　李佳琴/责任校对：郝璐璐

责任印制：张　伟/封面设计：许　瑞

科学出版社 出版

北京东黄城根北街 16 号

邮政编码：100717

http://www.sciencep.com

北京中科印刷有限公司印刷

科学出版社发行　各地新华书店经销

*

2025 年 9 月第　一　版　开本：787×1092　1/16

2025 年 9 月第一次印刷　印张：23 3/4

字数：560 000

定价：369.00 元

（如有印装质量问题，我社负责调换）

《中国南黄海湿地：江苏盐城湿地珍禽国家级自然保护区科学考察报告》编写顾问委员会

主任委员

蒋　巍

副主任委员

王甫同　陈志洲　邵　荣　戴怀宝　陈　浩　张文阶

编　委

申玉香　成　海　许　伟　陈亚芹　李春荣　李洪磊　李洪山
张　涛　高志东　彭　斌　殷　鹏

主　编

邵　荣　陈　浩　李洪山

主要编写人员

申玉香　成　海　孙星星　吕慧华　许　伟　邵　荣　陈志洲　陈　浩
陈亚芹　陈国远　张　涛　李洪山　李春荣　李征浩　李洪磊　李佩贞
赵永强　殷　鹏　高志东　顾佳林　隋延鸣

综合科学考察主要参加人员

邓丽娜　王　凡　王凯红　王常玲　王冬冬　王　潇　王　震　尹晓玮
申玉香　许　伟　孙星星　孙　开　成　海　安玉亭　吕慧华　阮　韵
杜进进　邵　荣　陈志洲　陈　浩　陈亚芹　陈国远　陈卫华　陈泉林
张　涛　李洪山　李春荣　李征浩　李洪磊　李佩贞　李　娜　张亚楠
张楷歆　张利英　杨丽婷　周　峰　赵永强　封功能　殷　鹏　高志东
高　波　顾佳林　秦立明　郭歆玉　梁　荣　盖婉华　隋延鸣　惠　莉
蒋颖洁　彭　斌　熊　敏

前　言

黄海生态区位于亚洲大陆与太平洋之间，被世界自然基金会列为全球生物保护关键区域——“全球 200 佳”生态区域之一。黄海生态区潮间带滩涂是东亚-澳大利西亚迁徙路线上数百万水鸟迁飞的必经地带，是重要的鸟类栖息地、繁殖地、越冬与停歇地。据估计，每年至少有 200 万只涉禽在迁徙期间经过这里，占东亚-澳大利西亚迁徙路线上迁徙涉禽总数的 40%。在东亚-澳大利西亚迁徙路线上受威胁的水鸟物种数量高于世界上其他 8 条主要迁徙路线。

中国黄（渤）海候鸟栖息地位于黄海生态区，拥有世界上规模最大的潮间带滩涂，黄河、长江等大河挟带入海的沉积物在黄（渤）海地区特殊的水文条件和历史变迁过程中形成了一系列泥滩、沙滩、沼泽等生境。该栖息地是多种濒危候鸟的重要停歇、越冬或繁殖地，构成了全球温带地区最为多样、宏伟的沿海景观和生态系统之一，也是东亚-澳大利西亚候鸟迁徙路线上的关键区域。

江苏盐城滨海湿地作为中国黄（渤）海候鸟栖息地上的重要一环，是黄海生态区内具有普遍突出价值的生物学、生态学过程典型代表。该区域是东亚-澳大利西亚候鸟迁徙路线上的关键枢纽，为数以百万计的迁徙鸟类提供了丰富的食物资源，是勺嘴鹬、丹顶鹤等珍稀濒危候鸟不可替代的自然栖息地，具有全球突出的普遍价值。

为更好地保护盐城滨海湿地的自然环境和湿地珍禽，实现生态保护与地方经济协调发展双赢，1983 年 2 月 25 日江苏省人民政府批准成立江苏盐城沿海滩涂珍禽自然保护区；1992 年 10 月，其经国务院批准晋升为国家级自然保护区，更名为江苏盐城国家级珍禽自然保护区，同年 11 月，被列为联合国教科文组织“人与生物圈自然保护区”，1996 年被纳入“东北亚鹤类保护区网络”；1999 年被纳入“东亚-澳大利西亚迁徙涉禽保护区网络”；2002 年 1 月，被列入“拉姆萨尔国际重要湿地”名录；2007 年 2 月，经国务院批准，保护区范围有所调整，并更名为“江苏盐城湿地珍禽国家级自然保护区”（以下简称“珍禽保护区”）；2019 年，联合国教科文组织世界遗产委员会审议通过将中国黄（渤）海候鸟栖息地（第一期，包含珍禽保护区的南段与东沙实验区）列入《世界遗产名录》，盐城滨海湿地成为我国第一处、全球第二处潮间带湿地遗产地。

2022 年，江苏盐城国家级珍禽自然保护区管理处（简称“珍禽保护区管理处”）联合盐城工学院，在盐城黄海湿地开展了全面的综合科学考察。本次科考内容主要包括地质地貌、气候、水文、土壤、植被、植物物种多样性（苔藓植物、蕨类植物、裸子植物、被子植物）、动物物种多样性（陆生昆虫、两栖动物、爬行动物、鸟类和哺乳动物）、大型真菌物种多样性等，并对生物区系、特有现象、威胁因素、珍稀濒危动植物等方面进行了研究，基本摸清了珍禽保护区物种本底和外来入侵物种现状，首次分析了珍禽保护区内陆生昆虫发生特点，更新、增加新记录物种 404 种，初步明确了东沙实验区的生物类群现状，探讨了珍禽保护区生物多样性保护对策，为全面评价珍禽保护区及其周边湿地的生物资源、生态环境演变等提供了基础资料，并将科考成果编著成书出版。

本书共9章，内容涉及珍禽保护区地质地理、社会经济、植物资源（包括大型真菌）、动物资源、生态系统、东沙滩资源等，并对保护区的利用与提升路径进行了深入分析。本书参编人员有邵荣教授、陈浩研究员、李洪山教授、申玉香教授、吕慧华副教授、封功能副教授、邓丽娜副教授、高志东林业高级工程师、赵永强工程师、孙星星博士、隋延鸣博士、熊敏博士、张楷歆博士、周峰博士、李娜博士、成海林业高级工程师、王凡博士、蒋颖洁助理研究员、李春荣高级畜牧师、陈国远工程师、陈亚芹林业高级工程师、殷鹏高级畜牧师、李洪磊林业工程师、李征浩林业工程师、张亚楠林业工程师、杜进进林业高级工程师、惠莉林业工程师、王冬冬林业工程师、王常玲林业工程师、高波博士、彭斌教授、许伟教授等同志。邵荣教授、陈浩研究员负责统稿。在此感谢江苏盐城国家级珍禽自然保护区管理处全体工作人员提供的帮助。

生态环境是人类生存和发展的根基，生态环境变化直接影响文明兴衰演替。面对资源约束趋紧、环境污染严重、生态系统退化的严峻形势，党的十八大将生态文明建设纳入中国特色社会主义事业“五位一体”总体布局，把“中国共产党领导人民建设社会主义生态文明”写入党章，标志着生态文明建设被提升到国家战略高度。建设生态文明，是关系人民福祉、关乎民族未来的长远大计，是全党全国的一项重大战略任务。海岸带湿地既是宝贵的自然资源，也是山水林田湖草沙生命共同体的重要组成部分。开展滨海湿地资源科学调查，加强海岸带湿地保护，是生态文明建设的重要内容，对于维护国家生态安全、促进陆海统筹、构建海洋生态环境治理体系和推进生态文明建设具有重要意义。

目　　录

第1章　总　　论

1.1　地 理 位 置

江苏盐城湿地珍禽国家级自然保护区（以下简称“珍禽保护区”）位于江苏省盐城市境内的沿海地带，地跨东台、大丰、亭湖、射阳、滨海和响水六县（市、区），盐城海岸线长582 km，东西宽15～20 km，呈狭长条状。地理坐标为东经119°53′45″～121°18′12″，北纬32°48′47″～34°29′28″。

1.2　自然资源概况

珍禽保护区位于盐城沿海湿地，处于暖温带与北亚热带过渡地区，有海洋性、季风性及南北过渡性的特点，受海洋性和大陆性气候的双重影响，雨量丰沛，光照充足，无霜期长，雨热同季，四季分明。海洋性表现在春温回升慢，秋温稳定而下降缓慢，初霜迟，无霜期长。季风性表现在冬季受大陆季风的冷空气影响，多西北风，以少雨天气为主，并常出现低温和霜冻；夏季受海洋季风影响，多东南风，降雨充沛，雨热同期；春秋两季处于交替时期，形成干、湿、暖、冷多变气候。过渡性表现为气候多样，光、热、水条件优越，适宜温水性水生动植物的生长。

以珍禽保护区为主体的盐城沿海湿地是丹顶鹤、东方白鹳等鸟类理想的栖息、繁殖、迁徙、越冬集聚地。珍禽保护区内植物物种丰富且分布广泛，常见的滩涂湿地优势种是互花米草、芦苇、盐地碱蓬，滩涂植物对盐城沿海滩涂湿地的生态功能起着重要的控制作用。

1.2.1　生物资源

珍禽保护区所在区域植物种类丰富，任美锷等（1986）的《江苏省海岸带和海涂资源综合调查报告》中记载了盐城沿海滩涂湿地共有高等植物 111 科 346 属 559 种。《江苏盐城湿地珍禽国家级自然保护区综合科学考察报告》（2011 年，内部交流）统计，珍禽保护区共计有高等植物 128 科 378 属 607 种。王国祥等（2017）的《盐城沿海湿地：江苏盐城湿地珍禽国家级自然保护区综合科学考察报告》中记载共有高等植物 118 科 386 属 614 种。朱莹等（2014）的《江苏盐城滩涂湿地植物区系及植物资源研究》中明确盐城滩涂湿地共有维管植物 114 科 391 属 688 种。

2022 年综合考察统计，珍禽保护区内共有蕨类、裸子、被子 3 门陆生植物 143 科 455 属 725 种。其中，蕨类植物 17 科 18 属 23 种；裸子植物 6 科 15 属 23 种；被子植物 120 科 422 属 679 种。2022 年在珍禽保护区内调查发现新记录种 59 种，均为被子植物，其中双子叶植物 52 种，单子叶植物 7 种。根据国家林业和草原局、农业农村部 2021 年 9 月发布的《国家重点保护野生植物名录》，珍禽保护区内有国家重点保护野生植物 8 种，其中苏铁（*Cycas revoluta*）、银杏（*Ginkgo biloba*）和水杉（*Metasequoia glyptostroboides*）为国家重点一级保护植物。野大豆（*Glycine soja*）、珊瑚菜（北沙参）（*Glehnia littoralis*）、细果野菱（野菱）（*Trapa incisa*）、莲（*Nelumbo nucifera*）、中华结缕草（*Zoysia sinica*）均为国家重点二级保护植物。

2022 年共调查到藻类 356 种，隶属于 7 门 110 属。区内现有大型真菌 2 门 2 纲 4 目 11 科 13 属 18 种，野生和人工栽培兼有。

珍禽保护区内的动物种类多，任美锷等（1986）的《江苏省海岸带和海涂资源综合调查报告》、《江苏盐城湿地珍禽国家级自然保护区综合科学考察报告》（2011 年，内部交流）、王国祥等（2014）的《盐城沿海湿地：江苏盐城湿地珍禽国家级自然保护区综合科学考察报告》及吕士成等（2007）的《江苏盐城沿海滩涂生物资源及其环境保护》中记载了珍禽保护区内的各类动物共计 1539～1665 种，包括昆虫、潮间带动物和底栖动物、浮游动物、哺乳动物、鸟类、两栖动物、爬行动物、鱼类等。

根据 2022 年的调查，珍禽保护区内浮游动物种类 118 种、大型底栖无脊椎动物 357 种、昆虫 579 种、鱼类 314 种、陆栖哺乳动物 37 种、爬行动物 18 种（不包括海水生境中的 6 种）、两栖动物 8 种。

珍禽保护区内已经累计观测到鸟类 421 种，其中 53 种不是很常见，其他的 368 种基本上都能观察得到，珍禽保护区沿海湿地鸟类种数占全国鸟类种数的 29.13%（421/1445）。其中列入国家一级重点保护野生动物的有 27 种，列入国家二级重点保护野生动物的有 77 种。

1.2.2　非生物资源

珍禽保护区东邻黄海，西纳大量陆地淡水，上承降水，水资源极为丰富。在水资源和气候方面，年平均降水量为 1000 mm 左右，年降水日为 100～150 d，年平均气温为 14℃，年均日照时数为 2200 h，年平均无霜期为 210 d。雨量充沛，境内流域性河流为灌河、淮河入海水道、苏北灌溉总渠、废黄河，还有射阳河、新洋港、斗龙港、王港等数十条骨干河道，目前除灌河外，河口均设有闸门，可人工控制入海流量。正常年份水资源较为充足，但季节分布不均。在干旱年份，珍禽保护区内滩地严重缺水，导致湿地疏干。珍禽保护区内近岸潮流属正规半日潮流，潮汐作用强，对盐城海岸地貌影响极大。总趋势为落潮历时大于涨潮历时，时差为 0.5～1.0 h，海水平均潮差为 2～3 m。余流变化较为复杂。

盐城沿海是粉砂质海岸平原，是江苏省沿海地区面积最大的湿地，盐城标准海岸线长 582 km，占江苏海岸线长度的 56%；滩涂面积是 680 多万亩[①]，占全省滩涂总面积的 75%。盐城海岸线不断发生变化，南部沿海（大丰、东台沿海）依旧不断向大海和长滩地区延伸，射阳河口至大丰斗龙港北侧区域海岸线则不断受到侵蚀。盐城海岸侵蚀从

① 1 亩≈666.667 m^2。

原来“北冲南淤”分界点的射阳河口不断向南，经过珍禽保护区缓冲区、核心区，发展至大丰区的斗龙港北侧区域，并呈持续南移趋势。

珍禽保护区近岸海水盐度年平均值为 29.52‰～32.24‰，近岸海水 pH 约 8.0，全年时空变幅不大。在盐城沿海已形成了海水淡化、海水冷却和海水化学资源综合利用产业链，如利用海水制盐，提取钾、镁、溴、锂、铀等重要物质。

滩涂风力资源丰富。自海边向近海约 10 km 范围内，利用风能发电、灌溉、纳潮的条件很好。经沿海测风塔测定，盐城市 582 km 的海岸线大多位于风能丰富区，其中东台沿海 70 m 高空平均风速为 8 m/s，射阳沿海 30 m 高空平均风速在 6 m/s 以上，滨海沿海的风速也达到 5～7 m/s。沿海风速衰减率也比较小，平均为 0.052 m/（s·km）。当海岸年平均风速满足 5.5 m/s 时，距离海岸线 7.7 km 左右的内陆风速仍可达到 5.0 m/s 以上。有效风能时数与密度大，盐城沿海县（市、区）年有效风能时数多在 3500～5000 h，最大的在大丰区，达到 4638.5 h，年平均有效风能一般在 360～600 $kW·h/m^2$。盐城是国家发展和改革委员会批准的全国风电项目的示范基地，已经先后由中国神华集团公司、中国电力投资集团公司、中国广核集团有限公司、中国华电集团有限公司、中国长江三峡集团有限公司分别在东台、大丰、射阳、滨海、响水五县（市、区）沿海地区开发建设。到 2022 年底，各单位在珍禽保护区内合计有风机 335 台。

1.3　珍禽保护区区位

1.3.1　珍禽保护区范围及功能区划

根据《国家林业和草原局关于调整江苏盐城湿地珍禽国家级自然保护区功能区的通知》（林函保字〔2022〕108 号）调整后的珍禽保护区总面积为 247260 hm^2，其中核心区面积 22596 hm^2，缓冲区面积 56769.75 hm^2，实验区面积 167894.25 hm^2（图 1-1）。保护区由以下五块区域组成。

最北块区域东界以海水–3 m 等深线为界；南界从裕华闸起至海域；西界从新海堤起，经三角滩水库、灌东盐场海堤工区运盐河南侧道路至距离临海高等级公路 3.2 km 处，折向 8-1 水库沿水库西侧道路经水库排水小闸沿送水道折向 9-1 水库东南，经新中河西北侧水泥路距离临海高等级公路 2 km 处，沿路至八圩闸，沿 20 世纪 70 年代海堤至中山河新闸，沿新建闸下游 500 m 处，经中山河向东南延伸 2.2 km，向南至距离宋公堤 2 km 的平行线，沿新滩盐场南侧水泥路向东至新生闸，沿海堤至裕华闸；北界从响水县浦港出海河与新海堤交界起，以浦港出海河南岸延长线至海水–3 m 等深线。

北块区域东界以海水–3 m 等深线为界；西界从废黄河出海口起，沿新海堤公路向南至苏北灌溉总渠，沿临海高等级公路东侧至双洋河，向东至新海堤公路，沿公路向南至双洋河闸，沿老海堤至运粮河南 2 km 处；南界以运粮河南 2 km 的老海堤起同纬度向东至海域；北界从废黄河出海口起，同纬度向东至海域。

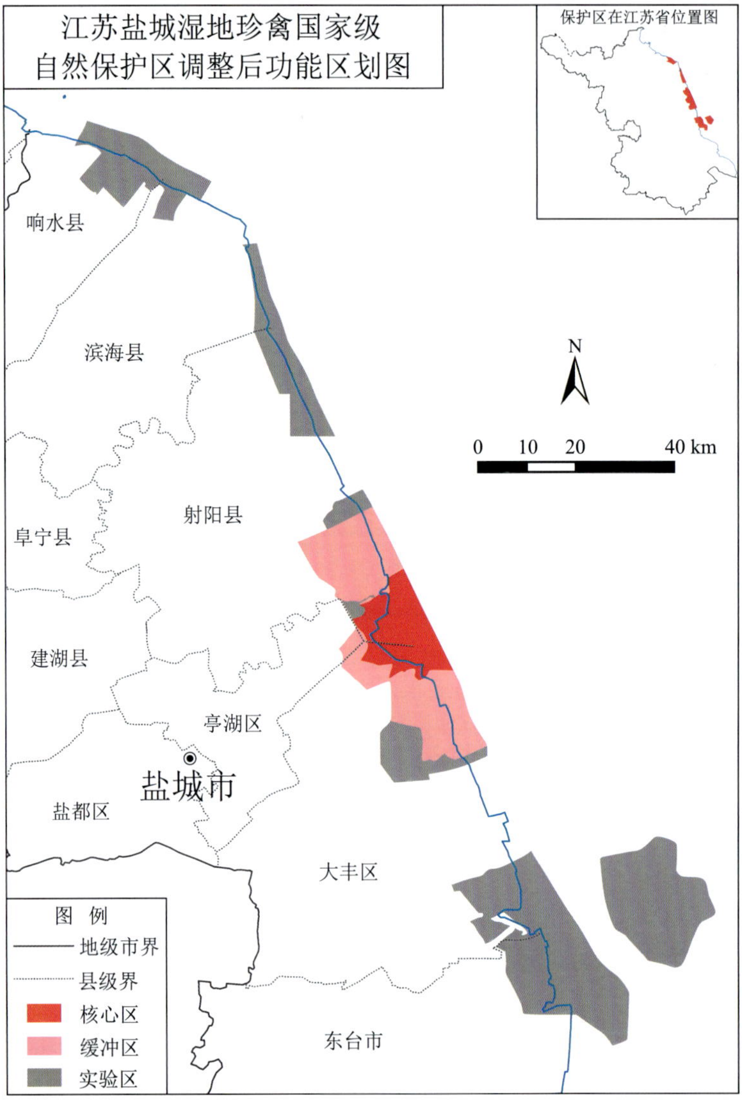

图 1-1 珍禽保护区范围及功能区划图

资料来源：《国家林业和草原局关于调整江苏盐城湿地珍禽国家级自然保护区功能区的通知》（林函保字〔2022〕108 号）

中块区域从双灯氧化塘东侧 1 km 南北向小路与射阳盐场北界围堤交叉点起，沿黄沙港出海河和双灯芦苇基地之间小路至黄沙港出海河南岸河堤，沿射阳河出海河口南 1.5 km 平行线向东至海域，沿盐场北界围堤向西至海堤公路，沿公路向南至新洋港河，沿海堤公路至 331 省道，沿西潮河至方强农场场部里道河，沿里道河向东南至一排河，向东至斗龙港出海河北岸与大丰干河出海河东堤延长线交点，向南经斗龙港河至新海堤公路，向南沿海堤公路经临海高等级公路东边线至四卯西河，沿临海高等级公路东边线至三卯西河，向东至新海堤公路，沿海堤公路向北至四卯西河东延长线以南 3 km 的平行线，向东至海域；东界以海水–3 m 等深线为界。

南块区域从竹港闸中心起，沿其出海口延长线向东至海域，向南沿 20 世纪 50 年代老海堤至川东港河，沿老海堤向东南经 13 个拐点（120°48′07.1″E，33°00′02.4″N；120°51′10″E，33°01′51.2″N；120°49′39.3″E，33°02′32.5″N；120°49′06.2″ E，33°02′31.9″N；120°48′48.6″ E，33°02′48″N；120°50′16.7″E，33°03′27.6″ N；120°50′51.3″ E，33°03′ 04.7″N；120°53′21.8″ E，33°01′25.1″N；120°53′26.6″E，33° 00′ 51.4″N；120°52′ 49.62″E，33°00′39″N；120°52′43.64″E，33°01′19.53″N；120°51′40.3″E，33°01′38.7″N；120°49′02.5″E，32°59′46.1″N）连线至东台河闸南 900 m 处，沿临海高等级公路东 500 m 边线至梁垛河闸中心同纬度线，向东至规划的条子泥垦区东北界交点，沿规划的条子泥垦区圩堤中心至海域；东界以海水–3 m 等深线为界。

东块区域在东沙滩设一实验区。

调整后保护区仍设一处核心区，核心区边界起点（120°30′46.95″E，33°35′13.48″N）从 1 号闸与海堤平行线交新洋港出海河南岸起，向南 1943 m 折向海堤中心线东 405 m 处，沿海堤平行线向南至大丰区界，向西至海堤脚东 100 m 处，向南沿海堤脚外侧 100 m 至斗龙港北岸（120°39′32.56″E，33°28′39.52″N），再向东沿斗龙港出海河北岸至–3 m 等深线，再自点（120°43′56.72″E，33°29′42.37″N）向北沿–3 m 等深线至点（120°37′38.25″E，33°40′46.46″N），再向西沿新洋港出海河南岸至起点。

调整后保护区设两处缓冲区，分别为北缓冲区和南缓冲区。

北缓冲区西起点（120°23′36″E，33°43′18.61″N）向东沿射阳盐场北界至点（120°33′31.93″E，33°47′17.22″N），向南沿海水–3 m 等深线至点（120°37′38.25″E，33°46′46.46″N），再向西沿新洋港出海河至点（120°32′29.22″E，33°37′9.1″N）后，经过 6 个拐点（120°31′43.84″E，33°37′0.04″N；120°33′22.2″E，33°37′38.9″N；120°34′26.43″E，33°38′21.39″N；120°30′9.83″E，33°37′19.37″N；120°28′35.08″E，33°37′24.52″N；120°30′17.39″E，33°37′15.06″N）至点（120°28′12.68″E，33°37′0.02″N），向北沿 20 世纪 50 年代老海堤向北至起点。

南缓冲区边界范围起点（120°31′24.57″E，33°34′23.02″N），向西南沿 S349 省道至与西潮河交汇处（120°28′52.16″E，33°32′9.81″N），沿西潮河至方强农场场部里道河（120°28′57.68″E，33°30′15.2″N），沿里道河向东南至一排河（120°32′34.48″E，33°27′35.97″N），向东至斗龙港出海河北岸与大丰干河出海河东堤延长线交点（120°35′21.72″E，33°28′29.39″N），向南经斗龙港河至新海堤公路（120°35′34.46″E，33°24′27.68″N），向南沿海堤公路至四卯酉河南岸（120°39′41.58″ E，33°19′42.67″N），向东沿四卯酉河出海河口南岸经过 4 个拐点（120°41′32.25″E，33° 19′58.22″ N；120°42′38.75″E，33°20′32.48″N；120°43′1.71″E，33°20′31.62″N；120°44′15.45″E，33°20′10.42″N）至海水–3 m 等深线，沿–3 m 等深线向北至拐点（120°44′2.92″E，33°29′41.21″N），向西以核心区南界为边界至起点。

1.3.2 珍禽保护区与盐城世界自然遗产地之间的关系

中国黄（渤）海候鸟栖息地（第一期）世界遗产地位于江苏省盐城市沿海地带，包括江苏盐城南部候鸟栖息地（YS-1）和江苏盐城北部候鸟栖息地（YS-2）两部分。江苏盐城南部候鸟栖息地（YS-1）地理位置处于东经 120°43′50.14″～121°18′10.91″和北纬

32°40′18.86″～33°11′31.44″；江苏盐城北部候鸟栖息地（YS-2）地理位置处于东经120°36′30.18″～120°40′46.86″和北纬33°17′26.52″～33°49′9.18″，地理位置如图1-2所示。

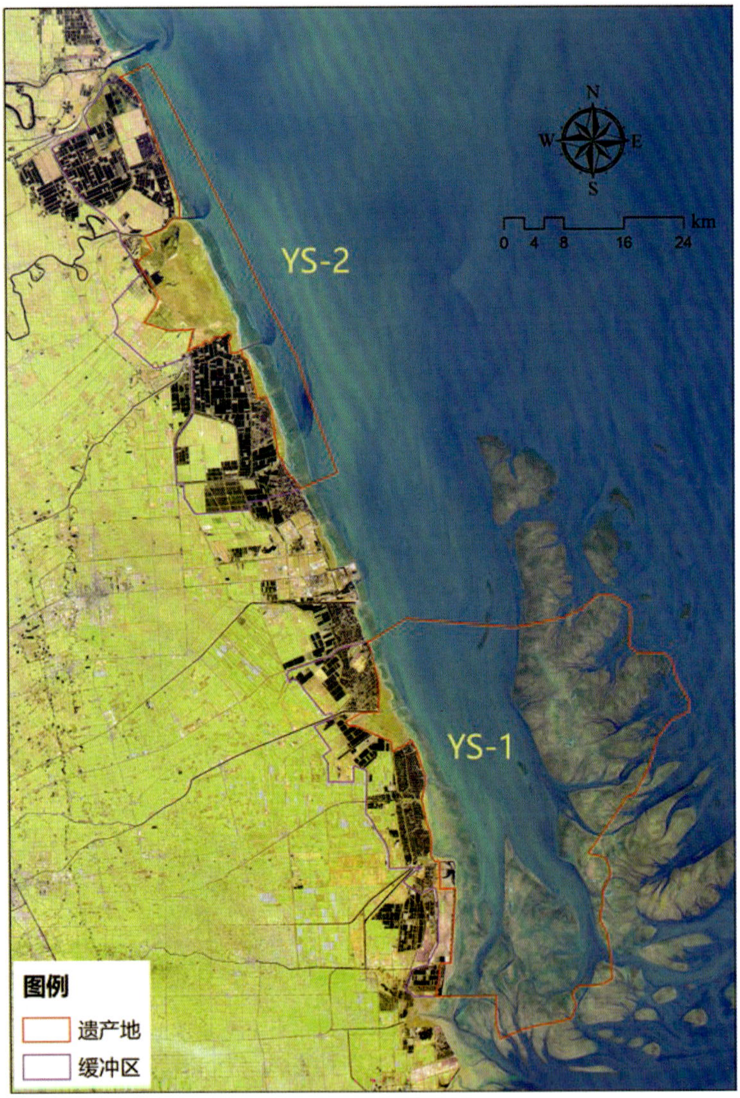

图1-2 中国黄（渤）海候鸟栖息地（第一期）世界遗产地位置图

江苏盐城南部候鸟栖息地（YS-1）：该遗产地包括相连的五部分，位于盐城市大丰区、东台市以及东沙。其包括江苏大丰麋鹿国家级自然保护区（以下简称"麋鹿保护区"）、江苏盐城湿地珍禽国家级自然保护区的南部实验区（以下简称"珍禽保护区南段"）和东沙实验区（以下简称"东沙"），以及上述两个区域之间的潮间带和海域，同时包括江苏省盐城条子泥市级湿地公园、江苏省东台市条子泥湿地保护小区和江苏省东台市高泥淤泥质海滩湿地保护小区的范围。该遗产地面积为144839 hm^2，位于遗产地西侧的缓冲区面积为28271 hm^2。

江苏盐城北部候鸟栖息地（YS-2）：该遗产地位于江苏省盐城市亭湖区、大丰区和射阳县，包括江苏盐城湿地珍禽国家级自然保护区中段核心区。该遗产地面积为43804 hm^2，位于遗产地西侧的缓冲区面积为51785 hm^2。遗产地与珍禽保护区的位置关系见图1-3。

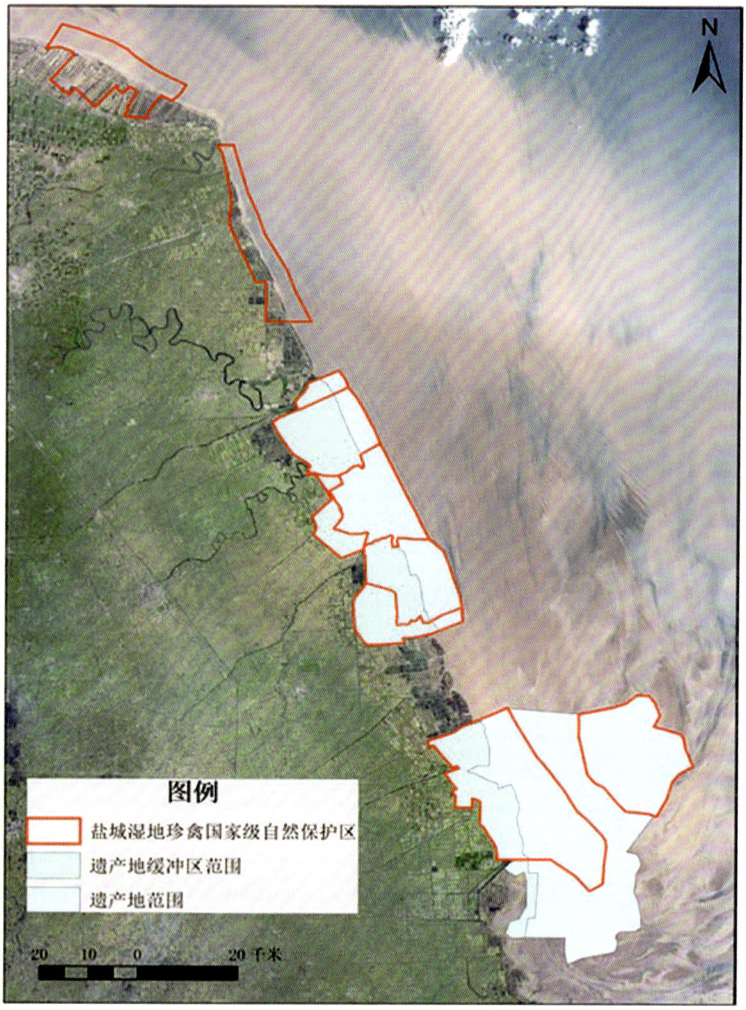

图1-3 珍禽保护区与盐城世界自然遗产地位置关系图

第 2 章　自然地理环境

珍禽保护区自然地理环境主要包括地质地貌、气候、水文、土壤和生态环境质量等基本现状，以及海岸线动态变化特征。本章通过调查，采用历史资料、现场监测和地理信息技术相结合的方法，明确了珍禽保护区自然地理环境特征。

2.1　地 质 概 况

2.1.1　地质构造背景

江苏省海岸带所处的大地构造单元隶属于华北地台和扬子准地台，其分界大致以近北东走向的淮阴—响水口断裂为界。华北地台区主要表现为断块上升运动，并发育了一系列北东—南西走向的断裂构造；南部扬子准地台区自中生代以来则主要表现为沉降过程，发育了一套自震旦纪至三叠纪以海相碳酸盐岩和碎屑岩为主的地台型地层。该区域在印支-燕山期褶皱作用的基础上形成了大型陆相沉积盆地——苏北-南黄海盆地。

珍禽保护区主要位于扬子准地台北部的苏北拗陷带内。在漫长的地质时期中，该拗陷带自西向东缓慢扩展至南黄海，且沉陷幅度呈现自西向东逐步增大的特征。由于各地沉陷幅度存在差异，形成了一系列坳陷和隆起构造，其中以东台坳陷的沉陷深度最大、分布面积最广。

苏北-南黄海地区的地质构造格架主要受北北东（NNE）向和北西西（NWW）向两组断裂控制，其次为 NE 向、NW 向断裂，部分属于大规模深大断裂。这些深大断裂不仅控制了新近纪晚期以来的沉积作用，同时也构成了该地区新构造运动与地貌分区的界线。第四纪新构造运动具有断块升降运动的特征。江苏海岸线总体呈 NW 向展布，这一特征受 NW 向大断裂及南黄海大断裂的控制。

2.1.2　地层特征

废黄河三角洲主要为黄河夺淮入海期间形成的三角洲堆积体，属于全新统（Q_4）沉积，岩性为灰黄色粉质亚黏土、淤泥质亚黏土，属河口-滨海相沉积。黏土层质地均匀，颗粒极细，几乎不含粉砂、细砂等粗颗粒，具有典型烂泥湾相沉积特点。该黏土层可划分为两层：上层因长期暴露于地表，经蒸发作用呈现固结化特征；下层为软泥，仍处于半塑性状态，其底部应为古淮河河口堆积。

中部滨海海积平原以沙堤-潟湖模式向海推进，广泛发育海相及潟湖相沉积。古海岸沙堤与古潟湖呈南北向延伸、东西向相间排列，与现代海岸平行向海推进。全新统（Q_4）沉积厚度为 10～40 m。其中，上段分布于中山河至栟茶—小洋口一线，为灰黄色亚砂土；中段为灰、灰黑色亚黏土，以粉砂为主，夹淤泥或细砂，形成于暖热湿润的大规模海侵环境，属浅海-滨海相沉积；下段为灰黑色淤泥质亚黏土、粉砂及亚砂土，属潟湖河口相沉积。

上更新统（Q_3）沉积埋深为 15～70 m，厚度为 15～80 m。其中，东台市三仓河以北至灌河口，上部为灰黑色亚黏土、亚砂土、粉细砂层，下部为灰黑色粉细砂与亚黏土、亚砂土互层；三仓河以南，上部为杂色亚黏土夹灰色粉细砂和含砾中粗砂，下部为青灰、灰褐、黄绿色亚黏土与灰色粉细砂、含砾粗砂互层，中部以灰色粉细砂、亚砂土为主。

中更新统（Q_2）沉积层面埋深为 40～160 m，厚度为 30～150 m。其中，苏北灌溉总渠以南至双洋港一线以北，以褐黄、灰绿色亚黏土为主，夹灰色粉细砂层；双洋港至大丰区新丰镇一线，为灰黑色亚黏土、黏土、淤泥质亚黏土夹黄色中细砂层；大丰区新丰镇至东台河一线为灰色淤泥质亚黏土与亚砂土、粉砂互层；东台河以南至海门区通源—启东市三甲一线，上段为灰色细中砂及含砾中粗砂夹亚黏土层，下段为棕黄色、灰绿色黏土、亚黏土与灰色粉细砂互层。

下更新统（Q_1）全区分布，埋藏深度与厚度由北向南逐渐增大，分别从 90 m 增至 260 m、15 m 增至 125 m。其中，苏北灌溉总渠以北为褐黄色、灰白色亚黏土夹泥质砂层；苏北灌溉总渠以南为棕黄、灰黄色亚黏土、黏土夹数层灰黄、浅灰黑色细粉砂；东台河以南古河道集中区，含砾中粗砂、细粉砂层厚度较大，弶港等地可达百余米。

江苏沿海岸外辐射沙脊群位于苏北拗陷带，中、新生代强烈构造运动形成大型沉积盆地，发育巨厚中、新生代沉积层。古生代至三叠纪沉积了一套灰岩和泥岩；三叠纪末印支运动使苏北拗陷带呈东北向喇叭状展布，侏罗纪沉积了灰绿色砂质泥岩及泥质砂岩，白垩纪沉积了红色碎屑岩系、紫色砂岩及砂质泥岩；新生代喜马拉雅运动使拗陷区大幅下降，形成厚度达 2000 m 的灰色-棕色砂岩泥岩、杂色泥岩夹砂岩层①。

2.2　地 形 地 貌

珍禽保护区地貌特征主要由滨海海积平原和辐射沙脊群潮间带湿地构成。滨海海积平原宽约 50 km，是由近千年海岸持续淤积形成的狭长形广阔沉积平原。该平原地面高程介于 1.5～4.5 m，整体呈东南向西北缓倾态势，其中海安市—如皋市丁堰—如东县沿线作为长江北岸沙嘴与滨海平原接合部构成地势最高点，自此向北地势渐次降低，至射阳河沿岸降至 1 m 左右。滨海平原东侧海岸线平直，外侧分布着广阔潮滩与辐射沙脊群，具有典型的淤泥质海岸特征，滩面坡度平缓。受低平地形影响，所有入海河流均受海潮顶托作用，形成平缓水流并发育曲流地貌，其中射阳河、新洋港、斗龙港等大型河流的曲流地貌发育尤为典型。该区域粉砂质潮滩特征显著，自陆向海依次呈现高潮位泥滩、中潮位粉砂淤泥滩、低潮位粉砂-细砂滩的带状分布，其间普遍发育潮水沟系统。整体地形以弶港附近为最高点，向南北两侧逐渐降低。以东台河为地理分界，潮滩可分为南北两段：北段（射阳河口—东台河口）平均滩宽 5 km，南段（东台河口—北凌河口）则形成江苏省域内最宽阔的自然潮滩，其中弶港附近潮滩最大宽度达 14 km。辐射沙脊群南

① 中国黄（渤）海候鸟栖息地(第一期)世界自然遗产申报文本，2018 年 1 月。

北延伸 200 km，东西横跨 140 km，共有 70 多条水下沙脊，各条沙脊高低不等，形态各异，沙脊之间有深槽相隔，深槽坡陡水深。该辐射沙脊群是全世界最特殊的海底沙脊群，被称为“海上迷宫”，总面积超过 20 万 hm^2，也是迁徙鸟类在低潮期间重要的觅食场所。

2.3 气　候

盐城地处北亚热带与暖温带过渡地带，气候具有显著季风特征，南北差异较为明显。滨海湿地与邻近内陆相比，受海洋调节作用影响，呈现冬半年偏暖、夏半年偏凉的特点。

2.3.1 气温

根据盐城市气象局数据，滨海湿地 1961～2020 年平均气温为 14.8℃，年平均气温呈显著上升趋势，每 10 年上升 0.3℃。其中，年平均气温历史最高值出现在 2020 年，达 16.3℃；年极端最高气温为 2017 年的 39.0℃，年极端最低气温为 1969 年的–14.3℃。≥10℃积温 1961～2020 年平均值为 4857.6℃·d，年均≥10℃积温呈显著上升趋势，每 10 年上升 83.2℃·d，2018 年达历史最高值 5392.5℃·d，1976 年出现历史最低值 4402.3℃·d。

2.3.2 降水量

本区雨量丰沛且雨热同季，年均降水量在 900～1000 mm。受季风气候影响，本区暴雨频繁，降水年际变化较大，年内分配极不均匀，降雨多集中在 6～9 月，其间降水量一般占全年的 60%～70%。滨海湿地年平均蒸发量在 1400～1700 mm，自北向南递减。台风是本区频繁发生且危害性最大的灾害性天气，台风与天文大潮叠加易引发风暴潮。受季风影响，盐城多暴雨，年均暴雨次数为 3～4 次，暴雨主要发生在 6～9 月，特大暴雨集中于 7～8 月，与台风发生时间一致，多数台风可带来大暴雨或特大暴雨。主要灾害性天气包括台风、暴雨、冰雹、龙卷风、寒潮等。

2.3.3 湿度

滨海湿地空气相对湿度随季节变化，春夏两季潮湿，7～8 月相对湿度可达 85%左右，秋冬两季干燥，年相对湿度自北向南递增。滨海湿地年平均相对湿度为 78.0%，呈下降趋势，下降速率为 0.3%/10a。历史最高值为 1985 年的 82%，最低值为 1966 年、1995 年、2005 年、2011 年和 2017 年出现的 75%。滨海湿地年潜在蒸散量多年平均值为 541.7 mm，呈现增加趋势，平均每 10 年增加 14.9 mm。

2.3.4 日照

盐城市全年总辐射量的 60%集中在 5 月中旬至 9 月中旬，全年大部分时间日照时数自北向南减少，尤以春季（3～5 月）南北差异最大，仅在 7 月下旬至 8 月下旬，日照时数自北向南明显增加。滨海湿地的日照时数和太阳辐射总量均呈显著减少趋势：年日照时数多年平均值为 2187.8 h，平均每 10 年减少 92.5 h，历史最高值（2612 h）和最低值（1919.4 h）分别出现在 1967 年和 2012 年；太阳辐射总量多年平均值为 4783.4 MJ/m^2，平均每 10 年减少 85.7 MJ/m^2，历史最高值（5454.7 MJ/m^2）和最低值（4306.2 MJ/m^2）分别出现在 1966 年和 2016 年①。

2.4 水　文

2.4.1 河流水文

珍禽保护区涉及的陆地水系由北向南主要有灌河、中山河、翻身河、淮河入海水道、苏北灌溉总渠、八丈河、运粮河、射阳河、黄沙港、新洋港、斗龙港、四卯酉河、王港、竹港、川东港、东台河、梁垛河和三仓河等。

除灌河外，其他河口全部有闸门，可人工控制入海流量。其中，珍禽保护区北部的灌河、中山河及苏北灌溉总渠，三条河流的年径流量较大，分别为 22.4 亿 m^3、19.45 亿 m^3 和 23.36 亿 m^3，占该区域主要入海河流总径流量的 42.3%；中部的射阳河、新洋港、斗龙港及王港，不同河流径流量差异较大，整体显示出由北向南依次减小的趋势，其中射阳河径流量最大，达到了 41.2 亿 m^3，新洋港和斗龙港分别为 20.01 亿 m^3 和 11.28 亿 m^3，王港最小，为 8.7 亿 m^3；南部的川东港、梁垛河、三仓河规模都不大，年径流量分别为 3.69 亿 m^3、0.67 亿 m^3、0.63 亿 m^3。珍禽保护区内正常年份水资源较充足，但季节分布不平衡；干旱年份，珍禽保护区内滩地严重缺水。

2.4.2 水文地貌

盐城滨海湿地属于淤泥质潮滩湿地类型，其独特的地质沉积过程、海侵海退事件、水文条件和水动力因素（潮汐作用），塑造了潮滩湿地地形、地貌基本格局，而且不同的水文地貌条件与空间格局既是形成类型多样的湿地的基础条件，也是决定滨海湿地生态功能区域异质性特征的重要条件（李玉凤等，2010）。

根据区域地貌条件，水文、水动力条件的分析，珍禽保护区地貌类型分为冲积平原、海积平原、冲积海积平原、草滩沉积带、泥滩沉积带和泥-粉砂沉积带。海滨湿地水文特征的确定主要依据湿地水源补给类型，将湿地分为淡水补给湿地和海水补给湿地两种类型。水动力条件是指湿地中水流动的方向和强度。海滨湿地水动力由地形梯度等引起的单向水平流和双向水平流确定，同时参考天、月、年潮位影响进行判断。

盐城滨海湿地水文地貌单元可以分为 3 大类 7 个子类，分别为淡水单向-冲积区、淡水单向-海积区、淡水单向-冲积海积区、海水年双向-草滩带、海水月双向-泥滩带、海水天双向-泥粉砂带和淡水双向-冲积区（表 2-1）。淡水单向-冲积区以 3 条主要河流（分别为废黄河、射阳河和新洋港）为中心；淡水单向-海积区主要分布在射阳河与斗龙港之间；淡水单向-冲积海积区分布在废黄河的两侧，该区域在发育过程中不断受到河流和海洋的相互影响；淡水双向-冲积区分布在河流与海洋交汇处，受到河流和海洋的双重影响，

① 盐城市气象局，盐城沿海滩涂湿地生态气象变化评估报告，2022 年 10 月。

主要有废黄河口、苏北灌溉总渠、射阳河口、新洋港口、斗龙港口、四卯酉河口、王港口、川东港口和梁垛河口、东台河口等。各水文地貌单元内的湿地生态系统类型见表 2-1，除了淡水单向-冲积区、淡水单向-海积区和淡水单向-冲积海积区大部分以土地利用为主外，其他区域有芦苇、盐蒿和米草分布。

表 2-1　盐城滨海湿地各种水文地貌特征

水文地貌单元	水文条件		地貌沉积条件	湿地生态系统类型
内陆区	淡水单向-冲积区	淡水单向水平流补给	冲积平原	沟渠、旱地
	淡水单向-海积区	淡水单向水平流补给	海积平原	沟渠、旱地
	淡水单向-冲积海积区	淡水单向水平流补给	冲积海积平原	沟渠、旱地
海滨带	海水年双向-草滩带	海水年双向水平流补给	草滩沉积带	芦苇、茅草
	海水月双向-泥滩带	海水月双向水平流补给	泥滩沉积带	盐蒿
	海水天双向-泥粉砂带	海水天双向水平流补给	泥-粉砂沉积带	米草
河口	淡水双向-冲积区	淡水双向水平流补给	冲积平原	芦苇、米草

2.4.3　潮流特征

珍禽保护区近岸潮流属于正规半日潮流，总体呈现落潮历时大于涨潮历时的特征，时差介于 0.5～1.0 h，海水平均潮差为 2～3 m。珍禽保护区附近海域的涨落潮流向基本与海岸线平行，运动形式表现为往复流。潮余流的运动模式比较复杂：在弶港以南海域，余流总体呈东北向运动；而在弶港以北至海州湾区域，余流系统呈现顺时针环流特征。潮余流的流速普遍较小，通常小于 2 cm/s，即便在水深较大的中央开阔海域，潮余流流速也仅约 12 cm/s。

2.5　土　　壤

2.5.1　土壤类型

珍禽保护区内土壤形成过程分为三个阶段。第一阶段，原始土壤形成过程，该阶段发生于滨海相母质上发育的潮侵频率低于 100%的滩面，地表生物逐渐繁殖，并最终形成一年生植物群落；第二阶段，草甸化过程，在潮间带多年生草甸生态下进行成土过程，形成一定厚度和有机质积累的表土层（A 层），具有锈色斑块的、盐分被淋洗的心土层（B 层）和保持母质的底土层（C 层）；第三阶段，沼泽化过程，周期性湿润和微弱淋溶的河口洼地苇滩。按所经历的成土过程的不同，珍禽保护区滩涂的土壤可分为潮滩盐土、草甸滨海盐土和沼泽滨海盐土三种类型。

1. 潮滩盐土

潮滩盐土为草甸滨海盐土发育的初级阶段，随着海水中的泥沙在海涂的沉积，海涂的地势不断增高，成土作用不断增强。一方面，由于没有植被覆盖，土壤水分蒸发强烈；另一方面，由于海水经常补给土壤盐分，土壤含盐量不断增加，土壤中的盐分产生积累（孙立才等，2021）。盐分积累过程在月潮淹没下带达到最大值，在这个区域以下，由于海水的频繁作用，海水和土壤之间的盐分基本保持平衡；在这个区域以上，由于地势增高，海水的作用减弱，土壤进入脱盐过程，并开始有碱蓬等耐盐性的植物生长，使土壤状况得到一定的改善。潮滩盐土的含盐量较高，一般在 0.6%以上，在表面干燥的土壤可见白色的盐斑，甚至有盐分的结晶。在潮滩盐土中，有机质的含量较低，一般不足 0.5%。潮滩盐土是珍禽保护区滩涂的主要土壤类型，占滩涂总面积的 80%以上。

2. 草甸滨海盐土

草甸滨海盐土是海涂土壤发育的较高阶段，是在草甸化成土过程中形成的。随着海涂地势的增高，海水的潮侵作用逐渐减弱，土壤的脱盐作用占据了主导地位。随着土壤生态环境的不断改善，草甸植被逐渐产生。最初的植被为耐盐性较强的獐毛群落，它们使土壤状况得到进一步的改善，并逐步过渡到白茅群落。白茅群落具有较高的生产力，使得土壤的理化性质和培肥能力得到极大的改善，并促进了土壤的自然淋盐作用，使得土壤的含盐量小于 0.6%，而土壤有机质的含量大大增加，可达 1%左右。

3. 沼泽滨海盐土

沼泽滨海盐土是在沼泽生态条件下，经沼泽化成土过程而形成的，它与草甸滨海盐土是平行的成土过程，多分布于河口及滩涂的低洼处等有水积聚的地方。芦苇是沼泽滨海盐土上的主要植物类型，它具有发达的粗大而中空的根系，能够在潮水经常淹没的地方生长。沼泽滨海盐土的盐分含量较低，一般在 0.1%以下，而经常性水淹没条件促进了有机质的积累，因而有机质的含量较高，多在 1%以上。

2.5.2　沉积物类型

盐城海岸带陆域土壤以粉砂质砂为主，其次为砂质粉砂和黏土质砂，主要分布在河流附近，海域沉积物中以砂质粉砂、粉砂质砂和粉砂为主，随与陆地距离的增加，粉砂含量逐渐上升。其中，射阳河以北近岸海域底质沉积物以粉砂质砂为主，而射阳河以南近岸海域底质沉积物以砂质粉砂为主。辐射沙脊群地区主要以粉砂质砂、砂为主。

2.6　环境质量现状

2.6.1　土壤环境现状

1. 表层沉积物/土壤理化指标特征

珍禽保护区土壤为碱性土， pH 变化范围介于 7.25～10.17，平均为 8.39，大部分地区土壤 pH 介于 7.5～9。pH 的整体分布趋势为东部近海高、西部陆地区域低。调查区土壤 pH 东部较西部高，如在中山河、射阳河、斗龙港附近，东部近岸区域较西部陆地区域 pH 偏高，推测东部土壤受海水影响大，使 pH 偏高。此外，在调查区北部（射阳河以北），pH 普遍较低（<8.5）；而在调查区南部（射阳河以南），近一半地区 pH 较高（>8.5），尤其是在弶港镇部分地区 pH 高达 9.5 以上。土壤中总氮浓度范围为 15.9～684 mg/kg，有效钾浓度范围为 216～1231 mg/kg，全盐量范围为 1.7～29.8 g/kg，氨氮浓度范围为 2.59～22.1 mg/kg，有效磷浓度范围为 2.22～66.9 mg/kg，有机质范围为 0.4%～4.1%。

2. 不同生境表层沉积物/土壤理化指标特征

滨海湿地表层沉积物/土壤主要为砂质粉砂、粉砂和粉砂质砂（95%以上），光滩沉积物的平均粒径明显大于植被带沉积物的平均粒径，芦苇、碱蓬、米草 3 个植被带之间的沉积物平均粒径接近，无显著变化。光滩多分布于调查区东部近海区域，砂质含量高；而芦苇、碱蓬、米草群落分布于调查区陆地区域，多为粉砂质，故光滩表层沉积物/土壤平均粒径大于植被带沉积物平均粒径。

不同植被类型与土壤全盐量的关系较为密切，米草群落土壤的盐度范围为 1.24～33.14 g/kg，平均为 13.35 g/kg，在 3 种植被类型中变化范围最广，表现出米草对盐度的适应范围较宽。研究表明，盐度范围在 0～35 g/kg 之内互花米草均能生长，在 10～20 g/kg 的盐度下可以达到最高的生长量。碱蓬群落土壤的盐度范围为 2.78～18.59 g/kg，平均为 9.13 g/kg。有研究表明，碱蓬在土壤盐度为 3.17～19.5 g/kg 的条件下均可以生长，不过碱蓬的高度不同。芦苇群落土壤的盐度范围为 0.33～8.69 g/kg，平均为 1.79 g/kg，芦苇多生长在淡水中，对盐度的要求较为严格。有调查表明，盐度高于 7 g/kg 时就会影响芦苇的生长。调查区中光滩的盐度变化范围最大，介于 3.42～33.13 g/kg，平均为 12.61 g/kg。

不同植被类型表层沉积物/土壤的肥力和营养元素间也存在差异。有机质、总氮含量：芦苇>米草>碱蓬>光滩，其中芦苇地土壤储碳能力是光滩的 3.5 倍。有效磷：米草>碱蓬>光滩>芦苇。

2.6.2 地表水环境现状

1. 盐度

盐城东部沿海湿地地表水的全盐量大多小于 5 g/L，个别站位盐度可达 5～12 g/L。在湿地地表水中，大部分地区东部含盐量比西部高，分析原因可能为东部地区受海水影响较大。

不同生境类型方面，芦苇地表水盐度介于 0.63～2.13 g/L，平均为 1.62 g/L；碱蓬地表水盐度介于 2.99～7.70 g/L，平均为 5.35 g/L；米草地表水盐度介于 3.5～23.36 g/L，平均为 13.43 g/L；灌溉沟渠地表水盐度介于 6.32～30.44 g/L，平均为 22.48 g/L，接近海水。由此可见，不同生境类型地表水盐度芦苇＜碱蓬＜米草＜海水，大规模的海水养殖很可能提高养殖场附近地表水和地下水的盐度，进而影响植被的分带；由于盐城沿海大部分河流均已建闸，海水通过河流对湿地系统盐度的供应已很少。

2. 氮磷

2022 年调查表明，盐城滨海湿地水环境中主要为总氮污染，总磷污染相对较轻，大部分水体中总磷浓度均小于 0.2 mg/L，仅有方塘河、720 高潮位修复地和运粮河中的总磷浓度大于 0.4 mg/L。水体中氮素浓度相对较高，有 14 个点位中的总氮浓度超过 2 mg/L。对珍禽保护区中实验区内的大循环区、小循环区、放飞场、生态眼 4 个点位的水质监测数据进行对比分析，也同样发现总氮污染比总磷污染严重。

2.7　海岸线动态变化

2.7.1　海岸线历史变迁

除全新世高海面时期海水侵入较深外，在其他较长时期江苏海岸线大致稳定在赣榆、板浦、阜宁、盐城至海安一线，在海岸线附近形成了数条沿岸堤，其中以西冈、中冈和东冈最为有名。西冈北起赣榆郑园，经灌云东风、阜宁羊寨、盐城龙冈入兴化，再向南经安丰直至海安西部，这条沙堤在距今 7000～5000 年前即已形成。中冈北起赣榆罗阳、大沙，经涟水唐集、灌云青山和灌南新安，向南至盐城永丰，后经大丰三圩和兴化合塔入海安，接扬泰古沙冈，其形成年代距今（4610±100）年。东冈北起赣榆范口、大沙，经灌云下车、灌南城头、滨海潘冈、阜宁施庄、建湖上冈、盐城、大丰草堰和东台入海安境，这条沙堤在距今 3900～3300 年前即已开始形成，至迟在 2000 多年前就已出露。此外，在射阳新坍、盐城南洋、东台四灶一线有一埋藏较深的古沙堤，这条沙堤在距今约 1000 年前开始形成，至迟在 15 世纪已出露海面，成为明代中期海岸线的自然标志。北宋时期，在 1023～1027 年，范仲淹又兴修了捍海堰，与其后 30 余年中在今南通市所属沿海修筑的海堤，连成了从阜宁以北，直抵吕四的延绵数百里的大堤，成为大约 1000 年前江苏海岸线的人工标志（张晓祥等，2014）。

自从 1128 年黄河夺淮入黄海以来，江苏海岸的北段和中段逐渐淤进。而在明弘治七年（1494 年）黄河全流夺淮以来，淤积大大加快，海岸迅速东移。1128～1855 年，不论是河口延伸或三角洲成长速度，还是滨海平原的成陆速度，明显分为两个阶段：1494 年以前，黄河口淤长速度为 54 m/a；1494 年全流夺淮后，河口延伸速度加快至 215 m/a。1855 年，河口已延伸至河口外近 20 km，形成了北达灌河、南抵射阳河的苏北黄河三角洲。黄河入海的大量泥沙不仅直接形成了苏北黄河三角洲，而且经过潮流、波浪作用的参与，在三角洲两翼的海湾中形成了广阔的滨海平原（夏非等，2015）。

1855 年黄河的北归使得江苏海岸又经历了一次与前次方向相反的动力泥沙条件的突变，巨量泥沙来源的断绝，使海岸及水下沙洲重新调整。1855～1890 年，扁担河口以北至运盐河口剧烈侵蚀后退，扁担河口以南至长江口岸段保持淤进；之后的 30 年中，废黄河口至射阳河口岸段继续侵蚀，但是速度减缓，废黄河口以北的岸段接受冲蚀下的泥沙进入淤积，但是之后该岸段又转为侵蚀，南部岸段一直保持淤进；盐城市岸线自 20 世纪 70 年代以来演变情况大致为：淮河入海口北至滨海与射阳交界点的岸线为稳定岸线，该段以南主要为淤长型岸线，射阳河口至长沙港（大洋港）段海岸保持较大的向海淤进速度。

2.7.2　海岸线侵蚀淤积

废黄河三角洲海岸由于突然断绝了巨量泥沙的补给，海岸由快速淤进变化为迅速受蚀后退，年后退量曾超过 400 m，是河海交互作用下海岸反馈变化敏感的地区。近半个世纪以来，特别是近二十多年来，受到人为因素如人工保滩护岸、滩涂围垦、港口工程建设等，以及自然因素如海岸轮廓形态、波浪、潮流、风暴潮等的影响，岸线变化的时空分布格局较为复杂。近年来，盐城海岸带侵蚀不断南移，侵淤转换地带先从射阳河口南移到双洋港口和沙港闸，现又南移至珍禽保护区核心区，即新洋港与斗龙港之间的区域，并呈持续南移趋势，该段侵蚀海岸长度为 144.17 km。核心区北侧处于侵蚀状态，主要表现为岸线后退和滩面下蚀，如图 2-1 所示。季节性侵蚀淤积变化幅度多在 10 cm 以内，最大侵蚀量达 50 cm，滩面垂向侵蚀速率为 1～24 cm/a。核心区南侧总体呈淤积状态，垂向沉积速率为 2 cm/a。核心区岸滩出现侵蚀加剧的态势，严重威胁着湿地生态系统的稳定与安全。

图 2-1　盐城海岸侵蚀后退现场图

珍禽保护区海岸淤积段主要分布在射阳河口以北邻近区域、大丰港及邻近岸段，以及川东港至弶港岸段，其由海堤线向海方向植被和地貌分带明显，依次为低矮禾草—碱蓬—互花米草—光滩，部分岸段米草-碱蓬湿地宽度在 2 km 以上，米草滩前缘与光滩区地貌相对稳定。

2.7.3 海岸线类型及长度

根据海岸线所在潮间带的底质特征与海岸线空间形态，可将海岸线划分为基岩海岸线、砂质海岸线、淤泥质海岸线、生物海岸线和河口海岸线。

盐城海岸线总体属淤泥质海岸线，全长 582 km，以新洋港至斗龙港岸段为界，北面为海岸冲刷（侵蚀型粉砂淤泥质海岸），南面为海岸淤积（淤泥质海岸线的潮间带底质基本为粉砂淤泥，是由粒径为 0.01～0.05 mm 的泥沙沉积物长期在潮汐、径流等动力作用下淤积形成的底质为淤泥的相对平直海岸线）。2006～2020 年，盐城海域陆进海退面积为 233.63 km^2，陆退海进面积为 12.15 km^2，净变化 221.48 km^2。海岸线变化比较大的岸段主要为滨海港、大丰港、梁垛河口和方塘河口。

第 3 章　社会经济概况

江苏盐城湿地珍禽国家级自然保护区横跨盐城市响水、滨海、射阳、亭湖、大丰、东台六个县（市、区），自 21 世纪初期，特别是 2009 年 6 月 10 日国务院将江苏沿海地区发展上升为国家战略以来，江苏沿海地区经济结构经历了深刻的转型，随着“三极”“一带”“多节点”规划的实施，城镇化进程加速，城镇基础设施得到完善，交通网络快速发展，展现出区域经济的强劲活力。

在习近平总书记“绿水青山就是金山银山”的发展理念指导下，珍禽保护区实现了有效保护和可持续发展。珍禽保护区以其独特的生态价值，被正式列入世界自然遗产名录。生态保护与经济发展和谐共进，珍禽保护区及其周边区域的旅游业呈现蓬勃向上的发展态势，珍禽保护区周边社区经济结构发生了根本性转变，也为保护区的保护与发展注入了新的活力。

珍禽保护区分为核心区、缓冲区和实验区 3 类功能区，核心区内保持原生态，是丹顶鹤最主要的越冬栖息地。对它的管理办法是采取各种措施保持、恢复滩涂湿地生态系统的结构和功能。按《中华人民共和国自然保护区条例》规定，该区不得有任何人为活动，只进行上级主管部门批准的科研和监测活动。缓冲区内有少量居民，主要经营农、林、盐、渔业。缓冲区仍保留有相当面积的自然景观，如芦苇群落、米草群落等，也是较多水鸟越冬的区域，每年都会有 100～300 只丹顶鹤在缓冲区觅食、栖息。实验区主要用于科研、环境教育、生态旅游及农业生产活动。珍禽保护区内生境类型较多，以滩地、养殖塘、农田和盐田为主，也有少量的建筑用地。实验区内人口密度较大，开发活动强度也较大。珍禽保护区主要社会经济状况特征体现在以实验区为主的经济活动分析。

3.1　行政区划与人口

珍禽保护区地域分布在江苏省沿海中部，涉及盐城市所辖六县（市、区）的沿海地区。乡镇包括滨淮镇、滨海港镇、黄沙港镇、临海镇、黄尖镇、盐东镇、三龙镇、草庙镇、弶港镇；省属及地方骨干企业有三圩盐场、盐城市海兴集团所属企业（灌东盐场、新滩盐场）、江苏银宝集团所属企业（水产公司、射阳盐场等）、江苏农垦集团公司所属企业（淮海农场、新曹农场、弶港农场）、江苏省沿海集团所属企业（射阳公司、大丰公司、金东台公司、海北科技、金东台农场、剑丰农场等）、光明食品（集团）所属企业（上海农场、海丰农场等）、江苏盐城港盐农沿海农业有限公司所属企业、方强农场。

珍禽保护区紧邻的行政区域和主要企业有陈家港镇、三仓镇、江苏农垦集团公司所属企业（黄海农场、滨淮农场、临海农场、弶港农场）、响水工业经济区、盐城滨海港经济区、盐城射阳港经济区、盐城大丰港经济区、大中农场等。

珍禽保护区及其密切相关地域北起灌河口团港南侧的响水–灌云陆域分界并延伸至海域，南至海安–东台陆域分界并延伸至海域。盐城沿海湿地东至海水–3 m 等深线。

珍禽保护区涉及县（市、区）总面积 13014 km^2，占全市总面积的 76.86%。2021 年总人口为 515.43 万人，其中非农业人口 321.28 万人，占总人口的 62.33%，详见表 3-1。人口密度约为 396 人/km^2。相比较 2015 年统计数据，六县（市、区）总户数减少 2.33 万户，人口数减少 20.79 万人，其中农业人口数减少 36.22 万人，非农业人口数增加 15.44 万人，常住人口数减少 46.96 万人。从增减比例来看，大丰、射阳两地的户数减少比例高，分别为 4.33%、4.10%，东台的人口数减少幅度最大，为 6.82%。

表 3-1　2021 年珍禽保护区涉及县（市、区）人口组成情况

县（市、区）	总面积/km^2	总户数/万户	总人口/万人	常住人口数量/万人	农业人口/万人	非农业人口/万人
全市	16931	268.27	803.84	671.30	297.05	506.79
响水	1474	16.86	61.16	45.94	26.40	34.76
滨海	1950	35.27	119.15	82.05	53.64	65.51
射阳	2606	30.36	92.46	75.98	40.45	52.01
亭湖	800	23.97	67.82	68.46	12.43	55.39
大丰	3008	26.27	69.38	64.59	23.61	45.77
东台	3176	38.08	105.46	88.88	37.63	67.84
合计	13014	170.81	515.43	425.90	194.16	321.28
占全市比例/%	76.86	63.67	64.12	63.44	65.36	63.40

注：数据来源于盐城市及各县（市、区）统计年鉴（2021 年、2022 年），下表同。

珍禽保护区涉及县（市、区）的耕地面积约占区域行政面积的 44.6%，其中，射阳耕地面积占比最高，约占 53.03%；其次是滨海，约占 51.43%；大丰最低，约占 34.2%。农民人均收入东台最高，为 27023 元；响水最低，为 19843 元，地区间差距较大（表 3-2）。

表 3-2　2021 年盐城沿海湿地各县（市、区）主要经济指标

县（市、区）	行政区面积/km^2	耕地面积/km^2	耕地面积占行政区面积比例/%	粮食产量/万 t	农民人均收入/元
响水	1461	703.4	48.15	60.5	19843
滨海	1949.6	1002.6	51.43	98.75	20610
射阳	2606	1382	53.03	113.65	22859
亭湖	800	370	46.25	25.42	26844
大丰	3008	1028.87	34.2	91.34	26754
东台	3012.49	1238.8	41.12	102.26	27023

3.2 产业发展与产业结构

3.2.1 产业结构

随着社会的发展和沿海经济结构的调整，2021 年珍禽保护区涉及县（市、区）总产出得到了大幅度提高，与 2015 年统计值相比，总产出增加了 1073.6 亿元，增幅 41.28%，年净增加最大的是东台(223.12 亿元)，其次为亭湖(210.06 亿元)，之后依次为射阳(184.75 亿元)、响水（161.44 亿元）、大丰（151.67 亿元）、滨海（142.56 亿元）。增加幅度从高到低为响水（66.08%）、亭湖（55.80%）、射阳（45.33%）、滨海（39.46%）、东台（33.29%）、大丰（28.34%）。

珍禽保护区涉及的县（市、区）的产业比例也发生了变化（表 3-3），2015 年第一产业、第二产业、第三产业平均比例为 14.35∶40.28∶45.37，到 2021 年改变为 13.34∶36.12∶50.54，第二产业比例下降、第三产业比例上升。从各县（市、区）来看，亭湖的第三产业比例在总产出中占到 59.50%，各县（市、区）产业比例中，大丰、东台的第二产业占比下降，第三产业占比上升。其他县（市、区）则是第一产业、第二产业占比均有所下降，第三产业占比上升。

表 3-3 2021 年珍禽保护区涉及县（市、区）产业情况

县（市、区）	小计/亿元	第一产业		第二产业		第三产业	
		产值/亿元	占比/%	产值/亿元	占比/%	产值/亿元	占比/%
响水	405.73	51.47	12.69	182.3	44.93	171.96	42.38
滨海	503.86	71.11	14.11	194.08	38.52	238.67	47.37
射阳	592.36	103.89	17.54	207.6	35.05	280.87	47.41
亭湖	561.37	36.37	6.48	191	34.02	334	59.5
大丰	686.79	98.64	14.36	224.61	32.71	363.54	52.93
东台	893.36	124.29	13.91	316.56	35.44	452.51	50.65
合计	3643.47	485.77	13.34	1316.15	36.12	1841.55	50.54

3.2.2 产业融合

第一产业、第二产业、第三产业转型升级趋势良好，三大产业比例逐步趋优、平衡发展。2004～2020 年，珍禽保护区涉及县（市、区）产业结构明显改变，第一产业占比由 2004 年的 43.56%下降至 2015 年的 14.35%，至 2020 年又下降到 13.34%，第二产业占比由 2004 年的 43.41%下降至 2015 年的 40.28%，至 2020 年又调整到 36.12%，第三产业占比由 2004 年的 13.03%上升至 2015 年的 45.37%，至 2020 年又进一步上升到 50.54%。第一产业的占比显著下降，第三产业占比大幅度上升，标志着该区域产业结构呈现明显的转型升级趋势。2004 年响水几乎没有第三产业，到 2020 年响水第三产业占比达到了 42.38%；其他相关县（市、区）的第三产业占比均明显上升。

2022 年，珍禽保护区涉及县（市、区）的农、林、牧、渔业中，农业生产仍然是主要的产业（表 3-4）。各县（市、区）农业产值占农、林、牧、渔业总产值的 40.70%～46.03%；其次是渔业生产，占 19.78%～35.05%；第三是牧业生产，占 15.81%～26.38%。

表 3-4 2022 年盐城沿海湿地各县（市、区）农业主要经济指标 （单位：亿元）

县（市、区）	农、林、牧、渔业总产值	农业产值	林业产值	牧业产值	渔业产值	农、林、牧、渔的服务业
响水	96.2863	39.1847	2.1697	15.2273	33.748	5.9566
滨海	127.3387	56.2889	1.9024	33.5942	26.2822	9.271
射阳	187.8202	76.668	3.87	32.7406	61.0073	13.5343
亭湖	64.5915	28.0616	1.7314	16.6461	12.7757	5.3767
大丰	182.2243	83.8777	4.3949	36.8339	45.2971	11.8207
东台	237.3064	106.9754	6.1182	61.6591	47.9173	14.6364
合计	895.5674	391.0563	20.1866	196.7012	227.0276	60.5957

3.3 固定资产投资及交通运输

包括沿海 6 县（市、区）在内的盐城市全市固定资产投资已经突破 4000 亿元大关，2017 年为 4278.49 亿元，2019 年全市固定资产投资额为 4488.04 亿元，较上年增长 4.9%。2021 年全年固定资产投资额为 6527.99 亿元，比上年增长 3.7%。分产业看，2021 年第一产业投资增长 5.7%，第二产业投资增长 5.1%，第三产业投资增长 2.1%。第二产业投资中，工业投资增长 5.1%，其中制造业投资增长 23.4%，占全部投资的比重为 45.8%。高技术产业投资增长 47.1%。第三产业投资中，教育业投资增长 27.9%，文化体育和娱乐业投资增长 26.0%，科学研究和技术服务业投资增长 18.2%，卫生和社会工作投资增长 10.7%。

到 2020 年底，全市共有公路总里程 25991 km，其中高速公路 396 km、一级公路 1808 km、二级公路 2842 km、三级公路 1586 km、四级公路 19359 km；其中国道 997 km，省道 1176 km。全市拥有高等级公路 25991 km，公路网密度达 153.8 km/100 km^2。高速公路主要有南北贯通的沿海高速，与南京、上海方向高速相接的宁靖盐高速，与徐州相接的盐徐高速。

盐城市已经基本建成“1+8”铁路综合客运枢纽体系，涉及珍禽保护区相关县（市、区）的有盐城站、响水站、滨海站、射阳站等综合客运枢纽，大丰站、东台站铁路客运枢纽，其中盐城站是铁路二等站，是苏中、苏北地区面积最大的综合客运枢纽，过站铁路有徐盐高速铁路、盐通高速铁路、新长铁路、青盐铁路。

位于亭湖区境内的盐城南洋国际机场到 2020 年共开通了 34 条国内航线和曼谷、首尔 2 条国际（地区）航线，有可到达香港、北京、重庆、桂林、昆明、长沙、深圳、大连、西安、哈尔滨、海拉尔等地的航班。盐城南洋国际机场通航大型枢纽机场和省会机场数量位居苏北前列，是区域中等机场。

3.4 珍禽保护区涉及乡镇概况

珍禽保护区涉及乡镇包括滨海县的滨淮镇、滨海港镇，射阳县的黄沙港镇、临海镇，亭湖区的黄尖镇、盐东镇，大丰区的三龙镇、草庙镇，东台市的弶港镇。截至 2022 年底，各乡镇基本概况见表 3-5。

表 3-5　珍禽保护区涉及乡镇概况

区域	总面积/km^2	总人口/人	耕地面积/km^2	耕地面积占镇区面积比例/%	粮食产量/t	财政收入/万元
滨淮镇	227.38	108903	122.54	53.89	114480	8995
滨海港镇	139.62	59735	53.02	37.97	62146	8160
黄沙港镇	22.73	18580	19.04	83.77	9626	20320
临海镇	229.28	76456	95.35	41.59	100965	19173
三龙镇	153	52459	101.41	66.28	73802	8349
黄尖镇	262.98	37997	73.33	27.88	48217	7527
盐东镇	122.18	48354	57.33	46.92	53983	6024
草庙镇	125.03	25992	81.38	65.09	90109	14316
弶港镇	261.32	46044	172.23	65.91	62578	5972
合计	1543.52	474520	775.63	50.25	615906	98836

3.4.1 滨淮镇

隶属于江苏省盐城市滨海县，地处滨海县北部，东与滨海港镇接壤，南邻废黄河，与八滩镇、八巨镇、界牌镇三镇交界，西北隔中山河与江苏省黄海农场、响水县大有镇相望，北与江苏省滨淮农场毗邻，距滨海县人民政府 28 km。滨淮镇属黄淮海冲积平原，地形平坦，略显西高东低、南高北低，属淮河下游水系，主要河道有翻身河等 26 条，总长度 210 km，河网密度 2 km/km^2；境内最大的河流为翻身河，起点为双建村北端，由西而东入黄海，长 25 km。滨淮镇有县镇级公路 1 条，总长 25 km，道路总长度 214 km；桥梁 102 座，总长度 2.1 km；开通公交汽车线路 2 条。滨淮镇有 S226、S327、X301、G228 临海公路穿境而过。

截至 2022 年底，滨淮镇辖 1 个社区、26 个行政村：新岭社区、沈滩村、建西村、东滨村、合新村、建东村、双舍村、河西村、双树村、硝场村、公玉村、长兴村、建民村、新垦村、东罾村、玉华村、玉龙村、樊集村、陆塘村、新圩村、山星村、梁港村、倪滩村、城门村、临淮村、双建村、康庄村；镇人民政府驻新岭社区，其中东罾村、玉华村地域在珍禽保护区内。

滨淮镇有工业企业 485 个，其中规模以上 4 个，有营业面积超过 50 m^2 的综合商店或超市 98 个。

3.4.2 滨海港镇

隶属于江苏省盐城市滨海县，地处滨海县东部，东部濒临黄海，南濒淮河入海水道、苏北灌溉总渠与射阳县临海镇及江苏省淮海农场交界，西与八滩、滨淮两镇相连，北与新滩盐场、江苏省滨淮农场毗邻，距滨海县人民政府 49 km。滨海港镇属滨海平原，地形平坦。境内河道属淮河水系；主要河道有淮河入海水道等 12 条，总长度 190 km，河网密度 4.5 km/km^2；境内最大河流为淮河入海水道，从洪泽湖至黄海流经境内龙潭港、头庄、新东、扁担港，长 15.6 km。

截至 2022 年底，滨海港镇辖 15 个行政村：振东村、干河村、滨东村、滨兴村、新东村、头庄村、龙潭港村、侉二村、板桥村、陈港村、木楼村、条堆村、洋口村、扁担港村、合心村。其中振东村等地域在珍禽保护区内。

滨海港镇有工业企业 20 个，其中规模以上 5 个，有营业面积超过 50 m^2 的综合商店或超市 45 个。

3.4.3 黄沙港镇

隶属于江苏省盐城市射阳县，地处射阳县东南部，东濒黄海与射阳盐场接壤，南隔新洋港（河）与亭湖区黄尖镇交界，西邻合德、洋马两镇及江苏省新洋农场，北与海通镇毗连，距射阳县人民政府 13 km。黄沙港镇地处黄淮海冲积平原，地势西高东低。境内河流属沿海水系；最大的河流黄沙港，流经境内东方村和海丰、海星、黄沙港、东海 4 个社区，流域面积 865 km^2。

截至 2022 年底，黄沙港镇辖 6 个社区、2 个行政村：东海社区、黄沙港社区、洋河社区、海丰社区、海星社区、东港社区、洋中村、东方村。境内的射阳县芦苇开发公司、盐城汇星生态农业发展有限公司、射阳县海涂开发有限责任公司及众多的养殖场地域在珍禽保护区内。

黄沙港镇有工业企业 80 个，其中规模以上 17 个，有营业面积超过 50 m^2 的综合商店或超市 32 个。

3.4.4 临海镇

隶属于江苏省盐城市射阳县，地处射阳县北部，东濒黄海，南与千秋镇毗邻，西与千秋镇和滨海县五汛镇接壤，北至苏北灌溉总渠和淮河入海水道，与滨海县原振东乡相望，距射阳县人民政府 30 km。临海镇地处黄淮海冲积平原，地势平坦，东南高西北低。境内河流属沿海水系，八丈河、奋套河直接入海。

截至 2022 年底，临海镇辖 10 个社区、10 个行政村：八大家社区、团洼社区、双洋社区、五岸社区、二垛社区、东兴社区、中五社区、同胜社区、六垛社区、星晨社区、金海村、新东村、后涧村、渠西村、盐店村、兴盛村、华兴村、兴圩村、曙东村、头厂村。奋套河南匡区域、丫头港垦区在珍禽保护区内。

临海镇有工业企业 87 个，其中规模以上 23 个，有营业面积超过 50 m^2 的综合商店或超市 135 个。

3.4.5 黄尖镇

隶属于江苏省盐城市亭湖区，地处亭湖区东北部，东邻江苏盐城湿地珍禽国家级自然保护区，南与盐东镇接壤，西、北隔新洋港与射阳县特庸、洋马、黄沙港三镇相望，距亭湖区人民政府 36 km。境内河道属淮河流域；主要河道有新洋港、大新港河、川洋河、子午河、新华大沟等，总长度 46.5 km；境内最大河流为新洋港，长 17 km。辖区内有珍禽国家级保护区和国家 AAAA 级丹顶鹤湿地生态旅游区、万亩森林公园（盐城林场）和黄尖牡丹园。

截至 2022 年底，黄尖镇辖 4 个社区、6 个行政村：新同社区、新街社区、黄尖社区、新洋港社区、新闸村、涵洞村、花川村、指南村、洋尖村、兴农村。盐城瑞鹤生态农业有限公司、金滩海涂开发有限责任公司及兴农村地域位于珍禽保护区内。

黄尖镇有工业企业 195 个，其中规模以上 6 个，有营业面积超过 50 m^2 的综合商店或超市 45 个。

3.4.6 盐东镇

隶属于江苏省盐城市亭湖区，地处亭湖区东北部，东与方强农场接壤，南隔西潮河与大丰区丰富社区、方强社区 2 社区相望，西与南洋镇相邻，北与射阳县特庸镇毗连，距亭湖区人民政府 22.5 km。盐东镇地处苏北平原东部，属于典型的滨海平原地貌，地势低平且开阔，无明显起伏。盐东镇水系发达，河网密布，主要河流包括新洋港、新丰河、子午河、西潮河、新民河等多条中小型河流，累计长度近百千米。

截至 2022 年底，盐东镇辖 1 个社区、13 个行政村：李灶社区、洋桥村、中东村、兆丰村、桂英村、美满村、正洋村、曙阳村、新建村、艳阳村、生建村、坞港村、东南村、新冲村。其中中东村地域位于珍禽保护区内。

盐东镇有工业企业 179 个，其中规模以上 20 个，有营业面积超过 50 m^2 的综合商店或超市 64 个。

3.4.7 三龙镇

隶属于江苏省盐城市大丰区，地处大丰区北部，东近黄海，南与上海农场、海丰农场接壤，西与新丰镇毗邻，北与江苏省方强农场、江苏盐城湿地珍禽国家级自然保护区、盐城市亭湖区相连，距大丰区人民政府 20 km。三龙镇地处滨海平原，地势平坦。境内河流属沿海水系，主要河流有斗龙港、护龙河、南直河、西潮河等。

截至 2022 年底，三龙镇辖 3 个社区、19 个行政村：龙王庙社区、丰富社区、斗龙社区、龙西村、龙东村、丰余村、龙南村、丰富村、下坝村、斗龙港村、前进村、斗龙村、东红村、开明村、新丰村、洋桥村、持久村、久丰村、增产村、新坍村、富强村、和平村。其中下坝村、开明村、东红村、新丰村、斗龙港村及斗龙垦区、海北垦区等地域位于珍禽保护区内。

三龙镇有工业企业 75 个，其中规模以上 9 个，有营业面积超过 50 m^2 的综合商店或超市 34 个。

3.4.8 草庙镇

隶属于江苏省盐城市大丰区，地处大丰区东南部，东与大中农场、大丰林场交界，南与江苏大丰麋鹿国家级自然保护区、上海市川东农场、大桥镇相连，西与万盈镇毗邻，北与南阳镇隔河相望，距大丰区人民政府 38 km。草庙镇地处滨海平原，地势平坦。境内河流属沿海水系：主要河流有王港、竹港、江界河、川东港、黄海复河等。

截至 2022 年底，草庙镇辖 2 个社区、14 个行政村：草庙社区、川东社区、庆生村、圩东村、沿河村、新场村、新东村、川竹村、东灶村、川洋村、竹港村、北灶村、丁东村、四灶村、五总村、新海村。其中川竹村、川东社区及大丰林场、竹川垦区、新竹垦区、川东垦区等地域位于珍禽保护区内。

草庙镇有工业企业 118 个，其中规模以上 8 个，有营业面积超过 50 m^2 的综合商店或超市 75 个。

3.4.9 弶港镇

隶属于江苏省盐城市东台市，地处东台市东南部，东濒黄海，南接海安市角斜镇，西与新街、三仓、头灶三镇相邻，北与上海市川东农场、江苏省新曹农场接壤，距东台市区 65 km。弶港镇地处长江三角洲北侧滨海平原，地势平坦。境内水系为人工排灌河网，有大小河道 88 条，主要河流有方塘河、东台河、梁垛河、三仓河等，河道总长度 374.7 km。

截至 2022 年底，弶港镇辖 9 个社区、11 个行政村：新港社区、渔舍社区、弶南社区、弶港社区、黄海社区、镇海社区、六里社区、巴斗社区、蹲门社区、海堤村、堤利村、双墩村、尖南村、前哨村、中来村、姜墩村、新先村、新海村、八里村、新曹村。其中蹲门社区、巴斗社区及条子泥垦区、梁南垦区位于珍禽保护区内。

弶港镇有工业企业 34 个，其中规模以上 9 个，有营业面积超过 50 m^2 的综合商店或超市 65 个。

3.5 珍禽保护区社会经济状况与周边社区的认知程度

社区是自然资源的保护和利用之所，是文化资源的传承之地，是珍禽保护区的重要组成部分，协调好保护区与社区关系是构建高效保护体系的关键环节。研究社区经济状况，了解社区居民对保护区及相关工作的认知与态度，对于因地制宜地制订社区发展规划、有效指导后申遗时代保护区工作、保证保护区和周边的可持续发展具有重要意义。

2019 年申遗成功以后，开展了以遗产地及缓冲区范围内的社区居民作为样本的社区调查。调查内容涵盖 5 个维度，包括：①社区居民遗产价值认知（了解社区发展理念与目标）；②社区参与机制（掌握社区与遗产地的互动情况）；③社区调控措施（思考生态保护与社区协同发展的措施）；④公众参与情况（便于后期鼓励公众积极参与遗产地保护）；⑤利益相关主体协调情况（便于协调遗产地管理者、村民、游客间的关系，促进人与自然和谐发展）。在受访社区居民中，对于遗产地申遗成功可以提高居民的幸福感，80%

表示同意，14%态度中立；对于遗产地环境变化与自身的生活密切相关，78%表示同意，16%态度中立；对于社区周围的鸟类数量比申遗之前是否增加了，85%表示同意，11%态度中立；对于申遗成功可以提高社区居民的环保意识，86%表示同意，11%态度中立；对于遗产地的保护可以使环境变得更好，有利于居民的身体健康，87%表示同意，10%态度中立；对于遗产地保护能提高生物多样性保持积极态度，83%表示同意，14%态度中立；对于遗产地可以开发生态旅游业，84%表示同意，12%态度中立；对于申遗成功可以大大提高当地居民生物多样性保护意识，85%表示同意，12%态度中立；对于遗产地保护能减少当地极端气候，有利于降低洪水风险和减轻夏季高温等，61%的专业工作者表示同意，37%的专业工作者态度中立；对于遗产地应该积极开展湿地的恢复工程，63%的专业工作者表示同意，35%的专业工作者态度中立；对于遗产地可以通过湿地恢复以减少全球的极端气候，61%的专业工作者表示同意，37%的专业工作者态度中立。总体来看，社区居民具有较强的环保意识，能客观认识到遗产地的保护价值，且对遗产地的申遗、保护与发展工作持积极态度，为遗产地管理奠定了良好基础。

受访社区居民中，对于盐城对遗产地的保护合理或可持续，86%表示同意，11%态度中立；对于遗产地设立能为当地居民提供更多就业机会，66%表示同意，17%态度中立，17%表示不同意；对于申遗成功有利于提高社区居民收入，61%表示同意，20%态度中立，19%表示不同意；对于遗产地申遗成功有助于提高当地政府财政收入，64%表示同意，28%态度中立；对于申遗成功湿地公园建设能吸引更多旅客，增加旅游业收入，对当地旅游业发展产生积极影响，79%表示同意，14%态度中立；对于遗产地的设立能给居民自身的经济状况带来很大积极影响，55%表示同意，28%态度中立，17%表示不同意。总体来看，社区居民非常认可和支持盐城市对遗产地的保护管理工作，但不难发现，接近一半的社区居民对遗产地申遗能否带来直接的经济价值保持中立/怀疑的态度。

对于遗产地政策影响，160 位社区居民最关心经济方面的影响；对于交通压力，105 位社区居民表示遗产地生态旅游业增加了社区道路的交通压力；对于渔业的影响，99 位社区居民表示遗产地的成功申遗对当地的渔业造成严重的负面影响；对于政策制定情况，61%的社区居民知道社区制定了相关政策用于调控社区发展与遗产地生态保护，39%的社区居民表示不清楚；对于政策实施效果，57%的社区居民表示目前制定的政策实施效果非常好，40%的社区居民表示效果一般。总体来看，社区居民更关注自身获得的经济效益，能否增加经济收入。在遗产地的建设过程中，应兼顾经济与保护，保障社区居民的生活；同时，应加强相关政策宣传和实施，使政府、社区工作者全面了解遗产地发展现状，积极投入保护工作。

对于经济补偿、水产养殖影响、社区改造影响对社区居民进行了调研，在受访社区居民中，80%表示当居民/企业因遗产地遭受经济损失时，政府应给予相应的经济补偿；49%表示遗产地对于水产养殖的管理过于严格；42%保持中立；仅 15%表示由于申遗成功而进行的街道、社区改造对社区居民日常生活产生了积极的影响，56%保持中立，29%表示反对。总体来看，社区居民未获得遗产地申遗成功后所带来的利益。

经调研，遗产地范围内拥有文蛤、泥螺、黄泥螺、蛏子、对虾、海蜇、鳗鱼、蹲门大饼、条子泥鱼汤面等特色民间美食，特色民宿，盐文化、渔号子等传统文化，对于这些传统特色，约有 54%的受访社区居民表示不了解。在受访社区居民中，77%认为申遗成功有利于提升社区文化特色的宣传，52%认为传统文化会越来越受到重视。

3.6 珍禽保护区社会经济稳定发展的建议

1. 定期更新社区基本信息，加强日常管理与维护

乡镇、村（居）委会、企业的行政区划及土地管辖情况、土地利用情况、社会经济情况均存在数据缺失、信息不完善的现象。各乡镇、村（居）委会、企业应将所有信息电子化，定期巡检，及时更新信息，为遗产地保护提供本底数据，从而制定合理的社区发展长期规划。

2. 优化生态补偿制度，就业政策倾斜社区居民

由于生态环境管控要求愈加严格，保护区范围内以种植、养殖业为生的居民，其生产生活受到一定影响。保护区及遗产地建设的重要目标之一就在于增进当地社区的发展和居民的福祉，当地政府和有关部门有义务保障社区的基本物质利益，不能让社区居民将生存困难归咎于生态保护工作。因此，管理部门应优化生态补偿制度，就业政策适当倾斜本地居民，改善社区居民生产生活条件，创造直接和间接的经济收益。同时，共建共管共享保护成果，激发民众保护遗产的自觉性，从根源上解决社区生态环境破坏的问题。

3. 建立健全公众参与生态旅游资源保护发展机制

公众参与、社会支持是遗产地开展生态保护和生态旅游的社会基础，保护区周边社区居民，经济水平相对较低，普遍具有通过开展生态旅游脱贫致富的迫切愿望。政府部门要加强与民众的沟通，在制定旅游规划或方案时充分考虑公众的意愿。规划方案形成过程中，要通过多元化、多种形式征求社区意见，如召开意见征集会、沟通会，利用主流媒体扩大宣传等形式与社区居民面对面沟通，或召开有奖意见征集活动等提高公众参与的积极性。同时，鼓励企业或个体投资者积极参与盐城黄海湿地生态旅游资源保护与开发利用，利用民间资本缓解政府压力。政府要在政策上提供保障，坚定企业或个体投资者的投资信心。

4. 充分挖掘社区传统文化，加强遗产地科普宣传

调查发现遗产地相关社区有着丰富的传统文化，但是这些文化传播率不高，知悉范围相当有限。政府和社区应通过新媒体、自媒体等形式，全方位宣传传统文化，提高其知名度。此外，还应向当地居民大力宣传遗产地的价值，了解申遗成功对当地经济发展的带动作用，进一步拉近遗产地与居民的距离，为遗产地的保护打下群众基础。

第4章 综合评价

珍禽保护区所在的中国黄（渤）海候鸟栖息地（第一期）位于黄海生态区，拥有世界上规模最大的潮间带滩涂，由黄河、长江等大河携带入海的沉积物在黄（渤）海地区特殊的水文条件和历史变迁过程中形成了一系列泥滩、沙滩、沼泽等生境。该栖息地是多种濒危候鸟的重要停歇、越冬或繁殖地，构成了全球温带地区最为多样、宏伟的沿海景观和生态系统之一，也是东亚-澳大利西亚候鸟迁徙路线上的关键区域（陈耀华等，2021）。

4.1 自然资源评价

珍禽保护区是江苏省最大的、保持自然状态最好的一块沿海滩涂湿地。珍禽保护区所在的这片滩涂受海洋气候影响，气候温和，雨量充沛，四季分明。滩涂上河道港汊纵横交错成网，多沼泽，植被生长繁茂，底栖动物丰富，为鸟类的生存提供了良好的条件。珍禽保护区的核心区是一片保存完好的芦苇湿地和滩涂湿地，是一些珍稀鸟类和其他野生生物的重要栖息地；缓冲区和实验区基本属于半自然或人工湿地及农田，进行水产养殖和农业生产等活动，这些地区也为鸟类等动物提供了栖息的场所和丰富的食物资源（李春荣等，2023）。

4.2 生态价值评价

1. 典型性

珍禽保护区内物种丰富，许多都是国家重点保护的一、二类野生动物，如丹顶鹤、白鹤等。这里是东北亚与澳大利亚涉禽迁徙的重要驿站，也是水禽重要的越冬地，同时也是世界上最大的野生丹顶鹤的越冬地，最多时有1000多只来此越冬（王娟等，2022）。保护区内已发现有近40种野生动物被列入《世界自然保护联盟濒危物种红色名录》中，在生物多样性保护中占有十分重要的地位（吕士成，2020）。

2. 多样性

珍禽保护区是生物多样性十分丰富的地区之一，区内有植物725种，鸟类421种，湿地两栖爬行类26种，鱼类314种，陆栖哺乳类37种。其中国家重点保护的一级野生动物有丹顶鹤、白头鹤、白鹤、东方白鹳、黑鹳、中华秋沙鸭、遗鸥、大鸨、白肩雕、金雕、白尾海雕、麋鹿、中华鲟等共30种，国家重点保护的二级野生动物有85种，如獐、大天鹅、鸳鸯、灰鹤等。

珍禽保护区是挽救一些濒危物种的关键地区，如丹顶鹤、黑嘴鸥、獐、震旦鸦雀等。每年来越冬的丹顶鹤达到千余只，占世界野生种群的50%左右；有三千多只黑嘴鸥在区内繁殖；近千只獐生活在保护区滩涂。

3. 稀有性

珍禽保护区是连接不同生物界区鸟类的重要环节，是东亚-澳大利西亚候鸟迁徙的重要停歇地，也是水禽的重要越冬地。每年春秋有 300 余万只候鸟迁飞经过盐城，有近百万只水禽在珍禽保护区越冬。珍禽保护区还是我国少有的高濒危物种地区之一，已发现有 29 种被列入《世界自然保护联盟濒危物种红色名录》中（表 4-1）。因此，珍禽保护区在国际生物多样性保护中占有十分重要的地位。

表 4-1　盐城湿地在鸟类方面的重要性

鸟类名称	重要性
丹顶鹤（*Grus japonensis*）	《世界自然保护联盟濒危物种红色名录》中濒危物种，超过全球种群数量的 25%
黑脸琵鹭（*Platalea minor*）	《世界自然保护联盟濒危物种红色名录》中濒危物种，极度珍稀物种，符合《湿地公约》所规定的 1%标准
东方白鹳（*Ciconia boyciana*）	《世界自然保护联盟濒危物种红色名录》中濒危物种，符合《湿地公约》所规定的 1%标准（实际超过全球种群数量的 10%）
黑嘴鸥（*Larus saundersi*）	
小青脚鹬（*Tringa guttifer*）	《世界自然保护联盟濒危物种红色名录》中濒危物种
半蹼鹬（*Limnodromus semipalmatus*）	《世界自然保护联盟濒危物种红色名录》中濒危物种
红腹滨鹬（*Calidris canutus*）	符合《湿地公约》所规定的 1%标准
黑腹滨鹬（*Calidris alpina*）	数量大
阔嘴鹬（*Limicola falcinellus*）	珍稀
勺嘴鹬（*Eurynorhynchus pygmeus*）	极度珍稀
鸿雁（*Anser cygnoides*）	符合《湿地公约》所规定的 1%标准
灰雁（*Anser anser*）	符合《湿地公约》所规定的 1%标准
豆雁（*Anser fabalis*）	全球种群数量的 15%

4. 代表性

珍禽保护区已成为鸟类重要栖息地。同时，珍禽保护区还积极开展了丹顶鹤保护方面的研究，特别是人工繁殖丹顶鹤的研究取得了重要进展，这些研究吸引了 30 多个国家和地区的专家学者参与（Liu et al., 2020）。珍禽保护区成为江苏省甚至中国最具特色、最珍贵的生态资源，其生态系统在改善环境、保持水土、涵养水源、维持生态平衡方面发挥了重要作用，成为江苏沿海海岸线上的一道绿色生态屏障（李潇和杨加猛，2021）。

4.3　社会价值评价

盐城滨海湿地是陆地、淡水、海岸和海洋生态系统及动植物群落演变、生态过程发展的突出代表，是东亚-澳大利西亚候鸟迁徙路线上最重要的自然栖息地，具有全球突出普遍价值。2019 年，盐城滨海湿地被成功列入《世界遗产名录》，填补了我国滨海湿地类型遗产空白。

4.4 科研价值评价

珍禽保护区丰富的动植物资源，茂密的水生植被及各类特殊的生态环境，是开展生物学、生态学、地理学、水文学、环境科学及其他相关学科研究的良好场地，也是研究和监测候鸟迁徙、越冬栖息和繁殖的理想基地（王欣等，2020）。除了进行常规性自然环境本底调查和动植物种群生态学、生物学特征等基础性研究外，重点开展了珍稀濒危鸟类、国际候鸟保护协定鸟类的分布和迁徙规律、消长动态、个体生理和繁殖生态行为等方面的观测研究；湿地生态系统的结构与功能、环境监测与生态效益的研究；水生植被、盐生植被发展演替系列研究；水生动植物再生能力与利用数量定量分析及其保护与持续发展利用等专题研究。珍禽保护区也是进行教学活动的课堂，科研院校在此进行动植物、地理、水文、土壤、防护林等学科的教学实习。

第5章 植物资源

5.1 浮游植物

浮游植物是水体中最主要的初级生产者，通过光合作用将CO_2固定为有机碳，从而启动了水体生态系统的能量流和物质流，开启了水体生物链，支持了大量的渔业生产量。浮游植物在碳的生物地球化学循环中发挥了重要作用，通过生物泵向海洋深处运输碳，参与调节大气CO_2浓度，进而影响全球气候（严淋露等，2024）。珍禽保护区水系发达，水资源丰富，有入海河流、湖泊湿地、滩涂潮沟，多元化的水域生态系统孕育了丰富多样的浮游植物，为保护区渔业资源奠定了基础，保障了珍禽保护区鸟类食源。

5.1.1 物种组成

浮游植物参照《海洋调查规范 第 8 部分：海洋地质地球物理调查》（GB/T 12763.8—2007）和《淡水浮游生物调查技术规范》（SC/T 9402—2010）进行样品采集、定性鉴定（于海澔等，2022）。结果显示，珍禽保护区全年各区域考察中共有藻类 356 种，隶属于 7 门 110 属（孙松等，2015；王业耀等，2020；沈盎绿等，2023）。其中种类最多的是硅藻门，有 63 属 262 种，占总数的 73.60%；其次是甲藻门 19 属 54 种，占总数的 15.17%；绿藻门有 13 属 21 种，占总数的 5.90%；蓝藻门 10 属 14 种，占总数的 3.93%；金藻门 3 属 3 种，占总数的 0.84%；隐藻门 1 属 1 种，占总数的 0.28%；裸藻门 1 属 1 种，占总数的 0.28%（图 5-1）。

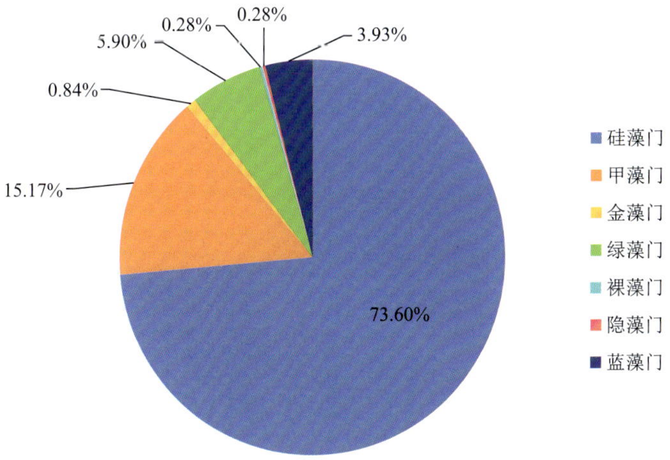

图 5-1 浮游植物种类组成

5.1.2　物种分布

根据调查水域的生境类型，将本轮调查中浮游植物分布水域划分为河口近岸水域、淡水水域及离岸岛滩水域（东沙滩，详见第 7 章）。

河口近岸水域全年共鉴定出浮游植物 6 门 71 属 184 种。该水域受地表径流、江苏沿岸流及黄海外海水的共同影响，浮游藻类又可以分为 4 种类群，分别为近岸低盐性类群、外海高盐性类群、河口半咸水性类群及淡水性类群。近岸低盐性类群包括温带近岸性种类和广温广盐性种类。①温带近岸性种：代表种有有棘圆筛藻、琼氏圆筛藻、苏氏圆筛藻、布氏双尾藻和中华盒形藻等；②广温广盐性种：代表种有温带广布性的中肋骨条藻、虹彩圆筛藻、蜂窝三角藻和夜光藻等。近岸低盐性类群种类最多，其数量在调查区内也占绝对优势。外海高盐性类群主要是一些随外海高盐区海水进入调查区域的藻类，主要为耐温、盐范围较大的热带性种类，如洛氏角毛藻、锚角藻和热带外海广布性细弱海链藻。河口半咸水性类群代表种有具槽直链藻，主要分布在灌河河口、淮河河口、苏北灌溉总渠入海口及东台河河口等区域。淡水性类群代表种有颗粒直链藻、盘星藻和鱼腥藻等。本类群主要是随径流进入调查区内，分布广，数量上占一定比例。

淡水水域包括保护区河流的闸上水域、淡水湖泊及人工鱼塘。受人为闸道的影响，保护区内含闸道河流，闸道上方水体为淡水，而下方为咸淡水，泾渭分明。闸道上方浮游植物主要是一些淡水种浮游藻类。淡水水域全年共鉴定浮游植物 7 门 156 种。受降雨及季节变化影响，淡水水域藻类时空变化较大。

5.1.3　浮游植物优势种

根据统计分析，中肋骨条藻为唯一全年优势种。调查水域不同季节出现的优势种有所差异。春季优势种有 4 种，分别为中肋骨条藻、颗粒直链藻、布氏双尾藻和洛氏角毛藻；夏季优势种有 4 种，分别为中肋骨条藻、颗粒直链藻、布氏双尾藻和琼氏圆筛藻；秋季优势种有 2 种，即为中肋骨条藻和线形舟形藻；冬季优势种有 6 种，分别为中肋骨条藻、颗粒直链藻、布氏双尾藻、琼氏圆筛藻、翼根管藻和洛氏角毛藻。

1. 中肋骨条藻（*Skeletonema costatum*）

其为最常见的海洋浮游硅藻，分布范围极广，常在沿岸带大量出现。其对盐度的耐受性较强，在远洋高盐度区域至沿岸低盐度的淡咸水区域均有分布；对温度也有较强的适应范围，从两极到赤道均有分布。因此，它是硅藻中典型的广温性和广盐性种类，在近岸低盐水域中的分布数量较多，是贝类及一些水生动物幼体的饵料。本种对各种生态条件有广泛的适应能力，具有较高的生长率，春夏季能在河口、近岸等富营养化水域迅速繁殖而形成赤潮，对渔业资源有一定的威胁。保护区水域中肋骨条藻的平均丰度为 28.42×10^4 cells/m^3。其中，平均丰度夏季最高，为 41.46×10^4 cells/m^3；春季为 39.45×10^4 cells/m^3；秋季为 40.33×10^4 cells/m^3；冬季最低，为 18.12×10^4 cells/m^3。在本轮调查中，夏季射阳河河口水域，中肋骨条藻丰度最高，数量达 815×10^4 cells/m^3 以上。

2. 颗粒直链藻（*Melosira granulata*）

其在世界范围内广泛分布，不仅是淡水水域中的常见优势种，而且在河口半咸水水域也占据优势地位。颗粒直链藻在我国发现的非海相沉积的硅藻土矿中是成矿硅藻的主要种之一，其对水环境变化非常敏感，除易受水温条件限制外，在富营养化水体及污染水体中极易形成优势种群，因此成为富营养污染水体的典型指示藻种。此外，颗粒直链藻对水温条件比较敏感，因此其丰度的四季变化明显。在本轮调查中夏季丰度最高，平均丰度为 8.54×10^4 cells/m^3；秋季次之，平均丰度为 6.14×10^4 cells/m^3；春季平均丰度为 4.16×10^4 cells/m^3；而冬季最低，平均丰度为 1.18×10^4 cells/m^3。在本轮调查中，夏季灌河河口水域，颗粒直链藻丰度最高，数量达 15.8×10^4 cells/m^3 以上。

3. 布氏双尾藻（*Ditylum brightwellii*）

其适应温度广泛，普遍分布于世界各地海域。在我国四大海域皆有布氏双尾藻的踪迹，常见于我国沿海区域。布氏双尾藻也是一种常见的赤潮藻类，其在条件适宜的环境中能快速生长繁殖，可能引发赤潮。本轮调查发现，在保护区水域夏秋季节，布氏双尾藻丰度较高，其密集区出现在射阳河河口附近，数量达 132×10^4 cells/m^3。

4. 琼氏圆筛藻（*Coscinodiscus jonesianus*）

其属暖水性种类，大多数是浮游生活的近岸种类，在半咸淡水区域也有分布。琼氏圆筛藻是毛虾、对虾幼体及浮游动物等的主要饵料，其数量直接影响浮游动物的丰度。本轮调查发现，春季琼氏圆筛藻平均丰度为 0.96×10^4 cells/m^3，夏季平均丰度为 1.06×10^4 cells/m^3，秋季平均丰度值为 0.86×10^4 cells/m^3，冬季平均丰度为 0.88×10^4 cells/m^3。四个季节平均丰度变化较小。

5.1.4 常见有害藻类介绍

微囊藻是最常见的有害种，广泛分布于富营养水体中，可产生微囊藻毒素，该毒素能导致肝脏、胆囊病变。在渔业方面，微囊藻暴发会直接导致鱼、虾、贝等水生动物大量死亡，造成水体缺氧、腥臭，在一些幸存的水生动物体内也会检测到藻毒素。截至2022年底，关于微囊藻暴发直接引起鸟类死亡的案例并没有发生，但有毒有害微囊藻暴发会直接影响水域生态系统的稳定性，短期导致鸟类食源生物大量死亡是不争的事实。本轮调查发现，微囊藻主要为铜绿微囊藻（*Microcystis aeruginosa*）。但整体细胞密度尚不高，暴发的风险较低。基于这种情况，建议珍禽保护区一方面增强水体流通性，另一方面多引入滤食性生物如鲢鱼、河蚌等摄食蓝藻生物。

5.1.5 浮游植物多样性季节变化

春季多样性指数 H'均值为 1.45 ± 0.63，均匀度 J 均值为 0.44 ± 0.14，丰富度 d 均值为 0.52 ± 0.15，单纯度 C 均值为 0.56 ± 0.17。总体来说，春季调查水域的多样性指数较低、均匀度较低而单纯度较高，种间比例较不均匀。

夏季多样性指数 H'均值为 1.36±0.48，均匀度 J 均值为 0.37±0.15，丰富度 d 均值为 0.72±0.05，单纯度 C 均值为 0.62±0.14。夏季调查水域浮游植物种间分布不均匀。

秋季多样性指数 H'均值为 0.68±0.22，均匀度 J 均值为 0.22±0.06，丰富度 d 均值为 0.55±0.05，单纯度 C 均值为 0.79±0.08。秋季调查水域的多样性指数较低，均匀度低，丰富度低，单纯度高，种间比例极不均匀。

冬季多样性指数 H'均值为 1.89±0.43，均匀度 J 均值为 0.49±0.09，丰富度 d 均值为 0.88±0.11，单纯度 C 均值为 0.45±0.10。冬季多样性指数、均匀度和丰富度指标与其他三季相比均为最高，而单纯度指数最低，表明冬季调查水域浮游植物种间分布较均匀。

综合各项生态指标可见，珍禽保护区水域因受地表径流、江苏沿岸流及黄海外海水的影响，水体营养盐丰富，适宜个别种类生长，浮游植物数量、种类组成较为丰富，但多样性指数低。同时，可以得出调查水域因单一种类的大量繁殖，对水域的生态环境质量已构成严重威胁。按照生物多样性判别水域生态环境质量标准（$1<H'<3$ 为轻污染），调查水域生态环境质量终年处于轻污染至污染状态，冬季水域生态环境质量要好于其他季节，夏季和秋季水域生态环境质量最差。

5.2 大型水生植物

大型水生植物是除小型藻类以外所有的水生植物类群。它们在生理上依附于水环境，至少有一部分生长周期发生在水中或水面。大型水生植物由多个植物门类组成，包括非维管植物，如大型藻类和苔藓类植物；低级维管植物，如蕨类和蕨类同源植物；以及最高级的维管植物——种子植物。水生植物体多具有储气通气组织，以适应水下气体不足的生长繁殖环境，它们是湿地的主要初级生产者，不仅能为其他生物提供食物及栖息环境，而且能为人类生产生活提供丰富的生物资源，对维持水质稳定具有重要作用，常常在生态修复中被用于稳态转化，具有重要的应用价值（杨柳燕等，2016；殷红桂等，2017）。

5.2.1 物种组成

采用恩格勒分类系统（1964 年），珍禽保护区有水生植物 35 种，隶属于 19 科 28 属。其中大型藻类 4 科 4 属 4 种，蕨类 2 科 2 属 2 种，双子叶植物 7 科 10 属 11 种，单子叶植物 6 科 12 属 18 种。双子叶植物有睡莲科（Nymphaeaceae）3 种、菱科（Trapaceae）2 种，其余均为单科单种；单子叶植物有眼子菜科（Potamogetonaceae）7 种、水鳖科（Hydrocharitaceae）5 种、茨藻科（Najadaceae）2 种，其余均为单科单种。珍禽保护区双子叶植物有菱属（*Trapa*）2 种，其余均为单属单种；单子叶植物有眼子菜属（*Potamogeton*）5 种、茨藻属（*Najas*）2 种，其余均为单属单种。

5.2.2 物种分布

1. 生活型

根据水生植物根、茎、叶与水的相对位置，水生植物分为4种生活型：挺水植物、浮叶植物、漂浮植物和沉水植物。沉水植物扎根水底沉积物中，整个植物体沉没在水面下，或仅花期部分露出水面，如苦草等。挺水植物扎根水底沉积物中，茎叶等大部分挺出水面，如香蒲等。浮叶植物扎根水底沉积物中，叶片浮在水面，如莲、菱等。漂浮植物的整个植株完全漂浮在水面，如凤眼莲、大薸等。

沉水植物受透明度、风浪、底质类型等多种因素影响，在封闭及半封闭的静水水域中生物量较高，而在开阔水域浪急水浑、水下光照不足的主要河道（如新洋港、斗龙港等）中生物量较低。这些沉水植物多生长在挺水植物群丛的边缘，调查团队在水深0.5～2.5 m的珍禽保护区核心区、缓冲区内的湖湾、湖汊、退围还湿鱼塘内发现大量沉水植物，几乎覆盖整个水面。生物量最大的沉水植被群丛是金鱼藻群丛，生物量约为6.80 kg/m^2。

挺水植物在珍禽保护区分布较为广泛，广布于珍禽保护区各功能区的岸坡、浅滩沼泽、沟渠两岸，主要为芦苇群丛、菰群丛、喜旱莲子草群丛。其中，芦苇群丛的伴生种主要为凤眼莲、金鱼藻、紫萍等；菰群丛的伴生种主要是金鱼藻、竹叶眼子菜、喜旱莲子草等；喜旱莲子草群丛的伴生种主要有金鱼藻、紫萍等。在基底高程较高的高滩地上，芦苇群丛占优势，并有荻、芦竹等伴生；高滩地向下在淹水区，菰成为优势种，往往出现单一菰群丛；菰群丛向开敞水面方向往往有成片的喜旱莲子草群丛漂浮生长，生物量较大，严重影响水下沉水植物的生长。

浮叶植物主要分布于静水水域，以及水深较浅、风浪较小的开敞水域湖滨带边缘，主要种类有莲、菱、荇菜、芡实。这些植物主要分布在北缓冲区、核心区、南缓冲区及南二实验区，多为人工养殖，如调查团队在新洋港水系的河道中发现有人工养殖莲和菱的情况。典型群丛有芡实+金鱼藻群丛、芡实+菱+金鱼藻群丛、菱+荇菜群丛等，在退围还湿的鱼塘中常常见到大量的莲和沉水植物共生的群丛。

漂浮植物零星分布于各类水域，生物量虽然不大，但往往完全覆盖水面，影响水下光照，导致沉水植物难以生长。漂浮植被主要分布于珍禽保护区核心区、南北缓冲区和中实验区内湖湾湖汊、围堰包围的废弃鱼塘内，常常分布在芦苇、菰、莲等单一种群丛的边缘区域。调查团队发现在三龙镇的退渔还湿区内水位较深的沼泽区域，水面被大量漂浮植被完全覆盖，同时水中光照强度减弱，不利于沉水植物及部分其他水生植物的生长。到夏季时，在珍禽保护区南缓冲区的深水水潭会形成以水鳖、紫萍等为优势的群落。

2. 水质分布

珍禽保护区内的大型水生植物绝大多数都生活在淡水中，有满江红（*Azolla pinnata* subsp. *asiatica*）、槐叶蘋（*Salvinia natans*）、凤眼莲（*Eichhornia crassipes*）、大薸（*Pistia stratiotes*）、浮萍（*Lemna minor*）、龙舌草（*Ottelia alismoides*）、苦草（*Vallisneria natans*）、

菹草（*Potamogeton crispus*）、眼子菜（*Potamogeton distinctus*）、野菱（*Trapa incisa*）、欧菱（*Trapa natans*）、水盾草（*Cabomba caroliniana*）、莲（*Nelumbo nucifera*）、芡实（*Euryale ferox*）、金鱼藻（*Ceratophyllum demersum*）等 26 种植物；生活在咸淡水的仅有水鳖（*Hydrocharis dubia*）、川蔓藻（*Ruppia maritima*）、大茨藻（*Najas marina*）、狐尾藻（*Myriophyllum verticillatum*）等 8 种植物。

5.2.3　常见种

1. 金鱼藻（*Ceratophyllum demersum*）

其为金鱼藻科金鱼藻属多年生草本沉水性水生植物，生长于小湖泊静水处，可做猪、鱼及家禽饲料。金鱼藻在全国范围内分布，特别是在水中富含有机质且水层较深的稻田中分布较多，危害较重。此外，静水池塘、湖泊、沟渠中亦有分布。由于金鱼藻吸氮能力极强，同时能降低水温，会严重影响水稻分蘖及生长发育。

2. 大薸（*Pistia stratiotes*）

其为天南星科大薸属水生飘浮草本植物。大薸喜高温高湿气候，耐寒性差，在缓流水域的河流、溪沟及氮、磷元素含量偏高条件下生长繁衍速度比较快，这说明此水域的水质已被氮、磷富营养化而污染。大薸全株可做猪饲料。

3. 荇菜（*Nymphoides peltata*）

其为龙胆科荇菜属多年生水生草本植物。荇菜生于池沼、湖泊、沟渠、稻田、河流或河口的平稳水域。通常群生，呈单优势群落。荇菜适合生长于多腐殖质的微酸性至中性的底泥和富营养的水域中，经常与水生植物轮藻、狐尾藻、金鱼藻、浮萍、紫萍、细叶满江红、菱、苦草和菖蒲等混生。

4. 苦草（*Vallisneria natans*）

别称蓼萍草、扁担草，为多年生无茎沉水草本。它具有匍匐茎，叶子为线形或带形，种子倒长卵形，有腺毛状凸起。苦草生于中国多个省份的溪沟、河流等环境之中，有药用、观赏、经济等多种价值。

5.2.4　外来入侵水生植物

参考 2022 年农业农村部等相关部门制定的《重点管理外来入侵物种名录》，调查区域发现有 2 种外来入侵水生植物。

1. 水盾草（*Cabomba caroliniana*）

莼菜科水盾草属植物，多年生水生草本，根系发达，叶对生或轮生。沉水叶为圆扇形，种子无成熟的胚，在中国通常开花却不结实。该草的新生茎叶较脆，很容易在自然外力，包括水流、外力搅动等作用下呈段状断开，而折断植株体可在水中漂流传播较远的距离，遇到阻隔在静水中沉于水底基质上或在河岸边等着落即可生根长成新植株（丁瑜欣等，2020）。水盾草原产于南美洲，分布于江苏、上海、浙江、山东、北京，此次科考发现于珍禽保护区大丰区和射阳县境内的河流中，如射阳河支流等。

2. 凤眼莲（*Eichhornia crassipes*）

又名凤眼蓝、水葫芦，原产巴西，现广布于中国长江、黄河流域及华南各省。它喜欢温暖湿润、阳光充足的环境，适应性也很强，具有一定的耐寒能力，生长在水塘、沟渠及稻田中。亚洲热带地区也已广泛分布，在生长适宜区常由于过度繁殖，阻塞水道，影响交通。凤眼莲曾一度被很多国家引进，广泛分布于世界各地，亦被列入世界百大外来入侵种之一。此次科考在东台、大丰和射阳的主要水系航道内均发现有凤眼莲分布。

5.2.5 重点保护水生植物

依据《国家重点保护野生植物名录》（第一批、第二批），珍禽保护区内发现有国家二级保护野生植物2种，分别为野菱（*Trapa incisa*）和莲（*Nelumbo nucifera*）。

1. 野菱

其为菱科菱属一年生浮叶植物。浮水叶互生，聚生在主茎和分枝茎顶，在水面形成莲座状菱盘。野菱的果实可以食用，很多部位可以入药。野生于水塘或田沟，对气候和土壤适应性很强，喜深厚、肥沃、疏松土壤，分布于东北至长江流域。在珍禽保护区内，野菱分布较少，仅在射阳等地湖区及沟塘调查到，群丛范围内成片分布。

2. 莲

其为莲科莲属多年生水生草本植物，喜相对稳定的静水，不耐阴。莲对土壤的适应性较强，在各种类型的土壤中均能生长。莲的经济价值较高，根状茎可以作蔬菜或提制藕粉，种子可供食用或药用。藕及莲子为营养品，叶及叶柄煎水喝可清暑热，藕节、荷叶、荷梗、莲房、雄蕊及莲子都富有鞣质，可作收敛止血药。叶为茶的代用品，又可作包装材料。在珍禽保护区内，莲的分布较多，许多退渔还湿的鱼塘已经成为莲藕塘。

5.3 陆生维管植物

凡是有维管系统的植物都称维管植物，包括蕨类植物、裸子植物和被子植物三大类群，它们与藻类、菌类、地衣、苔藓植物的不同之处在于具有发达的维管系统。

种子植物可分为裸子植物和被子植物，该类植物有两个基本特征，即体内有维管组织——韧皮部和木质部，能产生种子并用种子繁殖。蕨类植物和种子植物主要生活在陆域环境，通常这些植物是绿色植物、具有胚胎且个体较高大。蕨类植物又名羊齿植物，是原始的维管植物，具有独立生活的配子体和孢子体。配子体产有颈卵器和精子器。孢子体有根、茎、叶器官和维管系统的分化，并产有孢子囊。蕨类植物是介于苔藓植物和种子植物之间的一类植物，较苔藓植物为进化，较种子植物为原始，既是高等的孢子植物，又是原始的维管植物。

5.3.1　种类组成与分布

1. 裸子植物

珍禽保护区分布有裸子植物 6 科 15 属 23 种，分别占此次发现种子植物的 4.8%、3.4%、3.3%，全部为人工栽培品种，主要是柏科（Cupressaceae）、杉科（Taxodiaceae）、松科（Pinaceae）的一些种。柏科、杉科、松科 3 个科的植物在盐城沿海湿地的分布分别有 9、6、5 个种，其中圆柏（*Juniperus chinensis*）、龙柏（*Juniperus chinensis* ‘*Kaizuca*’）、千头柏（*Platycladus orientalis* ‘*Sieboldii*’）等为珍禽保护区区域庭园和道路冬季绿化的常见树种。在湿地低洼的道路两侧和水塘周边多栽培有水杉（*Metasequoia glyptostroboides*）、落羽杉（*Taxodium distichum*）、柳杉（*Cryptomeria japonica* var. *sinensis*）、海岸松（*Pinus pinaster*）、湿地松（*Pinus elliottii*）等树种。

根据 2021 年发布的《国家重点保护野生植物名录》，珍禽保护区引种的栽培树种苏铁（*Cycas revoluta*）、银杏（*Ginkgo biloba*）、水杉（*Metasequoia glyptostroboides*）被划入国家一级重点保护植物名录中。以上植物在珍禽保护区内生长状态良好，是沿海防护林、海堤公路、水田林网的重要绿化造林树种。

2. 被子植物

本轮调查出被子植物 120 科 422 属 679 种，其中双子叶植物纲（Dicotyledoneae）92 科 293 属 440 种；单子叶植物纲（Monocotyledoneae）28 科 129 属 239 种。双子叶植物纲与单子叶植物纲的科、属、种的数量之比为 3.29∶1、2.27∶1、1.84∶1，可见双子叶植物纲资源种类占优势。

1）双子叶植物纲

它的科、属、种数分别占被子植物记录总数的 76.7%、69.4%、64.8%。菊科（Asteraceae）是双子叶植物数量最多的科，共 37 属 65 种，其中的飞蓬属（*Erigeron*）、蒿属（*Artemisia*）、苦荬菜属（*Ixeris*）和鬼针草属（*Bidens*）为优势属。另外，菊科是该区草本植物中重要的建群科，而碱蓬（*Suaeda glauca*）、盐地碱蓬（*Suaeda salsa*）、北美海蓬子（*Salicornia bigelovii*）、补血草（*Limonium sinense*）等植物是珍禽保护区重要的建群种。

常见的菊科植物有各种蒿，如茵陈蒿（*Artemisia capillaris*）、黄花蒿（*Artemisia annua*）、艾（*Artemisia argyi*）、牡蒿（*Artemisia japonica*）、南牡蒿（*Artemisia eriopoda*）、野艾蒿（*Artemisia lavandulifolia*）、茼蒿（*Glebionis coronaria*），其他还有野菊（*Chrysanthemum indicum*）、苦荬菜（*Ixeris polycephala*）、中华苦荬菜（*Ixeris chinensis*）、抱茎小苦荬（*Ixeridium sonchifolium*）、碱菀（*Tripolium pannonicum*）和钻叶紫菀（*Symphyotrichum subulatum*）等。

分布最广泛的双子叶植物主要是藜科的碱蓬（*Suaeda glauca*）、盐地碱蓬（*Suaeda salsa*）、北美海蓬子（*Salicornia bigelovii*），以及菊科的香丝草（*Erigeron bonariensis*）、马兰（*Kalimeris indica*）、加拿大一枝黄花（*Solidago canadensis*）等。

区内木本植物种类较少，多为落叶树种，本土种类主要有刺槐（*Robinia pseudoacacia*）、臭椿（*Ailanthus altissima*）、楝（*Melia azedarach*）、构（*Broussonetia papyrifera*）等。人工栽培种类主要有加杨（*Populus*×*canadensis*）、意杨（*Populus* × *canadensis* ‘*I-214*’）、枫杨（*Pterocarya stenoptera*）、栾树（*Koelreuteria paniculata*）、复羽叶栾（*Koelreuteria bipinnata*）、全缘叶栾（*Koelreuteria bipinnata* ‘*integrifoliola*’）等，遍布于海堤公路两侧、入海河流两岸。人工林下常见种类主要有枸杞（*Lycium chinense*）、碱菀（*Tripolium pannonicum*）、阿拉伯婆婆纳（*Veronica persica*）等。

2）单子叶植物纲

它的科、属、种数分别占被子植物记录总数的23.3%、30.6%、35.2%。单子叶植物种类数虽比双子叶植物少，但分布更为广泛。其中，禾本科（Gramineae）共有67属124种，是单子叶植物纲中最大的科。其次是莎草科（Cyperaceae），共11属44种；其他主要科有百合科（Liliaceae）1属1种，眼子菜科（Potamogetonaceae）3属7种，天南星科（Araceae）6属7种，鸢尾科（Iridaceae）3属5种，灯心草科（Juncaceae）1属4种等。

禾本科是区内单子叶植物纲中最大的科，常见种有芦苇（*Phragmites australis*）、互花米草（*Spartina alterniflora*）、白茅（*Imperata cylindrica*）、獐毛（*Aeluropus sinensis*）、拂子茅（*Calamagrostis epigejos*）、狗尾草（*Setaria viridis*）、狼尾草（*Pennisetum alopecuroides*）、早熟禾（*Poa annua*）、中华结缕草（*Zoysia sinica*）、大穗结缕草（*Zoysia macrostachya*）、碱茅（*Puccinellia distans*）、荻（*Miscanthus sacchariflorus*）等。其中，中华结缕草为国家二级重点保护野生植物。芦苇、獐毛、白茅、狼尾草、狗尾草、早熟禾等是高位滩地常见种，芦苇、荻等是河口及围塘岸边的常见种。

莎草科植物虽然种类比较多，但是分布范围并不十分广泛，多零星分布在围塘岸边、林下草丛中。莎草科常见种有扁秆荆三棱（*Bolboschoenus planiculmis*）、华东藨草（*Scirpus karuisawensis*）、水葱（*Schoenoplectus tabernaemontani*）、野荸荠（*Eleocharis dulcis*）、海三棱藨草（*Scirpus*×*mariqueter*）、糙叶薹草（*Carex scabrifolia*）、灰化薹草（*Carex cinerascens*）、牛毛毡（*Eleocharis yokoscensis*）等。

3. 蕨类植物

有蕨类植物17科18属23种，分别占此次发现陆生植物总数的11.7%、3.7%、3.0%。种数占优势的科有碗蕨科（Dennstaedtiaceae）、蹄盖蕨科（Athyriaceae）和鳞毛蕨科（Dryopteridaceae），以上3个科中各有2个种。

珍禽保护区地处苏北沿海，蕨类植物种类相对较少，以凤尾蕨科（Pteridaceae）、蕨科（Pteridiaceae）、金星蕨科（Thelypteridaceae）、鳞毛蕨科（Dryopteridaceae）、蹄盖蕨科（Athyriaceae）等植物为主，构成珍禽保护区公路、海堤等林下草本层；潮湿路边、泥沼草地、溪边则以木贼科（Equisetaceae）、瓶尔小草科（Ophioglossaceae）等耐水湿的蕨类植物为主。

5.3.2　植物区系

1. 植物组成

将某地区全部植物种类按科、属、种进行数量统计，然后按地理分布、起源地、迁移路线、历史成分和生态成分划分成若干类群，分别称为植物区系的地理成分、发生成分、迁移成分、历史成分、生态成分等，以便全面了解一个地区植物区系的种类组成、分布区类型，以及发生、发展等重要特征（吴征镒，1991）。分析蕨类植物、裸子植物、被子植物3门植物的组成比例可知，无论从科、属还是种的数量来看，被子植物的种类都处于绝对优势的地位（图5-2）。

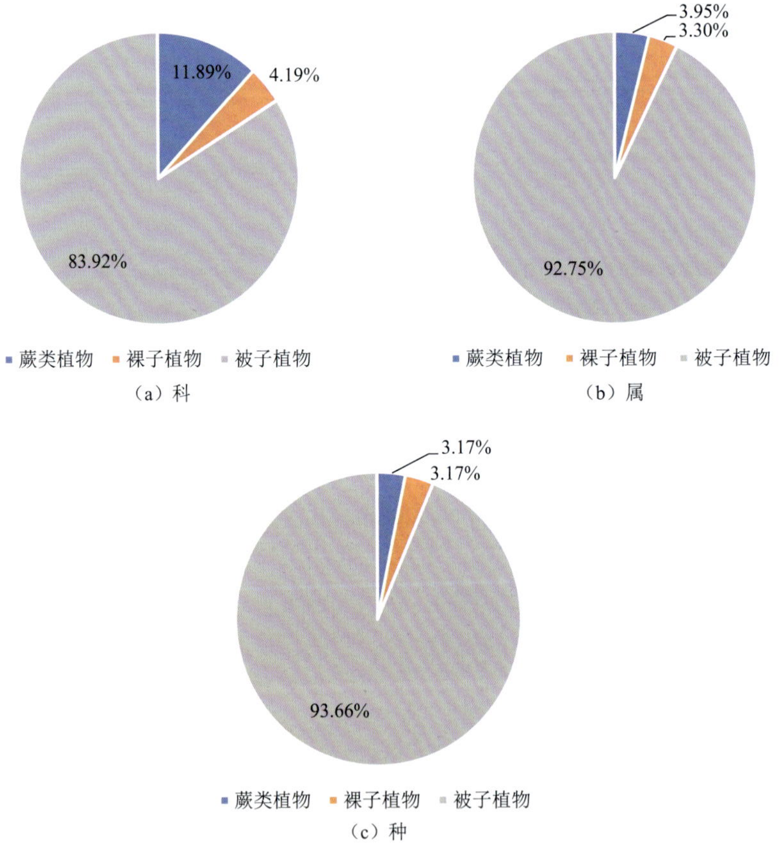

图5-2　蕨类植物、裸子植物和被子植物的科、属、种数目占比

2. 植物空间分布

1）灌河至中山河

此区域包含珍禽保护区北一实验区，位于响水县境内。响水县境内为侵蚀性海岸，滩涂面积较少，区域内主要有三圩盐场、灌东盐场与头罾盐场，大多为渔业养殖场，少

量为盐田。近海面积较小的滩涂上分布有互花米草（*Spartina alterniflora*）、盐地碱蓬（*Suaeda salsa*）、碱蓬（*Suaeda glauca*）、猪毛蒿（*Artemisia scoparia*）。植物物种丰富度较低，植被分布连续性差，斑块零散。

2）中山河口

中山河为响水县与滨海县的界河，河口位于珍禽保护区北一实验区，为营养富集区，近海滩涂资源丰富，密集分布有珍禽保护区典型盐土植被互花米草、盐地碱蓬及湿生群落芦苇（*Phragmites australis*）等，其他植被主要为碱菀（*Tripolium pannonicum*）、苦苣菜（*Sonchus oleraceus*）、猪毛蒿和狗尾草（*Setaria viridis*）等。中山河口植物物种多，丰富度较高，区域内分布植被呈典型的滩涂禾草景观。

3）中山河口至翻身河口

此区域为珍禽保护区在滨海境内的北块区域（北一实验区南侧）。中山河口至新生港闸近河口区域，近海有较大面积的滩涂资源，植被与中山河口类似，分布有芦苇、互花米草、碱蓬、盐地碱蓬等。新生港至翻身河口为侵蚀性海岸，区域西部主要为新滩盐场盐田及渔业养殖场，主要植被为狗尾草、猪毛蒿和碱菀等。

4）翻身河口至扁担港口

翻身河口经废黄河口、振东闸、二罾闸、八滩渠闸至扁担港口，为珍禽保护区在滨海县境内南块区域（北二实验区内）。翻身河至振东闸为侵蚀性海岸，滩涂面积狭小，几乎无植被分布。二罾闸至扁担港口（淮河入海口），滩涂植物资源丰富，分布有盐地碱蓬、碱蓬和数量较多的互花米草与芦苇。

5）扁担港口经射阳河口至射阳盐场北堤

扁担港口经奋套河口、双洋河口、运粮河口、喇叭河口、射阳河口至射阳盐场北堤，为珍禽保护区北二实验区，位于射阳县境内。扁担港以南到射阳河口滩涂主要分布有互花米草和芦苇。射阳河三角洲主要植被为芦苇。缓冲区北界区域滩涂主要分布有芦苇、互花米草、碱蓬与盐地碱蓬，为丹顶鹤重要分布区，物种丰富。

6）射阳盐场北堤至新洋港口

该区域位于北缓冲区，近海滩涂主要植被为互花米草、芦苇、加拿大一枝黄花和较小面积的盐地碱蓬，海堤以西有射阳盐场、水库及渔业养殖场，主要植被为芦苇。

7）中路港至斗龙港

核心区界以西的中缓冲区，位于射阳县与大丰区境内，主要为养殖场与粮棉种植区；主要植被有杨树、刺槐等防护林带，沟河边有芦苇及小麦（*Triticum aestivum*）、陆地棉（*Gossypium hirsutum*）等栽培植物。

8）斗龙港口至四卯酉港口

该区域位于大丰区境内（南缓冲区内），近海滩涂分布互花米草、盐地碱蓬、芦苇等典型植被，海堤以西主要为渔业养殖区，区内主要分布芦苇、藨草等植物。

9）新洋港经中路港至斗龙港

该区域位于珍禽保护区核心区，在亭湖区与大丰区境内。区域内具有广袤的滩涂湿地资源，密集分布有珍禽保护区典型盐土植被互花米草、盐地碱蓬、北美海蓬子（*Salicornia bigelovii*）、碱菀，以及湿生群落芦苇和喜旱莲子草（*Alternanthera philoxeroides*）等。其他植被主要为狗尾草、钻叶紫菀、补血草（*Limonium sinense*）、罗布麻（*Apocynum venetum*）、苏门白酒草（*Erigeron sumatrensis*）、香丝草（*Erigeron bonariensis*）、加拿大一枝黄花等植物。珍禽保护区内植被丰富度及盖度较高，分布植被形成广袤壮丽的滩涂湿地禾草景观。

10）四卯酉河口至大丰港北

该区域位于大丰区境内，近海滩涂主要植被为互花米草、芦苇和较小面积的盐地碱蓬，海堤以西为上海农场及养殖场，主要植被为农田防护林及小麦、棉等，区内沟河边分布芦苇、白茅、獐毛、加拿大一枝黄花等。

11）大丰港南至川水港

该区域位于南二实验区内。川水港以北部分位于东台市境内，其余区域位于大丰区境内，属于淤长型海岸。区内北部沿海滩涂分布有芦苇，近海滩涂分布有互花米草、盐地碱蓬与北美海蓬子。川东港到川水港近海滩涂有芦苇、白茅、碱蓬、北美海蓬子、加拿大一枝黄花等。区内有苏丰农场、华丰农场、东川农场、金海农场等垦区，常见植被为芦苇、獐毛、白茅等。

12）川水港至方塘河闸

该区域位于南二实验区内。区域位于东台市境内，全区属于淤长型滩涂，全区潮带滩涂面积广，有大面积光滩，仅分布少量互花米草。川水港至死生港海堤处多为白茅，近海分布盐地碱蓬、少量互花米草及柽柳（*Tamarix chinensis*）群落；死生港至中心港潮间带和潮上带边缘植被为芦苇、白茅、盐地碱蓬和北美海蓬子，互花米草群落零星分布在潮间带。中心港至珍禽保护区北界，近海滩涂有少量盐地碱蓬和北美海蓬子生长。海堤上的造林树种有刺槐（*Robinia pseudoacacia*）等。

5.3.3　植被群落

珍禽保护区位于华东地区，其气候属于典型季风气候：温和湿润、夏季降雨充沛、光照充足、四季分明，有利于植物的生长繁衍。由于珍禽保护区横跨暖温带和亚热带，因而植被分布体现出较明显的地带过渡性，珍禽保护区高等植物以温带和热带种类为主。根据生境类型及人为干扰程度的不同，珍禽保护区植被类型可以分为滩涂、林地、杂草及作物群落。

1. 滩涂植被群落

盐城珍禽保护区处于亚热带与暖温带的过渡地带，其温和的气候条件孕育了丰富的植物资源，但由于滩涂形成时间比较短，许多区域尚处于演替初始阶段，因而滩涂植被种类组成比较简单，不少是单优势群落，甚至为单物种群落。

1）互花米草种群

互花米草属于禾本科多年生草本植物，高可达 2 m，具有发达的根状茎，原产自北美洲和南美洲的大西洋沿岸。互花米草主要分布在射阳港、核心区、川东港闸、梁垛河闸及弶港等地，射阳港以北分布面积小，长势相对较弱。近年来，对江苏沿海滩涂互花米草的研究报道较多。相关资料分析表明，珍禽保护区互花米草由分散斑块状分布逐渐发育成片，最终占据盐城近海大部分滩涂。在调查区的不同断面，以及在同一断面不同区域，互花米草种群的平均株高、单位面积生物量均有很大差异。调查结果表明，种群高度与其生物量成正相关。随纬度的降低，互花米草高度及茎蘖数呈上升趋势（图 5-3 和图 5-4）。互花米草在江苏沿海保护海堤、促淤造陆等方面发挥着很大的作用，但互花米草与滩涂养殖争地、影响原来植被种群演替等现象在盐城海岸带日趋明显。除侵蚀型湿地外，互花米草已成为滩涂主要植被类型。海岸带互花米草入侵增加了区域自然湿地景观类型，对湿地景观的异质性等特征产生重要影响，必要时可以实行人工干预。唐龙（2008）发现采用刈割加水淹的物理方法也能够有效控制互花米草的生长，这为以后大面积控制互花米草提供了坚实的理论依据。

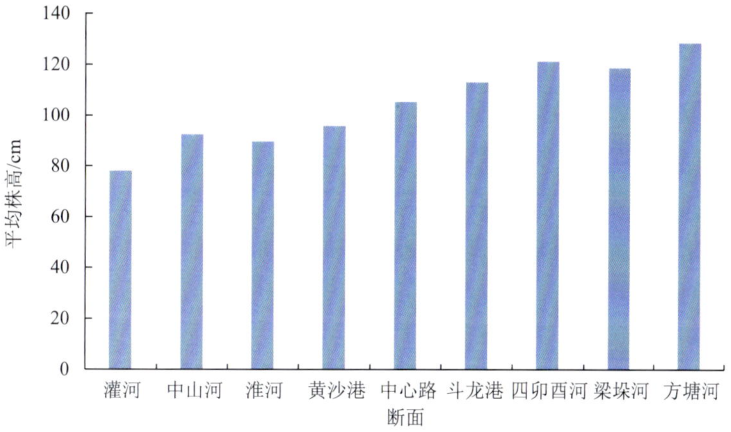

图 5-3 不同断面互花米草平均株高

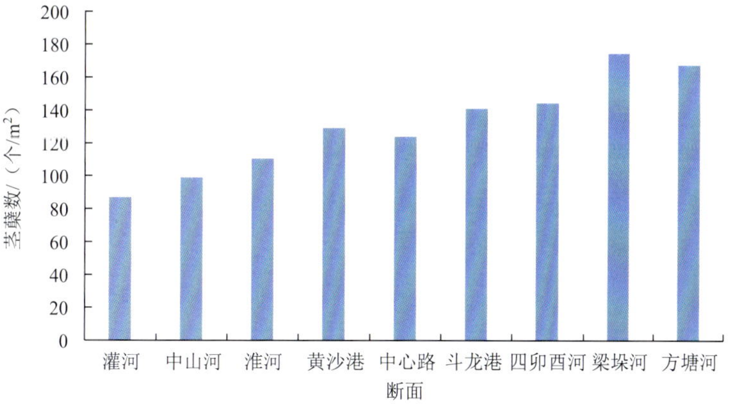

图 5-4 不同断面互花米草茎蘖数

互花米草具发达的地下根状茎和根系，靠根茎无性分蘖，具有消浪、抗蚀、保滩、护堤等作用，能促淤造陆、与海争地，互花米草滩比光滩淤积速度高 2～3 倍。它可改造重盐土、加速土地资源开发利用，可用作饲草、饵料，曾经被誉为“芳草”“宝草”。由于其良好的适应性及旺盛的繁殖生命力，在一些海岸滩涂对原生生态系统构成了威胁，后被贬为“杂草”、“恶草”、“食人草”及“外来入侵种”。基于以上两方面，应辩证地认识互花米草的功效，充分肯定其在“促淤造陆、新增国土、消浪抗风、保滩护岸、降渍改土、防治污染、改善生态”等方面的作用，同时采取措施抑制其负面影响和可能带来的生态危害。

2）芦苇种群

芦苇为禾本科芦苇属多年生草本植物，根状茎十分发达。芦苇以无性繁殖为主，每年可通过根状茎分蘖出大量新的分株。在珍禽保护区内，芦苇主要分布在苏北灌溉总渠、黄沙港、芦苇基地、核心区、斗龙港、四卯酉闸及川东港闸。河口群落盖度达 80%～100%，堤外群落盖度达 60%～70%。内陆淡水芦苇种群内分布有眼子菜、喜旱莲子草、狐尾藻等沉水植物，滩涂分布的天然芦苇种群中常混生盐地碱蓬、扁秆荆三棱、大穗结缕草、糙叶薹草、北美海蓬子等植物。核心区广袤壮阔的芦苇群落是鸟类理想的繁衍栖息地，其中芦苇也是盐城滩涂生物量最大的植被类型及最美的植被景观。

芦苇分布主要受水分的影响，为湿地生态系统的典型代表植被。芦苇主要分布于珍禽保护区内重要的淡水河口，因水分和营养供应充足，种群的盖度和密度都较大，盖度可高达 90%～100%。在核心区的 5 个不同断面，其平均株高和单位面积茎蘖数有很大差异。核心区内中心路附近的芦苇种群最为广袤，为珍禽保护区芦苇生物量最集中区域。如图 5-5 和图 5-6 所示，由于水湿环境与土壤盐分的变化，芦苇分布不均匀，靠近海洋的芦苇与盐地碱蓬过渡地带的芦苇平均株高较低；随着往珍禽保护区近海河口的延伸，芦苇平均株高及茎蘖数呈上升趋势；往内陆，即海堤公路以西，芦苇多分布于沟河边，株高及生物量总体呈下降趋势。

芦苇是一种适应性广、抗逆性强、生物量高的高大禾草类植物，芦叶、芦花、芦茎、芦根、芦笋均可入药。其牧草饲用价值高，嫩茎、叶为各种家畜所喜食。同时，苇秆可作为造纸和人造丝、人造棉原料，也可供编织席、帘等用。芦苇对水分的适应幅度很宽，从土壤湿润到长年积水，从水深几厘米至 1 m 以上，都能形成芦苇种群。在水深 20～50 cm 流速缓慢的河、湖，可形成高大的禾草群落，素有“禾草森林”之称。芦苇群落为珍禽保护区分布面积最大的植被类型，广袤的植被不仅发挥着重要的湿地生态功能，同时也有着展示珍禽保护区辽阔壮丽的禾草湿地自然景观的功能。

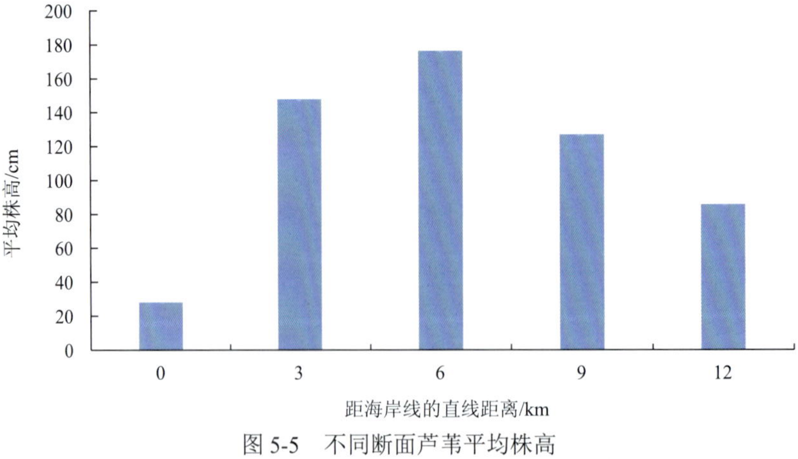

图 5-5 不同断面芦苇平均株高

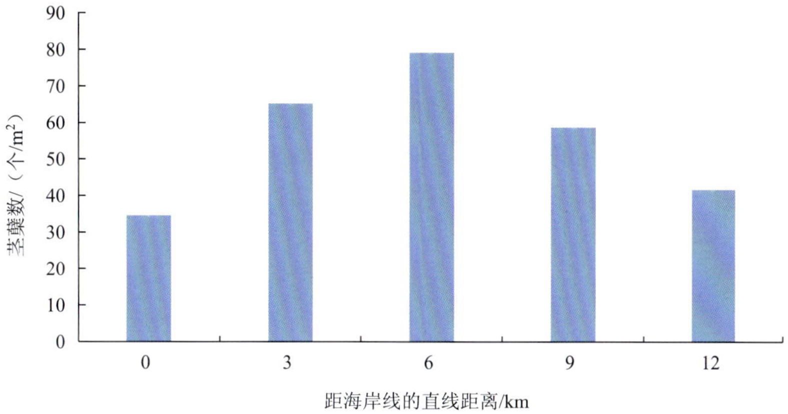

图5-6　不同断面芦苇茎蘖数

3）盐地碱蓬种群

盐地碱蓬为一年生草本植物，具典型的盐生植物的形态结构特征，绿色或紫红色，叶呈条形、半圆柱状，肉质，角质层较厚，表皮长柔毛，叶的栅栏组织和储水组织发达，这些都是其耐盐抗旱的适应性结果。盐地碱蓬是一种肉质吸盐植物，既是钠质土的指示植物，也是一种适应性很强的盐碱土的指示植物（崔海燕和季静，2009）。在盐分含量越高的地方，它的生长越发达，而在盐分被淋洗的地方，分布则较为稀疏。

盐地碱蓬为盐渍裸地上的先锋群落，在双洋河闸、射阳港、核心区、川东港闸、梁垛河闸及弶港等地大面积分布。本群落为单优势种群落。生长期为每年的4～8月。盐地碱蓬耐盐程度高达3%，但不耐水淹，所以主要分布在中、高潮滩。其在珍禽保护区外滩涂普遍分布，核心区分布最广，在响水、滨海外滩等地常见分布，东台部分区域群落盖度较高。此群落在海堤外通常为互花米草群落所演替，在海堤内地势较高的地方，则为大穗结缕草、獐毛、白茅、北美海蓬子等群落所演替。伴生种有互花米草、大穗结缕草、芦苇、茵陈蒿等。

此次调查发现，在中心路断面，由近海向陆地方向盐地碱蓬的平均株高、生物量为上升趋势；在互花米草群落和盐地碱蓬群落的过渡地带，生物量较低，而后盐地碱蓬逐步取代互花米草成为优势种。盐地碱蓬茎叶含有维生素和微量元素，味道鲜美、营养丰富。利用盐地碱蓬籽油制成的共轭亚油酸具有极高的保健及营养价值。

4）其他滩涂植物种群

白茅种群：在射阳新洋港至斗龙港堤外滩地大面积分布。通常种群盖度为65%～75%。芦苇常与白茅混生，随着地下水位下降，芦苇逐渐减少，白茅的生长较好，逐渐演替为白茅单种群群落，覆盖了海堤附近大面积区域。

北美海蓬子种群：藜科一年生滨海盐生双子叶草本植物，高10～50 cm。茎直立，多分枝，有节，灰绿色或紫红色，叶呈鳞片状，对生。晚秋全植物变红色。北美海蓬子属于茎肉质化真盐生植物，在盐水灌溉区生长最快，并可以在3倍于海水盐分浓度的环境中生长，是地球上迄今为止报道的最耐盐的陆生高等植物种类之一。它可混生于碱蓬中，分布于沿海滩涂裸地，生长于含盐量高的土壤，种群盖度达30%。

碱菀种群：伴生种有盐蒿（*Artemisia halodendron*）、白茅、茵陈蒿、补血草（*Limonium sinense*）、柽柳等，呈零星小块分布于堤内荒地、裸露滩涂、田埂等地势较高、相对干旱的地方，种群盖度在 60%左右，种类组成较复杂。碱菀群落中白茅、獐毛等生长繁衍能力较强，群落逐渐为它们所演替。该群落在东台、大丰的海堤两侧均有大面积分布，尤其在人为干扰越严重的地区，分布面积越大。

茵陈蒿种群：伴生种有盐蒿、白茅、獐毛等，呈零星小块分布于堤内荒地、裸露滩涂、田埂等地势较高、相对干旱的地方，种群盖度在 65%左右，种类组成较复杂。组成的群落中白茅、獐毛等生长繁衍能力较强，群落逐渐为它们所演替。

补血草种群：补血草为多年生草本植物，高 15～80 cm，全株光滑无毛，叶大基生，叶表面可见盐分泌。补血草花期长，花朵细小，花色美丽，成片盛开时十分美丽壮观。补血草亦可作药用，医学记载具有活血、止血、温中健体、滋补强壮之功效。补血草既能药用，又可观赏，是江苏沿海分布的一种经济价值较高的盐生植物资源。在珍禽保护区滩涂、田埂等地势较高区域分布，补血草群落内常有獐毛、白茅等混生。

碱蓬群落：伴生种有北美海蓬子、盐蒿等，主要分布于东台—射阳一带，常在海边盐渍裸地形成上万亩的单种群群落带，群落盖度可达 70%。

除以上种群组成的群落外，珍禽保护区还分布有其他高等植物，包括扁秆荆三棱（*Bolboschoenus planiculmis*）、假苇拂子茅（*Calamagrostis pseudophragmites*）、长穗飘拂草（*Fimbristylis longispica*）、狐尾藻、香蒲等滩涂植物所构成的植物群落，但大多为零星分布，常与其他群落形成镶嵌景观。

2. 林地植被群落

20 世纪 50 年代，盐城地区引种刺槐、水杉和松属植物，建立了盐城林场、大丰林场等国有林场。建设海堤后，栽植木本植物刺槐，现多为灌木状与小乔木状，也有 10～15 m 的乔木。珍禽保护区内常见人工植物群落有刺槐、水杉、紫穗槐（*Amorpha fruticosa*）、杨树、日本柳杉（*Cryptomeria japonica*）、垂柳（*Salix babylonica*）、龙柏、淡竹（*Phyllostachys glauca*）等。

1）刺槐种群

刺槐又名洋槐，为豆科落叶乔木，原生于北美洲，现被广泛引种到亚洲、欧洲等地。刺槐对土壤要求不严，适应性很强，对土壤酸碱度不敏感，是世界上重要的荒山造林先锋树种。作为沿海滩涂固堤的木本植物，在珍禽保护区各区栽植。栽植株行距为 2～4 m，现多为乔木状，胸径 4～23 cm，林下灌层与草本层植物丰富，常见有枸杞、狗尾草、田菁（*Sesbania cannabina*）、牛筋草（*Eleusine indica*）、萝藦（*Metaplexis japonica*）、錾菜（*Leonurus pseudomacranthus*）、葎草（*Humulus scandens*）、野胡萝卜（*Daucus carota*）、狗牙根（*Cynodon dactylon*）等。

2）水杉种群

落叶乔木，杉科水杉属唯一现存种，中国特有的孑遗珍贵树种，列为第一批国家一级保护植物的稀有种类，有植物“活化石”之称。水杉为盐城地区早期引种的主要树种之一，干通直挺拔，高大秀颀，叶色翠绿，入秋后叶色金黄，为盐城各林场的主要造林及景观树种，为珍禽保护区内海堤及农田防护林重要树种。水杉群落密度较高，林下多分布枸杞、碱菀、阿拉伯婆婆纳、葎草、鬚菜等草本植物。

3）杨树种群

杨树为杨柳科杨属植物落叶乔木的通称，全属有100多种。杨树在我国的分布很广，适应性强，广泛应用于行道树、防护林及用材林，同时也是重要的园林观赏树种。盐城为中国重要的杨属树种基地，珍禽保护区内河道两岸、海堤公路、沿海防护林及农田水田防护林带应用大量杨属植物造林。株行距3～6 m，胸径4～42 cm，林下灌丛主要有紫穗槐、枸杞等物种，林下草本层物种相当丰富，常见有益母草（*Leonurus japonicus*）、阿拉伯婆婆纳、车轴草、野豌豆等。

4）其他人工林种群

盐城无原生植被的分布，除了刺槐、水杉及杨树等主要乔木种群类型，还分布有杉木、日本柳杉、龙柏等裸子植物种群，银杏、桑（*Morus alba*）及紫薇（*Lagerstroemia indica*）等可见于珍禽保护区的缓冲区及实验区。此外，实验区内分布有樟、女贞（*Ligustrum lucidum*）等常绿绿化树种，竹林类型植被仅分布有淡竹种群。

珍禽保护区内人工林群落既有重要的林带防护作用，同时也增加了珍禽保护区的生物多样性，人工林群落物种多样性明显高于沿海滩涂盐生植物群落。许多人工林已成为林鸟和一些海鸟的繁殖地，对某些物种的生存起着至关重要的保护作用。

3. 杂草群落

该类群落主要由生长在道路和河道两侧以及农田田埂上的杂草（主要是禾本科和菊科植物）所构成，受到较大程度的人为干扰。盐城珍禽保护区的杂草植被主要包括益母草、铁苋菜（*Acalypha australis*）、野大豆、黄香草木犀（*Melilotus officinalis*）、狗尾草、小蓬草（*Erigeron canadensis*）、马唐（*Digitaria sanguinalis*）、马齿苋（*Portulaca oleracea*）、紫菀（*Aster tataricus*）、酢浆草（*Oxalis corniculata*）、野菊、苦荬菜、鸡矢藤（*Paederia foetida*）、萝藦、乌蔹莓（*Causonis japonica*）、田菁、牛膝（*Achyranthes bidentata*）、牛筋草、大狗尾草（*Setaria faberi*）、刺儿菜（*Cirsium arvense* var. *integrifolium*）、苘麻（*Abutilon theophrasti*）、龙葵（*Solanum nigrum*）、鳢肠（*Eclipta prostrata*）等。杂草群落所处的环境常受到人类活动的干扰，因而该类群落由多物种组成，优势种往往与干扰类型有关。

4. 作物群落

盐城珍禽保护区周边农田种植的农作物主要有水稻、玉米（*Zea mays*）、小麦、大麦、大豆、南瓜、向日葵、扁豆（*Lablab purpureus*）、豇豆等。由于其性质，作物群落大都是单物种构成的群落。

5.3.4 新记录物种

与前四期覆盖盐城珍禽保护区的科学考察报告《江苏海岸带海洋和海涂资源综合调查报告》（1985年）、《江苏盐城沿海湿地珍禽国家级自然保护区综合科学考察报告》（2005年）、《江苏盐城国家级珍禽保护区综合科学考察报告》（2011年）和《江苏盐城湿地珍禽国家级自然保护区第二次（生物多样性）科学考察报告》（2017 年）相比，此次调查新增加了 59 种，均为被子植物，其中有双子叶植物纲植物（52 种）、单子叶植物纲植物（7 种）（表 5-1）。在双子叶植物纲植物中，菊科（Asteraceae）有 16 种植物，以外来植物居多；苋科（Amaranthaceae）有 7 种植物，为凹头苋（*Amaranthus blitum*）、长芒苋（*Amaranthus palmeri*）、繁穗苋（*Amaranthus paniculatus*）、反枝苋（*Amaranthus retroflexus*）、绿穗苋（*Amaranthus hybridus*）、合被苋（*Amaranthus polygonoides*）、青葙（*Celosia argentea*），它们多为外来入侵植物；豆科（Fabaceae）有 4 种植物，为红车轴草（*Trifolium pratense*）、南苜蓿（*Medicago polymorpha*）、合萌（*Aeschynomene indica*）、胡枝子（*Lespedeza bicolor*）；唇形科（Lamiaceae）有 3 种植物，为地笋（*Lycopus lucidus*）、留兰香（*Mentha spicata*）、薰衣草（*Lavandula angustifolia*）；葫芦科（Cucurbitaceae）有 2 种植物，为马瓟瓜（*Cucumis melo* var. *agrestis*）、马瓟儿（*Zehneria japonica*）；旋花科（Convolvulaceae）有 2 种植物，为瘤梗番薯（*Ipomoea lacunosa*）、三裂叶薯（*Ipomoea triloba*）；柳叶菜科（Onagraceae）有 2 种植物，为丁香蓼（*Ludwigia prostrata*）、月见草（*Oenothera biennis*）。在单子叶植物纲植物中，禾本科（Gramineae）有 4 种植物，为多花黑麦草（*Lolium multiflorum*）、长芒稗（*Echinochloa caudata*）、细叶旱稗（*Echinochloa crusgalli* var. *praticola*）、南非狗尾草（*Setaria sphacelata*）。

表 5-1　新增加物种名录

分类地位	属种	种学名
双子叶植物纲（Dicotyledoneae）		
毛茛科（Ranunculaceae）	毛茛属（*Ranunculus*）	
	1.茴茴蒜	*Ranunculus chinensis*
莼菜科（Cabombaceae）	水盾草属（*Cabomba*）	
	2.水盾草	*Cabomba caroliniana*
商陆科（Phytolaccaceae）	商陆属（*Phytolacca*）	
	3.垂序商陆	*Phytolacca americana*
胡椒科（Piperaceae）	草胡椒属（*Peperomia*）	
	4.草胡椒	*Peperomia pellucida*
藜科（Chenopodiaceae）	藜属（*Chenopodium*）	
	5.杂配藜	*Chenopodium hybridum*
苋科（Amaranthaceae）	苋属（*Amaranthus*）	
	6.凹头苋	*Amaranthus blitum*
	7.长芒苋	*Amaranthus palmeri*
	8.繁穗苋	*Amaranthus paniculatus*
	9.反枝苋	*Amaranthus retroflexus*
	10.绿穗苋	*Amaranthus hybridus*
	11.合被苋	*Amaranthus polygonoides*
	青葙属（*Celosia*）	
	12.青葙	*Celosia argentea*

续表

分类地位	属种	种学名
马齿苋科（Portulacaceae）	马齿苋属（*Portulaca*）	
	13.大花马齿苋	*Portulaca grandiflora*
蓼科（Polygonaceae）	蓼属（*Polygonum*）	
	14.长鬃蓼	*Polygonum longisetum*
葫芦科（Cucurbitaceae）	黄瓜属（*Cucumis*）	
	15.马瓟瓜	*Cucumis melo* var. *agrestis*
	马㼎儿属（*Zehneria*）	
	16.马㼎儿	*Zehneria japonica*
十字花科（Brassicaceae）	臭荠属（*Coronopus*）	
	17.臭荠	*Coronopus didymus*
景天科（Crassulaceae）	八宝属（*Hylotelephium*）	
	18.轮叶八宝	*Hylotelephium verticillatum*
蔷薇科（Rosaceae）	委陵菜属（*Potentilla*）	
	19.朝天委陵菜	*Potentilla supina*
豆科（Fabaceae）	车轴草属（*Trifolium*）	
	20.红车轴草	*Trifolium pratense*
	苜蓿属（*Medicago*）	
	21.南苜蓿	*Medicago polymorpha*
	合萌属（*Aeschynomene*）	
	22.合萌	*Aeschynomene indica*
	胡枝子属（*Lespedeza*）	
	23.胡枝子	*Lespedeza bicolor*
菱科（Trapaceae）	菱属（*Trapa*）	
	24.欧菱	*Trapa natans*
柳叶菜科（Onagraceae）	丁香蓼属（*Ludwigia*）	
	25.丁香蓼	*Ludwigia prostrata*
	月见草属（*Oenothera*）	
	26.月见草	*Oenothera biennis*
大戟科（Euphorbiaceae）	大戟属（*Euphorbia*）	
	27.匍匐大戟	*Euphorbia prostrata*
夹竹桃科（Apocynaceae）	长春花属（*Catharanthus*）	
	28.长春花	*Catharanthus roseus*
茄科（Solanaceae）	酸浆属（*Physalis*）	
	29.小酸浆	*Physalis minima*
旋花科（Convolvulaceae）	番薯属（*Ipomoea*）	
	30.瘤梗番薯	*Ipomoea lacunosa*
	31.三裂叶薯	*Ipomoea triloba*
唇形科（Lamiaceae）	地笋属（*Lycopus*）	
	32.地笋	*Lycopus lucidus*

续表

分类地位	属种	种学名
唇形科（Lamiaceae）	薄荷属（*Mentha*）	
	33.留兰香	*Mentha spicata*
	薰衣草属（*Lavandula*）	
	34.薰衣草	*Lavandula angustifolia*
牻牛儿苗科（Geraniaceae）	老鹳草属（*Geranium*）	
	35.野老鹳草	*Geranium carolinianum*
茜草科（Rubiaceae）	拉拉藤属（*Galium*）	
	36.六叶葎	*Galium hoffmeisteri*
菊科（Asteraceae）	飞蓬属（*Erigeron*）	
	37.春飞蓬	*Erigeron philadelphicus*
	38.苏门白酒草	*Erigeron sumatrensis*
	百日菊属（*Zinnia*）	
	39.多花百日菊	*Zinnia peruviana*
	天人菊属（*Gaillardia*）	
	40.天人菊	*Gaillardia pulchella*
	秋英属（*Cosmos*）	
	41.秋英	*Cosmos bipinnatus*
	42.黄秋英	*Cosmos sulphureus*
	松香草属（*Silphium*）	
	43.串叶松香草	*Silphium perfoliatum*
	鬼针草属（*Bidens*）	
	44.金盏银盘	*Bidens biternata*
	45.白花鬼针草	*Bidens alba*
	46.大狼耙草	*Bidens frondosa*
	牛蒡属（*Arctium*）	
	47.牛蒡	*Arctium lappa*
	蒿属（*Artemisia*）	
	48.野艾蒿	*Artemisia lavandulifolia*
	49.无毛牛尾蒿	*Artemisia dubia* var. *subdigitata*
	50.白莲蒿	*Artemisia stechmanniana*
	苦荬菜属（*Ixeris*）	
	51.齿缘苦荬菜	*Ixeris dentata*
	苦苣菜属 *Sonchus*	
	52.续断菊	*Sonchus asper*
单子叶植物纲（Monocotyledoneae）		
鸭跖草科（Commelinaceae）	水竹叶属（*Murdannia*）	
	53.水竹叶	*Murdannia triquetra*
莎草科（Cyperaceae）	薹草属（*Carex*）	
	54.青绿薹草	*Carex breviculmis*

续表

分类地位	属种	种学名
禾本科（Gramineae）	黑麦草属（*Lolium*）	
	55.多花黑麦草	*Lolium multiflorum*
	稗属（*Echinochloa*）	
	56.长芒稗	*Echinochloa caudata*
	57.细叶旱稗	*Echinochloa crusgalli* var. *praticola*
	狗尾草属（*Setaria*）	
	58.南非狗尾草	*Setaria sphacelata*
鸢尾科（Iridaceae）	射干属（*Belamcanda*）	
	59.射干	*Belamcanda chinensis*

5.3.5 国家重点保护植物

根据国务院批准的《国家重点保护野生植物名录》(2021年版)，盐城沿海湿地有重点保护野生植物5种，分别是野大豆（*Glycine soja*）、珊瑚菜（*Glehnia littoralis*）、野菱（*Trapa incisa*）、莲（*Nelumbo nucifera*）、中华结缕草（*Zoysia sinica*）。此外，水杉（*Metasequoia glyptostroboides*）、银杏（*Ginkgo biloba*）、苏铁（*Cycas revoluta*）3种栽培植物亦属于国家重点保护植物。

1. 野大豆

豆科大豆属一年生缠绕草本植物，已收录于《国家重点保护野生植物名录》，现为国家二级保护植物（陈林楠和岳琳，2022）。它生于潮湿的田边、园边、沟旁、河岸、湖边、沼泽、草甸、沿海和岛屿向阳的矮灌木丛或芦苇丛中，稀见于沿河岸疏林下。该种是家畜喜食的饲料，可用作牧草、绿肥和水土保持植物。此次的调查显示，珍禽保护区内的野大豆营养生殖阶段容易遭受昆虫啃食，使其叶片上出现大量破洞而降低存活率。

2. 珊瑚菜

渐危种，又名北沙参（王艳等，2023）。多年生草本，株高为5～25 cm。主根细长，呈圆柱形，叶基生，花瓣为白色，果实呈圆形或卵形。它生于中国沿海地区，尤在海滨沙滩上分布甚广，又或栽培于肥沃疏松的砂质土壤。珊瑚菜被广泛用作镇咳祛痰药，并可食用，经济价值较大；对研究伞形科植物的系统发育、种群起源以及东亚与北美植物区系均有一定意义。

3. 银杏

银杏科银杏属植物，列入《世界自然保护联盟濒危物种红色名录》，属于极危物种。珍禽保护区内的银杏多为人工种植乔木，生长状况正常。银杏可作园林树种、材用和药用。它含有白果酸、白果酚、氢化白果酸、莽草酸、银杏黄酮、白果双黄酮、异白果双黄酮、甾醇等，对治疗高血压及冠心病、心绞痛、脑血管痉挛、血清胆固醇过高等病症均有一定效果。银杏叶制剂与降糖药合用治疗糖尿病有较好疗效，可作为治疗糖尿病的辅助药（赵晗希和费扬，2022）。

5.3.6　外来入侵陆生维管植物

生物入侵对我国生态环境和农业生产造成了极大危害，而且还在随着气候变化、国际贸易等的发展不断加剧（杨铭等，2006）。本次调查结果显示，珍禽保护区维管植物中被列为外来入侵物种的有 64 种（详见附录）。

目前，在盐城市分布相对广泛的有加拿大一枝黄花、互花米草、小蓬草、圆叶牵牛（*Ipomoea purpurea*）等植物。

1. 加拿大一枝黄花

多年生草本植物，桔梗目菊科，又名黄莺、麒麟草。该花色泽亮丽，常作为插花中的配花。1935 年，加拿大一枝黄花作为观赏植物引入中国，现主要生长在河滩、荒地、公路两旁、农田边、农村住宅四周。加拿大一枝黄花在盐城市各县市城区的绿化带中零星分布，而在城郊、荒地以及农村农田附近的荒地相对较多。加拿大一枝黄花根状茎发达，繁殖力极强，传播速度快，生长优势明显，生态适应性广阔，与周围植物争阳光、争肥料，直至其他植物死亡，从而对生物多样性构成严重威胁。此次调查发现加拿大一枝黄花于东台市、大丰区和射阳县境内的田野和公路旁已形成规模化的群落，对本地物种（芦苇、白茅及碱蓬等）生境构成了较大的威胁，需要系统地人为控制和干预。

2. 圆叶牵牛

旋花科番薯属一年生缠绕草本植物，叶片呈圆心形或宽卵状心形，种子则为卵状三棱形。圆叶牵牛喜温暖、湿润、阳光充足的环境，对土壤无严格要求，在微酸性至微碱性土壤中都可生长。该种在园林中多作为垂直绿化的良好材料，种子入药，有泻下利水、消肿散积的功效。圆叶牵牛原产热带美洲，分布于中国大部分地区，在珍禽保护区内生长于田边、路边、宅旁，或为人工栽培或为野生。这种植物可以缠绕和覆盖在其他植物上，影响其他植物的生长和养分吸收。之所以到现在才被列为入侵植物，是因为圆叶牵牛现在的广泛扩散对本土植物的影响越来越大（萧野，2015）。

3. 互花米草

近年来，珍禽保护区沿海滩涂经过多年的淤积淤长，加之沿海经济的迅猛发展，珍禽保护区生境发生了显著的改变，生态环境较为脆弱（王加连和刘忠权，2006）。一方面，外来入侵的植物因为其超强的适应能力和繁殖能力，对周围植被的生存空间造成极大破坏，如加拿大一枝黄花和互花米草等植物花开成片，在荒地空地呈现几何级暴增，造成本地物种的破坏和灭绝，不利于生物多样性的延续。另一方面，互花米草一旦入侵建群，便能加速沉积物的淤积，抬升高程，从而保滩护堤。也正是互花米草的这些特性，使其能迅速取代土著种，占领滩涂，改变土著生态系统的物理、化学和生物结构，从而改变盐沼湿地的生态系统过程与功能，所以在以保护生物多样性为目的的珍禽保护区内，应对其加以严格控制和管理（谢宝华和韩广轩，2023）。

5.4 大 型 真 菌

真菌是生物界中的一类大的群体，大型真菌是指能形成肉质或胶质的子实体或菌核，大多数属于担子菌亚门，少数属于子囊菌亚门。大型真菌生长在基质上或地下的子实体的大小足以肉眼辨识和徒手采摘。大型真菌是菌物中的一个重要类群，很多种类具有较高的营养价值和药用价值，是菌物中最有开发应用前景的一类。大型真菌包含人们所熟知的蘑菇、蕈菌、毒伞等真菌（程水明等，2005）。

5.4.1 物种组成

珍禽保护区内现有大型真菌种类较少，而其中又以家栽的居多。香菇（*Lentinula edodes*）、草菇（*Volvariella volvacea*）、糙皮侧耳（*Pleurotus ostreatus*）、杏鲍茹（*Pleurotus eryngii*）、金针菇（*Flammulina velutipes*）等菇类多为人工栽培的食用类真菌。树舌灵芝（*Ganoderma applanatum*）、墨汁鬼伞（*Coprinus atramentarius*）、晶粒鬼伞（*Coprinus micaceus*）、蜜环菌（*Armillaria mellea*）、晶盖粉褶蕈（*Entoloma clypeatum*）则在林中、田野、路边、村庄、公园等处地下有腐木的阴湿地方丛生。

从科内属的数量分布（表 5-2）看，珍禽保护区大型真菌含单属的科占绝大部分，共 10 科，占所调查大型真菌总科数的 90.9%；其次为含 3 属的科，占总科数的 9.1%。

表 5-2 大型真菌科内属的组成

项目	科内含属数		
	1	3	合计
科数量	10	1	11
占总科数比例/%	90.9	9.1	100

从属型分布（表 5-3）看，珍禽保护区内含单种的属最多，共 9 属，占珍禽保护区大型真菌总属数的 69.2%；其次为含 2 种的属，占总属数的 23.1%；含 3 种的属有 1 属，占珍禽保护区总属数的 7.7%。

表 5-3 大型真菌属内种的组成

项目	属内含种数			
	1	2	3	合计
属数量	9	3	1	13
占总属数比例/%	69.2	23.1	7.7	100

5.4.2 物种分布

野生真菌多分布在阴湿的环境里，而家栽种类皱环球盖菇、竹荪、毛头鬼伞、杏鲍菇、灵芝等食用类蘑菇则在人工环境下生长。目前，上述真菌已在大丰区和东台市形成规模化种植基地。另外，香菇、糙皮侧耳、双孢蘑菇多在射阳县种植生产，羊肚菌、金针菇则在响水县种植生产。

5.4.3 常见大型真菌

1. 晶粒鬼伞

晶粒鬼伞属于担子菌类伞菌目鬼伞科内的一种大型真菌，因其菌盖表面留有一层晶粒状的菌幕残余而得名。该真菌在中国多个省份均有分布，常在树木根部群生，此次在珍禽保护区内大丰林场的树林下记录到。晶粒鬼伞散布孢子的方式主要是在后期菌褶液化成墨汁状，吸引昆虫在其上活动并带走孢子，或者通过雨水冲刷散布。晶粒鬼伞在早期可以食用，但不能与酒精同时服用，易中毒。

2. 毛头鬼伞

鬼伞科鬼伞属真菌，又名鸡腿菇，因其形如鸡腿，肉质似鸡丝而得名，是近年来人工开发的具有商业潜力的珍稀菌品，被誉为“菌中新秀”。子实体较大，菌盖不完全展开，表皮裂成羽毛状鳞片。毛头鬼伞是一种世界性分布的食用菌，亚洲、欧洲、大洋洲和北美洲均有分布。春至秋季，它生于阔叶林中的草地、田野、林缘、道旁、公园等处，单生或群生。毛头鬼伞可食用，肉质细嫩、营养丰富，也可药用。毛头鬼伞被列入《中国生物多样性红色名录—大型真菌卷》，保护级别为无危。目前，该菌在珍禽保护区内已有人工大规模种植基地。

3. 竹荪

鬼笔科竹荪属真菌，又名竹笙、竹参。常见并可供食用的有 4 种：长裙竹荪、短裙竹荪、棘托竹荪和红托竹荪，是寄生在枯竹根部的一种隐花菌类，形状略似网状干白蛇皮（毕韬韬等，2022）。该菌在珍禽保护区内以人工种植为主。

4. 杏鲍菇

杏鲍菇属侧耳科侧耳属。原是欧洲南部、非洲北部以及中亚地区高山、草原、沙漠地带的一种品质优良的大型肉质伞菌。杏鲍菇是典型的亚热带草原-干旱沙漠地区的野生食用菌，在国际市场上是人工栽培的食用菌中价格较高的菇类。杏鲍菇植物蛋白含量高达 25%，含 18 种氨基酸和具有提高人体免疫力功效的多糖。同时，它含有大量的寡糖，含量是灰树花的 15 倍、金针菇的 3.5 倍、真姬菇的 2 倍。杏鲍菇肉肥厚，质地脆嫩，被称为“平菇王”，具有杏仁香味及如鲍鱼的口感。目前，在珍禽保护区及其周边已有种植基地。

5. 鸡枞菌

鸡枞菌为真菌界中的蚁巢伞属内所有物种的统称，全球记载有70余种，我国记载有34种。鸡枞菌肉厚肥硕，质细丝白，味道鲜甜香脆。它具有人体所必需的蛋白质、脂肪，还含各种维生素和钙、磷、核黄酸等物质（谢静等，2023）。鸡枞菌在自然界是和白蚁共生的菌类，白蚁构筑蚁巢的同时培养了鸡枞菌菌丝体，形成一个共同的生态系统。这种菌本来是在我国云南、贵州等南方省市的森林中才有，目前珍禽保护区周边乡镇也有人工种植。

第6章 动物资源

6.1 浮游动物

浮游动物是一类随波逐流、悬浮于水体的小型动物，从表层到深海均有分布。浮游动物主要包括原生动物、腔肠动物、甲壳动物、腹足动物、毛颚动物和被囊动物，这些类别几乎均为永久性浮游生物，其中甲壳动物的桡足类种类最多、群体数量最大、分布范围最广（王业耀，2020）。此外，还有一些阶段性的浮游动物，如各种底栖动物的浮游幼虫、鱼卵和仔稚鱼。浮游动物中许多种类是经济鱼类的重要饵料。同时，有些种类对海流与水团的来龙去脉具有指示作用，是生物海洋学研究的重要对象之一（司马小峰，2023）。

浮游动物在水域食物链中发挥着承前启后的作用，其摄食活动决定着水域生态系统从初级生产到次级生产的转换（张亚洲和李振华，2015）。浮游动物以浮游植物为食，在一定条件下，水域食肉动物数量随着浮游动物数量的增加而增加，而浮游动物的增加又会导致浮游植物的减少。但随着水域食肉动物数量的增加，浮游动物数量将减少，水域动物数量也将停止增加，因此，浮游动物在水域生态系统中具有重要的生态作用（孙军等，2022）。

6.1.1 物种组成

综合珍禽保护区区域共有浮游动物种类 118 种，见图 6-1，桡足类种类最多，达 50 种，占物种总数的 42.37%；腔肠类次之，有 46 种，占物种总数的 38.98%；枝角类 2 种，占物种总数的 1.70%；端足类 4 种，占物种总数的 3.39%；介形类 1 种，占物种总数的 0.85%；糠虾类 6 种，占物种总数的 5.08%；磷虾类 2 种，占物种总数的 1.70%；十足类 4 种，占物种总数的 3.39%；毛颚类 3 种，占物种总数的 2.54%。

6.1.2 物种分布

珍禽保护区水域因受江河径流、大陆沿岸流的影响，明显地反映出其水文、化学要素及浮游动物组成比较复杂。从浮游动物组成看，本轮调查发现有淡水、半咸水河口、低盐近岸、广温广盐等各种生态类型的种类，它们各自构成特定的生物群落。总体上讲，珍禽保护区浮游动物以低盐近岸和半咸水河口生态类型为主，辅以少量淡水和广温广盐生态类型。

1. 淡水生态类型

种类和数量稀少，只有右突新镖水蚤、四刺窄腹剑水蚤等。

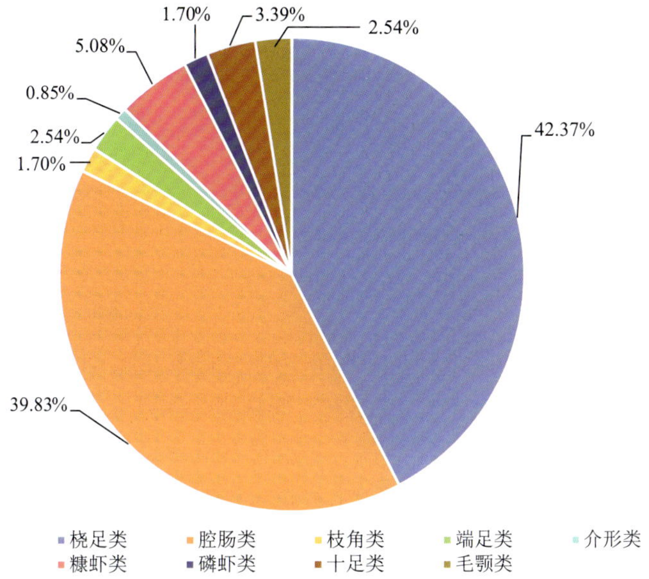

图 6-1 浮游动物组成

2. 半咸水河口生态类型

该群落分布于受长江径流影响的河口区，主要有中华哲水蚤、火腿许水蚤等。

3. 低盐近岸生态类型

该类型种类适宜盐度的上限较半咸水河口环境的生态类型种类高，其出现和数量变动一般受控于沿岸水的影响，密集区大多出现在沿岸水域和外海水的混合区内侧。该类群种类和数量最多，为本调查水域浮游动物最主要的生态类群。其主要种类为真刺唇角水蚤、虫肢歪水蚤、长额刺糠虾、纺锤水蚤等，其中，又以真刺唇角水蚤和虫肢歪水蚤占优势。

4. 广温广盐生态类型

该类群与热带大洋高温高盐类型相比，其适温、适盐性较低，广泛分布于陆架混合水区。本轮调查水域仅出现少量的精致真刺水蚤、平滑真刺水蚤等。

6.1.3 浮游动物类群

1. 水螅水母类（Hydrozoa）

其为腔肠动物门水螅纲动物的统称，个体较小，单体或群体，中胚层较薄，无细胞结构，具有触手，水母体像一把伞，柔软透明，具有缘膜，生活史大多有世代交替现象（徐兆礼等，2003）。包括被鞘螅目、花裸螅目、锥螅水母目、钟泳目、吻螅目、头螅水母目、丝螅水母目、囊泳目、花水母目、硬水母目、筐水母目等 11 个目。优势种类为四叶小舌水母（*Liriope tetraphylla*）、双生水母（*Diphyes chamissonis*）、五角水母（*Muggiaea atlantica*）和拟细浅室水母（*Lensia subtiloides*）。

2. 栉水母类（Ctenophora）

其为腔肠动物门有触手纲动物的统称，栉水母两侧辐射对称，大多没有刺胞，无世代交替，具有栉板和黏细胞。由于这类动物大多数是肉食性，会捕食虾、鱼、贝等种类幼体，对渔业生产危害大，是水产养殖的天敌。

3. 枝角类（Cladocera）

枝角类是甲壳动物鳃足纲（或鳃足亚纲）下的一个目，是一类小型低等的甲壳动物。其海洋种类极其稀少，全世界仅记录 10 余种；而淡水种类则非常丰富，全球已描述超过 600 种。虽然海洋枝角类种类少，但在河口、港湾及近岸水域有时数量非常大，是水产养殖的良好饵料。三角溞（*Pseudevadne* sp.）为典型的海洋枝角类，在珍禽保护区东沙岛水域以及近岸水域有分布。

4. 桡足类（Copepoda）

其隶属桡足亚纲。其种类多，数量大，分布广，是海洋浮游动物数量最大、种类最多、分布最广的重要类群。海洋浮游桡足类是许多中、上层鱼类及幼鱼的饵料来源，它的数量多寡和鱼的丰度有关。其数量分布和变动可作为探索鱼饵及寻找渔场的科学依据。同时，也是水产养殖饵料培养的重要对象。优势种类为中华哲水蚤（*Calanus sinicus*）、精致真刺水蚤（*Euchaeta concinna*）、真刺唇角水蚤（*Labidocera euchaeta*）、瘦尾胸刺水蚤（*Centropages tenuiremis*）、背针胸刺水蚤（*Centropages dorsispinatus*）。

5. 糠虾类（Mysidacea）

其为软甲纲糠虾目动物的统称。糠虾类从外表看类似于食用小虾，但糠虾类的背甲未覆盖整个头胸部。胸足有发达的外肢。腹足退化，有的种类尾足内肢基部内有平衡囊等特征。虽种类不多，但分布广，数量大，并常有集群现象。糠虾是渔业生产的对象。它不仅可供人食用，而且是鱼、虾类养殖的重要饵料。国内外已进行其人工培养试验。优势种类为长额刺糠虾（*Acanthomysis longirostris*）和中华刺糠虾（*Acanthomysis sinensis*）。

6. 磷虾类（Euphausiacea）

其为软甲纲磷虾目动物的统称，是一类海洋浮游高等软甲动物。其外表与食用小虾相似。但磷虾有指状鳃和发光器，胸肢呈双肢形，未分化为颚足，该类别不仅分布广、数量多，而且是许多经济鱼类的良好饵料，是沿岸人民直接的捕捞对象。优势物种为中华假磷虾（*Pseudeuphausia sinica*）。

7. 樱虾类（Sergestidae）

其为软甲纲十足目樱虾科动物的统称。它不仅为渔业生产的直接捕捞对象，是人们喜爱的水产品，还是经济鱼类的主要饵料之一。优势种类为日本毛虾（*Acetes japonicus*）。

8. 毛颚类（Chaetognatha）

其为毛颚动物门动物的统称，又称箭虫，是一类雌雄同体、身体透明、左右对称、细长如箭、头部具有颚刺等结构的特殊类群，全部海产。除个别种类外，都是营浮游生活的。目前全世界有 80 多种，中国记录 32 种，虽种类不多，但其数量大、分布广，在海洋浮游动物中占有相当重要的位置。同时，它们还是许多鱼类的饵料，其数量分布可作为渔获量的指标。由于毛颚类有凶猛肉食习性，会捕食仔鱼或幼鱼和幼虾，故会对水产养殖和产卵场造成危害。可见毛颚类对海洋渔业既有利又有害。此外，毛颚动物对水团或海流较为敏感，对不同水团或海流的来龙去脉有指示作用，是水团的良好指标种。优势种类为强壮箭虫（*Sagitta crassa*）和纳嘎箭虫（*Sagitta nagae*）。

6.1.4 代表性种类及其分布特点

1. 中华哲水蚤（*Calanus sinicus*）

其为哲水蚤科（Calanidae）哲水蚤属（*Calanus*），为暖温带种类，小型海洋浮游动物。身体呈长筒形，体长仅 2～3 mm。该种最显著的特征是：雌雄的第 5 胸足第 1 基节的内缘都具齿列（雌性齿数一般为 18～22，雄性一般为 11～21）。雄性第 5 胸足左足外肢较右足长得多。滤食水中硅藻、细菌、有机碎屑等悬浮颗粒。该种在中国沿海是许多经济鱼类的饵料，常生活于近海半咸水中。

国内分布于福建、江苏、浙江、河北、辽宁、天津、上海等省市河口地带，数量较大，为这些水域的优势种。广泛分布于保护区内的近海水域、入海河口。

2. 真刺唇角水蚤（*Labidocera euchaeta*）

其为角水蚤科（Pontellidae）唇角水蚤属（*Labidocera*）。雌性体长 2.1～2.7 mm。头节前端较狭小，略呈三角形，有 1 对晶体，没有侧钩。头节与第 1 胸节分界明显，末胸节后侧角向后延伸为刺状突起。腹部由 3 节组成，第 2 节最长。尾叉不对称，右叉较粗大，略近卵圆形。雄性体长 1.8～2.5 mm，腹部由 4 节组成，第 3 节最长。尾叉对称。第 1 触角向后伸展时，达到第 2 腹节；右执握触角的中央各节略为膨大。第 5 胸足内肢退化。其为近岸低盐种。

我国沿海均有分布，印度洋亦产。由于受苏北沿岸水影响，该种在保护区近海常年为优势种，其相对数量相当大，且数量的季节变化不明显。

3. 中华假磷虾（*Pseudeuphausia sinica*）

其为磷虾科（Euphausiidae）假磷虾属（*Pseudeuphausia*），其背甲前端延伸为片状突，前端截平。第 1 触角第 1 柄节具梳状小瓣突。第 6 胸足末端 3 节长度约为第 5 胸足的一半。

中华假磷虾分布中心在长江中淡水及其南北两侧盐度相对较低的水域。分布区的温度低于 22℃，盐度低于 33.5‰。在南黄海是仅次于太平洋磷虾的优势种，它与太平洋磷虾在空间分布上刚好是互补的。在长江口以北，其分布可沿苏北近海一直扩展到山东半岛南岸。在冬季随水温的降低并在浙闽沿岸流的驱动下，它可以向南扩展到台湾海峡乃至南海的香港以东沿海。其在保护区南部近海分布较多，而北端相对较少。

4. 强壮箭虫（*Sagitta crassa*）

其为箭虫科（Sagittidae）箭虫属（*Sagitta*）。该种身体狭长，透明，左右对称：分头、躯干和尾节 3 部分；有 2 对侧鳍；体长 12～19 mm；前齿数 7～14，后齿数 19～33，颚毛数 9～12；纤毛环始自眼后，约为头长的两倍；颈部明显；前鳍始自腹神经节稍后方，细长；后鳍略大，长于前鳍；卵巢尚未达到前鳍后端，卵呈圆形，单行排列。该种标准型属于暖温带近岸种。营浮游生活，受精卵排于海水中，肉食性。这类动物不仅和其他海洋浮游动物一起构成经济鱼类的饵料基础，还能作为水团或海流指示生物，对探索海流的趋向起重要作用。在北方海区以强壮箭虫数量最大。

其在保护区内北端灌河口附近近海比较密集，向南分布数量有逐渐递减的趋势。

5. 小哲水蚤（*Nannocalanus minor*）

其为哲水蚤科（Calanidae）小哲水蚤属（*Nannocalanus*）。雌性体长 1.6～1.7 mm。前额钝圆。头胸部由 5 节组成。头部与第 1 胸节愈合，第 4 和第 5 胸节分界明显。末胸节后侧角左右对称，向后延伸到生殖节的中央；从背面观呈三角形，从侧面观则为钝圆。腹部由 4 节组成。第 1 触角分 25 节，稍超过尾叉。第 5 胸足左右对称，内、外肢各分 3 节。雄性体长 1.8 mm。前额钝圆。头胸部和腹部各由 5 节组成。腹部各节几乎等长。第 1 触角向后伸展时约达到腹部的中央。第 5 胸足不对称，左足比右足稍长。此种属暖水种，可从表层分布到 4000 m 深处。

广泛分布在中国东海、黄海、台湾海峡及南海。日本附近暖水流海域、太平洋、大西洋和印度洋的热带和亚热带地区、红海、地中海、澳大利亚都有分布。在保护区的近海水域也有分布。

6. 普通波水蚤（*Undinula vulgaris*）

其为哲水蚤科（Calanidae）波水蚤属（*Undinula*）。雌性体长 2.9～3.0 mm。头、胸部由 5 节组成，头部与第 1 胸节愈合，第 4 和第 5 胸节分界明显。末胸节向后延伸，几乎达到生殖节的末端。腹部由 4 节组成，尾叉短小，比尾节稍长。第 1 触角分 25 节。5 对胸足的内、外肢各分 3 节；第 5 胸足左右对称。雄性体长 2.3～2.6 mm。头、胸部由 5 节组成，末胸节后侧角钝圆。第 1 触角分 24 节，向后伸展时，稍超过尾叉。第 5 胸足左右不对称，右足短小，内、外肢各分 3 节；左足非常发达，改变为交接器；第 1、2 基节很长，内肢消失；外肢分 3 节，第 1、2 节各有 1 根粗大的长刺，第 3 节生出 1 条蠕虫状的突起，这是这种桡足类最显著的特征。栖息于暖流影响较大的水域。

其分布于中国沿海，在国外也广泛分布于各大洋的热带区。在珍禽保护区的近海水域有分布。

7. 狭额次真哲水蚤（*Subeucalanus subtenuis*）

其为哲水蚤目的一种浮游动物，属于节肢动物门甲壳纲桡足亚纲哲水蚤目。哲水蚤目动物体型呈圆筒形，明显分为头胸部和腹部。狭额次真哲水蚤个体通常较小，身体细长，头胸部较为宽阔，腹部相对狭窄。它具有哲水蚤目的典型特征，如第 1 触角细长，雌性和雄性有所不同，雌性触角对称，雄性左触角或右触角变为执握触角；胸足共 5 对，第 1～4 对呈双枝型，用于游泳，雌性第 5 对胸足形态与其他 4 对不同，可能退化或缺失，雄性第 5 对胸足不对称，常转变为交接器。广泛分布于海洋环境中，在南海北部等海域较为常见。其分布呈现一定的规律性，在近岸海域种类相对较少，而在远海海域种类和数量相对较多。主要营浮游生活，以滤食水中的硅藻、细菌、有机碎屑等悬浮颗粒为生，在海洋生态系统的食物链中占据重要位置，是许多经济鱼类和幼鱼的重要饵料来源。作为海洋生态系统中的初级消费者，狭额次真哲水蚤在能量传递和物质循环中起着关键作用。它们将浮游植物等初级生产者固定的能量转化为自身的生物量，然后被更高营养级的生物所捕食，从而推动了生态系统中的能量流动和物质循环。此外，其数量的变化还可能对整个生态系统的结构和功能产生影响，例如，在某些情况下，狭额次真哲水蚤数量的大幅波动可能会影响以它们为食的鱼类等生物的生存和繁殖，进而影响整个生态系统的稳定性。

其分布极广，在中国沿海都有分布，除北冰洋和南极海外，几乎世界各海均有分布。在珍禽保护区的近海水域有分布。

8. 小拟哲水蚤（*Paracalanus parvus*）

其为拟哲水蚤科（Paracalanidae）拟哲水蚤属（*Paracalanus*）。雌性体长 0.8～1.0 mm。身体短而宽。头、胸部呈长椭圆形，由 4 节组成。额部宽大、钝圆。头部与第 1、第 4 和第 5 胸节都愈合，末胸节后侧角钝圆。腹部由 4 节组成，尾节较大。尾叉对称，长度约为宽度的 2 倍。雄性体长 0.7～1.0 mm。第 4、第 5 胸节分界明显，末胸节后侧角钝圆。腹部由 5 节组成。第 1 触角左右对称，分 20 节，向后伸展时，达到尾叉；第 2 触角的外肢分 6 节。第 2～4 胸足外肢第 2、第 3 节的外缘呈锯齿状，内肢第 2、第 3 节表面都有小刺，但不呈梳状排列。第 5 胸足单肢型，左右很不对称。近海水域有栖息。

其分布极广，在中国沿海都有分布，除北冰洋和南极海外，几乎世界各海均有分布。在珍禽保护区的近海水域有分布。

9. 精致真刺水蚤（*Euchaeta concinna*）

其为真刺水蚤科（Euchaetidae）真刺水蚤属（*Euchaeta*）。雌性体长 3.4～3.7 mm。胸部由头部和前 3 个胸节（第 1~3 胸节）愈合而成。第 4 和第 5 胸节游离。末胸节（第 5 胸节）后侧角略向后延伸为尖锐突起，左右对称。腹部由 4 节组成。生殖节显著左右不对称，腹面左侧（或左后侧）具有一个较大的突起（生殖突起）。尾节和尾叉均较短。

其广泛分布于中国黄海、东海、台湾海峡和南海，在日本沿海、马来西亚、太平洋、印度洋、澳大利亚都有分布。在珍禽保护区的近海水域有分布。

10. 异尾宽水蚤（*Temora discaudata*）

其为宽水蚤科（Temoridae）宽水蚤属（*Temora*）。雌性体长 1.4～1.6 mm。前体部由 5 节组成。头节后缘中央有 1 个乳突。末胸节后侧角向后延伸为刺状突起，左右对称。后体部由 3 节组成，尾节和尾叉不对称，尾叉狭长。第 1 触角分 24 节，向后伸展时，不超过尾叉。第 5 胸足单肢型，对称，分 3 节。雄性体长 1.3～1.4 mm。末胸节后侧角向后延伸为刺状突起，不对称。后体部由 5 节组成，尾节和尾叉对称。第 1 触角分 22 节，向后伸展时，超过末胸节；右触角改变成执握触角。第 5 胸足单肢，很不对称。近海水域栖息。

其分布于中国黄海、东海及台湾海峡；日本近海、朝鲜海峡、太平洋、印度洋、红海、澳大利亚都有分布。在珍禽保护区的北部近海水域数量较多。

11. 瘦尾胸刺水蚤（*Centropages tenuiremis*）

其为胸刺水蚤科（Centropagidae）胸刺水蚤属（*Centropages*）。雌性体长 1.6～2.1 mm。头部前端较狭，在第 2 触角处稍紧缩；额部稍突出。头、胸部由 5 节组成，头节与第 1 胸节愈合；末胸节后侧角向后延伸为刺状突起，其长达腹部第 2 节的前端，左右接近对称。腹部由 3 节组成。尾叉几乎对称。第 1 触角分 24 节，向后伸展时，超过身体末端。雄性体长 1.5～1.7 mm。头、胸部较雌性瘦小，末胸节后侧角刺状突起不明显，左右稍不对称。腹部由 4 节组成。第 1 触角分 23 节，右触角改变成执握触角。第 5 胸足不对称。此种为近岸、河口种类，一般生活于沿岸表层水中。

其广泛分布于中国沿海，日本、朝鲜、印度洋、阿拉伯海亦有分布。珍禽保护区近海均有分布。

12. 拟长腹剑水蚤（*Oithona similis*）

其为长腹剑水蚤科（Oithonidae）长腹剑水蚤属（*Oithona*）。雌性体长 0.75～0.77 mm。从背面观，额部不明显。额部前端钝圆，前体部呈长椭圆形，由 5 节组成。头节较大，与第 1 胸节分界明显，其他胸节向后逐渐缩小。后体部细长，由 5 节组成。尾叉比尾节稍短，长度约等于宽度的 2 倍；尾叉末端的第 2 根刚毛最长。卵囊 1 对，紧贴在后体部的两侧，一般每个卵囊含有 1 行大卵。雄性体长 0.66～0.77 mm。体型与雌性相似，但额角完全消失。后体部由 6 节组成。第 1 触角约分 14 节，左右执握触角在第 7、第 8 节和第 12、第 13 节之间可屈折。其为近岸低盐种类。

其广泛分布于中国沿岸海域和世界各大洋，可称是世界种。在珍禽保护区近海常见。

13. 中国毛虾（*Acetes chinensis*）

其为樱虾科（Sergestidae）毛虾属（*Acetes*）。体长 28～45 mm，体形小，侧扁，甲壳薄而软。额角极短，侧面略呈三角形。头胸甲具眼后刺及肝刺。腹部以第 6 节为最长，仅比头胸甲稍短。尾节很短，末端圆而无刺，后侧缘及末端具羽状毛。眼圆形，柄细长。雄性交接器的外叶较薄，略呈长方形，边缘较厚。雌性第 3 步足基部间的腹甲向后突出而成生殖板。体无色透明，仅口器及第 2 触鞭呈红色，第 6 腹节的腹面呈微红色。此种属浮游性的沿岸低盐种，喜生活在泥沙底质的近岸浅海或内湾，在河口附近很多，深度一般不超过 30 m。其生长、发育很快，一年能繁殖两代。由毛虾制成的干制品称虾皮，滋味鲜美，营养丰富。

中国沿岸各海区都有分布，是中国的特有种。珍禽保护区近海有分布。

6.2 大型底栖无脊椎动物

大型底栖无脊椎动物是指生活史的全部或大部分时间生活于水体底部的水生动物类群，主要包括水栖寡毛类、软体动物和节肢动物中的甲壳类。底栖动物为初级消费者优势类群，其通过摄食水体中的浮游植物积累能量，储存有机质，同时底栖动物也是高级捕食动物的饵料生物，在食物链中处于承上启下的位置（李楠楠等，2023）。在秋冬季节，珍禽保护区大型植物凋零，昆虫数量减少，两栖动物休眠，底栖动物由于其生活习性，分布受低温季节影响相对较小，是珍禽保护区长途迁徙鸟类的重要食物来源，鸟类与底栖动物的关系及动态变化一直是湿地研究的热点之一。底栖动物对水质和底质的变化很敏感，在湿地生态系统中的地位很特殊，因此底栖动物常被用作湿地环境质量的指示生物（张咏等，2009；李新正，2011）。

6.2.1 物种组成

本书调查出大型底栖无脊椎动物 357 种。如图 6-2 所示，软体动物门的种类最多，有 157 种，占总数的 43.98%；半索动物门 1 种，占总数的 0.28%；环节动物门 68 种，占总数的 19.05%；棘皮动物门 15 种，占总数的 4.20%；节肢动物门 97 种，占总数的 27.17%；腔肠动物门 10 种，占总数的 2.80%；腕足动物门 4 种，占总数的 1.12%；星虫动物门 2 种，占总数的 0.56%；螠虫动物门 3 种，占总数的 0.84%。

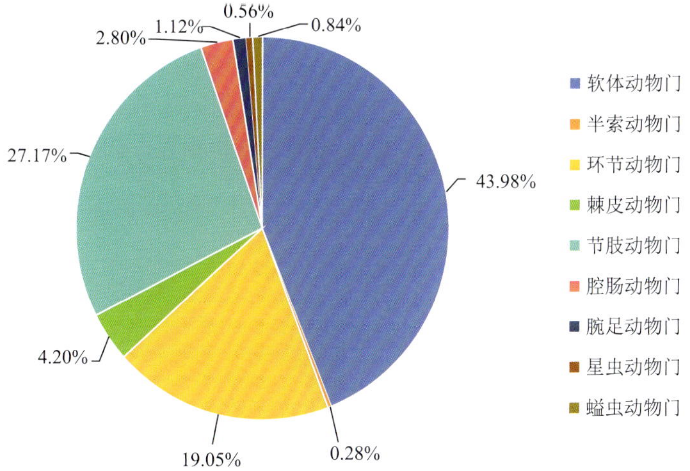

图 6-2 珍禽保护区大型底栖无脊椎动物组成

6.2.2　物种分布

底栖动物各类群总是沿着特定环境因子梯度不断地调整其生存空间从而达到最佳生态位。在河口近岸区，盐度变化最剧烈，因而其对底栖动物影响最明显。同时，部分学者认为底质沉积环境对河口近岸区底栖动物的影响也不可忽视，特别是河口近岸区沉积速率很高，大量泥沙沉降，使底质处于剧烈的扰动变化中，在一定程度上限制了某些底栖动物的生存。

综合考虑盐度、底质两种环境要素，将珍禽保护区主要大型底栖无脊椎动物划分为 5 种生态类型：①广盐性类型，此类物种对盐度变化有较强适应能力，在长江口广泛分布，如狭颚绒螯蟹（*Eriocheir leptognathus*）在整个调查水域分布较均匀。②淡水类型，指仅生活于淡水环境的物种，如河蚬（*Corbicula fluminea*）等。③河口半咸水类型，该生态类型的底栖动物一般主要分布于长江南支淡水区中，可忍受 0.5‰～16.5‰的盐度变化，如安氏白虾（*Exopalaemon annandalei*）为南黄海重要的经济虾类，在调查水域均有出现；脊尾白虾（*Exopalaemon carinicauda*）主要出现在珍禽保护区近岸水域，和安氏白虾生态习性较为类似，习惯栖息于近岸水深 3～5 m 的半咸水海区。④混合高盐水类型，指生活在 16.5‰～30‰盐度范围内的物种，如葛氏长臂虾（*Palaemon gravieri*）对环境的盐度变化有较好的适应能力，分布范围大致在长江口 122°E～123°E 海区，其繁殖洄游分布广，具有向近岸半咸水海区移动的习性。⑤底质环境类型，如双齿围沙蚕（*Perinereis aibuhitensis*）等物种，喜居于有机质较丰富的水域。

6.2.3　常见种类

1. 双齿围沙蚕（*Perinereis aibuhitensis*）

其为沙蚕科（Nereididae）围沙蚕属（*Perinereis*），口前叶略似梨形，前半部窄，后部宽。触手比触角略短。眼 2 对，圆形，前一对稍大，呈矩形排列，位于口前叶后部。最长触须后伸可达第 6～8 刚节。吻上各区均具齿，各区齿数变化较大。大颚具侧齿 6～7 个。除前两对疣足为单叶型外，其余均为双叶型。体前部疣足的上背舌叶为三角形，背、腹须为须状，背须略与上背舌叶等长，腹须短，仅为下腹舌叶长度的一半。体中部疣足的背须比上背舌叶短，上背舌叶变尖细，下背舌叶较短；腹叶具两个前足刺叶和一个后足刺叶，与下腹舌叶几乎等长，腹须短。体后部疣足显著变小，上、下背舌叶和腹舌叶变短小，上背舌叶为突起状。所有背刚毛均为等齿刺状。腹刚毛在足刺上方为等齿刺状和异齿镰刀形刚毛；在足刺下方具异齿刺状和异齿镰刀形刚毛。主要栖息于泥沙滩的平均高潮线附近滩面，尤以米草生长区密度最大。全年生物量以秋季为大。既能穴居生活也能浮游生活。洞穴的口径约 2 mm。繁殖季节，性成熟的个体在涨潮期间离洞而出，成群浮游于水面。夏末秋初，潮下带普遍均有分布。这种营浮游生活的异沙蚕体，体内充满生殖腺，是鱼类优良的饵料。穴居个体体大且肥，可做钓饵，其质量可与被誉为“黄金沙蚕”的全刺沙蚕相媲美。

其广泛分布在沿海潮间带，产量较大，每年出口日本、韩国，年贸易量达 300 t，是主要经济种类之一；在珍禽保护区分布广泛。

2. 短滨螺（*Littorina brevicula*）

其为滨螺科（Littorinidae）滨螺属（*Littorina*），贝壳小型，呈球状，结实。螺层约6层，壳顶尖小，螺旋部不很高，体螺层膨圆。螺层中部扩张，形成较明显的肩部。壳面生长纹细密，具有螺肋，体螺层的螺肋约有10条，粗细不很均匀。壳顶紫褐色，壳面黄绿色，杂有褐、白、黄色的云状斑。壳口圆，内面褐色，有光泽，外唇有一条褐色和白色相间的镶边；内唇厚，宽大，下端向前方扩张成一个反折面。无脐。具角质厣。生活在高潮线附近的岩石上。为胎生的螺类，在繁殖期间，母螺体内常发现大量幼贝。

其为中国北部沿海常见种，国外分布于日本。珍禽保护区沿海均有分布，保护区振东河闸有一定的数量。

3. 绯拟沼螺（*Assiminea latericea*）

其为拟沼螺科（Assimineidae）拟沼螺属（*Assiminea*），贝壳个体略大，壳质坚厚，外形呈长卵圆形，壳高约10 mm，壳宽约7 mm，具有6～7个螺层，螺层较匀速增长，各层略外凸。缝合线略浅，围绕缝合线有一平行螺旋纹。体螺层大于螺旋部，壳顶尖锐，体螺层膨大，底部呈圆形。壳面光滑，呈绯红色，有光泽，具有细致的生长纹，缝合线下方颜色较淡，或者呈淡黄色。壳口呈梨形，上方尖锐，周缘完整、锐利，内唇上缘贴覆于体螺层上，轴缘较厚，外折覆盖脐孔。具厣角质。生活在受海水潮汐涨落影响的咸淡水河流中，为大平并殖吸虫的中间宿主。

其分布于江苏、河北、山东、辽宁、浙江、上海及福建的沿海地带；在珍禽保护区广泛分布，多出现在米草群落和碱蓬群落中，数量较多。

4. 扁玉螺（*Neverita didyma*）

其为玉螺科（Naticidae）扁玉螺属（*Neverita*），贝壳大，坚固，呈半球形，壳高30 mm，壳宽45 mm。螺层约5层，缝合线浅。壳顶低小，螺旋部较短，体螺层宽大，壳面相当膨大，生长纹密，呈丝状雕刻，除体螺层上能见环形的波状线纹外，其余各螺层均无明显的雕刻。壳顶部紫褐色，壳基部白色，其余壳面淡黄褐色。在每一螺层缝合线的下方有一条彩虹样的褐色色带。壳口卵圆形，淡褐色，外唇薄，弧形，内唇略直，上部稍加厚，紧贴于体螺层，中部形成一个大的褐色脐结节。在其上面有一明显的沟痕。脐大而深，部分被脐结节遮掩。具厣角质，刻有放射纹，核位于近内下缘。生活于潮间带至37 m深的砂质海底，用发达的足部在沙底爬行，能潜入沙中十多厘米深捕食竹蛏、西施舌和其他贝类，8～9月产卵，卵群与泥沙黏合成领状。肉可食用。

其在中国沿海广泛分布，国外日本有分布；珍禽保护区核心区、梁垛河闸均有采集到。

5. 泥螺（*Bullacta exarata*）

其为阿地螺科（Atyidae）泥螺属（*Bullacta*），贝壳中小型，呈卵圆形。白色略透明，薄而脆。螺旋部卷旋入体螺层。体螺层膨胀，为贝壳之全长。壳表被有黄褐色壳皮和细密的螺旋沟。生长线明显，有时集聚成肋状。壳口广阔，上部狭，底部扩张。外唇薄，上部圆，凸出壳顶部，底部圆形。内唇石灰质层狭而薄。轴唇有一个狭的反褶缘。动物呈长方形，不能完全收缩入贝壳内。体呈灰黄色，略透明。头楯大，前端微凹，后端分为两叶，被覆部分贝壳。足肥大，前端微凹，后端呈截形。侧足发达，掩盖贝壳之两侧。外套膜薄、被贝壳包被，后部叶片状，向上反卷掩盖部分贝壳。卵群呈圆球形，有胶质柄附于泥沙上。海产，生活在潮间带泥砂质底泥中，主要栖息在含泥量较大的中潮区和低潮区。俗名“吐铁”，可食用。属杂食性动物，吃有机物腐殖质、底栖硅藻和小型甲壳类。繁殖期 5～7 月，适温范围 25～28℃。

全国沿海均有分布，国外分布于朝鲜和日本。在珍禽保护区内广泛分布，产量较大，沿海仅新洋港和王港段部分滩涂泥螺不粘沙，其余岸段泥螺均粘沙，粘沙泥螺经济价值不高，需经过爬沙养殖后供应市场。全区泥螺年取捕量为 210 t 左右，为当地主要经济种类之一。

6. 毛蚶（*Scapharca subcrenata*）

其为蚶科（Arcidae）毛蚶属（*Scapharca*），壳质坚厚，膨胀，呈长卵形。壳长 25 mm，壳高 21 mm，壳宽 18 mm。两壳稍不等，右壳稍小，背侧两端略具棱角，腹缘前端圆，后端稍延长。壳顶突出，向内卷曲，两壳顶距离不很远。壳面放射肋凸出较密，共 33～35 条，肋上显出方形的小结节，此种结节在右壳上尤为明显。壳面白色，被有褐色绒毛状表皮，生长轮脉在腹侧极为明显。韧带面不宽，稍倾斜，韧带黑褐色。壳内面白色或灰黄色，壳缘具有与表面放射肋相应的或深或浅的小沟。铰合部直，两端较宽。铰合齿密而小，两侧的较大。前闭壳肌痕略呈马蹄形，后闭壳肌痕为卵圆形。毛蚶生活于低潮线以下至水深 20 m 稍有淡水流入的泥砂质海底。此种是江苏省海岸带水域最重要的经济贝类，贝类肉味鲜美。

其在国内广泛分布，国外分布于日本；在珍禽保护区南部地区的海滩可见。

7. 泥蚶（*Tegillarca granosa*）

其为蚶科（Arcidae）泥蚶属（*Tegillarca*），贝壳坚厚，卵圆形，两壳相等，很膨胀。壳长 18.4 mm，壳高 15 mm，壳宽 12.7 mm。壳顶凸出，尖端向内卷曲，位置偏于前方，两壳顶间的距离远。表面放射肋发达，约 20 条，同心生长纹与放射肋相交结在肋上，形成极显著的颗粒状结节，此种结节在成体壳的边缘较弱。壳表白色，边缘具有与壳面放射肋相应的条沟。壳表被有棕褐色的薄壳皮。铰合部直，齿细密。前闭壳肌痕较小，呈三角形；后闭壳肌痕大，呈四方形。泥蚶喜栖息于风平浪静、潮流畅通、有淡水注入的内湾及附近的中、低潮带泥滩中。此种动物肉味鲜美，人人喜食，又因其血为红色，传为滋补佳品。壳可和胃制酸，化痰软坚。

其在黄海、渤海、东海和南海均有分布；国外还分布于印度洋和太平洋地区保护区。其在珍禽保护区内有分布。

8. 文蛤（*Meretrix meretrix*）

其为帘蛤科（Veneridae）文蛤属（*Meretrix*），贝壳背缘略呈三角形，腹缘呈圆形，两壳相等，壳长略大于壳高，壳质坚硬。壳顶突出，位于背面稍靠前方，两壳顶紧靠。贝壳表面膨胀、光滑，被有一层黄褐色似漆的壳皮。壳面花纹随个体差异较大，小型个体贝壳花纹丰富，变化多端；大型个体则较为恒定，通常在贝壳近背缘部分有锯齿或波纹状的褐色花纹。文蛤是江苏潮间带最重要的经济贝类，资源量很大，主要分布在粉砂淤泥质岸段。喜栖于含砂率在70%以上、粒径0.02～0.1 mm的砂质泥之中。一般栖息在中潮区至低潮区，以中潮区最为密集。栖息潮区和潜居深度随季节而变化，秋末从潮间带移向潮下带，这种迁移主要依靠体内分泌的胶质形成的胶质带或囊状物使蛤体漂浮于水中，借潮流的作用而移动“跑流”。冬季，未迁移的个体，埋居的深度可达10 cm，其他季节埋居的深度在5 cm左右。繁殖期为6～7月，适温为27.0～29.0℃。当水温超过33℃时，不仅影响幼苗的成活，还会抑制个体的生长。以摄食底栖硅藻为主。

江苏沿海有分布。其在珍禽保护区内分布于东台、大丰、射阳淤长型粉砂质岸段，其中核心区以南地区产量较大。

9. 四角蛤蜊（*Mactra veneriformis*）

其为蛤蜊科（Mactridae）蛤蜊（*Mactra*），贝壳略呈四角形。两壳极膨胀。壳顶突出，向内卷曲，位于壳的背部中央稍偏前方，两壳顶距离很近。壳顶前后的背缘均呈弧形，只在与腹缘相交处略呈钝角。腹缘弧形。小月面及楯面均宽大，呈心脏形，壳中部膨胀，由壳顶向前后缘腹面渐收缩而形成界线。外韧带不发达，呈褐色膜状；内韧带发达，呈三角形。生长线很明显，并常有数条凹陷不平的同心环。无放射肋。壳内面白色，略具光泽，各肌痕均明显，前后闭壳肌几乎等大、同形，呈卵圆形。常借斧足的运动而移动，但没有“跑流”的现象。埋居深度为5～10 cm，夏季埋居深于文蛤，冬季浅于文蛤。周年中的数量以春季为大，繁殖期3～6月，以4月为盛期，属于滩涂贝类中繁殖期偏早的种类。性成熟为2周龄，2～3周龄壳长可达3 cm左右。为江苏省滩涂主要经济贝类，资源量仅次于文蛤。肉可供食用，数量较多。

其主要分布在粉砂淤泥质岸段，全国沿海均有分布，国外日本有分布。其在珍禽保护区沿海均有分布，主要分布于大喇叭口以南和射阳、大丰、东台粉砂淤泥质岸段。

10. 大竹蛏（*Solen grandis*）

其为竹蛏科（Solenidae）竹蛏属（*Solen*），贝壳呈竹筒状，壳质脆薄。壳顶位于壳质最前端，不突出。韧带黑褐色，为拉长三角形，前端尖，后端宽，其长度约为壳长的1/5。壳前缘截形，略倾斜；后端圆形；背、腹缘直，相互平行。铰合部小，两壳各具1枚主齿。壳表面凸，被黄褐色壳皮，具光泽，壳顶附近的壳皮易剥落，腹缘及后端壳皮向壳内面卷包。生长线明显，沿后缘及腹缘方向排列。埋栖于潮间带中、下区和浅海的泥沙滩，埋栖深度30～40 cm。个体大，足发达，肉味鲜美，是重要的经济贝类。

其在渤海、黄海、东海、南海均有分布；国外菲律宾、朝鲜、日本也有分布；珍禽保护区南部有分布。

11. 青蛤（*Cyclina sinensis*）

其为帘蛤科（Veneridae）青蛤属（*Cyclina*），贝壳近圆形，高度和长度几乎相等，宽度较大，约为高度或长度的 2/3。壳顶突出，位于背侧中央。贝壳的表面极为突出，不具放射肋，同心生长轮在顶端细密，不显著，到腹面渐次变粗，突出表面；壳面淡黄色或棕红色，生活标本常为黑青色。青蛤在江苏省潮间带数量也较大，主要栖息在黏土质泥滩和泥质的粉砂滩上。在侵蚀型粉砂淤泥质滩或砂质滩中很少分布。栖息比较稳定，水平移动不大。潜居深度大于文蛤和四角蛤蜊，常呈簇状分布。繁殖期在 6～7 月。

其分布于江苏沿海。珍禽保护区沿海均可见，主要分布于大丰、射阳及东台，栖息在黏土质泥滩和泥质的粉砂滩上，全区年取捕量为 480 t，估计资源量为 1010.1 t。

12. 豆形拳蟹（*Philyra pisum*）

其为玉蟹科（Leucosiidae）拳蟹属（*Philyra*），呈圆球形，表面隆起，具颗粒，额部及前胃区部较细小。额短而窄，前缘平直，眼窝呈圆形。头胸甲边缘具分散的颗粒。螯足粗壮，雄比雌大。步足近圆柱形，光滑。常生活于浅水及低潮线的泥沙滩上。

其分布广泛，广东至辽东半岛沿岸都有；朝鲜、日本、新加坡、菲律宾群岛亦有分布。在珍禽保护区核心区及梁垛河口等地均可见。

13. 中国对虾（*Penaeus chinensis*）

其为对虾科（Penaeidae）对虾属（*Penaeus*），又称东方对虾、对虾、明虾、青虾（雌）、黄虾（雄）。体型长大，额角平直；额角后脊仅伸至头胸甲中部。头胸甲上具胃上刺、触角刺及肝刺；肝沟明显。眼眶触角沟较宽，眼胃脊明显。雌性第 3 颚足较短，雄性则较长。第 1 步足具基节刺和座节刺；第 2、3 步足仅具基节刺；前 3 对步足具肢鳃；5 对步足均具短小的外肢，尤其第 5 对最小。常生活于浅海泥沙底，白天潜伏于泥沙内，夜晚常缓慢游泳于水层下部，捕食底栖的多毛类、小型甲壳类及小型双壳类等。为大型虾类，肉鲜美，既可鲜食，也可制成干品。生长快，是江苏沿岸的重要海水养殖对象。

其分布于黄海、渤海及东海北部，是中国和朝鲜的特有种；珍禽保护区沿岸有养殖。

14. 三疣梭子蟹（*Portunus trituberculatus*）

其为梭子蟹科（Portunidae）梭子蟹属（*Portunus*），头胸甲呈梭形，因胃、心区又有 3 个显著的疣突而得名。第 4 末对步足的掌节与指节似桨状，为游泳足。雄性腹部呈长三角形，雌性成体的腹部近圆形。三疣梭子蟹的体色随周围环境而变异。生活于沙底的个体，头胸甲呈浅灰绿色；生活在海草间的个体，体色较深。为杂食性，鱼、虾、贝、藻均食，甚至也食同类，喜食动物尸体。三疣梭子蟹是大型经济蟹类，广泛分布于我国近海水域，在江苏省海岸带水域亦广泛分布。它善于游泳，又会埋居，属底栖游泳蟹类。鱼汛一年有春秋两次，渔期长，产量高，体大肉多，味鲜美，营养丰富，尤其是卵巢和肝脏可做上等调味品。壳可作药材用，又可提取甲壳素，广泛用于各种工业。其为我国最重要的海产蟹。

其分布于渤海、黄海、东海和南海；日本、朝鲜、马来西亚、红海亦有分布；珍禽保护区沿海有分布，东沙滩资源丰富。

6.2.4　新记录物种

1. 中华仙影海葵（*Cereus sinensis*）

其为绿海葵科（Sagartiidae）仙影海葵属（*Cereus*），分为头部、柱体和基部三个部分。体长伸展时可达到 25 cm。头部位于柱体上端，外围具有 3 或 4 排触手，数量 48～96 只不等，典型的最内圈一排具有 8 只触手。海葵头部中间为口盘，呈浅褐色，待到成熟产卵时，颜色一般加深或带暗红色，并极度膨大。柱体伸展时呈圆柱形，较光滑，半透明，柱体收缩呈褶皱状态。基部位于个体最下端，称作足盘，足盘彼此融合，用以固着。中华仙影海葵营挖掘式营生，其足盘能够伸缩钻入泥沙缝隙中，柱体收缩自如，从而将整个柱体带入泥沙中。当触手接触到猎物时，中华仙影海葵会通过一些化学反应刺激其刺丝囊细胞释放细胞毒素，用以麻醉或杀死猎物，借以触手的收缩将猎物运送到口中，从而捕食猎物；同时中华仙影海葵同样利用此机制抵御外来潜在威胁或攻击。

其分布于太平洋沿海，包括黄海、渤海、东海、南海等海域，主要附着在泥沙中。其在珍禽保护区沿岸滩涂及东沙滩都有分布（王储庆等，2015）。

2. 微黄镰玉螺（*Euspira gilva*）

其为玉螺科（Naticidae）镰玉螺属（*Euspira*），近球形，螺层约 6 层。螺旋部高起，约占壳高的 1/3，体螺层较膨大，光滑无肋，生长纹细密。壳黄白色，布满紫褐色斑点。基部白色，壳顶紫色。壳口卵圆形，内青白色。外唇弧形，内唇中部形成一个结节。脐尚发达，部分为内唇所掩盖。具厣角质。壳高约 3 cm，螺塔稍高，贝壳呈赤棕色，但也有青灰色的个体，壳口内色彩相同，脐孔深而小。栖息在潮间带泥或泥沙滩上。为肉食性贝类。退潮后匍匐在海滩上，或钻入泥沙内觅食。爬过的滩涂上留有痕迹，随迹可采之。

其在我国海域南北沿岸均有分布；珍禽保护区核心区、实验区、缓冲区以及东沙滩都有分布（黄贤克等，2017）。

3. 河蚬（*Corbicula fluminea*）

其为蚬科（Corbiculidae）蚬属（*Corbicula*），贝壳中等大小，呈圆底三角形，一般壳长 3 cm 左右，壳高与壳长近似。两壳膨胀。壳顶高，稍偏向前方。壳面有光泽，颜色因环境而异，常呈棕黄色、黄绿色或黑褐色。壳面有粗糙的环肋。韧带短，突出于壳外。铰合部发达。左壳具 3 枚主齿，前后侧齿各 1 枚。右壳具 3 枚主齿，前后侧齿各 2 枚，其上有小齿列生。闭壳肌痕明显，外套痕深而显著。河蚬三个月可达性成熟，一年四季皆可繁殖。性腺最丰满期是 5～8 月，生殖旺期是 5～6 月。河蚬的寿命约为 5 年，最佳采捕利用期为 1～2 龄。制作工艺品的蚬壳，应为 3 年以上。河蚬栖息于底质多为沙、沙泥或泥的江河、湖泊、沟渠、池塘及河口咸淡水水域。在水底营穴居生活，幼蚬栖息深度为 10～20 mm，大蚬可潜居 20～200 mm，以 20～50 mm 分布最多。摄食经鳃过滤的浮游生物（如硅藻、绿藻、眼虫、轮虫等），是一种被动的摄食方式。河蚬为雌雄异体，但也发现有雌雄同体的个体。福建地区的河蚬每年 5～8 月为繁殖盛期，此时河床底部出现大量的白色黏液状物。当河蚬幼体浮游生活结束后，即沉入水底营底栖生活 15～30 d，再经 1 个月左右长成 2 mm 的小蚬，3 个月可长到 10 mm，蚬的寿命约 5 年。

河蚬栖息于淡水的湖泊、沟渠、池塘及咸淡水交汇的江河中，广泛分布于我国内陆水域；在俄罗斯、日本、朝鲜、东南亚各国均有分布；珍禽保护区核心区、实验区、缓冲区都有分布。

4. 硬壳蛤（*Mercenaria mercenaria*）

其为帘蛤科（Veneridae）硬壳蛤属（*Mercenaria*），外形呈三角卵圆形，后端略突出。壳质坚厚，外表面较平滑，有十分明显且细密的生长轮纹，壳表有黄色或黄褐色斑块，后缘青色，壳顶区为淡黄色，壳缘部为褐色或黑青色。壳内面洁白光滑，有明显的前、后闭壳肌痕。硬壳蛤生长于海水、半咸水。在含有贝壳的软质底最多，在砂质洼地、砂泥洼地和泥底也有分布。研究发现，最佳生长温度在 20℃左右，高于 31℃或低于 9℃时生长停止。硬壳蛤对盐度的耐受力随年龄的增加而增加，但同温度呈反比关系，当盐度低而温度高时存活率会显著降低。硬壳蛤的生长受海水运动和藻类营养的影响。生长的理想条件是温和潮流加上适当的藻类密度并伴随有 4 mg/L 的溶氧。

其广泛分布于美国东海岸，美国的西海岸也有少量人工移植形成的种群，1997 年引入国内养殖。其在珍禽保护区实验区有分布。

6.3 昆　虫

其为节肢动物门（Arthropoda）昆虫纲（Insecta）动物的统称，是地球上数量最多的动物群体，踪迹遍布世界每个角落（王桂芝，2007）。至 21 世纪初，人类已知昆虫有 100 余万种，超过其他所有动物种类总和（袁周伟，2022）。珍禽保护区是南黄海湿地世界自然遗产地的核心组成，地处世界动物地理区划东洋界内，是世界上生产力最高、生物多样性最丰富、最具有保护价值的生态湿地（陈耀华等，2021）。

6.3.1 物种组成

采用陈世骧（1958 年）提出的 33 个目分类系统对珍禽保护区的昆虫进行分类（袁锋和袁向群，2006）。经调查，珍禽保护区共记录有昆虫 579 种，隶属于 19 目 160 科 463 属。其中双翅目、鳞翅目、鞘翅目和半翅目的昆虫占比最多，分别为 23.14%、19.86%、18.65%和 17.44%（图 6-3，表 6-1）。

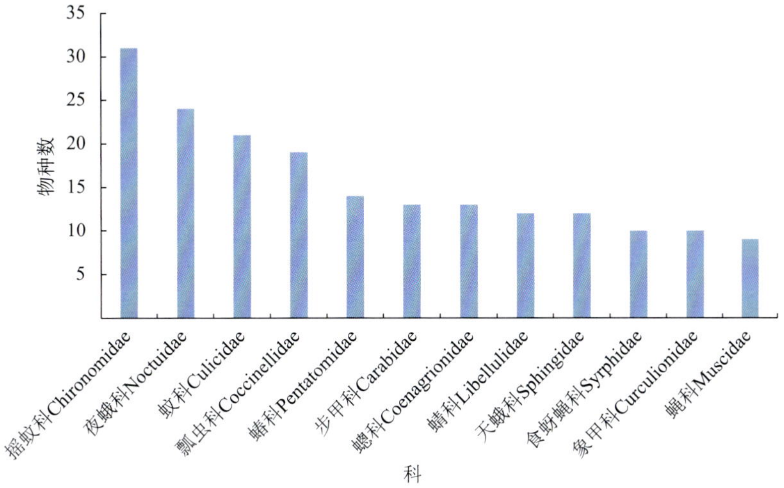

图 6-3 江苏盐城湿地珍禽国家级自然保护区优势昆虫种群图

表 6-1 江苏盐城湿地珍禽国家级自然保护区昆虫组成统计

序号	目	科		种	
		科数	百分比/%	物种数	百分比/%
1	鞘翅目 Coleoptera	27	16.88	108	18.65
2	半翅目 Hemiptera	30	18.75	101	17.44
3	鳞翅目 Lepidoptera	31	19.38	115	19.86
4	双翅目 Diptera	23	14.38	134	23.14
5	膜翅目 Hymenoptera	18	11.25	36	6.22
6	直翅目 Orthoptera	12	7.50	31	5.35
7	蜻蜓目 Odonata	3	1.88	26	4.49
8	脉翅目 Neuroptera	3	1.88	6	1.04
9	蜚蠊目 Blattaria	2	1.25	4	0.69
10	缨翅目 Thysanoptera	1	0.63	4	0.69
11	革翅目 Dermaptera	1	0.63	3	0.52
12	螳螂目 Mantodea	1	0.63	3	0.52
13	食毛目 Mallophaga	1	0.63	1	0.17
14	广翅目 Megaloptera	1	0.63	1	0.17
15	等翅目 Isoptera	1	0.63	1	0.17
16	弹尾目 Collembola	2	1.25	2	0.35
17	石蛃目 Archaeognatha	1	0.63	1	0.17
18	衣鱼目 Zygentoma	1	0.63	1	0.17
19	蚤目 Siphonaptera	1	0.63	1	0.17

在珍禽保护区内，双翅目（Diptera）摇蚊科（Chironomidae）物种数最多，为31种，主要包括摇蚊属（*Chironomus*）、雕翅摇蚊属（*Glyptotendipes*）、底栖摇蚊属（*Benthalia*）、长跗摇蚊属（*Tanytarsus*）、多足摇蚊属（*Polypedilum*）、二叉摇蚊属（*Dicrotendipes*）、矮

突摇蚊属（*Nanocladius*）、萎跗摇蚊属（*Clinotanypus*）、内摇蚊属（*Endochironomus*）、小摇蚊属（*Microchironomus*）、枝角摇蚊属（*Cladopelma*）、无突摇蚊属（*Ablabesmyia*）等。

鳞翅目（Lepidoptera）夜蛾科（Noctuidae）物种多样性十分丰富，共有24种，主要包括地夜蛾属（*Agrotis*）、灰翅夜蛾属（*Spodoptera*）、锹额夜蛾属（*Archanara*）、阿夜蛾属（*Achaea*）、银纹夜蛾属（*Argyrogramma*）、拟胸须夜蛾属（*Bertula*）、铃夜蛾属（*Helicoverpa*）、蛀茎夜蛾属（*Sesamia*）、金翅夜蛾属（*Plusia*）、縻夜蛾属（*Senta*）、弱夜蛾属（*Ozarba*）、黄夜蛾属（*Xanthodes*）、桥夜蛾属（*Anomis*）、委夜蛾属（*Athetis*）、剑纹夜蛾属（*Acronicta*）、秘夜蛾属（*Mythimna*）、兜夜蛾属（*Cosmia*）、歹夜蛾属（*Diarsia*）等。

双翅目（Diptera）蚊科（Culicidae）昆虫共发现 21 种，主要为伊蚊属（*Aedes*）（4种）、按蚊属（*Anopheles*）（11种）、库蚊属（*Culex*）（5种）、轲蚊属（*Coquillettidia*）（1种）。

另外，瓢虫科（Coccinellidae）、蝽科（Pentatomidae）、步甲科（Carabidae）、蟌科（Coenagrionidae）、蜻科（Libellulidae）、天蛾科（Sphingidae）、食蚜蝇科（Syrphidae）、象甲科（Curculionidae）、蝇科（Muscidae）等昆虫的物种数量均在10种以上。

6.3.2 昆虫的分布特点

1. 古北界与东洋界种类过渡与交混明显

珍禽保护区内昆虫多为古北界与东洋界的共有种，以蜻蜓类群为代表对昆虫区系进行统计分析，在珍禽保护区内蜻蜓以广布种为主，占珍禽保护区全部蜻蜓的63.10%；东洋种和古北种总计 9 种，占珍禽保护区全部蜻蜓的 37.9%。从整体分析来看，珍禽保护区的昆虫区系缺乏明显的地理阻隔，存在相互过渡与渗透的现象。

2. 不同生境昆虫多样性差异明显

珍禽保护区内湿地生境主要有芦苇、盐地碱蓬、互花米草、柽柳等植被种群，其中柽柳生境中昆虫多样性最为丰富，其次为芦苇生境与盐地碱蓬生境，互花米草生境中的昆虫多样性最低。互花米草对湿地空间的高度竞争，在一定程度上改变了珍禽保护区内昆虫的群落结构。

珍禽保护区内天敌昆虫资源丰富，瓢虫科（Coccinellidae）、寄蝇科（Tachinidae）、食蚜蝇科（Syrphidae）、虎甲科（Cicindelidae）、蜻蜓目（Odonata）、草蛉科（Chrysopidae）等数量及种类繁多，对于控制农林业害虫与保持湿地生态稳定有着极其重要的作用。在长期互相依存、相互制约的自然选择条件下，昆虫群落结构保持着相对稳定的动态平衡。

6.3.3 群落特征

在不同的生境条件下，昆虫群落结构表现出显著的差异。珍禽保护区内生境类型可分为湿地生境、林地生境、高地草丛生境、农田生境四大类。湿地生境又可进一步细分为芦苇生境、互花米草生境、盐地碱蓬生境、柽柳生境。本次科考综合考虑昆虫的栖息环境及生活习性，调查时针对以下八种典型生境类型进行分析。

1. 芦苇生境

芦苇在珍禽保护区内分布范围极广，几乎遍布于整个湿地。芦苇生境的昆虫种类十分丰富，共有昆虫 14 目 22 科 135 种。其中以蚜科（Aphididae）、飞虱科（Delphacidae）、瓢虫科（Coccinellidae）与摇蚊科（Chironomidae）的物种数量最为丰富，占调查总昆虫数的 64.13%。瓢虫科以七星瓢虫（*Coccinella septempunctata*）、异色瓢虫（*Harmonia axyridis*）、六斑月瓢虫（*Menochilus sexmaculata*）以及黑襟毛瓢虫（*Scymnus hoffmanni*）为主要优势种群，飞虱科以芦苇绿飞虱（*Chloriona tateyamana*）为主要种群，芦苇上丰富的食物资源吸引了较多的天敌昆虫，天敌昆虫对危害芦苇的害虫形成了有效的控制，保证珍禽保护区内芦苇的正常生长。

素毒蛾（*Laelia coenosa*）是珍禽保护区内芦苇上常见的害虫，个别区域发生量较大，如 2022 年 7～8 月期间，核心区调查点芦苇上素毒蛾发生较为严重，密度达到 1～2 头/株，其余区域芦苇上未发现此现象。

2. 互花米草生境

互花米草在珍禽保护区沿岸滩涂上面积大且分布广，互花米草生境中共有昆虫 5 目 14 科 23 种（图 6-4），其中双翅目昆虫数量最多，达 42.02%，其次为半翅目昆虫和膜翅目昆虫，分别为 26.89%和 20.17%，还有部分鞘翅目与鳞翅目的昆虫。调查结果表明，互花米草生境相较于其他湿地生境，其昆虫多样性显著偏低，推测近年互花米草的扩张在一定程度上改变了珍禽保护区内昆虫群落结构特征。

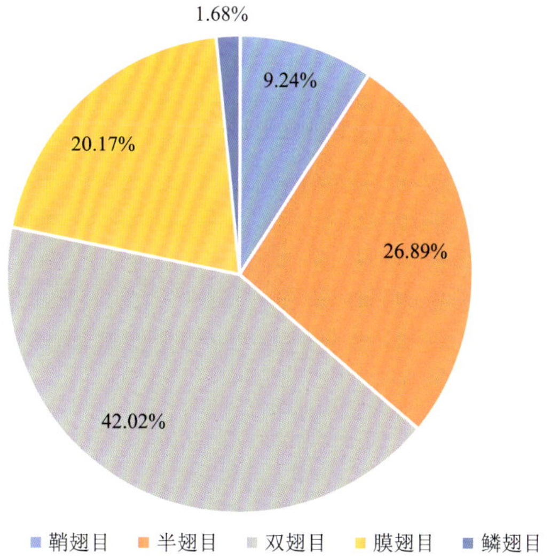

图 6-4　互花米草生境昆虫群落结构特征分布

3. 盐地碱蓬生境

盐地碱蓬生境中昆虫有7目11科31种。其中双翅目昆虫物种最多，占比达到43.23%；其次为膜翅目昆虫，占比达32.11%。直翅目昆虫的种类十分丰富，共有8种，分别为短额负蝗（*Atractomorpha sinensis*）、中华剑角蝗（*Acrida cinerea*）、中华草螽（*Conocephalus chinensis*）、斑翅草螽（*Conocephalus maculatus*）、花胫绿纹蝗（*Aiolopus tamulus*）、中华稻蝗（*Oxya chinensis*）、绿纹蝗（*Aiolopus thalassinus*）和长翅长背蚱（*Paratettix uvarovi*）。这些直翅目昆虫能为幼鸟及部分水鸟生活繁殖提供重要蛋白质来源。

4. 柽柳生境

柽柳为典型的耐盐碱树种，在新生港口附近的海堤上广泛分布。在柽柳上通过扫网采集到昆虫8目25科51种，是昆虫物种多样性最为丰富的湿地生境之一。其中鞘翅目物种最多，以瓢虫科为主；其次为半翅目的蚜科及叶蝉科（Cicadellidae）。但综合来看，柽柳在珍禽保护区海岸带的分布范围较窄。柽柳作为重要的耐盐碱树种，具有重要的经济价值，能够为大量昆虫提供庇护场所，增加湿地生物多样性的丰富程度，理应在后续滩涂资源的保护时增加利用力度。

5. 混生湿地生境

混生湿地生境中植物种类较多，主要为芦苇、米草、盐蒿、碱蓬、刺儿菜、葎草、白茅、扁秆荆三棱、地肤等。混生湿地生境中昆虫有15目56科78种。其中以膜翅目昆虫物种最多，其次为双翅目与鞘翅目。混生湿地生境为珍禽保护区内最多的生境类型，相较于较为单一的互花米草、盐地碱蓬、芦苇生境，植物种群更为丰富，在该种生境类型中天敌昆虫的丰富度与多样性也更高。

6. 林地生境

珍禽保护区内林地主要为针叶林与阔叶林，通过扫网法及陷阱法共采集到昆虫12目63科74种。其中以鞘翅目昆虫物种最多，其次为双翅目与半翅目。珍禽保护区内林下多有草丛植被覆盖，林地生境相较于其他生境中植被多样性更为丰富，能为昆虫提供更好的保护环境，在林地生境中采集到黄脊蝶角蛉（*Ascalohybris subjacens*）、锯角蝶角蛉（*Acheron trux*）、印地星吉丁（*Chrysobothris indica*）、日本拟宽头吉丁（*Paracylindromorphus japanensis*）等特殊昆虫种群。

7. 高地草丛生境

珍禽保护区内调查的高地草丛生境可分为两种，一种为道路两边茂盛的草丛群落，另一种为成片的野外草丛群落。主要植被类型有雀麦（*Bromus japonicus*）、野胡萝卜（*Daucus carota*）、野燕麦（*Avena fatua*）、钻叶紫菀（*Symphyotrichum subulatum*）、小蓬草（*Erigeron canadensis*）、黑麦草（*Lolium perenne*）、萝藦（*Metaplexis japonica*）、茵陈蒿（*Artemisia capillaris*）等。高地草丛生境内昆虫多样性十分丰富，调查中共采集到昆虫 11 目 46 科 54 种。其中以膜翅目昆虫物种最多，其次为双翅目与鞘翅目。高地草丛生境为湿地昆虫提供了重要的栖息与繁衍场所，在高地草丛生境中采集到较多的寄生蜂类群，其中以姬蜂科（Ichneumonidae）与小蜂总科（Chalcidoidea）种群较多。

8. 农田生境

珍禽保护区内农田以种植水稻、小麦、油菜等大宗作物为主，另有少量的蚕豆、玉米（玉蜀黍）等经济作物，调查发现农田生境昆虫有 7 目 22 科 37 种。其中以半翅目昆虫物种最多，其次为双翅目与鞘翅目。农田生境中昆虫群落相对单一，白背飞虱（*Sogatella furcifera*）、褐飞虱（*Nilaparvata lugens*）、灰飞虱（*Laodelphax striatellus*）、稻纵卷叶螟（*Cnaphalocrocis medinalis*）、二化螟（*Chilo suppressalis*）、麦长管蚜（*Sitobion avenae*）、麦二叉蚜（*Schizaphis graminum*）等农业害虫数量多，占所有农田昆虫总数量的 73.25%。

6.3.4 时空变化特征

珍禽保护区内 40 条样线 8 种生境类型 70 个样方中共采集到昆虫 14806 头，隶属 19 目 163 科 466 属 579 个分类单元（形态种）。主要类群包括双翅目（135 种）、鳞翅目（115 种）、鞘翅目（108 种）、半翅目（102 种）、膜翅目（34 种）、直翅目（31 种）、蜻蜓目（26 种）。从摄食功能群来看，主要是植食者和捕食者，其他功能型较少，且植食者在丰度上占据优势。

全年优势种主要为中华萝藦肖叶甲（*Chrysochus chinensis*）、黑襟毛瓢虫（*Scymnus hoffmanni*）、枸杞负泥虫（*Lema decempunctata*）、黑胸伪叶甲（*Lagria nigricollis*）、小长蝽（*Nysius ericae*），各季节优势种组成变化明显。

昆虫群落组成表现出明显的时空变化特征，种类数在季节上表现为：5～6 月（361 种）>7～8 月（253 种）>10～11 月（198 种）；平均密度在季节上表现为：5～6 月>7～8 月>10～11 月。在空间上，昆虫多度和丰度差异显著，在多度（种类数）上，高地草丛生境最高，而在丰度上，混生湿地生境显示最高。昆虫群落结构分析表明，多样性指数（*H'*、*D*）均表现为高地草丛生境>混生湿地生境>林地生境>农田生境，而生物评价指数（Hilsenhoff biotic index，HBI）则表现为混生湿地生境>高地草丛生境>林地生境>农田生境。上述两种评价模式显示湿地生境健康较好，而农田生境多样性最差。

6.3.5 主要昆虫种群

珍禽保护区内植被丰富，昆虫种类多，经过长期的自然进化与选择，昆虫与昆虫之间、昆虫与其他生物之间维持着相对稳定的动态平衡（董全，1999）。根据昆虫的食性和生活史，以及与人类生产生活的关系（尤民生等，2004），将捕食性昆虫（如瓢虫、蜻蜓、食蚜蝇等）和寄生性昆虫（如寄生蜂等）归入天敌昆虫；将危害作物与林木的昆虫归为农林害虫；将具有药用价值的昆虫归为药用昆虫（路亚北，2004）；将传播疾病、危害人类身体健康的归为卫生害虫；将取食植物，但未明显造成保护区内林木和作物损害的归为中性昆虫。

1. 天敌昆虫

珍禽保护区内天敌昆虫主要有瓢虫、食蚜蝇、寄生蜂、虎甲、步甲、蜻蜓、草蛉等，书中概述了瓢虫、食蚜蝇、蜻蜓等优势天敌昆虫种群的生境、生活史等重要信息，为进一步保护和利用天敌、开展生物防治研究提供科学参考。

1）瓢虫

其为鞘翅目瓢虫科昆虫的统称，是珍禽保护区最重要的昆虫类群，在芦苇、林地、农田、灌丛等各个生境中数量及种类均十分丰富，可分为捕食性瓢虫、食植性瓢虫与食菌性瓢虫。珍禽保护区内有瓢虫 19 种（表 6-2），其中捕食性瓢虫 15 种、食植性瓢虫 2 种，食菌性瓢虫 2 种。异色瓢虫、七星瓢虫、龟纹瓢虫、小毛瓢虫属种群数量最为丰富，能够捕食蚜虫、飞虱、蓟马、介壳虫等多种农业与林业重要害虫，具有较大的生物防治开发潜力。十二斑褐菌瓢虫（*Vibidia duodecimguttata*）与柯氏素菌瓢虫（*Illeis koebelei*）能够取食多种植物上的白粉菌，是重要的食菌性瓢虫类群。

表 6-2　珍禽保护区瓢虫科种

食性	属名	种名	物种拉丁名
捕食性	异点瓢虫属	展缘异点瓢虫	*Anisosticta kobensis*
	长足瓢虫属	十三星瓢虫	*Hippodamia tredecimpunctata*
	和瓢虫属	异色瓢虫	*Harmonia axyridis*
	瓢虫属	七星瓢虫	*Coccinella septempunctata*
	龟纹瓢虫属	龟纹瓢虫	*Propylea japonica*
	宽柄月瓢虫属	六斑月瓢虫	*Menochilus sexmaculata*
	大红瓢虫属	红环瓢虫	*Rodolia limbata*
	裸瓢虫属	四斑裸瓢虫	*Calvia muiri*
	唇瓢虫属	红点唇瓢虫	*Chilocorus kuwanae*
	小毛瓢虫属	黑襟毛瓢虫	*Scymnus*（*Neopullus*）*hoffmanni*
	小毛瓢虫属	黑背毛瓢虫	*Scymnus*（*Neopullus*）*babai*
	多异瓢虫属	多异瓢虫	*Adonia variegata*
	弯叶毛瓢虫属	弯叶毛瓢虫	*Nephus* sp.
	大丽瓢虫属	二星瓢虫	*Adalia bipunctata*
	小艳瓢虫属	刻点小艳瓢虫	*Sticholotis punctata*
食菌性	褐菌瓢虫属	十二斑褐菌瓢虫	*Vibidia duodecimguttata*
	素菌瓢虫属	柯氏素菌瓢虫	*Illeis koebelei*
食植性	裂臀瓢虫属	茄二十八星瓢虫	*Henosepilachna vigintioctopunctata*
	食植瓢虫属	菱斑食植瓢虫	*Epilachna insignis*

2）食蚜蝇

其为昆虫纲双翅目食蚜蝇科昆虫的统称，是珍禽保护区内最常见的昆虫之一，幼虫通常捕食蚜虫等小型昆虫，种类繁多，体色多变，具有明显的拟态习性（霍科科等，2002）。

食蚜蝇不仅是重要的天敌昆虫，而且成虫具有访花习性，其作物传粉作用仅次于蜜蜂。食蚜蝇分布于珍禽保护区内所有调查区域。据调查，珍禽保护区内食蚜蝇已发现 10 属 10 种（表 6-3），均为保护区新记录种。其中大灰优蚜蝇（*Eupeodes corollae*）、黑带食蚜蝇（*Episyrphus* sp.）的数量极多，对于控制珍禽保护区内蚜虫、蓟马等小型植食性害虫起到十分重要的作用。

表 6-3 珍禽保护区食蚜蝇科种

食性	属名	种名	物种拉丁名
捕食性	优蚜蝇属	大灰优蚜蝇	*Eupeodes corollae*
	细腹蚜蝇属	细腹蚜蝇	*Sphaerophoria* sp.
	黑带蚜蝇属	黑带食蚜蝇	*Episyrphus* sp.
	墨蚜蝇属	墨蚜蝇	*Melanostoma* sp.
	斑眼蚜蝇属	斑眼蚜蝇	*Eristalinus* sp.
	管蚜蝇属	长尾管蚜蝇	*Eristalis tenax*
	粗股蚜蝇属	东方粗股蚜蝇	*Syritta orientalis*
	裸眼蚜蝇属	裸眼蚜蝇	*Citrogramma fascipleurum*
腐食性	宽盾蚜蝇属	羽芒宽盾蚜蝇	*Phytomia zonata*
	条胸蚜蝇属	狭带条胸蚜蝇	*Helophilus virgatus*

3）蜻蜓

其为昆虫纲蜻蜓目昆虫的统称，具有特殊的水陆生活史，既是重要的天敌昆虫，也是水体污染程度的重要指示生物（张大治和郑哲民，2004）。珍禽保护区内水系众多，蜻蜓多样性丰富，据调查，共发现珍禽保护区内蜻蜓 3 科 17 属 26 种（表 6-4），部分为珍禽保护区内新记录种。

表 6-4 珍禽保护区蜻蜓目种

科名	属名	种名	物种拉丁名
蟌科	黄蟌属	日本黄蟌/赤黄蟌	*Ceriagrion nipponicum*
		翠胸黄蟌	*Ceriagrion auranticum*
		长尾黄蟌	*Ceriagrion fallax*
	异痣蟌属	褐斑异痣蟌/青纹细蟌	*Ischnura senegalensis*
		东亚异痣蟌	*Ischnura asiatica*
		长叶异痣蟌	*Ischunra elegans*
	狭扇蟌属	东京狭扇蟌	*Copera tokyoensis*
	尾蟌属	捷尾蟌	*Paracercion v-nigrum*
		黑背尾蟌	*Paracercion melanotum*
		蓝纹尾蟌	*Paracercion calamorum*
		七条尾蟌	*Paracercion plagiosum*
	扇蟌属	叶足扇蟌	*Platycnemis phyllopoda*
	斑蟌属	丹顶斑蟌	*Pseudagrion rubriceps*

续表

科名	属名	种名	物种拉丁名
蜻科	宽腹蜻属	闪绿宽腹蜻	*Lyriothemis pachygastra*
	红蜻属	红蜻	*Crocothemis servilia*
	锥腹蜻属	锥腹蜻	*Acisoma panorpoides*
	多纹蜻属	异色多纹蜻	*Deielia phaon*
	疏脉蜻属	蓝额疏脉蜻	*Brachydiplax chalybea*
	黄翅蜻属	黄翅蜻	*Brachythemis contaminata*
	玉带蜻属	玉带蜻	*Pseudothemis zonata*
	丽翅蜻属	黑丽翅蜻	*Rhyothemis fuliginosa*
	黄蜻属	黄蜻	*Pantala flavescens*
	灰蜻属	白尾灰蜻	*Orthetrum albistylum*
		狭腹灰蜻	*Orthetrum sabina*
		异色灰蜻	*Orthetrum melania*
蜓科	伟蜓属	碧伟蜓东亚亚种	*Anax parthenope*

2. 环境指示性昆虫

昆虫是湿地生物多样性的重要组成部分，与湿地环境质量息息相关。昆虫与植被形成协同进化关系，其群落结构、动态变化以及多样性状况，直接反映了湿地演替过程中环境的稳定性与生态系统的健康状况（陈高等，2002）。根据江苏省生态环境厅发布的《江苏省生态环境质量指示物种清单（第一批）》，本轮调查共发现环境指示性昆虫 1 目 5 科 8 属 10 种（表 6-5），均为鳞翅目蝴蝶类昆虫，包括凤蝶科（Papilionidae）、蛱蝶科（Nymphalidae）、灰蝶科（Lycaenidae）、眼蝶科（Satyridae）和弄蝶科（Hesperiidae）。珍禽保护区内虽然地形地势相对单一，但生态环境保护成效显著，环境指示性昆虫（蝴蝶）的数量仍然较为丰富。

表 6-5　江苏盐城湿地珍禽国家级自然保护区环境指示性昆虫名录

科名	属名	种名	物种拉丁名
凤蝶科	凤蝶属	碧凤蝶	*Papilio bianor*
		玉带凤蝶	*Papilio polytes*
眼蝶科	眉眼蝶属	稻眉眼蝶	*Mycalesis gotama*
蛱蝶科	豹蛱蝶属	斐豹蛱蝶	*Argyreus hyperbius*
	钩蛱蝶属	黄钩蛱蝶	*Polygonia c-aureum*
	脉蛱蝶属	黑脉蛱蝶	*Hestina assimilis*
弄蝶科	稻弄蝶属	直纹稻弄蝶	*Parnara guttata*
		曲纹稻弄蝶	*Parnara ganga*
灰蝶科	灰蝶属	红灰蝶	*Lycaena phlaeas*
	酢浆灰蝶属	酢浆灰蝶	*Pseudozizeeria maha*

3. 外来入侵物种（部分）

1）枣实蝇（*Carpomya vesuviana*）

其属于双翅目（Diptera）实蝇科（Tephritidae）咔实蝇属（*Carpomya*），成虫盾片黄色或红黄色，中间具 3 个细窄黑褐色条纹，向后终止于横缝略后；两侧各有 4 个黑色斑点，横缝后有 2 个近似椭圆形黑色大斑点，近后缘的中央于两小盾前鬃之间有一褐色圆形大斑点；横缝后另有 2 个近似叉形的白黄色斑纹。小盾片背面平坦或轻微拱起；白黄色，具 5 个黑色斑点，其中 2 个位于端部，基部的 3 个分别与盾片后缘的黑色斑点连接（张润志等，2007）。

枣实蝇主要危害枣类，被列入《中国自然生态系统外来入侵物种名单（第四批）》，在珍禽保护区内分布在中实验区、南实验区、南缓冲区。

2）菊方翅网蝽（*Corythucha marmorata*）

其属于半翅目（Hemiptera）网蝽科（Tingidae）方翅网蝽属（*Corythucha*），体长约 2.8 mm，宽约 1.5 mm。雌成虫体型略大于雄成虫。成虫头兜、中纵脊、侧背板及前翅的网室室脉上密布直立小刺，侧背板外缘和前翅前缘具排列整齐的刺列。头顶及体腹面黑褐色，足和触角浅黄色，腹部褐色。头兜、纵脊、侧背板及前翅网室乳白色、半透明或不透明，多具网状褐斑。头、胸部两侧及腹面密被白色粉被。头顶光滑，无头刺；触角细长（朱谨，2018）。

菊方翅网蝽主要寄主为小蓬草、加拿大一枝黄花、钻叶紫菀等，在珍禽保护区内分布在中实验区、北 ·实验区。

3）烟粉虱（*Bemisia tabaci*）

其属于半翅目（Hemiptera）粉虱科（Aleyrodidae）小粉虱属（*Bemisia*），通常寄生于植物叶背面，体淡黄白色，翅 2 对，白色，被蜡粉无斑点，体长 0.7～0.9 mm，比温室白粉虱小，前翅脉 1 条不分叉，静止时左右翅合拢呈屋脊状，脊背有一条明显的缝。

烟粉虱主要为害茄果类、豆类、十字花科蔬菜、果树、花卉、棉花及多种杂草（王泽华等，2012），被列入《国家重点管理外来入侵物种名录（第一批）》，珍禽保护区内蔬菜种植区域有分布。

6.3.6　新记录物种

1. 黄脊蝶角蛉（*Ascalohybris subjacens*）

其属于脉翅目（Neuroptera）蝶角蛉科（Ascalaphidae）脊蝶角蛉属（*Ascalohybris*），外形极似蜻蜓。触角长，几乎等于体长，棒状；复眼大，被一沟分为上、下两部分。翅痣下室短。幼虫头部有显著的后头叶，上颚具 3 齿（孙明霞和王心丽，2006）。

黄脊蝶角蛉取食小型昆虫，首次在珍禽保护区的南实验区内采集到成虫，采集时间为 2022 年 8 月。

2. 丝光小长蝽（*Nysius thymi*）

其属于半翅目（Hemiptera）长蝽科（Lygaeidae）小长蝽属（*Nysius*），成虫体长约 5 mm，触角 4 节，末 2 节密生纤毛，头及前胸背板密布黑褐色刻点，小盾板黑褐色，前翅革质淡灰褐色，膜质翅透明（石凯和周子菁，2017）。

丝光小长蝽取食艾草等，在珍禽保护区内分布范围极广，每年 4～11 月种群数量均极多。

3. 黑襟毛瓢虫[*Scymnus*（*Neopullus*）*hoffmanni*]

其属于鞘翅目（Coleoptera）瓢虫科（Coccinellidae）小毛瓢虫属（*Scymnus*），成虫体长 1.90～2.20 mm，宽 1.40～1.50 mm，呈长椭圆形，弧形拱起，背面密生黄色细毛（虞国跃和庞雄飞，1992）。头部、触角、口器均为红褐至黄褐色。前胸背板暗红褐色，中部有一大型黑斑，小盾片黑色。鞘翅基色为红褐色，由食基部小盾片的两侧沿鞘翅缝形成 1 个基部宽阔、末端收窄的黑色斑。色斑常变异，一般分浅色和深色两种类型。

黑襟毛瓢虫取食多种蚜虫，包括棉蚜、大豆蚜、桃蚜等，是极其重要的捕食性天敌种群，在珍禽保护区内分布范围广，每年 5～6 月种群数量极多。

4. 展缘异点瓢虫（*Anisosticta kobensis*）

其属于鞘翅目（Coleoptera）瓢虫科（Coccinellidae）异点瓢虫属（*Anisosticta*），成虫体长 3.9～4.3 mm，体宽 2.0～2.5 mm。体长形，扁平拱起，背面光滑无毛。头部黄色：复眼后方额中部有 2 圆形小黑斑，一半为前胸背板所盖；复眼黑色，口器、触角黄褐色。前胸背板黄色，具 6 个小黑斑，前排 4 个，后排 2 个。小盾片黑色。鞘翅黄色，共有 19 个小黑斑，小黑斑在小盾片下鞘缝上，每鞘翅 9 个形状不同的小黑斑呈 1、2、1、2、2、1 排列（荆英等，2002）。

展缘异点瓢虫取食麦蚜、桃蚜等，首次在核心区内采集到成虫样本。

5. 菱斑食植瓢虫（*Epilachna insignis*）

其属于鞘翅目（Coleoptera）瓢虫科（Coccinellidae）食植瓢虫属（*Epilachna*），体长 9.5～11.0 mm，体宽 8.0～9.5 mm。个体较大，每个鞘翅上有 7 个黑斑，容易与其他植食性瓢虫区分。虫体近于心形，背面明显拱起（曾涛和庞雄飞，2001）。

菱斑食植瓢虫的幼虫和成虫取食茄科的龙葵、茄子和葫芦科瓜类等，在珍禽保护区内分布范围较广。

6. 羽芒宽盾蚜蝇（*Phytomia zonata*）

其属于双翅目（Diptera）食蚜蝇科（Syrphidae）宽盾蚜蝇属（*Phytomia*），密被金黄色长毛，中胸背板前缘具灰黄色粉被；小盾片后缘具金黄或橘黄色长毛；侧板覆灰棕色粉被。腹部短卵形，第一背板极短，亮黑色，两侧黄色；第二背板黄棕色，有时正中具暗中线；第三、四背板黄色，近前缘各有 1 对黄棕色较窄横斑；第五背板及尾器黑褐色。

羽芒宽盾蚜蝇幼虫腐食性，成虫体型极似熊蜂，首次在珍禽保护区核心区内采集到成虫样本。

7. 枸杞负泥虫（*Lema decempunctata*）

其属于鞘翅目（Coleoptera）叶甲科（Chrysomelidae）合爪负泥虫属（*Lema*），成虫体长5～6 mm。前胸背板及小盾片蓝黑色，具明显金属光泽；触角11节，黑色棒状，第2节球形，第3节之后渐粗，长略大于宽；复眼硕大突出于两侧；足黄褐或红褐色，基节、腿节端部及胫节基部黑色，胫端、跗节及爪黑褐色；头部刻点粗密，头顶平坦，中部有纵沟，中央有凹窝，头及前胸背板黑色（薛贤清，1990）。

枸杞负泥虫的成虫与幼虫均取食枸杞的叶片，在珍禽保护区内全域大量分布。

8. 云纹虎甲（*Cicindela elisae*）

其属于鞘翅目（Coleoptera）虎甲科（Cicindelidae）虎甲属（*Cicindela*），成虫体长约10 mm，体宽3～4 mm。头、胸部暗绿色，具铜色光泽。复眼大而突出，两复眼间凹陷，中间密布皱刻。唇基前缘呈浅弓形，上唇灰白色，前缘中部黑褐色。中央具1小齿。上颚强大，基部灰白色，其余黑褐色，唇须和颚须除末节黑褐色外均黄褐色。触角1～4节蓝绿色，光滑无毛，第5节以后黑褐色，各节密生短毛（韩海亮等，2020）。

云纹虎甲捕食地老虎、棉铃虫等重大农业害虫，是重要的自然天敌昆虫。其在珍禽保护区内的河边大量分布，种群数量多。

9. 中国水蝎蝽（*Nepa chinensis*）

其属于半翅目（Hemiptera）蝎蝽科（Nepidae）蝎蝽属（*Nepa*），体较扁平，身上呈深褐色或灰褐色，头部较小；前胸背板宽于头部；腹部的末端，有长尾钩。

中国蝎蝽低龄若虫捕食水蚤、孑孓等小虫，老龄若虫及成虫捕食鱼苗（周凯和孙柏林，2015），首次在珍禽保护区核心区内以灯诱方式采集到样本。

6.4 鱼　　类

目前全球共报道鱼类21700多种，我国约有3000种，其中湿地鱼类约有1000种，占我国鱼类资源的三分之一。湿地鱼类由内陆湿地鱼类、近海海洋鱼类、河口半咸水鱼类和过河口洄游鱼类构成。珍禽保护区位于南黄海湿地，地处长江入海口和古黄河入海口之间，是历史上由古长江、古黄河在自然地理变化中形成的淤长型滨海湿地。珍禽保护区东临黄海，沼泽遍布，又有射阳河、新洋港河、斗龙港河，苏北灌溉总渠、灌河等河流流经滩涂入海，丰富多样的水域孕育了丰富的鱼类资源，是滩涂动物资源的重要组成部分，鱼类中的中华鲟、松江鲈鱼等为国家一级或二级保护动物（言柯程等，2023）。

6.4.1 物种组成

珍禽保护区共计有鱼类314种，其中新增种8种（倪勇和伍汉霖，2006），如表6-6

所示，共 32 目 110 科。其中软骨鱼亚纲有 10 目 19 科 33 种，占总数的 10.51%；硬骨鱼亚纲有 22 目 91 科 281 种，占总数的 89.49。在所有目中，种类最多的是鲈形目，共有 34 科 101 种，占总数的 32.17%；其次是鲤形目，共有 2 科 47 种，占总数的 14.97%。

表 6-6　珍禽保护区鱼类种类组成

目	科数/个	种数/个	种数占比%
扁鲨目 Squatiniformes	1	1	0.32
鲼目 Myliobatiformes	4	9	2.87
角鲨目 Squaliformes	1	3	0.96
鼠鲨目 Lamniformes	2	2	0.64
银鲛目 Chimaeriformes	1	1	0.32
鮟鱇目 Lophiiformes	3	3	0.96
灯笼鱼目 Myctophiformes	1	1	0.32
鲱形目 Clupeiformes	3	15	4.78
海鲢目 Elopiformes	1	1	0.32
颌针鱼目 Beloniformes	4	8	2.55
鲤形目 Cypriniformes	2	47	14.97
鳗鲡目 Anguilliformes	4	7	2.23
鲀形目 Tetraodontiformes	4	12	3.82
鳕形目 Gadiformes	1	1	0.32
银汉鱼目 Atheriniformes	1	1	0.32
鼬鳚目 Ophidiiformes	1	1	0.32
电鳐目 Torpediniformes	1	1	0.32
虎鲨目 Heterodontiformes	1	1	0.32
六鳃鲨目 Hexanchiformes	1	1	0.32
鳐形目 Rajiformes	3	5	1.59
真鲨目 Carcharhiniformes	4	9	2.87
刺鱼目 Gasterosteiformes	2	5	1.59
鲽形目 Pleuronectiformes	4	16	5.10
鲑形目 Salmoniformes	1	9	2.87
合鳃目 Synbranchiformes	1	1	0.32
胡瓜鱼目 Osmeriformes	1	1	0.32
鲈形目 Perciformes	34	101	32.17
鲇形目 Siluriformes	7	20	6.37
仙女鱼目 Aulopiformes	1	1	0.32
鲟形目 Acipenseriformes	1	1	0.32
鲉形目 Scorpaeniformes	11	19	6.05
鲻形目 Mugiliformes	3	10	3.18

6.4.2 区系特点

珍禽保护区境内河流众多，水网密布，河渠纵横，四通八达。串场河、灌河、废黄河、淮河入海水道、苏北灌溉总渠、射阳河、黄沙港、新洋港、斗龙港等“两纵九横”骨干河道贯穿整个保护区；而东侧，保护区濒临黄海，滩涂湿地遍布。丰富的水资源孕育了各种各样的鱼类，涵盖淡水鱼类、海洋鱼类、河口鱼类和洄游鱼类（单秀娟等，2014；牟秀霞等，2017）。

1. 淡水鱼类

栖息于江河、湖沼、水库等淡水水域的鱼类，一般终生生活在淡水环境。例如，鲢鱼、鲤鱼、鲫鱼、黄颡鱼、黄鳝、乌鳢和鳊鱼、中华青鳉等，其中有少数种类生殖时期在保护区向江河上游急流进行产卵，如青鱼、草鱼、鲢鱼和鳙鱼等。到2022年底，统计保护区有淡水鱼类81种，占珍禽保护区鱼类总数的25.8%。

2. 海洋鱼类

其包括沿岸浅海定居性鱼类和洄游至近海的远海鱼类，沿岸浅海定居性鱼类生活于陆岸浅海区域的滩涂和水域；深海鱼类平时生活在海洋，在生殖洄游或索饵洄游时游至近海，偶尔进入河口和陆岸浅海域，如鳓鱼、黄姑鱼、白姑鱼、小黄鱼、大黄鱼、蓝点马鲛、带鱼和银鲳等。调查统计保护区具有近海鱼类166种，占珍禽保护区鱼类总数的52.9%。

3. 河口鱼类

河口鱼类指终生生活在河口及陆岸浅海区的滩涂和水域的鱼类，既能在淡水中生活，又能在近海咸水中生活，对水体盐度变化有很好的适应性。例如，鲻鱼、鲈鱼和弹涂鱼等。其中弹涂鱼和鰕虎鱼终生在滩涂栖息，在此生活和繁殖。其他种类则在潮间带区域觅食，在插网渔获物中占较大的比例，有一定的经济价值。保护区总计有河口鱼类28种，占珍禽保护区鱼类总数的8.9%。

4. 洄游鱼类

可分为两类，即溯河性洄游鱼类和逆河性洄游鱼类。溯河性洄游鱼类平时生活于浅海或近岸，繁殖时由海入长江河口或上游产卵，如中华鲟、凤鲚、刀鲚等；逆河性洄游鱼类平时生活在江河、湖泊或溪流中，繁殖时洄游到浅海或深海产卵，如鳗鲡等。保护区洄游种类还有前颌间银鱼、鲥鱼、暗纹东方鲀等。珍禽保护区总计有洄游鱼类39种，占珍禽保护区鱼类总数的12.4%。

6.4.3 鱼类资源的时空变化

鱼种具有季节性迁移变化，在暖季（夏、秋）南部鱼类向北迁移，而在冷季（冬、春）北部鱼类向南迁移。通过全年调查发现，小黄鱼的资源在四季中都占据首位，鲻鱼在夏、秋季节数量达到最高峰。整体来讲，在每年春季，随着近岸水温的回升，有多种洄游鱼类前来产卵、取食，鱼类种类显著增多，密度大为增加；而入冬以后，随着近岸水温的下降，鱼类的种类和密度减少。在珍禽保护区的近海，有若干种数量多、密度大和集群性强的优势种，如在历史上曾形成过小黄鱼、大黄鱼、银鲳和黄鲫等种类的大群体。因此，鱼类的分布又表现出一定的集群性。从区系特征可以看出，珍禽保护区所在的河口水域，鱼类群落成员除少数河口咸淡水生活种类外，多数种类或是随海潮来此觅食，或是洄游途经，或是自淡水径流来此觅食。因此，组成群落的种类经常更换。

6.4.4 常见鱼类介绍

基于本轮鱼类实地调查，现对珍禽保护区常见鱼类进行简单介绍，包括海洋鱼类、淡水鱼类、河口鱼类、洄游鱼类。

1. 常见海洋鱼类

1）小黄鱼（*Larimichthys polyactis*）

其属于石首鱼科（Sciaenidae）黄鱼属（*Larimichthys*），体长圆形，侧扁，尾柄长约为尾柄高的 2.5 倍。头大，有发达的黏液腔，吻短，有 4 个吻孔。口大，端位，口斜裂，上下颌约等长。上下颌具尖锐的细齿，上颌齿多行，外行齿较大；下颌齿 2 行，内行齿较大。眼中等大，下颌无须，颌部具有 6 个颌孔。头及身体被栉鳞，鳞较大，侧线上鳞 5～6 个，体侧下部各鳞片均有一金黄色的皮脂腺。耳石大，犁形。体黄褐色，腹面金黄色，唇橘黄。其为底层结群性洄游鱼类，常栖息于软泥或泥砂质海区，属肉食性鱼类。

其分布于中国东海、黄海与渤海，朝鲜西海岸；在珍禽保护区沿海均可见到，为重要经济鱼类，但产量较低。

2）大黄鱼（*Larimichthys crocea*）

其属于石首鱼科（Sciaenidae）黄鱼属（*Larimichthys*），体长椭圆形，侧扁，尾柄细长，其长为高的 3 倍多。头大而侧扁，有发达的黏液腔，背侧中央枕骨棘不明显，吻较钝，颌部有 4 个不明显的小孔，眼中等大。背鳍起点在胸鳍起点的上方。鳔大，前端圆形，耳石犁形。体背和上侧黄褐色，下侧和腹面金黄色，背鳍和尾鳍灰黄色，胸鳍和腹鳍黄色，唇橘红色。其为结群性近海暖水性鱼类，特别是在生殖季节结成大群，在渔业生产上形成春汛与秋汛。

其分布于朝鲜西南部外海，中国东海、南海和黄海南部近岸海区；在珍禽保护区近海和长江口等河口地区均可见，为重要经济鱼类，但产量较低。

3）海鳗（*Muraenesox cinereus*）

其属于海鳗科（Muraenesocidae）海鳗属（*Muraenesox*），体长形，近圆筒状，后端侧扁，头尖而长，眼较大，眼间隔微凸。前鼻孔呈短管状，后鼻孔无管。口大，口裂达眼后方，舌附着于口底，不能活动。上颌略长于下颌，两颌牙强大而锐利，两侧均为三行。皮肤裸露无鳞，侧线发达，胸鳍宽大，无腹鳍。背鳍、尾鳍与臀鳍相连接。体背侧银灰色，较大个体略呈暗褐色，腹侧乳白色，背鳍、臀鳍和尾鳍边缘黑色。其为凶猛性海洋底层鱼类，游泳迅速，有季节性洄游。

其分布于江苏沿海及我国各海区，国外见于朝鲜、日本、菲律宾、印度尼西亚、印度等；在珍禽保护区沿海为常见种。

4）鳓（*Ilisha elongata*）

其属于锯腹鳓科（Pristigasteridae）鳓属（*Ilisha*），体呈梭形，身侧扁，腹缘较背缘更隆起。头小，眼大，上侧位，口上位，斜裂，下颌发达，齿细小，鳃孔小；鳃膜分离，不与颊部相连。除头部外，全身具圆鳞，鳞大而薄，易脱落。胸、腹部具棱鳞，无侧线，背鳍中等大，起点距吻端及距尾鳍基底的距离相等，其基部短。臀鳍长，腹鳍短小，尾鳍深叉形。体背部灰褐色至微绿色，两侧银白色。栖息于近海大陆架区，一般在水深 60 m 左右以内，肉味鲜美，为我国近海重要经济鱼类之一，广泛分布于印度洋—西太平洋的亚热带中上层水域。

国内其分布中心在浙江和江苏近海，长江口咸淡水区有时也能捕到；在春汛期间是珍禽保护区近海主要捕获对象，产量丰富。

5）斑鰶（*Konosirus punctatus*）

其属于鲱科（Clupeidae）斑鰶属（*Konosirus*），体梭形，侧扁，腹部特扁，胸腹部具有棱鳞。吻短而尖，眼中等大，具脂眼睑，鼻孔很小。口小，近端位，上颌两端下斜，呈人字形；下颌比上颌短，鳃孔大。除头部外，全身具薄圆鳞，无侧线。背鳍中等长，最后一鳍条延长呈丝状，可达尾柄中部。背鳍起点距吻端较距尾鳍基部为近，臀鳍基部较背鳍基部为长，尾鳍深叉形，下颌稍长于下颌，鳍条末端沾黑色。体背部灰绿色，两侧下部银白色，各鳍淡黄色。体侧上方有多行纵列的小黑点，鳃孔后上方有一明显的大黑斑。生活于浅海，有时进入河口，为近海暖水性小型鱼类，其肉质细嫩，含脂量高，为沿海人民所喜爱。

其在江苏省沿海、长江口及其他河口区均能见到；在珍禽保护区近海为常见种，有一定的产量。

6）黑鳃梅童鱼（*Collichthys niveatus*）

其属于石首鱼科（Sciaenidae）梅童鱼属（*Collichthys*），体长一般在 80～120 mm，近长方形而侧扁，头大而圆钝。枕骨部一般不为皮膜所覆盖，枕骨棱显著，前后有 2 棘，棘间无小刺。尾柄长而细，眼中等大，侧位。口大，口斜裂。口角达于眼后缘。头及体上均具细鳞，鳞薄易脱落。侧线前部向上弯，后部颇直。胸鳍长而尖，腹鳍较小，尾鳍楔形。体上部灰黑色，鳃盖上部深黑色，腹部和两侧下部金黄色。生活在河口附近沿岸，不做远距离洄游。

其主要分布在中国东海、黄海和朝鲜西岸；在珍禽保护区沿岸有分布，有一定的产量。

7）蓝点马鲛（*Scomberomorus niphonius*）

其属于鲭科（Scombridae）马鲛属（*Scomberomorus*），体长而侧扁。背缘及腹缘微曲，体高在胸鳍末端最高，向后逐渐变细。尾柄细，每侧有三个隆起嵴，以中央嵴长且高。头中等大，头长大于体高。吻长，眼小，位于头中部体中线上，距吻端较距鳃孔后缘为近。口大，微斜，口裂后缘微超过眼后缘，上下颌等长。牙强大，尖锐而侧扁，排列疏松。舌上无牙。身被细鳞，胸鳍基上方鳞较大。侧线呈不规则波浪状。背鳍 2 个，两背鳍相距较近，第一背鳍鳍棘 19～20 个。第二背鳍与臀鳍之后各有 8～9 个小鳍。胸鳍短。腹鳍短小，位于胸鳍基下微后。尾鳍大，分叉形。体背部黑蓝色，腹部银灰色。沿体侧中央有数列黑色圆形斑点。第一背鳍及第二背鳍黑色。其为暖水大洋性鱼类，通常结群做远程洄游，栖息于水上层，性凶猛，以其他小型鱼类为食，有一定的经济价值。

其分布于日本，朝鲜，中国的东海、黄海及渤海；在珍禽保护区近海为重要经济鱼类，但产量较低。

8）银鲳（*Pampus argenteus*）

其属于鲳科（Stromateidae）鲳属（*Pampus*），体短而高，身侧扁，略呈菱形。背腹缘隆起均呈大弧形，尾短细而侧扁。头小。吻短圆钝，稍突出于下颌前。眼小，侧位，距吻端较距鳃盖后缘为近。口小，微斜。两颌各有细牙一行，排列紧密，体被圆鳞，很细小，极易脱落。侧线位高，几乎与背缘并行。背鳍与臀鳍同形，鳍棘均呈截形，仅在幼鱼期明显，在成鱼期则埋于皮下；鳍条不显著延长。胸鳍大。无腹鳍。尾鳍分叉颇深，下叶长于上叶。体银白色，上部微呈青灰色，多数鳞片上有细微的黑色小点。其为近海中下层鱼类，平时栖息于外海，属名贵食用鱼类。

其分布于印度，马来半岛，菲律宾，夏威夷，中国的南海、东海、黄海及渤海，朝鲜，日本。每年 5～6 月生殖期在珍禽保护区沿海均可见到，近几年渔业产量有所下降。

9）半滑舌鳎（*Cynoglossus semilaevis*）

其属于舌鳎科（Cynoglossidae）舌鳎属（*Cynoglossus*），体延长呈舌状，侧扁。头部很短，长度短于高度，两眼及颜色面均在左侧。眼小，上眼前缘在下眼前方，至背鳍基底间的距离约为头长的 3/7，眼间隔宽。口弯曲呈弓状，左右不对称。牙细小，有眼侧无牙，无眼侧的牙呈带状。鳞小，有眼侧被栉鳞，无眼侧被圆鳞，其头前部鳞片变形成绒毛状突起。有眼侧侧线 3 条，上中侧线间鳞 20～25 行，无眼侧无侧线。背鳍及臀鳍均与尾鳍相连。背鳍起点在吻部前端的背方。臀鳍起于鳃盖的后下方。无胸鳍，仅有眼侧有腹鳍，以膜与臀鳍相连。尾鳍尖形，有眼侧为褐色或暗褐色，奇鳍呈黑褐色，边缘淡色。其为近海底层鱼类，栖息在泥砂底质海区。

其分布于中国南海、东海、黄海与渤海，朝鲜，日本等地；在珍禽保护区沿海均可见，受国家增殖放流的影响，调查年珍禽保护区半滑舌鳎产量丰富。

2. 常见淡水鱼类

1）草鱼（*Ctenopharyngodon idella*）

其属于鲤科（Cyprinidae）草鱼属（*Ctenopharyngodon*），体长形，吻略钝。背鳍无硬刺，鳃耙短小。体呈茶黄色，腹部灰白色，体侧鳞片边缘灰黑色，胸鳍、腹鳍灰黄色，其他鳍浅色。栖息于平原地区的江河湖泊，一般喜居于水的中下层和近岸多水草区域。性活泼，游泳迅速，常成群觅食，为典型的草食性鱼类。草鱼是中国重要的淡水养殖鱼类，它和鲢、鳙、青鱼一起构成了中国的“四大家鱼”。

其分布广，在珍禽保护区缓冲区、实验区河道中广泛分布。

2）鲢（*Hypophthalmichthys molitrix*）

其属于鲤科（Cyprinidae）鲢属（*Hypophthalmichthys*），体侧扁，稍高，腹部扁薄，从胸鳍基部前下方至肛门间有发达的腹棱。头较鳙小。吻短而钝圆。口宽大，端位，口裂稍向上倾斜。鼻孔的位置很高，在眼前缘的上方。眼较小，位于头侧中轴的下方。下咽齿阔而平扁，呈杓状。鳃耙彼此连合呈多孔的膜质片。左右鳃盖膜彼此连接而不与峡部相连。具发达的螺旋形鳃上器。鳞小。侧线完全，前段弯向腹侧，后延至尾柄中轴。背鳍基部短，起点位于腹鳍起点的后上方，第3根不分枝鳍条为软条。胸鳍较长，但不达或伸达腹鳍基部。腹鳍较短，伸达至臀鳍起点间距离的3/5处，起点距胸鳍起点较距臀鳍起点为近。臀鳍起点在背鳍基部后下方，距腹鳍较距尾鳍基为近。尾鳍深分叉，两叶末端尖。栖息于江河干流及附属水体的上层。性活泼，善跳跃，为中国的“四大家鱼”之一。

其分布广，在珍禽保护区缓冲区、实验区河道以及核心区广泛分布。

3）青鱼（*Mylopharyngodon piceus*）

其属于鲤科（Cyprinidae）青鱼属（*Mylopharyngodon*），体粗壮，近圆筒形，腹部圆，无腹棱。背鳍位于腹鳍的上方，无硬刺，外缘平直。体呈青灰色，背部较深，腹部灰白色，鳍均呈黑色。通常栖息在水的中下层，生性不活泼。其主要的食物来源为螺蛳、蚌、蚬、蛤等，偶尔也捕食虾和昆虫幼虫。其为中国的“四大家鱼”之一。

其分布广，在珍禽保护区缓冲区、实验区河道中广泛分布。

4）鲤（*Cyprinus carpio*）

其属于鲤科（Cyprinidae）鲤属（*Cyprinus*），体延长而侧扁，肥厚而略呈纺锤形，背部略隆起，腹缘呈浅弧形。头中大。吻钝圆，上颌包着下颌。口略小，下位，斜裂，呈圆弧形。咽头齿3列。须两对，吻须较短，颌须较长。鳃耙短而呈三角形。体被圆鳞，侧线完全，略为弧形。体背部暗灰色或黄褐色，侧面略带黄绿色，腹面浅灰色或银白色。背鳍和尾鳍基部微黑色；胸鳍和腹鳍微金黄色。其为淡水中下层鱼类，对生存环境适应性很强，栖息于水体底层，性情温和，生命力旺盛，既耐寒、耐缺氧，又较耐盐碱，属杂食性鱼类，幼鱼主要摄食轮虫、甲壳类及小型无脊椎动物等。

其分布广，在珍禽保护区缓冲区、实验区河道以及核心区广泛分布。

5）鲫（*Carassius auratus*）

其属于鲤科（Cyprinidae）鲫属（*Carassius*），体长椭圆形，侧扁，背鳍始点处体最高，腹缘窄而无皮棱；眼侧中位，后缘距吻端较近。眼间隔宽凸。前、后鼻孔相邻，位于眼稍前方。口前位，斜形，下颌较上颌略短。唇发达，无须。鳃孔大，侧位，下端达前鳃盖骨角下方。鳃盖膜相连且连鳃峡。鳃耙外行发达，有许多小突起；内行宽短。螺分2室。肛门位于臀鳍始点略前方。背鳍始于体正中央的稍前方；臀鳍短，始于倒数第6～7背鳍条基下方；最后硬刺似背鳍硬刺；胸鳍侧位而低；形似胸鳍；除少数小鱼外，均不达肛门。其为温水性鱼类，喜在水的底层活动。鲫对低氧的适应能力很强，是杂食性鱼类，幼鱼阶段食性与成鱼相似，主要食有机碎屑、水草、植物种子，另有相当数量的摇蚊幼虫、枝角类和桡足类，也食商品饲料，为多次性产卵鱼类。

其分布广，在珍禽保护区缓冲区、实验区河道以及核心区广泛分布，是珍禽保护区核心区最多的品种。

3. 常见河口鱼类

1）鲻（*Mugil cephalus*）

其属于鲻科（Mugilidae）鲻属（*Mugil*），体长粗壮，前部近圆筒形，后部侧扁。头短，平坦，两侧略隆起。吻宽而短。眼中等大，几乎被一层厚的脂膜覆盖，俗称白眼。眼间距宽阔平坦。鼻孔每侧 2 个。口下位，呈八字形。齿细呈绒毛状，上下颌均有齿。鳃孔较大，鳃盖膜不与峡部相连。鳃盖条 5。假鳃发达。鳃耙细密。除吻部处，体被大型圆鳞。背鳍两个。第一背鳍由 4 鳍棘组成，第一鳍棘最长。第二背鳍具 1 棘 8 鳍条，位于臀鳍上方。臀鳍有 3 鳍棘，8 鳍条，第二鳍棘最长。胸鳍高位，较宽大，具 16～17 鳍条。腹鳍位于胸鳍后下方。尾鳍叉形，上叶稍长于下叶，后缘缺刻较深。头和身体背面青黑色。腹面白色。身体两侧上半部有 7 条黑色纵条纹，背鳍、胸鳍、尾鳍浅灰色。属广温性鱼类，水温 8～24℃的海域均见，主要栖息环境为沿岸砂泥底水域。幼鱼时期喜欢在河口、红树林等半淡咸水海域生活，甚至可到河流中，随着成长而游向外洋。在中国台湾每年冬至过后，鲻会洄游南下产卵，而经过台湾海峡，因此有“信鱼”之称。

其以浮游动物、底栖生物及有机碎屑与微藻为食；广泛分布在珍禽保护区内各个河口水域。

2）大弹涂鱼（*Boleophthalmus pectinirostris*）

其属于鰕虎鱼科（Gobiidae）大弹涂鱼属（*Boleophthalmus*），体延长，前部亚圆筒形，后部侧扁；背腹缘平直；尾柄高而短。头大，稍侧扁。头部具 2 个感觉管孔。颊部无横行的皮褶突起，有 3 行水平状（纵向）感觉乳突线。吻圆钝，大于眼径，前倾斜。眼小，背侧位，互相靠近，突出于头顶之上；眼下方有 1 个可将眼部分收入的眼窝，下眼睑发达。眼间隔狭，小于眼径。鼻孔每侧 2 个，相距较远；后鼻孔小，圆形，位于眼前缘。口大，前位，平裂。上、下颌约等长。体背侧青褐色，腹侧浅色，第一背鳍深蓝色，具不规则白色小点；第二背鳍蓝色，具 4 纵行小白斑。臀鳍、胸鳍和腹鳍浅灰色。尾鳍青黑色，有时具白色小点。其属暖水性潮间带鱼类，喜穴居软泥底质低潮区或半咸水的河口滩涂，借助腹鳍在泥涂上匍匐跳跃、觅食。

其以底栖硅藻为主食，是分布于沿海滩涂的一种小型经济鱼类，广泛分布在珍禽保护区内各个河口水域。

3）拉式狼牙鰕虎鱼（*Odontamblyopus lacepedii*）

其属于鰕虎鱼科（Gobiidae）狼牙鰕虎鱼属（*Odontamblyopus*），体颇延长，略呈带状，前部亚圆筒形，后部侧扁而渐细。头中大，侧扁，略呈长方形。头部及鳃盖部无感觉管孔。头侧散具许多感觉乳突，呈不规则排列。吻短，宽而圆钝，中央稍凸出。眼极小，退化，埋于皮下。眼间隔甚宽，圆凸。鼻孔每侧 2 个，分离：前鼻孔具一短管，接近于上唇；后鼻孔裂缝状，位于眼前方。口小，前位，斜裂。下颌突出，稍长于上颌，下颌及颏部向前、向下突出。上颌骨后端向后伸达眼后缘后方。上颌齿尖锐，弯曲，犬齿状，外行齿每侧 4～6 个，排列稀疏，露出唇外；内侧有 1～2 行短小锥形齿；下颌缝合部内侧有犬齿 1 对。唇在口隅处较发达。舌稍游离，前端圆形。鳃孔中大，侧位。其宽稍大于胸鳍基部宽。鳃盖上方无凹陷。峡部较宽。鳃耙短小而钝圆。其为暖温性底栖鱼类，栖息于河口及沿海浅水滩涂区域，也生活于咸、淡水交汇处水深 2～8 m 的泥或泥砂底质的海区。偶尔进入江河下游的咸、淡水区。冬季营底栖穴居生活，随气温、水温的变化潜伏洞穴的深浅不同：温度低则下潜较深；温度高则下潜较浅。一般穴居在 250～300 mm 深的泥层中，最深可达 550 mm 以上。夏季气温、水温特别高时，则离穴栖息于泥面上。游泳能力弱，行动迟缓。生命力甚强而不易死亡。每年产卵 2 次，2～4 月为春季产卵期，7 月下旬至 9 月为秋季产卵期，在咸、淡水水域内进行产卵。

其以浮游植物为主饵，也食少量蛤类幼体等，也摄食沙蚕；广泛分布在珍禽保护区内各个河口水域。

4. 常见洄游鱼类

1）鳗鲡（*Anguilla japonica*）

其属于鳗鲡科（Anguillidae）鳗鲡属（*Anguilla*），体延长而呈蛇状，尾部侧扁。头中大，呈钝锥形。下颌略突出于上颌。背鳍和臀鳍低平而一直延伸到尾部，和尾鳍连接成一体而不易区分彼此；背鳍起点至臀鳍起点之距离短于头长，且背鳍起点至肛门距离约为体长的 9%；无腹鳍；胸鳍位于鳃盖后方，略呈圆形。鳞片细小且埋藏于皮下。脊椎骨数为 112～119。体表无任何花纹，体背部为深灰色而稍带绿色，腹部则为白色。其为暖温性溯河性洄游鱼类，平时栖息于江河、湖泊、水库和静水池塘的土穴、石缝里，昼伏夜出，有时从水中游上陆地以皮肤呼吸，经潮湿草地移居到别的水域。鳗鲡是肉食性鱼类，主要以田螺、蛭、蟹、虾、桡足类和水生昆虫为食。不同生长阶段其摄食对象有明显变化。

白仔鳗苗主要摄食轮虫、枝角类、水丝蚓、水生昆虫幼虫、贝类残渣和有机碎屑等；广泛分布于珍禽保护区近海。

2）前颌间银鱼（*Hemisalanx prognathus*）

其属于银鱼科（Salangidae）间银鱼属（*Hemisalanx*），体细长，前部近圆筒形，后部侧扁。头尖，平扁，头宽约为头高 1/2。吻尖长，呈三角形，吻长为眼径 2 倍。眼中大，位于头前半部。眼间隔宽平，为眼径 1 倍多。口大，前位。齿尖细，前上颌骨齿 4～5 个；犁骨和舌上无齿。鳃孔大。鳃盖膜与峡部相连。假鳃发达。鳃耙细长，排列较密，相互覆叠。体无鳞，雄鱼臀鳍基部上方有膜状鳞 1 行。无侧线。背鳍后位，起点距胸鳍基约为距尾鳍基的 2 倍。脂鳍小，始于臀鳍基末端后上方。臀鳍基较长。胸鳍低位，肌肉基不显著。体透明。腹部两侧自胸鳍下方至臀鳍基末端各有 1 行黑色小点，其后合为 1 行延伸至尾柄后下方。吻端、下颌前端和胸鳍、尾鳍上均散具小黑点。尾鳍浅黑色，余鳍浅色。栖息于近海沿岸水域的上层，生殖季节作短距离洄游，到河口产卵繁殖，产卵后亲鱼死亡。受精卵由径流带到口门内外一带水域孵化，仔鱼和幼鱼在海中生长发育，翌年又来河口产卵，年复一年地重复这个过程。

其在海中的索食情况不明。来长江口产卵的亲鱼，经解剖检查肠管内含物得知其食物成分有小虾、桡足类和鱼苗；广泛分布于珍禽保护区近海。

3）刀鲚（*Coilia nasus*）

其属于鳀科（Engraulidae）鲚属（*Coilia*），从头向尾部逐渐变细，腹部圆润，上颌长，几乎到达胸鳍基部，胸鳍鳍条细长，有 6 个长的细丝并超过腹鳍，臀鳍长，并与尾鳍相连，尾鳍短小，臀鳍软条 80 条，体长可达 41 cm。体银白色。背侧颜色较深，呈青色、金黄色或青黄色。腹部色较浅。尾鳍灰色。栖息于沿海、河口，可以忍受淡水。

刀鲚为洄游鱼类，以桡足类、枝角类、轮虫等浮游动物为主要食物，此外也食小鱼的幼鱼；摄食的种类常与栖息地及鱼体大小有关。每年春季 2 月下旬至 3 月初成群的个体由海进入江河及其支流或湖泊中进行产卵洄游。当年孵出的幼鱼顺流而下，在河口或咸淡水中生活，次年下海生长和肥育。其广泛分布于珍禽保护区近海以及河流。

4）蒙古红鲌（*Erythroculter mongolicus*）

其属于鲤科（Cyprinidae）红鲌属（*Erythroculter*），体长而侧扁。头后背部稍隆起，头部锥形，头背部较平，头长稍大于体高。口端位，下颌略长于上颌，口裂向上稍倾斜。鼻孔位于眼的前上方，其下缘与眼眶上缘在同一水平线上。无须。下咽齿 3 行，齿顶端略呈钩状。鳃耙细小。背鳍末根不分枝，鳍条为光滑的硬刺，其起点位于吻端至尾鳍基的中点。胸鳍较小，与腹鳍约等大，后伸不达腹鳍。腹鳍起点位于背鳍基之前下方。后伸距臀鳍甚远，不达肛门。臀鳍无硬刺，其起点距腹鳍基较距尾鳍基为近。尾鳍深分叉。自腹鳍基部至肛门有腹棱。鳞片小。侧线直。其不耐低溶解氧，对水质要求较高，需要水质清新，生存水温为 12～38℃。冬季集群在深水处过冬，春季水温回升后开始分散于水体中上层。繁殖季节上溯至流水浅滩产卵繁殖。

蒙古红鲌为凶猛性肉食鱼类，不同大小的个体食性有着显著的差异，幼鱼以浮游动物和水生昆虫为食；成鱼则以小鱼为主食。其广泛分布于珍禽保护区内河流。

5）凤鲚（*Coilia mystus*）

其属于鳀科（Engraulidae）鲚属（*Coilia*），体延长，侧扁，向后渐细长。腹部棱鳞显著。吻短，圆突，等于或略大于眼径。眼中等大。口大，下位；口裂倾斜。上颌骨后延伸达胸鳍基部，上颌骨下缘有细锯齿。齿细小，绒毛状，上下颌齿单列；锄骨和腭骨均有绒毛状齿带。鳃耙细长；左右鳃盖膜相连，但不与峡部相连。体被易脱落的薄圆鳞；头部无鳞；胸鳍和腹鳍的基部各有 1 宽大的腋鳞；无侧线。背鳍位于体前半部上方，背鳍基前方有 1 短棘；臀鳍起点距吻端较距尾鳍基为近；胸鳍上部有 6 根游离鳍条，均延长为丝状，向后延伸到或超过臀鳍起点；腹鳍短小，始于背鳍小棘的下方；尾鳍上下叶不对称，上叶尖长，下叶短小，下叶的鳍条与臀鳍条相连。体银白色，背缘偏墨绿色；尾鳍尖端稍带黑色；背鳍、胸鳍、腹鳍浅色。大多生活于沿岸浅水区或近海，平时分散活动不集群，进入繁殖期便结成大群游向长江口、钱塘江口等咸淡水区域产卵。

其几乎全以浮游动物为食物，以甲壳类为主，其中桡足类最为重要，十足类（包括莹虾）次之，糠虾类、端足类、磷虾类更次之；广泛分布在珍禽保护区内各个河口水域。

6.4.5 新增鱼种介绍

1. 尖海龙（*Syngnathus acus*）

其属于海龙科（Syngnathidae）海龙属（*Syngnathus*），体细长，被有环状骨板，吻呈长管状，口小位于吻端，有尾鳍，尾部不能卷曲，背鳍鳍条 35～45，头与体轴在同一直线上，鳃盖上线状嵴很短小，仅在基部1/3处。其常栖息于海洋、海藻丛中。雄鱼尾部腹面有由左右两片皮褶形成的育儿囊，为药用鱼类，又名“杨枝鱼”。胸鳍 12～13，背鳍 35～43，臀鳍 3～4，尾鳍 9～10，骨环（躯干+尾）19+37–39，体中侧棱与尾上棱相连，背鳍位于躯干末环至第九尾环。其为暖水性小型鱼类，栖息于河口咸淡水水域及近海，也进入淡水生活。栖息深度可达 110 m，体色为淡绿色至深褐色，并具有不规则的深色斑纹，吻部呈圆筒形，体长可达 50 cm，常在沿海砂泥底质生长海藻的海域。

其在珍禽保护区辖区近海水域有分布。

2. 焦氏舌鳎（*Cynoglossus joyneri*）

其属于舌鳎科（Cynoglossidae）舌鳎属（*Cynoglossus*），体延长，呈长舌状，侧扁。头较短，长等于或略大于高，吻端钝尖。口小，下位，口裂半月状，左右不对称，有眼侧弯度小。颌不发达。有眼侧两颌无齿，无眼侧两颌有绒毛状细齿。眼很小，两眼均在头左侧，上眼稍前；眼间隔窄，短于眼径。鳃孔窄。背鳍起点位于靠近吻前端背上，臀鳍基底稍短，两鳍末端均与尾鳍相连。无胸鳍。有眼侧腹鳍短小，与臀鳍相连，无眼侧无腹鳍。尾鳍尖形。体两侧均被栉鳞。有眼侧侧线 3 条，上中侧线间有横列鳞 10～13 行，无眼侧无侧线。有眼侧淡褐色或灰褐色，鳍色较暗。无眼侧白色，奇鳍色稍暗。体长一般为 15～20 cm。生活在水深 20～70 m 的砂泥底。食多毛类、虾、蟹和小型贝壳类。常年栖息于近岸水域。鱼群较分散，夜间和大潮时喜起浮游动。生殖季节游向沿岸或内湾砂泥底质水域产卵，冬季移至离岸相对深水区越冬。仔鱼初期有右眼移向左侧变态特性。主要食物为小型虾类、端足类、多毛类。1 龄可达性成熟。生殖期为 5～7 月。

其在珍禽保护区辖区近海水域有分布。

3. 方氏锦鳚（*Pholis fangi*）

其属于锦鳚科（Pholidae）锦鳚属（*Pholis*），体低而延长，身侧扁，呈带状。头短小，侧扁，吻端钝圆，头长为胸鳍长的 1.5 倍左右。口小，前位，稍斜裂。下颌略长于上颌。两颌齿短粗。眼小，侧上位。鳃孔大。背鳍 1 个，基底与背缘近等长，由鳍棘组成，棘很短，末端与尾鳍基相连。胸鳍长圆形，侧下位。腹鳍退化，短小，喉位，仅留有 1 棘和 1 鳍条。臀鳍基底较短，始于背鳍基底近中间下方，鳍条稍长，前缘有 2 棘，末端与尾鳍基相连。尾鳍圆形。体被小圆鳞。无侧线。成体棕褐色，腹部色淡。背上缘和背鳍有 13 余条白色垂直细横纹，横纹两侧色较深。体侧有云状褐色斑块。自眼间隔到眼下有 1 黑色横纹。眼后顶部有 1 个“V”形灰白色纹，其后为同形黑纹。背鳍、胸鳍、尾鳍棕色。臀鳍色较浅。体长一般为 10 cm。

其栖息于近岸砂泥底质水域底层，常在岩礁附近的海藻丛中活动。幼鱼喜集群，成鱼较分散。幼体在 38 mm 左右时，体无色透明，俗称“面条鱼”。幼体在 50 mm 左右时，体呈微黄色，俗称“萝卜丝”。成鱼俗称“高粱叶”。主要食物为浮游生物。1 龄可达性成熟。生殖期为 9～11 月。其在珍禽保护区辖区近海水域有分布。

4. 中华栉孔鰕虎鱼（*Ctenotrypauchen chinensis*）

其属于鰕虎鱼科（Gobiidae）栉孔鰕虎鱼属（*Ctenotrypauchen*），体长 70～90 mm，体长为体高 9.6～10.4 倍，为头长 6.8～7.1 倍。头长为吻长 3.8～4.2 倍，为眼径 10～14 倍。体延长，颇侧扁。头宽短而高，侧扁。头后中央具一纵棱嵴，幼体嵴的边缘有细锯齿。吻短钝。眼颇小，为皮肤所盖。口小，前位。下颌弧形突出。两颌各具 2 行向内弯曲小牙，无犬牙。鳃盖上方具一凹陷，内通盲腔，不与鳃腔相通。体被小圆鳞，头部、项部无鳞，胸部、腹部具分散小鳞。背鳍及臀鳍基部长，均与尾鳍相连。腹鳍小，愈合为一吸盘，后缘不完整，具深凹缺。体淡紫红色或蓝褐色。

其为暖水性近岸底层小型鱼类，栖息于沿岸浅水泥质底的滩涂中，摄食浮游生物，在珍禽保护区辖区近海水域有分布。

5. 中华青鳉（*Oryzias sinensis*）

其属于青鳉科（Adrianichthyidae）青鳉属（*Oryzias*），体长形，侧扁，背部平直，腹部圆凸而窄。头宽而平扁。口小，上位，横裂，下颌较长。眼大，侧上位，眼间隔宽而平。头顶及鳃盖被有鳞片。背鳍位于身体后部。臀鳍长，起点距尾鳍基和眼约相等。胸鳍位置高，呈圆刀形。腹鳍不发达。尾鳍截形，中间微凹。肛门靠近臀鳍。体被圆鳞。无侧线。体背青灰色，腹部及各鳍灰白色。体侧上部有一条黑色条纹，从鳃盖后缘延伸至尾柄中部。中华青鳉为淡水小型中上层鱼类，生活于沟渠、稻田、池塘、江、河、湖泊、水库沿岸水草丛中；喜群游于静水及缓流水区；摄食枝角类、桡足类、蚊虫幼虫，亦食蓝藻、绿藻、硅藻、植物碎屑。

其在珍禽保护区淡水水域都有分布，在珍禽保护区核心区大泗洋区域数量丰富。

6. 斑点叉尾鮰（*Ictalurus punctatus*）

其属于鮰科（Ictaluridae）真鮰属（*Ictalurus*），大型鱼类，最大个体可达 20 kg 以上，体型较长，前部较宽肥，后部较细长，头部较长。口亚端位，头部上下颚具深灰色触须 4 对，长短各异，以口角须最长，鼻须最短，眼较小，侧中位，鳃孔较大，鳃膜不连颊部。体表光滑，侧线完全，体两侧及背部淡灰色或淡茶青色，腹部乳白色或银白色，幼鱼体之两侧有明显而不规则的黑色斑点，成体的斑点则逐渐变得不明显或消失。背鳍 1 个，基底短，鳍棘，其后缘呈锯齿状，鳍条 6～7 根；胸鳍有 1 根锯齿状硬棘和 8～9 根鳍条；腹鳍于腹位，鳍条 8～9 根；臀鳍基部较长，鳍条 24～29 根；尾鳍分叉深；背鳍后有一脂鳍。

其为温水性鱼类，栖息于河流、水库、溪流、回水、沼泽和牛轭湖等水域底层；是珍禽保护区实验区、缓冲区重要的养殖品种，到 2022 年底盐城地区约有 10 万亩斑点叉尾鮰养殖池塘。

7. 白尾虎鲉（*Minous quincarinatus*）

其属于毒鲉科（Synanceiidae）虎鲉属（*Minous*）的小型底栖鱼类，分布于西北太平洋的日本南部、中国东海及南海等海域，常见于水深 20～150 m 的沙泥或礁石混合海底。其体长为 10～20 cm，体色多为暗红或棕褐色，体表具不规则斑块与褶皱，尾鳍边缘呈白色（典型特征）。头部宽扁且多棘刺，背鳍硬棘发达，常半埋于底质中捕食小型鱼类与甲壳类。繁殖期将黏性卵附着于海底基质，幼体随海流扩散。作为底栖生态中的捕食者，它在局部食物链中起调控作用，目前种群无显著威胁，但生存依赖健康的近海栖息环境。

其在珍禽保护区辖区近海水域有分布。

8. 虻鲉（*Erisphex pottii*）

其属于绒皮鲉科（*Aploactinidae*）虻鲉属（*Erisphex*）的鱼类。体无鳞，鱼身遍布密集的绒粒状皮质小突起。眼前骨下缘有 2 尖棘，前鳃盖骨后缘有 4 尖棘。背鳍始于眼后缘上方。腹鳍喉位，有 1 鳍棘、2 鳍条。各鳍鳍条均不分枝。体侧有许多不规则的暗色小斑点。分布于朝鲜、日本以及中国沿海等。其为暖温性小型鲉类，体长一般在 100 mm 以内。栖息于较深的泥沙底质海区。以小型甲壳动物等为食。春季产卵。

其在珍禽保护区辖区近海水域有分布。

6.5 两 栖 动 物

两栖动物是由水生动物向陆生过渡的一个类群，它们主要是以昆虫等无脊椎动物为食，大型两栖动物甚至可以取食小型鼠类，但是它们本身又是一些小型肉食动物和水鸟的食物。在生态系统中，两栖动物处于生态营养级的中间部分，在生态系统的能量流通和物质循环过程中起重要的作用，尤其在湿地生态系统中，更是一个主要的消费者。两栖动物自身适应能力较弱，必须要有水才能繁衍生长，且对环境的变化比较敏感。由于两栖动物是脊椎动物中从水生到陆生的过渡类型，其成体结构不完全适应陆地生活，保留有在水中生存的生理结构，亦有适应于陆上生活的特化器官。两栖动物的繁殖离不开水，其幼体通常具有外鳃，必须在水中生活。因此，两栖动物均为湿地动物，且对环境的变化比较敏感。据统计，我国共有两栖动物 3 目 11 科 45 属 300 种，在《盐城沿海湿地：江苏盐城湿地珍禽国家级自然保护区综合科学考察报告》（2017 年）中记载着江苏省已知的两栖动物有 21 种，珍禽保护区内有 14 种。

6.5.1　种类组成

综合历史文献资料和调查数据，可以看出不同的研究者对珍禽保护区所在的地域——江苏沿海湿地两栖动物物种数量的调查结果存在较大的差异，分别记载有 8～14 种（表 6-7）。其中，在 1985 年和 2011 年的调查中，江苏沿海湿地只发现了 8 种两栖动物，但在 2005 年的调查中，两栖动物的数量达到了 14 种之多，本轮野外调查、综合文献以及访查，在珍禽保护区地域分布的两栖动物有 8 种，均为无尾目种。其中蟾蜍科 2 种，雨蛙科 1 种，蛙科 3 种，姬蛙科 2 种，各占总数的 25%、12.5%、37.5%和 25%。

表 6-7 不同资料来源的珍禽保护区两栖动物组成

分类地位	动物名称	保护级别			资料来源				
		一级	二级	省级	1985 年	2005 年	2011 年	2017 年	2022 年
无尾目 Anura									
盘舌蟾科 Discoglossidae									
	东方铃蟾 *Bombina orientalis*			+	+	+			
蟾蜍科 Bufbnidae									
	中华蟾蜍 *Bufo gargarizans*				+	+	+	+	+
	花背蟾蜍 *Bufo raddei*					+	+	+	+
雨蛙科 Hylidae									
	无斑雨蛙 *Hyla immaculata*					+	+	+	+
	中国雨蛙 *Hyla chinensis*				+	+			
蛙科 Ranidae									
	泽陆蛙 *Fejervarya multistriata*				+	+	+	+	+
	黑斑侧褶蛙 *Pelophylax nigromaculatus*				+	+	+	+	+
	金线侧褶蛙 *Pelophylax plancyi*				+	+	+	+	+
	花臭蛙 *Odorrana schmackeri*					+			
	棘胸蛙 *Paa spinosa*					+			
	虎纹蛙 *Hoplobatrachus rugulosus*		+			+			
树蛙科 Rhacophoridae									
	斑腿泛树蛙 *Polypedates megacephalus*					+			
姬蛙科 Microhylidae									
	饰纹姬蛙 *Microhyla ornata*				+	+	+	+	+
	北方狭口蛙 *Kaloula borealis*				+	+	+	+	+
	合计	0	1	1	8	14	8	8	8

注：资料来源分别表示引用《江苏省海岸带和海涂综合资源调查报告》（1985 年）、《江苏盐城沿海湿地珍禽国家级自然保护区综合科学考察报告》（2005 年）、《江苏盐城沿海湿地珍禽国家级自然保护区综合科学考察报告》（2011 年）、《盐城沿海湿地：江苏盐城湿地珍禽国家级自然保护区综合科学考察报告》（2017 年）；“2022 年”为本轮调查数据。

6.5.2 物种分布

有尾目主要分布于北温带，在江苏省只有 2 科 2 种。文献记载在盐城沿海湿地曾发现过 1 条大鲵（*Andrias davidianus*），但近年来没有发现。在连云港地区有人工养殖。

在邹寿昌（1995）《江苏省两栖动物区系及地理区划》等研究论文中，曾在江苏省境内连云港的云台山发现无尾目中的盘舌蟾科的东方铃蟾（*Bombina orientalis*）。在江苏省境内广泛分布有蟾蜍科的中华蟾蜍（*Bufo gargarizans*）、花背蟾蜍（*Bufo raddei*），雨蛙科的无斑雨蛙（*Hyla immaculata*）、中国雨蛙（*Hyla chinensis*），姬蛙科的饰纹姬蛙（*Microhyla ornata*）和北方狭口蛙（*Kaloula borealis*），这些物种在盐城沿海湿地亦比较常见。蛙科中泽陆蛙（*Fejervarya multistriata*）、黑斑侧褶蛙（*Pelophylax nigromaculatus*）、金线侧褶蛙（*Pelophylax plancyi*）在江苏省各市县都比较常见，也是沿海湿地两栖动物的优势种。文献记载虎纹蛙（*Hoplobatrachus rugulosus*）主要分布在长江以南，但最北可达盐城。花臭蛙（*Odorrana schmackeri*）在江苏省宜兴丘陵区有发现。棘胸蛙（*Paa spinosa*）在江苏省境内的宜兴、溧阳丘陵区均有发现。但严宏生（2008）研究报道，虎纹蛙、花臭蛙和棘胸蛙仅在苏南个别地区察见，另外在《江苏盐城沿海湿地珍禽国家级自然保护区综合科学考察报告》（2011 年）、《江苏省盐城滩涂野生动物资源调查研究》（王加连和吕士成，2008）等文献中均记载盐城沿海湿地有两栖动物 8 种。

本次调查在珍禽保护区有两栖动物 8 种（表 6-7），其中属于国内广布种的有 3 种，为中华蟾蜍、无斑雨蛙和黑斑侧褶蛙，占 37.5%；古北界种类达 3 种，为花背蟾蜍、金线侧褶蛙和北方狭口蛙，占 37.5%；东洋界种类 2 种，为泽陆蛙和饰纹姬蛙，占 25%。两栖动物区系型涵盖广布种、东洋种及古北种，以广布种、古北界种类占优势，国内古北界和东洋界两大类型种有相互渗透、逐步共存栖息生境的趋势。

6.5.3　栖息地生境

盐城滩涂生态系统多样，区域性小气候变化较大，为两栖动物的生存提供了良好的环境条件，但不同季节及昼夜温差变化较大，这对变温两栖动物的生存和繁衍有一定影响，特别是本区沼泽发育普遍，土壤和水域含有较高浓度的盐分，在一定程度上限制了两栖动物的分布，使其动物组成比较简单，种类较少。

根据地貌和植被类型，沿海湿地两栖动物的栖息地具有多样化生境。

1. 滩涂草地生境

在沿海滩涂有互花米草滩、盐地碱蓬滩、茅草滩、芦苇滩等，在有海水周期性过程的区域形成盐沼地生境，在远离海岸线、潮沟的区域有淡水水体，常形成淡水沼泽芦苇滩。淡水沼泽生境中常见的两栖动物有中华蟾蜍、黑斑侧褶蛙、泽陆蛙等。

2. 沿岸湿地生境

江苏省沿海入海河流较多，在人类活动过程中改造了许多港口、浅滩、鱼塘，以及改良了农田、果园等，形成了河口沿岸的生境。在这些地区，人类的活动频繁，对野生动物产生了较大的影响。在此种生境中，常见的两栖动物有中华蟾蜍、黑斑侧褶蛙、金线侧褶蛙、泽陆蛙、北方狭口蛙和饰纹姬蛙。

3. 滩涂高地生境

滩涂高地主要是交通道路、生产区域周边圩堤，在这些高地普遍建有防护林，林下植被丰富。这种生境中常见的两栖动物有中华蟾蜍、黑斑侧褶蛙、金线侧褶蛙、泽陆蛙、北方狭口蛙和饰纹姬蛙等。

4. 农田生境

珍禽保护区缓冲区、实验区中农田较多，旱生作物、水生作物丰富，常种植玉米、小麦、水稻、大豆及蔬菜等农作物，农事操作频繁。该生境中两栖动物种类较少，常见有中华蟾蜍、黑斑侧褶蛙等。

6.5.4 常见两栖动物

1. 中华蟾蜍（*Bufo gargarizans*）

其属于蟾蜍科（Bufonidae）蟾蜍属（*Bufo*），雄性体长约为 70 mm，雌性体长约为 100 mm。头部宽度大于头部长度，鼓膜明显，耳后腺为椭圆形，略长，隆起。无颌齿和犁骨齿。皮肤粗糙，背面密布大小不等的圆形疣粒，头侧及上眼睑分布小疣粒，体侧及腹部表面布满疣粒。体色变化大。雄性体色较深，大部分为褐棕色、褐绿色或棕黄色，少数在体侧有浅色斑。雌性背部体色浅，多为土黄色、姜黄色，少数在体侧有深色纹或深浅相间的斑纹。

其栖息于草丛中、土洞里、砖石下或草堆下，在池塘、沟渠、田埂及房屋附近活动。捕食昆虫及其他小动物，多数是农业害虫。其广布于珍禽保护区各功能区。

2. 花背蟾蜍（*Bufo raddei*）

其属于蟾蜍科（Bufonidae）蟾蜍属（*Bufo*），体长一般为 6～7 cm。雄性多为黄绿色，分布有不规则大花斑，灰色疣粒上有红点。雌性多为暗绿色，体背分布酱紫色花斑，疣粒上红点更醒目。

其栖息于草丛中、土洞里、砖石下或草堆下，在池塘、沟渠、田埂及房屋附近活动。其适应性较强，广布于珍禽保护区各功能区。

3. 泽陆蛙（*Fejervarya multistriata*）

其属于蛙科（Ranidae）陆蛙属（*Fejervarya*），体长 40～50 mm。头长与头宽几乎相等。前肢较短，后肢较粗短。无背侧褶。背面有许多长短不等的皮肤褶皱。体背后部、身体侧边及四肢背面散布小疣粒，腹面皮肤光滑。体色变化较大，为灰棕色、灰绿色或土灰色，混杂有赭红色、深绿色或深褐色斑纹。部分个体自吻部沿背中线至体后有一条浅黄色或褐色脊线。两眼间及四肢背面有深色横纹。

其广泛生活在平原、丘陵、森林及农田中；以浮游生物、水草、藻类及动物尸体和腐殖质为食；在珍禽保护区的核心区、缓冲区有分布。

4. 黑斑侧褶蛙（*Pelophylax nigromaculatus*）

其属于蛙科（Ranidae）侧褶蛙属（*Pelophylax*），体长 6～8 cm。雄性略小，在鼓膜的后下方有一个颈侧外声囊。头长大于头宽。前肢短小，后肢长而粗大。背面皮肤略粗糙，有一对背侧褶自眼后直达胯部。两条背侧褶间有许多长短不一的肤棱。腹面皮肤光滑，体色有很多变异，背面为深绿色、草绿色或黄绿色，其上散布数量不等的黑斑。背侧褶金黄色或浅棕色。从吻端开始沿背中央常有一条浅色脊线。四肢背面有黑色斑纹，身体呈乳白色。

其常在池塘、水田旁的草丛中活动，俗称青蛙。主要捕食各种昆虫和无脊椎动物，食物多为农业害虫。9 月下旬开始冬眠，翌年 3 月下旬出蛰，广布于珍禽保护区各功能区。

5. 金线侧褶蛙（*Pelophylax plancyi*）

其属于蛙科（Ranidae）侧褶蛙属（*Pelophylax*），体长在 5 cm 左右，皮肤光滑，仅在体背部有小疣粒。背侧褶中段较宽，约等于眼睑之宽。背面为暗绿色或橄榄绿色，股后方有棕黄色粗线纹。

其常在池塘、水田旁的草丛中活动，也称为青蛙。主要捕食各种昆虫和无脊椎动物，食物多为农业害虫；在珍禽保护区的核心区、缓冲区有分布。

6. 饰纹姬蛙（*Microhyla ornata*）

其属于姬蛙科（Microhylidae）姬蛙属（*Microhyla*），体略呈三角形，体长约 20 mm。头小，长和宽几乎等长。背面皮肤较光滑，有分散的小疣粒，体侧自眼后至胯部有长疣排列成行，腹面光滑。背面呈棕褐色，有几个“八”字形斜行筛纹，四肢背面有棕色斜横纹。咽部暗棕色，体腹面白色。

其生活在水田、池塘旁的短草丛中，食小型昆虫，主要以蚁类为食，也捕食金龟子、叩头虫、蜻蜓等；在珍禽保护区缓冲区、实验区有分布。

7. 北方狭口蛙（*Kaloula borealis*）

其属于姬蛙科（Microhylidae）狭口蛙属（*Kaloula*），体长 35～45 mm。头宽大于头长，吻短圆。前肢弱，后肢粗短。皮肤厚且较光滑，背面散布少数小疣粒。背面浅褐色，头后常有肉红色波状横纹，体背及四肢背面有不规则的黑色斑点。

其白天在水坑附近的草丛中、石块下，晚上出来活动，捕食农业害虫。它不善跳跃，多做爬行；在珍禽保护区核心区有分布。

6.6 爬 行 动 物

爬行动物、鸟类和哺乳动物等都是原始爬行动物的后代。传统的动物分类学将鸟类与哺乳动物之外的其他羊膜动物归于爬行动物，因而爬行动物不是单系群。现代爬行动物分布广，是生态系统中的重要组成部分。

6.6.1 物种组成

江苏沿海湿地曾记载有爬行动物 2 目 11 科 33 种，其中龟鳖目 5 科 11 种，有鳞目 6 科 22 种，物种数最多的为蛇亚目游蛇科，有 11 种。在海水生境中生存的物种有 6 种，为龟鳖目棱皮龟科的棱皮龟（*Dermochelys coriacea*），海龟科的玳瑁（*Eretmochelys imbricata*）、绿海龟（海龟）（*Chelonia mydas*）、蠵龟（*Caretta caretta*）和太平洋丽龟（*Lepidochelys olivacea*）；有鳞目眼镜蛇科的青环海蛇（*Hydrophis cyanocinctus*）。

《江苏省海岸带和海涂综合资源调查报告》（1986 年）中记录了 18 种爬行动物，《江苏盐城沿海湿地珍禽国家级自然保护区综合科学考察报告》（2005 年）中记录了 26 种爬行动物，《江苏盐城沿海湿地珍禽国家级自然保护区综合科学考察报告》（2011 年）中记录了 27 种爬行动物，《盐城沿海湿地：江苏盐城湿地珍禽国家级自然保护区综合科学考察报告》（2017 年）中记录了 22 种。

在本轮调查中，珍禽保护区有爬行动物 18 种（不包括海水生境中的 6 种）（表 6-8），分属于 2 目 7 科。其中，7 科依次是龟科（2 种，占总种数 11.11%）、鳖科（1 种，占总种数 5.56%）、壁虎科（1 种，占总种数 5.56%）、蜥蜴科（3 种，占总种数 16.67%）、石龙子科（1 种，占总种数 5.56%）、游蛇科（9 种，占总种数 50%）、蝰科（1 种，占总种数 5.56%）。

表 6-8　珍禽保护区爬行动物组成

分类地位	物种名称	资料来源					
		1986 年	1992 年	2008 年	2011 年	2017 年	2022 年
龟鳖目 Testudoformes							
龟科 Emydidae							
	乌龟 *Chinemys reevesii*	+	+	+	+	+	+
	黄缘闭壳龟 *Cuora flavomarginata*			+			
	黄喉拟水龟 *Mauremys mutica*	+	+	+	+		+
鳖科 Trionychidae							
	斑鼋 *Pelochelys maculatus*			+			
	鳖 *Pelodiscus sinensis*	+	+	+	+	+	+
平胸龟科 Platysternidae							
	平胸龟 *Platysternon megacephalum*			+			
有鳞目 Squamata							
壁虎科 Gekkonidae							
	多疣壁虎 *Gekko japonicus*	+	+	+	+	+	+
	无蹼壁虎 *Gekko swinhonis*	+	+	+	+		
蜥蜴科 Lacertidae							
	北草蜥 *Takydromus septentrionalis*	+	+	+	+	+	+
	白条草蜥 *Takydromus wolteri*	+	+	+	+	+	+
	丽斑麻蜥 *Eremias argus*	+	+	+	+	+	+
石龙子科 Scincidae							
	中国石龙子 *Eumeces chinensis*	+	+	+	+	+	+
	蓝尾石龙子 *Eumeces elegans*	+	+	+	+		
	铜蜓蜥 *Sphenomorphus indicus*	+	+	+	+		
游蛇科 Colubridae							
	黄脊游蛇 *Coluber spinalis*				+	+	
	赤链蛇 *Dinodon rufozonatum*	+		+	+	+	+
	黄链蛇 *Dinodon flavozonatum*			+			
	双斑锦蛇 *Elaphe bimaculata*			+	+	+	+
	王锦蛇 *Elaphe carinata*			+	+		+
	红点锦蛇 *Elaphe rufodorsata*	+	+	+	+	+	+
	黑眉锦蛇 *Elaphe taeniura*	+	+	+	+	+	+

续表

分类地位	物种名称	资料来源					
		1986 年	1992 年	2008 年	2011 年	2017 年	2022 年
	赤峰锦蛇 *Elaphe anomala*					+	+
	虎斑颈槽蛇 *Rhabdophis tigrinus*	+	+	+	+	+	+
	赤链华游蛇 *Sinonatrix annularis*	+	+	+	+	+	+
	乌梢蛇 *Zaocys dhumnades*	+	+	+	+	+	+
眼镜蛇科 Elapidae							
	银环蛇 *Bungarus multicinctus*			+			
蝰科 Viperidae							
	短尾蝮 *Gloydius brevicaudus*	+	+	+	+	+	+
	合计	18	17	25	21	17	18

注：资料来源分别表示引用《江苏省海岸带和海涂资源综合调查报告》（1986 年）、珍禽保护区管理处印发的《盐城地区沿海滩涂珍禽自然保护区综合考察报告》（1992 年）、全球环境基金（GEF）项目报告（2008 年）数据、《江苏盐城沿海湿地珍禽国家级自然保护区综合科学考察报告》（2011 年）、《盐城沿海湿地：江苏盐城湿地珍禽国家级自然保护区综合科学考察报告》（2017 年），“2022 年”为本轮调查数据。

6.6.2 区系及物种分布

按照生境特征与生态类型进行分类，珍禽保护区沿海湿地爬行动物可分为陆栖种（14 种）、水栖种（3 种）与半水栖种（1 种），共计 18 种，另有近岸海洋种 6 种，如红点锦蛇为半水栖种，龟科乌龟、鳖科鳖为水栖种，其余的除近海种外均为陆栖种。从物种组成上看，珍禽保护区沿海湿地的爬行动物为东洋界向古北界过渡地带的中间复合体，广布种 8 种，占比 44.44%，包括乌龟、鳖、白条草蜥、赤链蛇、红点锦蛇、虎斑颈槽蛇、黑眉锦蛇、短尾蝮；古北界 3 种，占比 16.67%，有多疣壁虎、丽斑麻蜥、赤峰锦蛇；其余为东洋界，共 7 种，占比 38.89%。

在淡水生活半水栖的龟鳖类中，历史文献中提到有平胸龟科平胸龟，本次在珍禽保护区内未查见。龟科在江苏省内有 3 种，珍禽保护区中乌龟相对比较常见，黄喉拟水龟在珍禽保护区南部地区有分布。

有鳞目蜥蜴类壁虎科的多疣壁虎在珍禽保护区较常见。蜥蜴科的北草蜥、白条草蜥和丽斑麻蜥多生活在砂质土壤的平原，在珍禽保护区海堤内侧可见。文献记载石龙子科中国石龙子、蓝尾石龙子和铜蜓蜥在珍禽保护区中有分布，但数量少且不常见。蛇类中游蛇科的种类在珍禽保护区最多，其中赤链蛇、红点锦蛇、黑眉锦蛇、虎斑颈槽蛇、乌梢蛇等为常见种，2017 年珍禽保护区科考报告记载赤链华游蛇分布在珍禽保护区苏北灌溉总渠以南，黄脊游蛇则分布在珍禽保护区的北部地区。

人类的活动对珍禽保护区爬行动物的影响较大。乌龟和鳖以前在珍禽保护区普遍分布，近年由于人们喜食，价格昂贵，无限制地捕捉，又无保护措施，现已近于绝灭。在珍禽保护区海堤以内，淤积的平原经长期的开垦经营，耕地密布，2022 年之前较常见的爬行动物，多为能适应农田及住屋附近等生活环境的种类。例如，在水稻地区虎斑颈槽蛇和红点锦蛇喜在水中或岸边觅食；黄脊游蛇、赤链蛇在村落周围容易见到；在种植旱谷的地区，丽斑麻蜥常出没于田间道旁。

6.6.3　栖息地生境

1. 滩涂草地生境

在沿海滩涂地带，根据草种的不同分为互花米草滩、盐地碱蓬滩、茅草滩、芦苇滩等，在由淡水水体形成的草滩中常有爬行动物乌龟、多疣壁虎、双斑锦蛇、红点锦蛇、黑眉锦蛇等。

2. 沿岸湿地生境

常见的爬行动物有鳖、乌龟、多疣壁虎、乌梢蛇、短尾蝮等。

3. 滩涂高地生境

常见的爬行动物有多疣壁虎、中国石龙子、乌梢蛇、黑眉锦蛇、短尾蝮等。

4. 农田生境

由于人类活动频繁、生境植物单一，爬行动物种类较少，常见的有乌梢蛇、赤链蛇等。

6.6.4　常见爬行动物

1. 鳖（*Pelodiscus sinensis*）

其属于鳖科（Trionychidae）鳖属（*Pelodiscus*）。鳖外形似龟，与其他海龟的壳不同之处在于：骨质壳没有周边骨板，高纹理表层，没有角状外骨板以及松散连接的腹（腹甲）。躯干略呈卵圆形，吻长，鼻孔开口于吻端，背部隆起有骨质甲。四肢粗短稍扁平，为五趾型，趾间有蹼膜，雌体尾一般不达裙边外缘，雄体大都伸出裙边外（梁宏伟等，2017）。

其生活于江河、湖沼、池塘、水库等水流平缓、鱼虾繁生的淡水水域；分布在沿海全境。

2. 多疣壁虎（*Gekko japonicus*）

其属于壁虎科（Gekkonidae）壁虎属（*Gekko*），头体长 52～69 mm，小于尾长，体背粒鳞较小，圆锥状疣鳞显著大于粒鳞，前臂及小腿有疣鳞。趾间具蹼迹，尾基部肛疣多数每侧 3 个，雄性具肛前窝 6～8 个。尾稍纵扁，背面被细鳞，腹面除尾基和末端有 1 列横向扩大的鳞片。活动期体背面灰褐色，深浅依栖息环境而异，具有 5 个浅色横斑；尾背有 9～12 个浅灰色横环，腹面灰白色。

其栖息在建筑物的缝隙中，野外岩缝中、石下、树上及柴草堆内亦常有发现。夜晚常在有灯光处捕食，常数只在同一墙上出现（蔡凤娜，2020）。珍禽保护区北实验区、核心区及周边有分布。

3. 北草蜥（*Takydromus septentrionalis*）

其属于蜥蜴科（Lacertidae）草蜥属（*Takydromus*），头部有巨大的对称形鳞片，无上鼻鳞。额鼻鳞1枚，前端钝圆，后端为一锐角。前额鳞1对，左右相切。额鳞长五边形，上眶鳞4对，第1对极小呈颗粒状。额顶鳞1对，呈五边形，左右相切。顶间鳞小，菱形，以后尖与后方更小的枕鳞相连。枕部被粒鳞，向后鳞片逐渐变大并起棱，到颈部成排列不规则的棱鳞列。背部6行大棱鳞列的中央2行到体中部后逐渐变小，最后消失，有些个体达荐部才消失。掌、跖面被大小较一致的粒鳞。活动期体色变化较大，体背草绿、棕绿或棕色，体腹黄绿或灰白，眼至肩部有一条浅纵纹，雄体背侧有一纵纹，体侧有不规则的深色斑。

北草蜥主要生活在山区和丘陵的荒地、农田、灌木丛及草丛中。盐城沿海包括湿地、平原草丛、灌木丛等环境，均适合北草蜥栖息，在珍禽保护区北缓冲区有分布。

4. 中国石龙子（*Eumeces chinensis*）

其属于石龙子科（Scincidae）石龙子属（*Eumeces*），体长一般为207～314 mm，体较粗壮，有上鼻鳞，无后鼻鳞，第二列下颞鳞楔形，后颏鳞2枚，典型的有5条浅色纵纹，背中部1条在头部不分叉，侧纵纹由断续斑点缀连而成，背面和腹面散布浅色斑点，老年成体浅线纹不甚明显，斑点和蓝色亦消失，颈侧及体侧红棕色，幼体背面黑色，具3条浅黄纵线，尾浅蓝色（陆宇燕等，2002）。

白天活动，常发现在路旁、田间、土埂或石块上不动，伺机捕食，列入《中国生物多样性红色名录脊椎动物 第三卷 爬行动物》低危（LC）。其在珍禽保护区北缓冲区有分布。

5. 赤链华游蛇（*Sinonatrix annularis*）

其属于游蛇科（Colubridae）华游蛇属（*Sinonatrix*），微毒，中小型蛇类，全长493～681 mm，最长可达1060 mm。头卵圆形，吻钝圆；头颈区分明显，体粗壮浑圆。背面灰褐色、暗褐色、藕灰色、黑褐色或暗绿色，自颈至尾有黑色横斑，除少数横斑通环蛇体外，其余均延至腹中线交错排列；腹面为鲜艳的橙红色或粉红色。上唇黄白色，鳞缝黑色。卵胎生，9～10月产仔，每次产4～13条。

多见于水中，昼夜均有活动。以泥鳅、鳝鱼等为食，亦食蛙类及蝌蚪。珍禽保护区各功能区均有。

6. 乌梢蛇（*Zaocys dhumnades*）

其属于游蛇科（Colubridae）乌梢蛇属（*Zaocys*）。其体形较大，无毒，蛇体全长2.5 m以上，一般雌蛇较短，眼睛较大；鼻孔大而椭圆，位于两鼻鳞之间；背中央的2行鳞片呈黄色或黄褐色，其外侧的2行鳞片则呈黑色；上唇及喉部淡黄色，腹面灰白色，其后半部呈青灰色。

乌梢蛇对场地湿度及其环境的变化比其他蛇类更敏感，喜暖厌寒、喜静厌乱。乌梢蛇有冬眠习性。每年的秋末冬初，当外界气温降至15℃左右时，该蛇便本能地入洞蜷曲成团、蛰伏冬眠。整个冬眠期长达6个月之久（梁新合等，2018）。其在珍禽保护区南部大丰区域有分布。

7. 短尾蝮（*Gloydius brevicaudus*）

其属于蝰科（Viperidae）亚洲蝮属（*Gloydius*）。短尾蝮体较短粗，头略呈三角形，与颈区分明显，吻棱明显，尾短，具管牙；有颊窝。头背深棕色，体腹面灰白色，尾尖棕黑色。

其属晨昏性蛇类。在热天，尤其晚上8时到次日凌晨活动最频繁。在温暖的春秋两季，每日的活动高峰有两次，分别是白天10点和晚上8点到次日凌晨2点。其在珍禽保护区射阳、大丰区域有分布。

8. 虎斑颈槽蛇（*Rhabdophis tigrinus*）

其属于游蛇科（Colubridae）颈槽蛇属（*Rhabdophi*s），又称为虎斑游蛇，体形中等，全长800 mm左右。背面翠绿色或草绿色，躯干前两侧有粗大的黑色斑块。颈部及其后一段距离的黑斑之间为鲜红色；腹面淡黄绿色。颈背正中有一明显浅槽，沿顶鳞后脊两侧有12对颈脉。

从平原、丘陵到海拔1000 m的山区都有分布，栖息于有蛙类生长的水域附近，晴天出来活动，行动敏捷；被激怒时，背腹扁平，将前半身竖起；被捕或受攻击时，颈脉可喷涌出乳白色或灰黄色毒液（和七一和余晓东，2007）。其在珍禽保护区射阳、亭湖区域有分布。

6.7 鸟　　类

盐城市域东部拥有太平洋西海岸、亚洲大陆边缘最大的海岸型湿地。582 km的海岸线，广阔的淤泥质潮滩形成了中国沿海最大的一块滩涂湿地，面积680多万亩，占江苏省滩涂总面积的7/10，全国的1/7，孕育着大量的生物，为鸟类的栖息提供了得天独厚的自然条件，是鸟类的重要越冬地与繁殖地（王意可等，2021）。这保证了数百万计水禽的迁徙，满足了丹顶鹤（*Grus japonensis*）等濒危物种的越冬安全。同时，盐城沿海湿地位于鸟类的东亚-澳大利西亚迁徙路线的中间地带，是许多迁徙鸟类重要的中途停歇点，每年春秋季节都有大量的候鸟在此经过或停歇，补充能量。因此，盐城沿海湿地对鸟类特别是湿地鸟类的研究和保护具有重要的意义。

6.7.1 种类组成

盐城沿海湿地鸟类物种数量调查结果在不同年代、不同研究者之间具有较大差别（费宜玲，2012）（图6-5）。在1985年的调查中，只调查到鸟类104种（任美锷等，1986）；之后，在2005年和2011年的调查中，鸟类的数量为394种；在2016年的调查中，鸟类数量降为390种（王国祥等，2017）；2022年全年发现鸟类358种；珍禽保护区鸟类业内专家通过资料研判，在原鸟种类中增补了新发现种 58 种，修正了种名或者拉丁名 42 种，去除了本地生态不可能是鸟生存地、可能是误报或者错报的鸟类 27 种，保留了已经 15 年以上没有观测到的鸟类 2 种。至 2022 年底，珍禽保护区沿海湿地共发现鸟类 421 种，其中 52 种不是很常见，其他的 369 种基本上都能观察到。珍禽保护区沿海湿地鸟类种数占全国鸟类种数的 29.13%（421/1445），基于现代分类系统[如世界鸟类学家联合会（International Ornithologists' Union，IOU）的分类方法]，珍禽保护区沿海湿地鸟类分目组成见表 6-9。

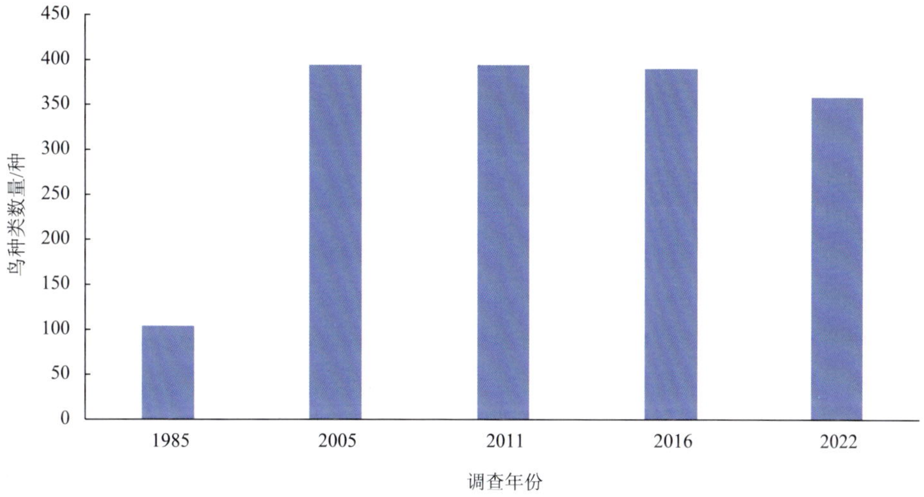

图 6-5 在不同调查年份珍禽保护区沿海湿地鸟种类数量变化

表 6-9 珍禽保护区湿地鸟种分目组成

名称	鸡形目	雁形目	䴙䴘目	红鹳目	鸽形目	夜鹰目	鹃形目	鸨形目
科数量/个	1	1	1	1	1	2	1	1
种类数量/种	2	38	5	1	5	5	10	1
名称	鸻形目	潜鸟目	鹱形目	鹳形目	鲣鸟目	鹈形目	鹰形目	鸮形目
科数量/个	10	1	2	1	2	3	2	2
种类数量/种	84	3	2	2	4	23	28	12
名称	鹤形目	犀鸟目	佛法僧目	啄木鸟目	隼形目	雀形目		合计
科数量/个	2	1	2	1	1	33		72
种类数量/种	15	1	8	6	6	160		421

从科内种（表 6-10）来看，鹬科（Scolopacidae）的种数最多，有 41 种，占珍禽保护区湿地鸟类种数的 9.74%；其次是鸭科（Anatidae），有 38 种，占珍禽保护区湿地鸟类种数的 9.03%；此外，杜鹃科（Cuculidae）、鸥科（Laridae）、鹭科（Ardeidae）、鹰科（Accipitridae）、鸱鸮科（Strigidae）、鸫科（Turdidae）、鹡鸰科（Motacillidae）、鹀科（Emberizidae）、鹟科（Muscicapidae）、鸦科（Corvidae）和鸻科（Charadriidae）的种类也在 10 种及以上。鸟类特征见表 6-11。

表 6-10　珍禽保护区湿地鸟种分科组成

科名称	雉科	鸭科	䴙䴘科	红鹳科	鸠鸽科	夜鹰科	雨燕科	杜鹃科	鸨科	秧鸡科	鹤科
数量/种	2	38	5	1	5	1	4	10	1	8	7
占比例/%	0.48	9.03	1.19	0.24	1.19	0.24	0.95	2.38	0.24	1.90	1.66
科名称	蛎鹬科	反嘴鹬科	鸻科	彩鹬科	水雉科	鹬科	三趾鹑科	燕鸻科	鸥科	海雀科	潜鸟科
数量/种	1	2	12	1	1	41	1	1	22	2	3
占比例/%	0.24	0.48	2.85	0.24	0.24	9.74	0.24	0.24	5.23	0.48	0.71
科名称	海燕科	鹱科	鹳科	军舰鸟科	鸬鹚科	鹮科	鹭科	鹈鹕科	鹗科	鹰科	鸱鸮科
数量/种	1	1	2	2	2	4	16	3	1	27	11
占比例/%	0.24	0.24	0.48	0.48	0.48	0.95	3.80	0.71	0.24	6.41	2.61
科名称	草鸮科	戴胜科	佛法僧科	翠鸟科	啄木鸟科	隼科	八色鸫科	黄鹂科	山椒鸟科	卷尾科	王鹟科
数量/种	1	1	1	7	6	6	1	1	3	3	2
占比例/%	0.24	0.24	0.24	1.66	1.43	1.43	0.24	0.24	0.71	0.71	0.48
科名称	伯劳科	鸦科	山雀科	攀雀科	百灵科	扇尾莺科	苇莺科	蝗莺科	燕科	鹎科	柳莺科
数量/种	5	10	4	1	4	2	5	5	5	2	8
占比例/%	1.19	2.38	0.95	0.24	0.95	0.48	1.19	1.19	1.19	0.48	1.90
科名称	树莺科	长尾山雀科	莺鹛科	绣眼鸟科	河乌科	椋鸟科	鸫科	鹟科	戴菊科	太平鸟科	梅花雀科
数量/种	4	2	3	2	1	7	13	23	1	2	1
占比例/%	0.95	0.48	0.71	0.48	0.24	1.66	3.09	5.46	0.24	0.48	0.24
科名称	雀科	鹡鸰科	燕雀科	铁爪鹀科	鹀科	鸊鷉科					合计
数量/种	1	11	9	2	16	1					421
占比例/%	0.24	2.61	2.14	0.48	3.80	0.24					100

表 6-11 珍禽保护区湿地鸟类特征

序号	物种名称		地理型	季节类型							保护类型							资料来源						备 注
				*	R	W	S	P	O	V	B2W	CITES	RDB	I	II	CJ	CA	B	L	J	K	H	D	
一	鸡形目	Galliformes																						
(1)	雉科	Phasianidae																						
1	环颈雉	*Phasianus colchicus*	广	+	+													+	+	+			+	
2	鹌鹑	*Coturnix japonica*	古		+	+		+			NT					+		+	+	+			+	
二	雁形目	Anseriformes																						
(2)	鸭科	Anatidae																						
3	疣鼻天鹅	*Cygnus olor*	古					+					NT		+	+							+	
4	大天鹅	*Cygnus cygnus*	古					+					NT		+	+				+			+	
5	小天鹅	*Cygnus columbianus*	古			+		+					NT		+	+				+			+	
6	红胸黑雁	*Branta ruficollis*	古							+	VU	II			+	+							+	5年未观察到
7	雪雁	*Anser caerulescens*	古			+																	+	6年未观察到
8	灰雁	*Anser anser*	古			+		+												+		+		
9	鸿雁	*Anser cygnoides*	古					+			VU		VU		+	+				+		+		
10	豆雁	*Anser fabalis*	古			+		+								+		+		+		+		
11	白额雁	*Anser albifrons*	广			+		+			NE				+	+				+		+		
12	小白额雁	*Anser erythropus*	古			+		+			VU		VU		+	+						+		
13	长尾鸭	*Clangula hyemalis*	古			+							EN										+	
14	斑脸海番鸭	*Melanitta stejnegeri*	古					+					NT			+							+	
15	黑海番鸭	*Melanitta nigra*	古						+		NT												+	
16	鹊鸭	*Bucephala clangula*	古			+		+								+				+		+		
17	斑头秋沙鸭	*Mergus albellus*	古			+		+							+	+				+		+		
18	普通秋沙鸭	*Mergus merganser*	古			+		+								+				+		+		

续表

序号	物种名称		地理型	季节类型							保护类型							资料来源						备注
				*	R	W	S	P	O	V	B2W	CITES	RDB	I	II	CJ	CA	B	L	J	K	H	D	
19	中华秋沙鸭	*Mergus squamatus*	古			+		+			EN		EN	+									+	
20	红胸秋沙鸭	*Mergus serrator*	古			+		+								+				+			+	
21	丑鸭	*Histrionicus histrionicus*	古					+															+	
22	翘鼻麻鸭	*Tadorna tadorna*	古			+		+								+				+		+		
23	赤麻鸭	*Tadorna ferruginea*	广					+								+				+			+	
24	棉凫	*Nettapus coromandelianus*	东			+		+					EN		+					+			+	
25	鸳鸯	*Aix galericulata*	古			+		+					NT		+					+			+	
26	红头潜鸭	*Aythya ferina*	古			+		+			VU					+		+		+		+		
27	青头潜鸭	*Aythya baeri*	古			+					CR		CR	+		+				+		+	+	
28	白眼潜鸭	*Aythya nyroca*	古			+					NT		NT											
29	凤头潜鸭	*Aythya fuligula*	古			+		+								+		+		+			+	
30	斑背潜鸭	*Aythya marila*	古					+								+		+		+			+	
31	白眉鸭	*Anas querquedula*	古			+		+								+	+	+		+		+		
32	琵嘴鸭	*Anas clypeata*	古			+		+									+	+		+		+		
33	花脸鸭	*Anas formosa*	古			+		+				II	NT		+	+				+			+	
34	罗纹鸭	*Anas falcata*	古			+		+			NT		NT			+		+		+		+		
35	赤膀鸭	*Anas strepera*	古			+		+								+		+		+		+		
36	赤颈鸭	*Anas penelope*	古			+		+								+		+		+		+		
37	斑嘴鸭	*Anas poecilorhyncha*	广	+	+	+	+	+										+	+	+		+		
38	绿头鸭	*Anas platyrhynchos*	广	+	+	+	+	+								+		+		+		+		
39	针尾鸭	*Anas acuta*	古			+		+								+		+		+		+		
40	绿翅鸭	*Anas crecca*	广			+		+								+		+		+		+		
三	鸊鷉目	Podicipediformes																						

续表

序号	物种名称		地理型	季节类型							保护类型							资料来源						备注
				*	R	W	S	P	O	V	B2W	CITES	RDB	I	II	CJ	CA	B	L	J	K	H	D	
(3)	鸊鷉科	Podicipedidae																						
41	小鸊鷉	*Tachybaptus ruficollis*	广	+	+													+	+	+		+		
42	赤颈鸊鷉	*Podiceps grisegena*	古			+							NT		+								+	
43	凤头鸊鷉	*Podiceps cristatus*	广	+			+	+								+		+		+		+		
44	角鸊鷉	*Podiceps auritus*	古					+			VU		NT		+	+		+	+			+		
45	黑颈鸊鷉	*Podiceps nigricollis*	古					+							+	+		+				+		
四	红鹳目	Phoenicopteriformes																						
(4)	红鹳科	Phoenicopteridae																						
46	大红鹳	*Phoenicopterus roseus*	东					+		+		II											+	
五	鸽形目	Columbiformes																						
(5)	鸠鸽科	Columbidae																						
47	山斑鸠	*Streptopelia orientalis*	广	+	+													+	+	+			+	
48	灰斑鸠	*Streptopelia decaocto*	东	+	+														+	+			+	
49	火斑鸠	*Streptopelia tranquebarica*	东	+	+		+												+	+			+	
50	珠颈斑鸠	*Spilopelia chinensis*	东	+	+		+											+	+	+			+	
51	红翅绿鸠	*Treron sieboldii*	东							+					+								+	
六	夜鹰目	Caprimulgiformes																						
(6)	夜鹰科	Caprimulgidae																						
52	普通夜鹰	*Caprimulgus indicus*	东	+			+									+			+	+				
(7)	雨燕科	Apodidae																						
53	白喉针尾雨燕	*Hirundapus caudacutus*	东					–								+	+						+	
54	白腰雨燕	*Apus pacificus*	东				+	+								+	+						+	
55	小白腰雨燕	*Apus affinis*	东					+								+							+	

续表

序号	物种名称		地理型	季节类型							保护类型							资料来源						备注
				*	R	W	S	P	O	V	B2W	CITES	RDB	I	II	CJ	CA	B	L	J	K	H	D	
56	普通雨燕	*Apus apus*	东				+	+															+	
七	鹃形目	Cuculiformes																						
(8)	杜鹃科	Cuculidae																						
57	小鸦鹃	*Centropus bengalensis*	东	+			+								+				+	+			+	
58	红翅凤头鹃	*Clamator coromandus*	东				+		+														+	
59	噪鹃	*Eudynamys scolopacea*	东	+			+																+	
60	褐翅鸦鹃	*Centropus sinensis*	东	+			+												+	+				
61	北棕腹鹰鹃	*Hierococcyx hyperythrus*	东	+			+									+			+	+				
62	四声杜鹃	*Cuculus micropterus*	东	+			+												+	+			+	
63	大杜鹃	*Cuculus canorus*	广	+			+									+			+	+			+	
64	中杜鹃	*Cuculus saturatus*	东	+			+									+	+		+	+			+	
65	东方中杜鹃	*Cuculus optatus*	东					+															+	
66	小杜鹃	*Cuculus poliocephalus*	东	+			+									+								
八	鹤形目	Gruiformes																						
(9)	秧鸡科	Rallidae																						
67	花田鸡	*Coturnicops exquisitus*	东			+		+			VU		VU		+	+							+	
68	普通秧鸡	*Rallus indicus*	东			+		+								+			+	+			+	
69	红胸田鸡	*Porzana fusca*	东				+	+					NT			+							+	
70	小田鸡	*Porzana pusilla*	东				+									+							+	
71	白胸苦恶鸟	*Amaurornis phoenicurus*	东	+			+													+			+	
72	董鸡	*Gallicrex cinerea*	东				+													+			+	
73	黑水鸡	*Gallinula chloropus*	广	+			+	+										+	+	+		+		
74	白骨顶	*Fulica atra*	广	+	+	+	+											+	+	+		+		

续表

序号	物种名称		地理型	季节类型							保护类型							资料来源						备注
				*	R	W	S	P	O	V	B2W	CITES	RDB	I	II	CJ	CA	B	L	J	K	H	D	
(10)	鹤科	Gruidae																						
75	白鹤	*Grus leucogeranus*	古					+			CR	I	CR	+						+			+	
76	沙丘鹤	*Grus canadensis*	古			+						II			+					+			+	
77	白枕鹤	*Grus vipio*	古					+			VU	I	EN	+		+				+			+	
78	蓑羽鹤	*Grus virgo*	古					+				II			+								+	
79	丹顶鹤	*Grus japonensis*	古			+		+			VU	I	EN	+						+		+	+	
80	灰鹤	*Grus grus*	古			+		+				II	NT		+	+				+		+	+	
81	白头鹤	*Grus monacha*	古					+			VU	I	EN	+		+				+			+	
九	鸨形目	Otidiformes																						
(11)	鸨科	Otididae																						
82	大鸨	*Otis tarda*	古					+			VU	II	EN	+						+			+	近20年未见
十	潜鸟目	Gaviiformes																						
(12)	潜鸟科	Gaviidae																						
83	红喉潜鸟	*Gavia stellata*	古			+		+								+				+			+	
84	黑喉潜鸟	*Gavia arctica*	古			+										+				+			+	
85	黄嘴潜鸟	*Gavia adamsii*	古					+			NT					+				+			+	
十一	鹱形目	Procellariiformes																						
(13)	海燕科	Hydrobatidae																						
86	黑叉尾海燕	*Hydrobates monorhis*	古				+				NT												+	
(14)	鹱科	Procellariidae																						
87	白额鹱	*Calonectris leucomelas*	古				+				NT												+	
十二	鹳形目	Ciconiiformes																						
(15)	鹳科	Ciconiidae																						

续表

序号	物种名称		地理型	季节类型							保护类型							资料来源						备注
				*	R	W	S	P	O	V	B2W	CITES	RDB	I	II	CJ	CA	B	L	J	K	H	D	
88	黑鹳	*Ciconia nigra*	古					+				II	VU	+				+		+		+	+	
89	东方白鹳	*Ciconia boyciana*	古	+	+	+	+	+			EN	I	EN	+									+	
十三	鹈形目	Pelecaniformes																						
(16)	鹮科	Threskiornithidae																						
90	白琵鹭	*Platalea leucorodia*	广			+		+				II	NT		+	+		+		+			+	
91	黑脸琵鹭	*Platalea minor*	东					+			EN		EN	+		+		+					+	
92	黑头白鹮	*Threskiornis melanocephalus*	东					+			NT		CR	+		+							+	近 30 年未见
93	彩鹮	*Plegadis falcinellus*	东					+		+				+										
(17)	鹭科	Ardeidae																						
94	大麻鳽	*Botaurus stellaris*	古			+	+	+								+			+	+		+	+	
95	黄斑苇鳽	*Ixobrychus sinensis*	古	+			+									+	+		+	+			+	
96	紫背苇鳽	*Ixobrychus eurhythmus*	东	+			+									+				+			+	
97	栗苇鳽	*Ixobrychus cinnamomeus*	东				+	+															+	
98	黑苇鳽	*Ixobrychus flavicollis*	东				+																+	
99	栗头鳽	*Gorsachius goisagi*	东					+			VU				+									
100	夜鹭	*Nycticorax nycticorax*	广	+			+									+			+	+			+	
101	绿鹭	*Butorides striatus*	东					+								+			+					
102	池鹭	*Ardeola bacchus*	广	+			+	+											+	+			+	
103	牛背鹭	*Bubulcus ibis*	东	+			+				NE					+	+		+	+			+	
104	苍鹭	*Ardea cinerea*	广	+			+											+	+	+		+		
105	草鹭	*Ardea purpurea*	东	+			+	+								+		+	+	+				
106	大白鹭	*Egretta alba*	广	+			+									+	+	+	+	+		+		
107	中白鹭	*Egretta intermedia*	东	+			+	+								+		+	+	+		+		

续表

序号	物种名称		地理型	季节类型							保护类型							资料来源						备注
				*	R	W	S	P	O	V	B2W	CITES	RDB	I	II	CJ	CA	B	L	J	K	H	D	
108	白鹭	*Egretta garzetta*	广	+			+											+	+	+		+		
109	黄嘴白鹭	*Egretta eulophotes*	东				+				VU		VU	+									+	
(18)	鹈鹕科	Pelecanidae																						
110	卷羽鹈鹕	*Pelecanus crispus*	古					+			NT	I	EN	+								+		
111	斑嘴鹈鹕	*Pelecanus philippensis*	古				+				NT		EN	+						+			+	
112	白鹈鹕	*Pelecanus onocrotalus*	古					+		+			EN	+									+	
十四	鲣鸟目	Suliformes																						
(19)	军舰鸟科	Fregatidae																						
113	白斑军舰鸟	*Fregata ariel*	东							+		I			+								+	
114	黑腹军舰鸟	*Fregata minor*	东					+							+								+	
(20)	鸬鹚科	Phalacrocoracidae																						
115	普通鸬鹚	*Phalacrocorax carbo*	广	+		+	+	+										+		+		+		
116	海鸬鹚	*Phalacrocorax pelagicus*	广					+										+					+	
十五	鸻形目	Charadriiformes																						
(21)	三趾鹑科	Turnicidae																						
117	黄脚三趾鹑	*Turnix tanki*	东	+			+																+	
(22)	蛎鹬科	Haematopodidae																						
118	蛎鹬	*Haematopus ostralegus*	古	+			+				NT					+				+		+		
(23)	反嘴鹬科	Recurvirostridae																						
119	反嘴鹬	*Recurvirostra avosetta*	广					+								+		+		+		+		
120	黑翅长脚鹬	*Himantopus himantopus*	广	+			+	+								+		+		+		+	+	
(24)	鸻科	Charadriidae																						
121	凤头麦鸡	*Vanellus vanellus*	广			+		+			NT					+		+		+		+		

续表

序号	物种名称		地理型	季节类型							保护类型							资料来源						备注
				*	R	W	S	P	O	V	B2W	CITES	RDB	I	II	CJ	CA	B	L	J	K	H	D	
122	灰头麦鸡	*Vanellus cinereus*	古	+			+	+										+	+	+		+		
123	小嘴鸻	*Eudromias morinellus*	古						+													+		
124	金鸻	*Pluvialis fulva*	广					+								+	+	+				+		
125	灰鸻	*Pluvialis squatarola*	古					+								+	+	+		+		+		
126	剑鸻	*Charadrius hiaticula*	古					+									+			+			+	
127	长嘴剑鸻	*Charadrius placidus*	古					+					NT				+			+		+		
128	金眶鸻	*Charadrius dubius*	广	+			+	+									+	+		+		+		
129	环颈鸻	*Charadrius alexandrinus*	广	+			+	+										+		+		+		
130	蒙古沙鸻	*Charadrius mongolus*	古					+								+	+	+		+		+		
131	铁嘴沙鸻	*Charadrius leschenaultii*	古					+								+	+	+		+		+		
132	东方鸻	*Charadrius veredus*	古					+														+		
(25)	彩鹬科	Rostratulidae																						
133	彩鹬	*Rostratula benghalensis*	东	+			+									+						+		
(26)	水雉科	Jacanidae																						
134	水雉	*Hydrophasianus chirurgus*	东	+			+						NT		+	+	+						+	
(27)	鹬科	Scolopacidae																						
135	中杓鹬	*Numenius phaeopus*	古					+								+	+			+		+		
136	小杓鹬	*Numenius minutus*	古					+				I	NT		+		+		+	+		+		
137	白腰杓鹬	*Numenius arquata*	古					+			NT		NT		+	+	+	+		+		+		
138	大杓鹬	*Numenius madagascariensis*	古					+			EN		VU		+		+	+		+		+		
139	斑尾塍鹬	*Limosa lapponica*	古					+			NT		NT			+	+	+		+		+		
140	黑尾塍鹬	*Limosa limosa*	古					+			NT					+	+	+		+		+		
141	翻石鹬	*Arenaria interpres*	古					+							+	+	+			+		+		

续表

序号	物种名称		地理型	季节类型							保护类型							资料来源						备注
				*	R	W	S	P	O	V	B2W	CITES	RDB	I	II	CJ	CA	B	L	J	K	H	D	
142	大滨鹬	*Calidris tenuirostris*	古					+			EN		VU		+							+		
143	红腹滨鹬	*Calidris canutus*	古					+			NT		VU			+	+			+		+		
144	流苏鹬	*Philomachus pugnax*	古					+								+	+						+	
145	阔嘴鹬	*Limicola falcinellus*	古					+							+	+	+	+					+	
146	尖尾滨鹬	*Calidris acuminata*	古					+			VU					+	+	+		+		+		
147	弯嘴滨鹬	*Calidris ferruginea*	古					+			NT					+	+			+		+		
148	青脚滨鹬	*Calidris temminckii*	广					+								+		+				+		
149	长趾滨鹬	*Calidris subminuta*	古					+								+	+					+		
150	勺嘴鹬	*Eurynorhynchus pygmeus*	古					+			CR		CR	+		+				+		+	+	
151	红颈滨鹬	*Calidris ruficollis*	古					+			NT					+	+	+		+		+		
152	三趾滨鹬	*Calidris alba*	古					+								+	+	+		+		+		
153	黑腹滨鹬	*Calidris alpina*	古					+								+	+	+		+		+		
154	小滨鹬	*Calidris minuta*	古					+															+	
155	斑胸滨鹬	*Calidris melanotos*	古					+															+	
156	半蹼鹬	*Limnodromus semipalmatus*	古					+			NT		NT		+		+	+		+		+		
157	长嘴半蹼鹬	*Limnodromus scolopaceus*	古					+															+	
158	丘鹬	*Scolopax rusticola*	古					+								+			+	+		+		
159	孤沙锥	*Gallinago solitaria*	古			+		+								+							+	
160	针尾沙锥	*Gallinago stenura*	广					+									+			+		+		
161	大沙锥	*Gallinago megala*	古					+								+	+			+			+	
162	扇尾沙锥	*Gallinago gallinago*	广					+								+		+		+		+		
163	姬鹬	*Limnocryptes minimus*	古					+															+	
164	红颈瓣蹼鹬	*Phalaropus lobatus*	古					+								+	+					+		

续表

序号	物种名称		地理型	季节类型							保护类型							资料来源						备注
				*	R	W	S	P	O	V	B2W	CITES	RDB	I	II	CJ	CA	B	L	J	K	H	D	
165	灰瓣蹼鹬	*Phalaropus fulicarius*	古					+								+	+						+	
166	翘嘴鹬	*Xenus cinereus*	广					+								+	+			+		+		
167	矶鹬	*Actitis hypoleucos*	广	+			+	+								+	+	+		+		+		
168	白腰草鹬	*Tringa ochropus*	广			+		+								+						+		
169	灰尾漂鹬	*Tringa brevipes*	古					+			NT					+	+			+		+		
170	鹤鹬	*Tringa erythropus*	广					+								+		+		+		+		
171	青脚鹬	*Tringa nebularia*	广					+								+	+			+		+		
172	红脚鹬	*Tringa totanus*	广					+									+	+		+		+		
173	林鹬	*Tringa glareola*	广			+										+	+	+		+			+	
174	泽鹬	*Tringa stagnatilis*	古					+								+	+	+				+		
175	小青脚鹬	*Tringa guttifer*	东					+			EN	I	EN	+		+				+		+		
(28)	燕鸻科	Glareolidae																						
176	普通燕鸻	*Glareola maldivarum*	古	+			+	+									+		+	+		+		
(29)	鸥科	Laridae																						
177	三趾鸥	*Rissa tridactyla*	古			+					VU					+							+	
178	红嘴鸥	*Larus ridibundus*	广			+		+								+		+		+		+		
179	黑嘴鸥	*Larus saundersi*	古	+			+	+			VU		VU	+				+		+		+		
180	小鸥	*Larus minutus*	古					+					NT		+								+	
181	遗鸥	*Larus relictus*	古					+			VU	I	EN	+									+	
182	渔鸥	*Larus ichthyaetus*	广					+															+	
183	黑尾鸥	*Larus crassirostris*	古				+	+										+		+		+		
184	普通海鸥	*Larus canus*	广			+		+								+		+		+		+		
185	北极鸥	*Larus hyperboreus*	古					+															+	

续表

序号	物种名称		地理型	季节类型							保护类型							资料来源						备注
				*	R	W	S	P	O	V	B2W	CITES	RDB	I	II	CJ	CA	B	L	J	K	H	D	
186	西伯利亚银鸥	*Larus vegae*	广			+		+								+							+	
187	灰背鸥	*Larus schistisagus*	古			+										+							+	
188	黄腿银鸥	*Larus cachinnans*	古			+																	+	
189	小黑背银鸥	*Larus fuscus*	古			+		+								+							+	
190	鸥嘴噪鸥	*Gelochelidon nilotica*	古	+			+	+										+		+		+		
191	红嘴巨燕鸥	*Hydroprogne caspia*	古	+			+										+	+		+		+		
192	白额燕鸥	*Sterna albifrons*	古	+			+									+	+			+		+		
193	乌燕鸥	*Onychoprion fuscatus*	古						+														+	
194	粉红燕鸥	*Sterna dougallii*	古					+								+							+	
195	黑枕燕鸥	*Sterna sumatrana*	古					+								+	+						+	
196	普通燕鸥	*Sterna hirundo*	广	+			+	+								+	+	+		+		+		
197	灰翅浮鸥	*Chlidonias hybrida*	古	+			+													+		+		
198	白翅浮鸥	*Chlidonias leucoptera*	古	+			+	+									+	+		+		+		
(30)	海雀科	Alcidae																						
199	长嘴斑海雀	*Brachyramphus perdix*	古					+			NT					+							+	
200	扁嘴海雀	*Synthliboramphus antiquus*	古				+						NT			+							+	
十六	鸮形目	Strigiformes																						
(31)	草鸮科	Tytonidae																						
201	草鸮	*Tyto longimembris*	东				+								+								+	
(32)	鸱鸮科	Strigidae																						
202	日本鹰鸮	*Ninox japonica*	东				+					II			+				+	+				
203	领鸺鹠	*Glaucidium brodiei*	东		+							II			+								+	
204	斑头鸺鹠	*Glaucidium cuculoides*	东		+							II			+								+	

续表

序号	物种名称		地理型	季节类型							保护类型							资料来源						备注
				*	R	W	S	P	O	V	B2W	CITES	RDB	I	II	CJ	CA	B	L	J	K	H	D	
205	纵纹腹小鸮	*Athene noctua*	广		+							II			+								+	
206	北领角鸮	*Otus semitorques*	广		+							II			+								+	
207	红角鸮	*Otus sunia*	古				+					II			+				+	+			+	
208	长耳鸮	*Asio otus*	广			+						II			+	+			+	+			+	
209	短耳鸮	*Asio flammeus*	广			+						II	NT		+	+			+					
210	褐林鸮	*Strix leptogrammica*	东			+						II	NT		+									
211	灰林鸮	*Strix aluco*	东					+				II	NT		+									
212	雕鸮	*Bubo bubo*	广		+							II	NT		+								+	
十七	鹰形目	Accipitriformes																						
(33)	鹗科	Pandionidae																						
213	鹗	*Pandion haliaetus*	广		+							II	NT		+			+					+	
(34)	鹰科	Accipitridae																						
214	黑翅鸢	*Elanus caeruleus*	东		+							II	NT		+									
215	凤头蜂鹰	*Pernis ptilorhynchus*	广					+				II	NT		+					+			+	
216	秃鹫	*Aegypius monachus*						+			NT	II	NT	+					+					
217	乌雕	*Clanga clanga*	古					+			VU	II	EN	+					+	+			+	
218	靴隼雕	*Hieraaetus pennatus*	古					+				II	VU		+								+	
219	草原雕	*Aquila nipalensis*	古				+				EN	II	VU	+									+	
220	白肩雕	*Aquila heliaca*	古			+		+			VU	I	EN	+									+	
221	金雕	*Aquila chrysaetos*	广		+							II	VU	+									+	
222	白腹隼雕	*Aquila fasciata*	东							+		II	VU		+								+	
223	凤头鹰	*Accipiter trivirgatus*	东					+				II	NT		+									
224	赤腹鹰	*Accipiter soloensis*	东				+	+				II			+				+	+			+	

续表

序号	物种名称		地理型	季节类型							保护类型							资料来源						备注
				*	R	W	S	P	O	V	B2W	CITES	RDB	I	II	CJ	CA	B	L	J	K	H	D	
225	日本松雀鹰	*Accipiter gularis*	冬				+					II			+									
226	松雀鹰	*Accipiter virgatus*	东		+							II			+	+				+			+	
227	雀鹰	*Accipiter nisus*	古				+	+				II			+			+		+			+	
228	苍鹰	*Accipiter gentilis*	古					+				II	NT		+			+		+				
229	白头鹞	*Circus aeruginosus*	古	+			+	+				II	NT		+	+		+		+			+	
230	白腹鹞	*Circus spilonotus*	古					+				II	NT		+								+	
231	白尾鹞	*Circus cyaneus*	古	+			+	+				II	NT		+	+			+	+			+	
232	草原鹞	*Circus macrourus*	古				+	+			NT	II	NT		+								+	
233	鹊鹞	*Circus melanoleucos*	古					+					NT		+				+	+			+	
234	黑鸢	*Milvus migrans*	广				+	+							+									
235	玉带海雕	*Haliaeetus leucoryphus*	古					+			EN	II	EN	+									+	
236	白尾海雕	*Haliaeetus albicilla*	古					+				I	VU	+									+	
237	灰脸𫛭鹰	*Butastur indicus*	古					+				II	NT		+	+							+	
238	毛脚𫛭	*Buteo lagopus*	古			+		+				II	NT		+	+					+		+	
239	大𫛭	*Buteo hemilasius*	古			+		+				II	VU		+				+	+			+	
240	普通𫛭	*Buteo japonicus*	广		+			+				II			+				+	+			+	
十八	犀鸟目	Bucerotiformes																						
(35)	戴胜科	Upupidae																						
241	戴胜	*Upupa epops*	广	+	+		+											+	+	+			+	
十九	佛法僧目	Coraciiformes																						
(36)	佛法僧科	Coraciidae																						
242	三宝鸟	*Eurystomus orientalis*	东				+	+								+			+	+			+	
(37)	翠鸟科	Alcedinidae																						

续表

序号	物种名称		地理型	季节类型							保护类型							资料来源						备注
				*	R	W	S	P	O	V	B2W	CITES	RDB	I	II	CJ	CA	B	L	J	K	H	D	
243	普通翠鸟	*Alcedo atthis*	广	+	+													+	+	+				
244	冠鱼狗	*Megaceryle lugubris*	东	+	+																		+	
245	斑鱼狗	*Ceryle rudis*	东	+			+																+	
246	赤翡翠	*Halcyon coromanda*	广					+															+	
247	白胸翡翠	*Halcyon smyrnensis*	东				+								+								+	
248	蓝翡翠	*Halcyon pileata*	广				+				VU								+	+			+	
249	白领翡翠	*Todiramphus chloris*	东					+															+	
二十	啄木鸟目	Piciformes																						
(38)	啄木鸟科	Picidae																						
250	蚁䴕	*Jynx torquilla*	广					+										+	+	+			+	
251	斑姬啄木鸟	*Picumnus innominatus*	东		+																		+	
252	灰头绿啄木鸟	*Picus canus*	古	+	+																		+	
253	星头啄木鸟	*Picoides canicapillus*	东	+	+														+	+			+	
254	棕腹啄木鸟	*Dendrocopos hyperythrus*	东					+															+	
255	大斑啄木鸟	*Dendrocopos major*	广	+	+													+	+	+			+	
二十一	隼形目	Falconiformes																						
(39)	隼科	Falconidae																						
256	黄爪隼	*Falco naumanni*	古					+				II	VU		+								+	
257	红隼	*Falco tinnunculus*	广	+	+							II			+				+	+			+	
258	红脚隼	*Falco amurensis*	东				+					II	NT		+								+	
259	灰背隼	*Falco columbianus*	东					+				II	NT		+	+							+	
260	燕隼	*Falco subbuteo*	广				+					II			+	+		+	+	+			+	
261	游隼	*Falco peregrinus*	广					+				I	NT		+								+	

续表

序号	物种名称		地理型	季节类型							保护类型							资料来源						备 注
				*	R	W	S	P	O	V	B2W	CITES	RDB	I	II	CJ	CA	B	L	J	K	H	D	
二十二	雀形目	Passeriformes																						
(40)	八色鸫科	Pittidae																						
262	仙八色鸫	*Pitta nympha*	东				+				VU	II	VU		+								+	
(41)	黄鹂科	Oriolidae																						
263	黑枕黄鹂	*Oriolus chinensis*	东	+			+									+		+	+	+			+	
(42)	山椒鸟科	Campephagidae																						
264	灰山椒鸟	*Pericrocotus divaricatus*	东					+								+		+	+	+			+	
265	小灰山椒鸟	*Pericrocotus cantonensis*	东					+		+													+	
266	暗灰鹃鵙	*Lalage melaschistos*	东				+	+															+	
(43)	卷尾科	Dicruridae																						
267	黑卷尾	*Dicrurus macrocercus*	东	+			+											+	+	+			+	
268	灰卷尾	*Dicrurus leucophaeus*	东	+			+	+															+	
269	发冠卷尾	*Dicrurus hottentottus*	东				+												+	+				
(44)	王鹟科	Monarchidae																						
270	寿带	*Terpsiphone incei*	东				+	+					NT						+	+				
271	紫寿带	*Terpsiphone atrocaudata*	东					+			NT		NT			+			+	+			+	
(45)	伯劳科	Laniidae																						
272	虎纹伯劳	*Lanius tigrinus*	东	+			+									+			+	+			+	
273	牛头伯劳	*Lanius bucephalus*	东	+			+																+	
274	红尾伯劳	*Lanius cristatus*	古					+								+		+	+	+			+	
275	棕背伯劳	*Lanius schach*	广	+			+											+	+	+			+	
276	楔尾伯劳	*Lanius sphenocercus*	东			+		+										+	+	+			+	
(46)	鸦科	Corvidae																						

续表

序号	物种名称		地理型	季节类型							保护类型							资料来源						备注
				*	R	W	S	P	O	V	B2W	CITES	RDB	I	II	CJ	CA	B	L	J	K	H	D	
277	松鸦	*Garrulus glandarius*	古		+			+																
278	灰喜鹊	*Cyanopica cyanus*	古	+	+													+	+	+			+	
279	红嘴蓝鹊	*Urocissa erythrorhyncha*	东		+			+															+	
280	灰树鹊	*Dendrocitta formosae*	东					+															+	
281	喜鹊	*Pica pica*	广	+	+						NE							+	+	+			+	
282	达乌里寒鸦	*Corvus dauuricus*	古		+	+										+							+	
283	秃鼻乌鸦	*Corvus frugilegus*	广		+			+								+							+	
284	小嘴乌鸦	*Corvus corone*	广		+	+																	+	
285	白颈鸦	*Corvus pectoralis*	东		+			+					NT										+	
286	大嘴乌鸦	*Corvus macrorhynchos*	广		+			+															+	
(47)	山雀科	Paridae																						
287	煤山雀	*Parus ater*	古		+							III											+	
288	黄腹山雀	*Pardaliparus venustulus*	东		+																		+	
289	沼泽山雀	*Poecile palustris*	古		+																		+	
290	欧亚大山雀	*Parus major*	广		+						NE							+	+	+			+	
(48)	攀雀科	Remizidae																						
291	中华攀雀	*Remiz consobrinus*	古			+	+	+										+					+	
(49)	百灵科	Alaudidae																						
292	小云雀	*Alauda gulgula*	东		+															+			+	
293	云雀	*Alauda arvensis*	东					+				III			+			+	+	+			+	
294	凤头百灵	*Galerida cristata*	古		+			+				III								+			+	
295	短趾百灵	*Alaudala cheleensis*	古				+																+	
(50)	扇尾莺科	Cisticolidae																						

续表

序号	物种名称		地理型	季节类型							保护类型							资料来源						备注
				*	R	W	S	P	O	V	B2W	CITES	RDB	I	II	CJ	CA	B	L	J	K	H	D	
296	棕扇尾莺	*Cisticola juncidis*	东	+	+													+	+				+	
297	纯色山鹪莺	*Prinia inornata*	东							+													+	
(51)	苇莺科	Acrocephalidae																						
298	东方大苇莺	*Acrocephalus orientalis*	广	+			+																+	
299	黑眉苇莺	*Acrocephalus bistrigiceps*	东	+			+									+		+						
300	细纹苇莺	*Acrocephalus sorghophilus*	东	+			+				CR		EN		+								+	
301	钝翅苇莺	*Acrocephalus concinens*	东	+			+																+	
302	厚嘴苇莺	*Arundinax aedon*	东					+															+	
(52)	蝗莺科	Locustellidae																						
303	苍眉蝗莺	*Locustella fasciolata*	古					+								+							+	
304	斑背大尾莺	*Locustella pryeri*	古				+				NT												+	
305	小蝗莺	*Locustella certhiola*	广				+											+					+	
306	北蝗莺	*Locustella ochotensis*	古					+								+							+	
307	矛斑蝗莺	*Locustella lanceolata*	古					+					NT			+		+					+	
(53)	燕科	Hirundinidae																						
308	崖沙燕	*Riparia riparia*	东					+								+							+	
309	家燕	*Hirundo rustica*	广	+			+									+	+	+	+	+			+	
310	毛脚燕	*Delichon urbicum*	广				+	+								+				+			+	
311	烟腹毛脚燕	*Delichon dasypus*	广					+															+	
312	金腰燕	*Cecropis daurica*	东	+			+									+		+	+	+			+	
(54)	鹎科	Pycnonotidae																						
313	领雀嘴鹎	*Spizixos semitorques*	东	+														+		+			+	
314	白头鹎	*Pyconotus sinessis*	东	+	+		+											+	+	+			+	

续表

序号	物种名称		地理型	季节类型							保护类型							资料来源						备注
				*	R	W	S	P	O	V	B2W	CITES	RDB	I	II	CJ	CA	B	L	J	K	H	D	
(55)	柳莺科	Phylloscopidae																						
315	黄眉柳莺	*Phylloscopus inornatus*	东					+								+		+	+	+			+	
316	黄腰柳莺	*Phylloscopus proregulus*	东				+	+											+	+			+	
317	巨嘴柳莺	*Phylloscopus schwarzi*	东					+															+	
318	褐柳莺	*Phylloscopus fuscatus*	广				+											+					+	
319	冕柳莺	*Phylloscopus coronatus*	东					+								+							+	
320	双斑绿柳莺	*Phylloscopus plumbeitarsus*	广					+															+	
321	淡脚柳莺	*Phylloscopus tenellipes*	东					+															+	
322	极北柳莺	*Phylloscopus borealis*	东					+								+	+	+					+	
(56)	树莺科	Cettiidae																						
323	短翅树莺	*Horornis diphone*	东					+															+	
324	远东树莺	*Horornis canturians*	东	+			+																+	
325	强脚树莺	*Horornis fortipes*	东					+															+	
326	鳞头树莺	*Urosphena squameiceps*	东				+	+								+			+				+	
(57)	长尾山雀科	Aegithalidae																						
327	银喉长尾山雀	*Aegithalos glaucogularis*	东		+																		+	
328	红头长尾山雀	*Aegithalos concinnus*	东		+																			
(58)	莺鹛科	Sylviidae																						
329	棕头鸦雀	*Sinosuthora webbiana*	东	+	+													+	+	+			+	
330	灰头鸦雀	*Psittiparus gularis*	东					+										+					+	
331	震旦鸦雀	*Paradoxornis heudei*	东	+	+						NT		NT		+				+	+			+	
(59)	绣眼鸟科	Zosteropidae																						
332	红胁绣眼鸟	*Zosterops erythropleurus*	东					+							+			+	+	+				

续表

序号	物种名称		地理型	季节类型							保护类型							资料来源						备注
				*	R	W	S	P	O	V	B2W	CITES	RDB	I	II	CJ	CA	B	L	J	K	H	D	
333	暗绿绣眼鸟	*Zosterops simplex*	东				+	+											+	+			+	
(60)	鹪鹩科	Troglodytidae																						
334	鹪鹩	*Troglodytes troglodytes*	东		+	+		+				III						+					+	
(61)	河乌科	Cinclidae																						
335	褐河乌	*Cinclus pallasii*	广		+																		+	
(62)	椋鸟科	Sturnidae																						
336	八哥	*Acridotheres cristatellus*	东	+	+															+			+	
337	丝光椋鸟	*Spodiopsar sericeus*	东				+																+	
338	灰椋鸟	*Spodiopsar cineraceus*	广			+	+											+	+	+			+	
339	黑领椋鸟	*Gracupica nigricollis*	东					+															+	
340	北椋鸟	*Agropsar sturninus*	东				+																+	
341	紫背椋鸟	*Agropsar philippensis*	东						+							+							+	
342	紫翅椋鸟	*Sturnus vulgaris*	古			+		+															+	
(63)	鸫科	Turdidae																						
343	橙头地鸫	*Geokichla citrina*	东					+		+														
344	白眉地鸫	*Geokichla sibirica*	东					+								+			+	+			+	
345	虎斑地鸫	*Zoothera aurea*	广				+									+		+	+	+			+	
346	灰背鸫	*Turdus hortulorum*	东					+								+		+		+			+	
347	乌灰鸫	*Turdus cardis*	东				+									+							+	
348	乌鸫	*Turdus mandarinus*	广	+	+														+				+	
349	白眉鸫	*Turdus obscurus*	广					+										+					+	
350	白腹鸫	*Turdus pallidus*	东					+								+			+	+			+	
351	赤胸鸫	*Turdus chrysolaus*	东				+	+															+	

续表

序号	物种名称		地理型	季节类型							保护类型							资料来源						备注
				*	R	W	S	P	O	V	B2W	CITES	RDB	I	II	CJ	CA	B	L	J	K	H	D	
352	赤颈鸫	*Turdus ruficollis*	广			+		+											+	+			+	
353	红尾斑鸫	*Turdus naumanni*	广					+								+			+	+			+	
354	斑鸫	*Turdus eunomus*	广					+												+			+	
355	宝兴歌鸫	*Turdus mupinensis*	东				+													+				
(64)	鹟科	Muscicapidae																						
356	鹊鸲	*Copsychus saularis*	东		+															+			+	
357	灰纹鹟	*Muscicapa griseisticta*	东					+											+	+				
358	乌鹟	*Muscicapa sibirica*	广					+								+			+	+			+	
359	北灰鹟	*Muscicapa dauurica*	广					+								+		+					+	
360	白腹蓝鹟	*Cyanoptila cyanomelana*	东				+	+								+		+	+	+			+	
361	铜蓝鹟	*Eumyias thalassinus*	东					+															+	
362	蓝歌鸲	*Luscinia cyane*	广					+								+			+	+			+	
363	红尾歌鸲	*Luscinia sibilans*	广					+										+	+	+			+	
364	日本歌鸲	*Luscinia akahige*	东					+								+							+	
365	蓝喉歌鸲	*Luscinia svecica*	广					+				III			+			+		+			+	
366	红喉歌鸲	*Luscinia calliope*	广				+	+							+	+		+		+				
367	红胁蓝尾鸲	*Tarsiger cyanurus*	广					+								+		+	+	+			+	
368	紫啸鸫	*Myiophoneus caeruleus*	东				+	+												+			+	
369	白眉姬鹟	*Ficedula zanthopygia*	东				+									+			+	+				
370	黄眉姬鹟	*Ficedula narcissina*	东					+								+			+	+				
371	鸲姬鹟	*Ficedula mugimaki*	东					+								+		+	+	+			+	
372	红喉姬鹟	*Ficedula albicilla*	广					+										+					+	
373	北红尾鸲	*Phoenicurus auroreus*	广			+		+								+		+	+	+			+	

续表

序号	物种名称		地理型	季节类型							保护类型							资料来源						备注
				*	R	W	S	P	O	V	B2W	CITES	RDB	I	II	CJ	CA	B	L	J	K	H	D	
374	红尾水鸲	*Phoenicurus fuliginosus*	广		+																		+	
375	蓝矶鸫	*Monticola solitarius*	广		+														+	+			+	
376	白喉矶鸫	*Monticola gularis*	东					+										+	+	+			+	
377	黑喉石䳭	*Saxicola maurus*	广					+			NE					+		+	+	+			+	
378	灰林䳭	*Saxicola ferreus*	东				+													+			+	
(65)	戴菊科	Regulidae																						
379	戴菊	*Regulus regulus*	东			+		+											+	+			+	
(66)	太平鸟科	Bombycillidae																						
380	太平鸟	*Bombycilla garrulus*	古			+		−								+				+				
381	小太平鸟	*Bombycilla japonica*	古			+		+			NT					+			+	+			+	
(67)	梅花雀科	Estrildidae																						
382	白腰文鸟	*Lonchura striata*	东		+																		+	
(68)	雀科	Passeridae																						
383	麻雀	*Passer montanus*	广	+	+													+	+	+			+	
(69)	鹡鸰科	Motacillidae																						
384	山鹡鸰	*Dendronanthus indicus*	东				+									+			+	+			+	
385	北鹨	*Anthus gustavi*	古					+								+			+	+			+	
386	树鹨	*Anthus hodgsoni*	广			+	+	+								+		+	+	+			+	
387	红喉鹨	*Anthus cervinus*	广					+								+							+	
388	黄腹鹨	*Anthus rubescens*	广					+										+					+	
389	水鹨	*Anthus spinoletta*	广			+		+								+			+				+	
390	田鹨	*Anthus richardi*	东			+		+								+		+	+				+	
391	黄鹡鸰	*Motacilla tschutschensis*	广					+								+	+	+	+				+	

续表

序号	物种名称		地理型	季节类型							保护类型							资料来源						备 注
				*	R	W	S	P	O	V	B2W	CITES	RDB	I	II	CJ	CA	B	L	J	K	H	D	
392	灰鹡鸰	*Motacilla cinerea*	广					+									+	+	+				+	
393	黄头鹡鸰	*Motacilla citreola*	广					+								+	+		+	+			+	
394	白鹡鸰	*Motacilla alba*	广					+								+	+	+	+	+			+	
(70)	燕雀科	Fringillidae																						
395	燕雀	*Fringilla montifringilla*	广			+		+								+		+	+	+			+	
396	锡嘴雀	*Coccothraustes coccothraustes*	古					+								+							+	
397	黑尾蜡嘴雀	*Eophona migratoria*	东	+			+	+								+			+	+				
398	黑头蜡嘴雀	*Eophona personata*	东					+					NT						+	+				
399	普通朱雀	*Carpodacus erythrinus*	广					+				III				+							+	
400	北朱雀	*Carpodacus roseus*	古			+									+	+							+	
401	红腹灰雀	*Pyrrhula pyrrhula*	古			+						III								+				
402	金翅雀	*Chloris sinica*	广		+													+	+	+			+	
403	黄雀	*Spinus spinus*	广					+				III				+							+	
(71)	铁爪鹀科	Calcariidae																						
404	铁爪鹀	*Calcarius lapponicus*	古					+					NT			+							+	
405	雪鹀	*Plectrophenax nivalis*	古			+																	+	
(72)	鹀科	Emberizidae																						
406	栗耳鹀	*Emberiza fucata*	东					+								+		+	+	+			+	
407	三道眉草鹀	*Emberiza cioides*	古	+	+														+	+			+	
408	白头鹀	*Emberiza leucocephalos*	古			+										+				+			+	
409	黄喉鹀	*Emberiza elegans*	东			+		+								+		+	+				+	
410	红颈苇鹀	*Emberiza yessoensis*	古			+		+			NT		NT										+	
411	芦鹀	*Emberiza schoeniclus*	古					+								+			+				+	

续表

序号	物种名称		地理型	季节类型							保护类型							资料来源						备注
				*	R	W	S	P	O	V	B2W	CITES	RDB	I	II	CJ	CA	B	L	J	K	H	D	
412	苇鹀	*Emberiza pallasi*	古					+								+		+	+	+			+	
413	黄胸鹀	*Emberiza aureola*	广			+		+			CR		EN	+		+			+	+			+	
414	田鹀	*Emberiza rustica*	古			+		+			VU					+		+	+	+			+	
415	小鹀	*Emberiza pusilla*	东			+		+								+		+		+			+	
416	灰头鹀	*Emberiza spodocephala*	东					+								+		+	+	+			+	
417	硫黄鹀	*Emberiza sulphurata*	东					+			VU		VU										+	
418	栗鹀	*Emberiza rutila*	东					+										+	+				+	
419	黄眉鹀	*Emberiza chrysophrys*	广					+										+		+			+	
420	白眉鹀	*Emberiza tristrami*	东					–					NT			+		+	+				+	
421	灰鹀	*Emberiza variabilis*	东					+										+					+	

注：（1）2023 年珍禽保护区从浙江省湖州市德清县下渚湖朱鹮繁育研究基地引进了 20 只朱鹮（*Nipponia nippon*），在盐城开展了异地野化放归和种群繁育工作。

（2）地理型：古-古北界种，东-东洋界种，广-广布种。

（3）季节类型：*-在珍禽保护区内繁殖，R-留鸟，W-冬候鸟，S-夏候鸟，P-旅鸟，O-偶见种，V-迷鸟。

（4）保护类型：B2W-国际保护鸟类理事会世界濒危鸟类名录，其中“CR”表示极危，“EN”表示濒危，“VU”表示易危，“NT”表示近危，“NE”表示未评估。CITES-濒危野生动植物种国际贸易公约，其中“I”表示附录 I 中的物种，“II”表示附录II中的物种，“III”表示附录III中的物种；RDB-中国濒危物种红皮书目录，其中“CR”表示极危种，“EN”表示濒危种，“VU”表示易危种，“NT”表示未评估；“I”表示国家一级重点保护野生动物，“II”表示国家二级重点保护野生动物；“CJ”表示《中华人民共和国政府和日本国政府保护候鸟及其栖息环境协定》的种类，“CA”表示《中华人民共和国政府和澳大利亚政府保护候鸟及其栖息环境协定》的种类。

（5）资料来源：B-David Bakewell and Lew Young（1989），L-吕士成等（1990）资料，J-《江苏省海岸带和海涂资源综合调查报告》（1986 年），K-Birdquest Group（1993）资料，H-王会和刘希平（1994）资料，D-保护区 2012 年、2017 年、2022 年调查及编制印发的《江苏盐城国家级珍禽自然保护区综合考察报告》。其中，B、L、K、H 代表的资料来源于王国祥等的《盐城沿海湿地：江苏盐城湿地珍禽国家级自然保护区综合科学考察报告》。

6.7.2 栖息特点

根据鸟类活动情况及栖息地植被特点，盐城沿海湿地的鸟类栖息地生境主要有以下几种类型。不同生境遇到的鸟类的种类和数量存在着明显的差异。

1. 养殖塘

种类最丰富的鸟类类群依次为雁鸭类、鹭类和鸥类，遇见数量最多的类群依次是雁鸭类、鹭类和鸥类，而遇见频次最多的类群依次为鹭类、雁鸭类和鸥类。

2. 芦苇丛

种类最丰富的鸟类类群依次是雁鸭类、鹭类和鸬鹚类，遇见数量最多的类群依次是雁鸭类、鹭类和鹡鸰类，而遇见频次最多的类群依次是鹭类、雁鸭类和鹡鸰类。

3. 盐沼生境

种类最丰富的鸟类类群依次是鸻鹬类、鹭类和鸥类，遇见数量最多的类群依次是鸻鹬类、鸥类和雁鸭类，而遇见频次最多的类群依次是鸻鹬类、鹭类和雁鸭类。

4. 人工湿地

种类最丰富的鸟类类群依次是雁鸭类、鸥类和鸻鹬类，遇见数量最多的类群依次是鸻鹬类、鹭类和鹡鸰类，而遇见频次最多的类群依次是鹭类、鹡鸰类和鸥类。

5. 农林种植区

成品林有大量林鸟栖息。夏季，林区为鹭类提供了良好的巢区，靠近种植区的灌丛和高苇草地有小鸦鹃、黑卷尾等。冬季，有灰椋鸟和夜鹭栖息。常见种如环颈雉、珠颈斑鸠、山斑鸠、棕背伯劳等鸟类也常在林区及种植区栖息。耕地鸟类较少，主要是临时觅食（刘奕琳，2006）。

6.7.3 时空变化

1. 季节性变化分析

每年的鸻形目数量从春季到夏季会急剧下降，夏季到秋季会大幅度上升，秋季到冬季又会小幅度减少，冬季到春季又大幅度上升。黑腹滨鹬是北半球最常见的鸻形目鸟类之一，在中国主要为旅鸟和冬候鸟，秋季迁来中国的时间为 9～10 月，春季离开时间为 4～5 月。

鹳形目种类冬季到江苏沿海越冬，冬后温度稳定上升时离开，表现为秋冬季逐步增多，春夏季减少。其中数量最多的是东方白鹳，它是地方性留鸟，通常在南方繁殖的种群不迁徙为留鸟，在东北等寒冷地方繁殖的种群冬季都要迁到南方越冬。春季迁来繁殖地的时间多在 3 月末 4 月初，10 月初至 10 月末迁离繁殖地，少数迟至 11 月初甚至个别到 11 月中下旬，特别是靠南部繁殖的种群。

雁形目的数量从春季到夏季小幅度下降，夏季到冬季大幅度上升，冬季到春季又大幅度下降。绝大多数雁形目鸟类都是迁徙性的，秋季南迁，春季北迁。其中数量最多的斑嘴鸭，每年 3 月初至 3 月中旬开始从中国南方越冬地北迁，3 月末到达华北东北部，3 月末 4 月初到达东北东部和北部，部分留在当地繁殖，部分继续北迁，迁徙高峰在 4 月初至 4 月中旬。秋季 9 月末 10 月初开始南迁，10 月中下旬大批到达东北地区，11 月初至 11 月末大批到达华北地区，部分留在东北和华北地区越冬，部分继续南迁。

鹤形目的数量从春季到夏季大幅度下降，夏季到冬季大幅度上升。鹤形目中数量最多的白骨顶在中国北部为夏候鸟，长江以南为冬候鸟。每年 3 月下旬即开始迁来东北繁殖地。常成群活动于部分融化的冰面上，秋季于 10 月中下旬迁离繁殖地。

鹈形目的数量从春季到夏季大幅度减少，夏季到冬季大幅度上升，冬季到春季又大幅度下降。鹈形目中数量最多的白鹭，部分为留鸟，部分迁徙。秋季迁到长江以南越冬，春季于 3 月中下旬迁到北部繁殖地。喜集群，常呈 3～5 只或 10 余只的小群于水边浅水处活动。成散群进食，常多种类混群。

2. 年际间变化分析

以保护区中实验区为例进行分析，2012～2021 年鸟类组成种类不尽相同，在 8 年间累计查见的 56 种野生水鸟中，每年均查见的有 8 种，分别为丹顶鹤、灰鹤（*Grus grus*）、白骨顶、大白鹭（*Egretta alba*）、普通鸬鹚、豆雁（*Anser fabalis*）、斑嘴鸭、绿头鸭；大多数年份（50%以上年份）查见的有 11 种，分别为黑水鸡（*Gallinula chloropus*）、东方白鹳（*Ciconia boyciana*）、白鹭（*Egretta garzetta*）、夜鹭（*Nycticorax nycticorax*）、苍鹭（*Ardea cinerea*）、白琵鹭（*Platalea leucorodia*）、小䴙䴘（*Tachybaptus ruficollis*）、凤头䴙䴘（*Podiceps cristatus*）、绿翅鸭（*Anas crecca*）、黑翅长脚鹬（*Himantopus himantopus*）、西伯利亚银鸥（*Larus vegae*）。

从种群数量组成分析，2012～2016 年，雁形目鸟类数量占优势，比例在 50%～80%；2017 年保护区中实验区优势鸟类发生变化，雁形目占比减少到 36.23%，鹈形目的占比上升到 39.48%；2018 年之后，鲣鸟目的占比稳定在 80%以上，数量较多种为普通鸬鹚。依据 $P>10\%$ 时为优势种的原则，2012 年以来水鸟种群的优势种数量从 3～4 种逐步减少为 1 种（表 6-12）。

表 6-12　不同年份冬季水鸟种群优势种

调查年份	优势种（*P* 值从大到小排序）			
2012	斑嘴鸭	普通鸬鹚	绿翅鸭	
2015	斑嘴鸭	白骨顶		
2016	斑嘴鸭	普通鸬鹚	白骨顶	
2017	普通鸬鹚	灰鹤	绿头鸭	斑嘴鸭
2018	普通鸬鹚	绿头鸭		
2019	普通鸬鹚			

续表

调查年份	优势种（*P* 值从大到小排序）
2020	普通鸬鹚
2021	普通鸬鹚
2022	普通鸬鹚

6.7.4 水鸟多样性年际动态

物种多样性是生物多样性的重要组成部分，是衡量一个地区生态保护、生态建设与恢复水平的较好指标。保护区中实验区经过多年的建设，已经成为保护区鸟类观赏、自然教育活动的基地，人类活动会影响生态旅游区生境的生产力，生物多样性降低就会削弱生态系统的稳定性，中实验区任何环境变化的动因都会引起鸟类多样性的变化，研究表明，中实验区冬季水鸟基本稳定在 5～6 个目，10 个科左右，20 个种左右，年际之间有波动（表 6-13）。

表 6-13 中实验区冬季水鸟类型组成及其多样性指数值

调查年份	目数/个	科数/个	种数/种	香农-维纳多样性指数	Pielou 均匀度指数
2012	6	12	32	2.0837	0.6012
2015	6	8	16	1.5644	0.5642
2016	6	10	17	1.8724	0.6609
2017	6	11	23	1.5762	0.5027
2018	5	9	26	1.0254	0.3147
2019	5	7	23	0.6764	0.2157
2020	6	10	30	0.5039	0.1481
2021	6	12	31	1.4753	0.4296
2022	6	12	32	1.5022	0.4931

香农-维纳多样性指数用来描述种的个体出现的紊乱和不确定性，种数越多，各种个体分配越均匀；Pielou 均匀度指数是与物种丰富度有关的均匀度指数；均匀度指数和香农-维纳多样性指数越高，指示群落多样性越好，生物多样性越高。自 2012 年以来，中实验区水鸟多样性指标变化趋势总体稳定，年度之间有波动（李春荣等，2023）。

2015～2021 年珍禽保护区核心区水鸟物种数变化较大，2015～2018 年数量总体显著增长，而 2018～2020 年数量急剧下降，2021 年后数量又重获新高。香农-维纳多样性指数 2022 年最高，2016 年最低；Pielou 均匀度指数 2015 年最高，2018 年最低；优势度指数 2017 年最高，2016 年最低（表 6-14）。

表 6-14 保护区核心区冬季水鸟多样性参数及其年际变化

多样性参数	调查年份							
	2015	2016	2017	2018	2019	2020	2021	2022
种数/种	6	6	24	86	23	21	99	98
个体数/个	432	2558	28394	63211	7342	3210	60709	68204
香农多样性指数	1.9027	1.4787	1.8742	2.5197	2.4851	3.0365	4.436	4.582
Pielou 均匀度指数	0.7361	0.5721	0.4088	0.3921	0.5494	0.6913	0.6691	0.6811
优势度指数	0.3331	0.0446	0.4085	0.1956	0.2151	0.1436	0.0783	0.1032

6.7.5 常见种

1. 苍鹭（*Ardea cinerea*）

其属于鹭科（Ardeidae）鹭属（*Ardea*），为体大（92 cm）的白、灰及黑色鹭。成鸟过眼纹及冠羽黑色，飞羽、翼角及两道胸斑黑色，头、颈、胸及背白色，颈具黑色纵纹，余部灰色。幼鸟的头及颈灰色较重，但无黑色。虹膜黄色；嘴黄绿色；脚偏黑。

其栖息在水田、池塘、湖泊、海岸浅滩、沼泽等水域，单独或成群活动。常以一脚站立，另一脚缩于腹下，等待鱼类、蛙类等食物的到来，站立数小时而不动。

其分布于中国新疆、西藏、青海、甘肃、四川及四川以东各省、自治区，南至海南、台湾等省。夏季自美索不达米亚平原和伊朗向南至斯里兰卡、东至菲律宾均有分布，是盐城沿海湿地常见的留鸟。

2. 白琵鹭（*Platalea leucorodia*）

其属于鹮科（Threskiornithidae）琵鹭属（*Platalea*），嘴长而直，上下扁平，前端扩大呈匙状，黑色，端部黄色；脚亦较长，黑色，胫下部裸出。夏羽全身白色，头后枕部具长的发丝状羽冠、橙黄色，前额下部具橙黄色颈环，颏和上喉裸露无羽、橙黄色。冬羽和夏羽相似，全身白色，头后枕部无羽冠，前颈下部亦无橙黄色颈环。

其栖息在湖泊、沼泽、海岸滩涂等湿地，以小型鱼类、蛙类、甲壳动物、昆虫及软体动物为食；繁殖于新疆、黑龙江、吉林、辽宁、河北、山西、甘肃、西藏等北部地区；越冬于长江下游、江西、广东、福建和台湾等东南沿海及其邻近岛屿；盐城沿海湿地有分布，为旅鸟；是国家二级重点保护野生动物。

3. 环颈雉（*Phasianus colchicus*）

其属于雉科（Phasianidae）雉属（*Phasianus*），雄鸡羽色华丽，前额和上嘴基部黑色；头顶青铜褐色，眉纹白色；眼周及颊部皮肤裸出，呈绯红色；耳羽黑色闪蓝；颈部黑色，而有紫色或蓝色金属反光；颈部下方有一白色颈环，但在前颈中断；上背羽毛基部紫褐色，具白色羽干纹，端部羽干纹黑色，两侧为金黄色；下背及腰浅蓝灰色；腰侧丛生栗黄色发状羽；飞羽浅褐色，杂以淡黄近白的点斑和横斑；中央尾羽黄灰色，具一系列黑色横斑，并在外缘转为紫红色；外侧尾羽黑色横斑仅在外翈转为浅紫色边缘；胸紫铜红色，有金属光泽，羽端具倒置的锚状黑斑；腹部黑褐，尾下覆羽栗色。雌鸟羽色暗淡，大都为褐色和棕黄色，而杂以黑斑；尾羽亦较短。虹膜红栗色（雄）或淡红褐色（雌）；嘴绿黄色至暗灰褐色；跗跖暗红色至角灰带褐色，雄鸡脚具距。

其栖息于山地灌丛、草丛、林缘草地、茶叶林及农田附近。冬时主要吃麦芽、谷及豆类；入春后主要以草茎、草芽及野生植物等为食；至繁殖期则多取食黏虫幼虫；多在麦田中筑巢。1 年通常孵 2 窝，每窝产卵 6～14 枚。

其在中国分布广泛，遍及全国，亦分布于欧洲东南部、中亚、朝鲜、俄罗斯西伯利亚以及越南、缅甸等地区，是盐城沿海湿地常见的留鸟。

4. 灰鹤（*Grus grus*）

其属于鹤科（Gruidae）鹤属（*Grus*），体型大，嘴、颈、脚均长；全身大都灰色。头顶露出部分朱红色，并布有稀疏黑色短羽；两颊至颈侧灰白；喉、前颈和后颈灰黑色；初级和次级飞羽黑色，三级飞羽前端略呈黑色，并延长弯曲成弓状，至羽端羽枝分离成毛发状；其余体羽均为灰色。常在沿海滩涂地带活动，从不停落树上。

其以水草、嫩芽、谷物、草籽、软体动物、昆虫、蛙类、蜥蜴、龟类等为食，有时也吃蛇、鼠和小鸟。其在盐城沿海湿地为冬候鸟，每年 10 月下旬至 11 月迁来越冬，翌年 3 月中上旬开始北迁，是国家二级重点保护野生动物。

其分布于中国新疆、内蒙古、甘肃、四川等省、自治区及长江中下游地区和华南地区，亦分布于西伯利亚、印度及非洲北部等地，在盐城沿海湿地也有分布。

5. 凤头麦鸡（*Vanellus vanellus*）

其属于鸻科（Charadriidae）麦鸡属（*Vanellus*），额、头顶黑色，具绿色金属光泽，头上有黑色反曲的长形羽冠；眼、颊黑色，眉纹灰白色，羽基黑色；上体背、肩、腰深绿色而具紫色光泽；中央尾羽基部白色，外侧尾羽纯白；初级飞羽黑色，外侧 1～3 枚羽端浅黄褐色；喉、前颈和上胸黑色，下体余部纯白；尾下覆羽淡锈红色；虹膜暗褐色；嘴黑色；脚暗栗色；爪黑色。

其栖息于沼泽、草地、农田附近或江河浅滩，以小虾、昆虫、蠕虫及植物根、茎等为食。巢筑于地面凹陷处，每窝产卵 3～5 枚。

其分布于中国新疆、内蒙古、甘肃、青海、东北、河北、山东、陕西、四川、西藏、台湾等省、自治区及长江地区，亦分布于欧亚大陆以及非洲北部地区，在盐城沿海湿地也有分布。

6.7.6 珍稀濒危种

丹顶鹤是世界濒危鸟类，自然繁殖于我国北方、日本及俄罗斯，每对丹顶鹤每年产卵 1～3 个，最多孵化 2 只雏鹤，繁殖率很低。江苏盐城滨海湿地是丹顶鹤最重要的越冬地，每年 10 月末至 11 月初，丹顶鹤陆续从北方的繁殖地迁徙到此处越冬，到第二年的 3 月初，来越冬的丹顶鹤又陆续迁飞回到繁殖地，在越冬地停留的时间为 4 个月左右

（雷泽锋，2020）。

1. 珍禽保护区丹顶鹤历年越冬种群情况

从珍禽保护区历年调查数据可见：1983 年建区时越冬丹顶鹤数量为 360 只，自此到 1991 年，丹顶鹤越冬种群数量基本呈上升趋势，增加到 600 只左右；1994～2003 年，丹顶鹤越冬种群数量基本维持在 800 只以上的较高水平，其中在 2000 年达到 1128 只的历史峰值，占当年全球野生丹顶鹤数量的 50%左右；2008～2016 年，越冬丹顶鹤的种群数量迅速下降至 658 只以下，大致维持在 450～650 只；2018 年以来，越冬丹顶鹤数量又下降了一个台阶，在 350 只左右波动（林远锋等，2021）；2022 年初的同步调查显示，越冬数量为 365 只（表 6-15）。

表 6-15 珍禽保护区历年丹顶鹤越冬情况统计表 （单位：只）

年份	核心区	缓冲区		实验区				死亡	救护	合计
	新洋港至斗龙港	黄沙港以南	四卯酉河以北	响水至滨海	大丰王港	东台蹲门	弶港以北			
1981～1982										230
1982～1983	129	13	4	133	78	3				360
1983～1984	85	23		113	63	3	14			301
1984～1985	247	27		36	97		65			472
1985～1986	180	57		73	301					611
1986～1987	127	101	7	44	339					618
1987～1988	210		93			8				311
1988～1989	81	48	218	32	139	64				582
1989～1990	263	34	192	3	162		117	4		775
1990～1991	168	20	154	5	141	73	107	5		673
1991～1992	192	16	172	2	134					516
1992～1993	280	24	250	2	114	67	37			774
1993～1994	319	47	102	8	18	147	31			672
1994～1995	528	134	83		29	96		6		876
1995～1996	509	80	120			90	78			877
1996～1997	451	29	133	35	16	87	100	12		863
1997～1998	479	95	176	25	4	157	78	6		1020
1998～1999	546	81	159	30	8	110	46			980
1999～2000	609	164	45		14	102		3		937
2000～2001	759	98	198	14	10	33		16		1128
2001～2002	578	36	152	21	42	57		6		892
2002～2003	590	240	23	16	39	31				939
2003～2004	522			25	132			10		689
2004～2005	496			20	96					612
2005～2006	621			26						647
2006～2007	586			21	111					718

续表

年份	核心区	缓冲区		实验区				死亡	救护	合计
	新洋港至斗龙港	黄沙港以南	四卯酉河以北	响水至滨海	大丰王港	东台蹲门	弶港以北			
2007～2008	696			23	82					801
2008～2009	538			28	74					640
2009～2010	433	18	30	21	0	0	0	0	0	502
2010～2011	250	54	4	5	0	0	0	0	0	313
2011～2012	410	57	38	4	0	0	0	0	0	509
2012～2013	446	97	0	0	0	0	0	0	0	543
2013～2014	392	108								500
2014～2015	633		25							658
2015～2016	379	12	0	0	4	0	0	0	0	395
2016～2017	200		0	12	12	0	0	0	0	224
2017～2018	205	259		9	10					483
2018～2019	214	69	0	4	34	0	0	0	0	321
2019～2020	158	47	42	2	7	0	0	0	0	256
2020～2021	250	57	35				8	0	0	350
2021～2022	326	8		16		15		0	0	365

2. 人工繁育丹顶鹤种群情况

从 1986 年徐秀娟来盐城创办鹤类驯养场开始，珍禽保护区就一直开展越冬地丹顶鹤人工种群繁育工作至今。到 1995 年，丹顶鹤人工种群已繁育至十多只，均由徐秀娟烈士从黑龙江扎龙国家级自然保护区带来的 3 枚蛋所育成的丹顶鹤个体，通过人工半散养，进行自由配对繁殖、繁衍而成。

截至 2022 年底，珍禽保护区人工繁育的丹顶鹤不迁徙种群共有个体 191 只，详见表 6-16。

表 6-16　珍禽保护区历年人工繁育圈养丹顶鹤数据统计　（单位：只）

序号	年份	圈养数量	幼鸟数量	圈养死亡数量	备注
1	1995	15	1	1	
2	1996	15	0	0	
3	1997	15	2	0	
4	1998	17	2	0	
5	1999	19	1	2	
6	2000	18	2	0	
7	2001	20	1	1	
8	2002	20	2	0	
9	2003	22	4	2	

续表

序号	年份	圈养数量	幼鸟数量	圈养死亡数量	备注
10	2004	24	0	2	
11	2005	22	4	1	
12	2006	25	2	1	
13	2007	26	1	2	
14	2008	25	2	0	
15	2009	27	2	0	
16	2010	29	6	2	
17	2011	34	1	0	
18	2012	35	3	0	
19	2013	38	6	1	
20	2014	43	11	0	
21	2015	54	0	0	
22	2016	54	4	0	
23	2017	58	2	0	飞失1只
24	2018	59	16	4	引进10只
25	2019	81	18	0	野化2只
26	2020	99	25	3	
27	2021	121	28	0	
28	2022	149	42	0	
小计			188	22	

3. 丹顶鹤野化放归

珍禽保护区于2013年和2014年分别在江苏盐城保护区放归7只圈养繁殖的丹顶鹤，合计14只，其中5只雌鸟，1只雄鸟，8只为亚成鸟，未检查性别。后续成功回收2只（1只回收后死亡），2015年在野外被风力发电机打伤致死1只，疑似体弱死亡1只，所以，野外存活个体为10只。

2017年，珍禽保护区放飞2只，野外分别组建家庭，各繁殖1只雏鹤；2018年5～6月，盐城发现3巢，每巢2卵，其中1巢已经出壳1只雏鸟。从2017年到2022年底为止，人工种群野化繁殖的第二代个体在夏季还没有发现，试验开展以来，珍禽保护区技术人员一直探索扩大丹顶鹤人工种群野化放归的方案并对第二代个体实行跟踪监测。

6.8 哺乳动物

目前世界上现存哺乳动物种类共有4010种，我国有430种，占全球种类的10.72%。江苏哺乳动物种类和数量比较少，已知的有79种，占全国种类的18.37%。在江苏沿海哺乳动物的调查与研究中，任美锷等（1986）在《江苏省海岸带和海涂资源综合调查报告》中报道江苏沿海地区有哺乳动物 15 种，珍禽保护区管理处在 1992 年的《盐城地区沿海滩涂珍禽自然保护区综合考察报告》中亦认为有 15 种，没有将沿海的海洋哺乳动物统计入内。严宏生（2008）统计了包括海洋哺乳动物的种类，认为沿海滩涂保护区中有哺乳动物 48 种。2022 年综合考察显示，沿海湿地陆栖哺乳动物有 37 种（图 6-6）。

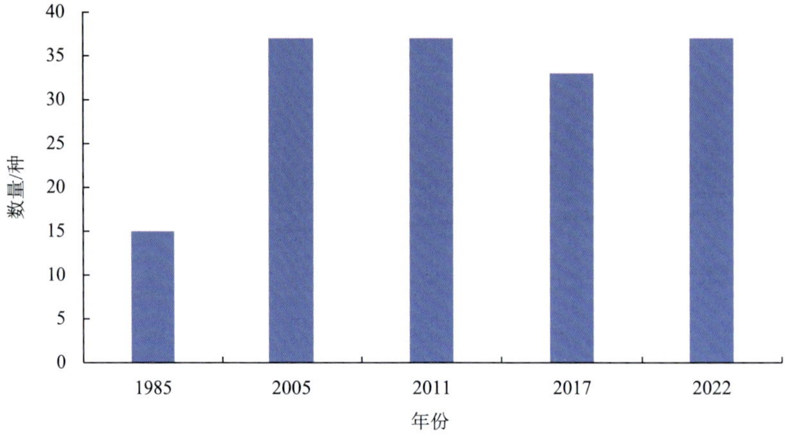

图 6-6　沿海湿地各年份陆栖哺乳动物物种数变化

6.8.1　物种组成

2022 年江苏沿海湿地陆栖哺乳动物有 37 种（表 6-17），共计 8 目 14 科，其中猬形目 1 种，食虫目 5 种，鼩形目 1 种，翼手目 11 种，兔形目 1 种，啮齿目 8 种，食肉目 8 种，偶蹄目 2 种。翼手目的种类较多，其次是啮齿目和食肉目，翼手目、啮齿目和食肉目在我国哺乳类中也是种类较为丰富的目。兔科只有 1 种，但其数量多，分布广。

表 6-17　江苏省沿海湿地陆栖哺乳动物种类组成

分类地位	物种名称	保护级别			资料来源				
		Ⅰ级	Ⅱ级	省级	1985 年	2005 年	2011 年	2017 年	2022 年
猬形目 Erinaceomorpha									
猬科 Erinaceidae									
	东北刺猬 *Erinaceus amurensis*			+	+	+	+	+	+
食虫目 Insectivora									
鼩鼱科 Soricidae									
	长尾大麝鼩 *Crocidura fuliginosa*					+	+	+	+
	北小麝鼩 *Crocidura suaveolens*					+	+		
	大麝鼩 *Crocidura lasiura*					+	+	+	+
	灰麝鼩 *Crocidura attenuata*					+	+	+	+
	山东小麝鼩 *Crocidura shantungensis*							+	
	普通鼩鼱 *Sorex araneus*				+	+	+		+
	水鼩鼱 *Neomys fodiens*					+	+		+

续表

分类地位	物种名称	保护级别			资料来源				
		Ⅰ级	Ⅱ级	省级	1985 年	2005 年	2011 年	2017 年	2022 年
鼩形目 Soricomorpha									
鼹科 Talpidae									
	华南缺齿鼹 *Mogera latouchei*					+	+		+
翼手目 Chiroptera									
菊头蝠科 Rhinolophidae									
	中菊头蝠 *Rhinolophus affinis*					+	+		+
	小菊头蝠 *Rhinolophus pusillus*					+	+	+	+
	角菊头蝠 *Rhinolophus cornutus*					+	+	+	+
蹄蝠科 Hipposideridae									
	大蹄蝠 *Hipposideros armiger*					+	+	+	+
	普氏蹄蝠 *Hipposideros pratti*					+	+	+	+
蝙蝠科 Vespertilionidae									
	长指鼠耳蝠 *Myotis longipes*					+	+	+	+
	水鼠耳蝠 *Myotis daubentonii*					+	+	+	+
	绯鼠耳蝠 *Myotis formosus*					+	+	+	+
	东亚伏翼 *Pipistrellus abramus*					+	+	+	+
	东方蝙蝠 *Vespertilio sinensis*							+	+
	大棕蝠 *Eptesicus serotinus*					+	+	+	
	亚洲长翼蝠 *Miniopterus fuliginosus*					+	+	+	+
兔形目 Lagomorpha									
兔科 Leporidae									
	草兔 *Lepus capensis*				+	+	+	+	+
啮齿目 Rodentia									
松鼠科 Sciuridae									
	赤腹松鼠 *Callosciurus erythraeus*			+	+	+	+	+	+
仓鼠科 Cricetidae									
	东方田鼠 *Microtus fortis*					+	+	+	+
	麝鼠 *Ondatra zibethicus*					+	+	+	+
鼠科 Muridae									
	巢鼠 *Micromys minutus*					+	+	+	+
	小家鼠 *Mus musculus*				+	+	+	+	+
	黄胸鼠 *Rattus tanezumi*				+	+	+	+	+
	褐家鼠 *Rattus norvegicus*				+	+	+	+	+
	黑线姬鼠 *Apodemus agrarius*				+	+	+	+	+
食肉目 Carnivora									
犬科 Canidae									
	赤狐 *Vulpes vulpes*			+		+	+	+	+
	貉 *Nyctereutes procyonoides*		+						+

续表

分类地位	物种名称	保护级别			资料来源				
		Ⅰ级	Ⅱ级	省级	1985 年	2005 年	2011 年	2017 年	2022 年
鼬科 Mustelidae									
	黄鼬 *Mustela sibirica*			+	+	+	+	+	+
	黄喉貂 *Martes flavigula*					+	+	+	+
	狗獾 *Meles meles*				+	+	+	+	+
	猪獾 *Arctonyx collaris*			+	+	+	+	+	+
	水獭 *Lutra lutra*		+			+	+		+
猫科 Felidae									
	豹猫 *Prionailurus bengalensis*			+	+	+	+	+	+
偶蹄目 Artiodactyla									
鹿科 Cervidae									
	獐 *Hydropotes inermis*		+			+	+	+	+
	麋鹿 *Elaphurus davidianus*	+				+	+	+	+
合计					12	37	37	33	37

资料来源：《江苏海岸带海洋和海涂资源综合调查报告》（1985 年）、《江苏盐城沿海湿地珍禽国家级自然保护区综合科学考察报告》（2005 年）、《2011 盐城保护区综合科学考察报告》（内部交流）、《盐城沿海湿地：江苏盐城湿地珍禽国家级自然保护区综合科学考察报告》（2017 年）、2022 年调查统计数据。

从地理区划来看，由于江苏省所处的地理位置为暖温带和亚热带交汇处，动物区系相当复杂。江苏哺乳类区系具有东洋和古北两大动物地理区域的混合特征，这两大界的种类在江苏省范围内相互交错、相互渗透（黄文几等，1965）。但从整个哺乳类区系来看，中国陆栖哺乳动物东洋界成分是主体成分型，显著地超过古北界种（陈报阳，2022）。

菊头蝠科、蹄蝠科、松鼠科、猫科的种类均属东洋界区系。蝙蝠科大部分亦为南方种，其中不乏同种异名，如小菊头蝠与小马蹄蝠，东方蝙蝠、东亚蝙蝠与大蝙蝠，大棕蝠与棕蝠，长指鼠耳蝠与栉鼠耳蝠等是同一种。猬科 1 个种和仓鼠科 2 个种全属古北界区系。其余几类南方与北方种类都有。除此之外，江苏沿海海域有 2 目 7 科 13 种海洋生境哺乳动物，以海豹、海狮、鲸鱼、豚类为主，占沿海湿地哺乳动物总数的 26%。此外，家养的哺乳动物有狗、马、牛、羊、猪、猫等，其中食肉目犬科犬属的狗在家养哺乳动物中占比很大，有一些猫、狗会逃逸野外，成为野生个体。

6.8.2　物种分布

在陆生兽类中，猬科、鼩鼱科、蝙蝠科、兔科、鼠科、鼬科、犬科和猫科等分布较广，这些科的许多代表几乎在江苏省南北各地都能发现。有些科，如猫科、菊头蝠科和鹿科主要分布在苏南。属于古北界区系的仓鼠科多分布在苏北的砂质土地区。鼹科在苏南和苏北各有 1 种，其分布范围都比较小。陆栖哺乳类除翼手目外，有 18 种在苏南和苏北均有分布，其中以黑线姬鼠、小家鼠、褐家鼠、黄鼬和豹猫分布最为广泛（姚志刚等，2006）。

6.8.3 栖息地生境

1. 滩涂草地生境

在有淡水源的草地常常有刺猬、黑线姬鼠、小家鼠、草兔、鼩鼱、褐家鼠、獐、麋鹿等（韩曜平和卢祥云，2001）。

2. 沿岸湿地生境

常见的哺乳动物有草兔、小家鼠、东亚伏翼、刺猬等。

3. 滩涂高地生境

防风林密集的区域翼手目物种较多，常见的有东方蝙蝠等（孙德一，2020）。湿地生境道路两侧草丛中常常出现黄鼬、獐、麋鹿。

4. 农田生境

旱作物田块中常常见到刺猬、黑线姬鼠、小家鼠、草兔、黄鼬。

6.8.4 常见陆栖哺乳动物

1. 东北刺猬（*Erinaceus amurensis*）

其属于猬科（Erinaceidae）刺猬属（*Erinaceus*），为体长不超过 25 cm 的小型哺乳动物，成年东北刺猬体重可达 2.5 kg。体背和体侧满布棘刺，头、尾和腹面被毛；嘴尖而长，耳小，四肢短，尾短（强静，1998）。

东北刺猬是异温动物，胆小易惊、喜暗怕光、怕热怕凉，会游泳。白天隐匿在巢内，黄昏后才出来活动，以昆虫和蠕虫为主要食物。在秋末开始冬眠，直到第二年春季气温回暖到一定程度才醒来，喜欢打呼噜。

其在珍禽保护区沿海海堤内外有分布。

2. 绯鼠耳蝠（*Myotis formosus*）

其属于蝙蝠科（Vespertilionidae）鼠耳蝠属（*Myotis*），体长 45mm，尾长 50mm，前臂长 49 mm。体色艳丽，体毛橙棕色。翼膜上底色橙褐色，掌间具三角形褐色大形斑块。头具长卵圆形的耳，耳屏长而钝；背毛长而呈橙褐色，毛基浅黄色，毛端黑褐色；腹面较背面色浅，与大部分翼膜同为鲜红褐色。翼膜背面沿上臂覆有短绒毛。趾具长毛，爪黑色。

其广泛分布在珍禽保护区湿地，多栖于阔叶林、竹林、灌木丛中，营树栖生活，有的也居于屋檐、门窗缝，有时甚至入屋内（伦小文，2004）。该种以昆虫为食，包括鞘翅目（瓢虫、金龟子等）、双翅目（蚊子、苍蝇等）以及鳞翅目（飞蛾等）。

3. 大麝鼩（*Crocidura lasiura*）

其属于鼩鼱科（Soricidae）麝鼩属（*Crocidura*），体长 71～107 mm；头尖；吻长突出于口前；耳壳突出于毛被之外；尾短而粗，不及体长之半，有稀疏的长毛；前后肢较壮，五趾趾端具尖爪，后趾长于前趾。被毛细软，黑褐色或棕褐色，毛干深灰，毛端黑褐。

其分布于珍禽保护区湿地，栖居在森林草甸、荒草地、灌木林中，偶见于农家室内（解瑞雪，2017）；以夜间活动为主；有明显的换毛现象，9 月以前为夏毛，9 月以后换冬毛；以昆虫及其幼虫、蚯蚓、蚂蚁等为食，有时也吃小型鼠类及部分植物。冬季大麝鼩和黑线姬鼠有集群及混居特性，冬季（12 月）两兽的混居率高于秋季（10 月），差异非常显著。

4. 草兔（*Lepus capensis*）

其属于兔科（Leporidae）兔属（*Lepus*），体形较大；体背面毛色变化大，由沙黄色至深褐色，通常带有黑色波纹；也有的背毛呈肉桂色、浅驼色或灰驼色；体侧面近腹处为棕黄色；颈部浅土黄色；喉部呈暗土黄色或淡肉桂色；臀部通常较背部为淡，耳尖外侧黑色；尾背均有大条黑斑，其余部分纯白；体腹面除喉部外均为纯白色；足背面土黄色；耳中等长（李惠萍，2010）。

其在江苏沿海常见，终生生活于地面，不掘洞，善于奔跑，多在夜里活动。幼兔出生即具毛被，能睁眼，不久就能跑。

5. 赤腹松鼠（*Callosciurus erythraeus*）

其属于松鼠科（Sciuridae）丽松鼠属（*Callosciurus*），体细长；尾较长，吻较短；前足裸露；后足蹠部裸出。体背自吻部至身体后部为橄榄黄灰色，体侧、四肢外侧及足背与背部同色；腹面灰白色；尾毛背腹面几乎同色，与体背基本相同；尾后端可见有黑黄相间环纹 4～5 个，尾端有长 20 mm 左右的黑色区域。

其存在于珍禽保护区沿海湿地防护林，喜群居，多栖居在树上，食性较杂，常取食一些果实，如栗子、榛子、葡萄等，也吃禾草、农作物和昆虫、鸟卵、雏鸟及蜥蜴等；坐着进食，以前足送食入口。终日均活动，一般早晨或黄昏前活动较为频繁（万鹰和彭清，2010）。

6. 黄鼬（*Mustela sibirica*）

其属于鼬科（Mustelidae）鼬属（*Mustela*），体形中等，身体细长；头细，颈较长；耳壳短而宽；尾长约为体长之半。冬季尾毛长而蓬松，夏秋毛绒稀薄，尾毛不散开。四肢较短，均具 5 趾，趾端爪尖锐，趾间有很小的皮膜。肛门腺发达。黄鼬的毛色从浅沙棕色到黄棕色，色泽较淡。

其在珍禽保护区沿海湿地广泛存在，栖息于平原、沼泽、河谷、村庄、城市和山区等地带（盛和林和杨圭璋，1979）；夜行性，主要以啮齿类动物为食，偶尔也吃其他小型哺乳动物；每年3～4月发情交配；选择柴草垛下、堤岸洞穴、墓地、乱石堆、树洞等隐蔽处筑巢。与很多鼬科动物一样，它们体内具有臭腺，可以排出臭气，在遇到威胁时，起到麻痹敌人的作用。

7. 狗獾（*Meles meles*）

其属于鼬科（Mustelidae）狗獾属（*Meles*），在鼬科中是体形较大的种类，体形肥壮，吻鼻长，鼻端粗钝，具软骨质的鼻垫，鼻垫与上唇之间被毛，耳壳短圆，眼小。颈部粗短，四肢短健，前后足的趾均具粗而长的黑棕色爪，前足的爪比后足的爪长，尾短。狗獾体背褐色与白色或乳黄色混杂，从头顶至尾部遍被以粗硬的针毛，背部针毛基部3/4为灰白色或白色，中段为黑褐色或淡黑褐色，毛尖白色或乳黄色。体侧针毛黑褐色部分显然减少，而白色或乳黄色毛尖逐渐增多，有的个体针毛黑褐色逐渐消失，几乎呈现乳白色。绒毛白色或灰白色（朴正吉，2018）

其分布在盐城沿海湿地，一般在春、秋两季活动，性情凶猛，冬眠，挖洞而居，杂食性，每年繁殖一次，每胎2～5仔，栖息环境比较广泛，如森林、灌丛、田野、湖泊等各种生境（徐循，2012）。

8. 獐（*Hydropotes inermis*）

其属于鹿科（Cervidae）獐属（*Hydropotes*），肩高与臀高大致相等；雌雄均不具角；雄兽上犬齿发达，突出口外；耳基部有两条软骨质的脊突，顶端稍尖；四肢壮而有力，蹄粗钝；尾短。体背及体侧颜色一致，为棕黄色；耳背棕色，耳内侧灰白色，下颏和喉上部白色；腹部中央和鼠蹊部淡黄；四肢棕黄；体毛多棕黄色、灰黄色、浓密粗长，体侧及腰部的冬毛长达30 mm左右。耳相对较大，尾极短，被臀部的毛遮盖；毛粗而脆。幼獐毛被有线色斑点，纵行排列；毛粗硬，体侧和臀部毛长约4 cm。背和体侧毛色沙黄，毛尖黑色，头顶灰褐至红褐色，颏、喉、嘴周围和腹毛白色；幼獐背部有白斑和白纹。

其在珍禽保护区核心区内较为常见，栖息于河岸、湖边、湖中心草滩、海滩芦苇或茅草丛生的环境，也生活在低丘和海岛林缘草灌丛处。独居或成双活动，最多3～5只在一起。行动时常为蹿跳式，迅速。生性胆小，两耳直立，感觉灵敏，善于隐藏，也善游泳，人难以近身。雄性是领地性很强的动物，会用尿液和粪便来标记自己的领地（王春海，2012）。主食杂草嫩叶，以及多汁而嫩的植物树根、树叶等。

9. 麋鹿（*Elaphurus davidianus*）

其属于鹿科（Cervidae）麋鹿属（*Elaphurus*），体长150～200 cm，尾长60～75 cm。雄性肩高122～137 cm，体型比雄性略小。一般体重120～180 kg，成年雄性体重可达250 kg，初生仔12 kg左右。夏季体毛为赤锈色，颈背上有一条黑色的纵纹，腹部和臀部为棕白色；9月以后体毛被较长而厚的灰色冬毛所取代。麋鹿颈和背比较粗壮，头大，吻部狭长，鼻端裸露部分宽大，眼小，眶下腺显著。四肢粗大，主蹄宽大能分开，并且两个主蹄之间有皮腱膜相连；此外悬蹄也很发达。夏毛红棕色，冬季脱毛后为棕黄色；初生幼仔毛色橘红，并有白斑。尾上有绒毛，呈灰黑色，腹面黄白色，末端黑褐色。雌麋鹿没有角。雄鹿有角，形状特殊，外形与一般的鹿角正好相反，前杈分出的每小杈上再长出一些更小的杈；而后杈则平直向后伸展，几乎不分杈。

麋鹿喜好沼泽湿地生境，性好合群，善游泳，喜欢以嫩草和水生植物为食（王立波等，2020）。

麋鹿为国家一级保护动物，目前分布在珍禽保护区新洋港以南沿海，喜欢生活在湿地草丛或芦苇荡中。

第7章 东 沙 滩

7.1 东沙滩地理生态环境

7.1.1 东沙滩地理位置

东沙滩是江苏中部海岸外辐射沙脊群中面积最大、高程最高的代表性沙脊型浅滩，地处32°53.5′N～33°18.4′N、121°1.2′E～121°17.5′E 之间。东南、东、北部被毛竹沙、麻菜珩、泥螺珩、亮月沙等一系列水下沙脊所包围，南、东、北、西4个方向有苦水洋、陈家坞槽、平涂洋、西洋等深槽。

珍禽保护区在东沙滩设一实验区。其中，东沙滩大丰面积为388359.0亩，东沙滩东台面积为195937.5亩。

7.1.2 东沙滩地质地貌

东沙滩呈南北走向，地势西南高东北低，东西两侧极不对称，滩脊线偏向西侧，东侧边缘呈半岛状沙脊或海湾状曲折，岸线很不规则，走向不定，滩面坡度较小，西侧边缘相对平直整齐，岸线与东台市、大丰区海岸线几乎平行，滩面相对较陡。除海图零米线以上面积为104.06万hm^2，中潮滩以上面积为29万hm^2左右，滩面顶部已高出平均高潮位，一般涨潮时海水已不能淹没，最大高程约为5.8 m，其中，高潮滩与中潮滩主要分布在中段以南的狭长地带。

高潮滩：地面高程在海图零米线5.1 m以上的潮滩，面积约占东沙滩面积的1%，分布在中部5.8 m高地的中心椭圆区域内，一年中只有少数几次天文大潮才能被淹没，一般的潮水已不能到达。该区域滩面平坦，已无潮沟分割，但发育有比较规则的碟形洼地，可能由风暴潮侵蚀而成，大小由数平方米到数百平方米不等，高差为5～20 cm，部分洼地中有藻类发育。洼地间微地形凸起的地方有白色盐霜，并有海蚯蚓虫穴。5.8 m高地周围曾长有密集的盐蒿群落，但毁于1981年14号台风侵袭。由于潮浸率低，地面暴露时间长，故滩面干燥且土壤为紧砂土，土质疏松，易遭风蚀。

中潮滩：高程为3.3～5.1 m，面积约占东沙滩面积的26%。由于水动力加强，潮沟系统逐渐发育，密度较小，沟的形态浅而宽，呈喇叭形敞向低潮滩，随着高程降低，潮沟开始下切，并逐渐弯曲，滩面有各种形态的波痕（图7-1）。该区域滩面较为平坦，大潮低潮位时地表有浅层积水，并在潮水冲刷下发育有不规则浅坑，坑内有大量淤泥，是东沙滩贝类的主要生产基地。

低潮滩：高程在0～3.3 m，主要分布在东沙滩的东、南、北三侧，面积较大，约占总面积的73%。靠西洋一侧的部分滩面已与水下沙脊相连。低潮滩的主要特点是大部分时间淹没在水下，滩面较平整，紧砂质，布满各种不对称波浪痕迹，宽而浅的潮沟发育，但分布密度较小，部分潮沟曲流发育，形态弯曲多变；由于低潮滩潮浸率高，沉积物沉降絮凝的时间短，并含有大量水分，地表常有渍水；滩面富有弹性，行走于其上施力振荡则有水释出地面，为触变性粉砂滩。

图 7-1　东沙滩地质地貌

7.1.3　东沙滩土壤概况

东沙滩的土壤相当于近岸的潮滩盐土，由于四周被海水包围、受潮汐作用控制这一特殊的生态条件，还处于原始成土过程。以 5.8 m 高地为界，此处以北为细砂质，以南为偏粉砂质，东西偏细砂质，地势较高处为偏粉砂质。土壤含盐量随着滩面高程的增大而增大，低潮滩土壤含盐量为 7‰～8‰，中潮滩土壤含盐量为 8‰～10‰，高潮滩土壤含盐量为 1‰～19‰；土壤 pH 偏碱性，均在 7.5 左右。目前东沙滩无任何植被生长，土壤有机质含量不高，养分极为匮乏。

7.1.4 辐射沙脊群

1. 辐射沙脊群的形态特征

辐射沙脊群是呈辐射状分布的出露于海面以上的沙洲与隐伏于海面以下的沙脊，也是沙洲或者沙脊之间潮流通道的总称。辐射沙脊群中存储了大量晚冰期以来海岸带环境演变的重要信息，是研究全球环境变化与海陆相互作用的重要载体。辐射沙脊群分布于江苏中部海岸带外侧、黄海南部陆架海域，北自射阳河口，南至长江口北部的蒿枝港。南黄海辐射沙脊群南北长约 200 km，面积近 3 万 km^2，平面上以弶港为顶点，呈扇形向外海辐射，由多条沙脊和分隔沙脊的潮流通道组成。脊相间分布，水深多为 0～25 m，个别深槽最深可达 38 m。

辐射沙脊群是由 70 多条沙脊和分布其间的潮流通道组成的。各条沙脊高低不等，形态各异，沙脊之间有深槽相隔，深槽坡陡水深。各沙脊大小不等，宽窄不一，其长度由十几千米到几十千米甚至近百千米，宽度由几千米到十几千米，砂厚 10～15 m。辐射沙脊群中主干沙脊约 21 列，从北向南依次为：小阴沙、孤儿沙、亮月沙、东沙、太平沙等。它们基本上以弶港为中心，向 N、NE、E 及 SE 方向延伸，在圆心角为 150°扇面内，呈辐射状分布，其脊槽相间，沙脊群顶部被沟槽切割，沙体较小，形态多样显得杂乱；而顶部以外则发育较好。弶港以北海域水深小，坡度缓，沙脊形体大而连续，且分布较密，沟槽较浅；以南海域水较深，沙脊脊狭槽深，形体小，分布零散。随着沙脊往外延伸，向外高程降低，而沙脊间的沟槽则由窄变宽、由浅变深，沟中有不连续的深槽或深潭。北部沙脊群西高、东低，南部沙脊群西南高、东北低。辐射沙脊群底质类型以细砂、粉砂质砂和泥质粉砂为主，沙洲顶部的沉积物粗，尾部的沉积物偏细。辐射沙脊群在潮流、风浪的强烈作用下，分合消长，复杂多变，但总的趋势是合并扩大，并向岸移动，在辐射沙脊群中心或近岸的沙洲多处于逐渐淤积加高状态，淤速以 2～8 cm/a 为主，最大在 10 cm/a 左右。多数沙脊的近岸部分在低潮时出露，成为规模不等的沙洲，总面积为 15100 km^2，出露海面的沙洲面积为 2047.05 km^2。

2. 辐射沙脊群的物质基础

黄河和长江提供的泥沙是辐射沙脊群最为主要的物质来源。黄河汇入黄渤海的泥沙以含有黏土的粉砂为主，而长江则为细砂及粉砂质黏土。辐射沙脊群主要成分为分选良好的细砂，含量在 90%以上，表面洼地含有粉砂。潮流通道内段、中段为细砂；外段、口门及一些大的潮流通道中段，粉砂含量多，北部潮流通道粉砂含量比南部多。对辐射沙脊群物质进行矿物分析，发现辐射沙脊主体是长江系统的细砂物质，而细颗粒的黏土、粉砂物质明显地受到废黄河（北部）和现代长江（南部）的补给。

3. 辐射沙脊群的成因与演变过程

丰富的泥沙和长期稳定的特殊辐射状潮流场是南黄海辐射状沙脊群形成发育的充分和必要条件，辐射状沙脊群是潮汐潮流作用下的堆积地貌。

中国研究学者认为，在中国近海，流速在 1～3.5 kn[①]、水深小于 35 m 的浅海地区均可形成沙脊形态。流速过大，主要以侵蚀作用为主，物质难以沉积；流速过小，侵蚀搬运能力不足，只能形成形体小而垂直于潮流方向的沙波。故 1～3.5 kn 的往复流和丰富的松散沉积是潮流脊发育的动力和物质条件。在江苏海岸外辐射沙脊群区，流速介于 2～3 kn，又有大量松散沉积物质，具备潮流脊形成和发育的条件。

南部太平洋前进潮波在向北黄海推进的过程中，部分受到半岛的阻碍，形成逆时针旋转潮波，必定会与南黄海的后继前进波在江苏外海相遇，形成一支独立的移动性驻潮波系统。该驻潮波受弶港附近类似喇叭状岸形的制约，以 100 km/h 左右的速度呈弧状快速向岸边推进。受这支移动性驻潮波的控制，涨潮时，涨潮流自北、东北、东和东南诸方向涌向弶港岸边，落潮时以弶港为中心呈 150°的扇面角向外发散。全新世海侵至最大海侵时，古长江从弶港入海，弶港附近岸边出现特大潮差，由此形成了以弶港为中心的辐射状定向往复潮流场。

全新世最大海侵后，在古长江河口湾北东方向的海区形成小型堆积沙体，成为辐射沙脊群发育的雏形，并在全新世海面上升过程中经潮流冲刷改造形成长条形沙脊，逐渐形成辐射沙脊群的南翼。泥沙主要来源于长江，因此辐射沙脊群南部规模较大。随着辐射状潮流场加强，形成具有一定规模的、大致以东台市沿岸为顶点的南北基本对称的辐射状沙脊。1128 年黄河夺淮入海，入海泥沙量大增，在潮流和顺岸流的作用下，辐射沙洲迅速成长发育。由于长江口的逐渐南偏，使得南部辐射沙脊群接受的来沙逐渐减少，形成了北大南小的不对称格架、规模巨大的辐射沙脊群。黄河北归后，整个辐射沙脊群尤其是弶港以北的沙脊失去了黄河直接的丰富泥沙供应，同时长江口不断南移，长江供应的泥沙也大为减少，波浪对古黄河三角洲陆上及水下部分的侵蚀沙成为主要物质来源。在强潮流作用下，辐射沙脊群进行自身调整，外缘小沙脊被侵蚀而萎缩，侵蚀沙向辐射状沙脊根部输运，逐渐加积淤高，不断并入陆地。因此整个辐射沙脊群有向南东方向迁移的趋势，并且这种内部调整一直在进行中。

4. 辐射沙脊群的动态变化

辐射沙脊群主要的泥沙来源是废黄河口水下三角洲沉积的泥沙，以及地质历史时期长江支流在弶港入海沉积的泥沙。现代长江入海泥沙主要在长江口向南迁移，不会影响到辐射沙洲地区。辐射沙脊群因为沿岸的围垦，东沙滩西侧的西洋潮道束窄，东沙滩西部边缘有侵蚀加强的趋势，利用遥感影像资料进行研究，东沙滩中部南北向分水岭的年际迁移明显，风暴潮是主要因素；总体的迁移趋势是向东缓慢移动。根据南京大学在东

① kn 为航海用速度单位，1 kn=1 n mile/h。

沙滩海域的研究，东沙滩潮滩平均沉积速率受到两大潮波系统辐聚-辐散的影响，整体表现出由西南向东北递增的趋势。辐合中心水动力环境较弱，沉积较快；东沙滩西侧受到西洋水道扩宽的侵蚀，东部受到开阔大洋波浪与潮流作用的侵蚀，向西后退，东南侧受到陈家坞槽逆时针往复流的影响，表现出一定的特殊性。伴随着西洋的不断扩宽，东沙有向东南方向迁移的趋势（图 7-2）。

图 7-2　辐射沙脊群现状图

7.2　东沙滩生物资源

东沙滩是国内最大的“涨没落现”沙洲，因特殊地域构成了丰富的海洋生物链，是鱼、贝类、甲壳类等海洋生物繁衍生长的理想场所，被誉为海上的“天然牧场”。丰富的饵料生物同样吸引大量的海鸟在退潮期登岛觅食，因此东沙滩又是海鸟觅食的天堂。

7.2.1 浮游植物

1. 浮游植物组成

东沙滩海域共鉴定出浮游植物 7 门 67 属 187 种。如图 7-3 所示，硅藻门 50 属 138 种，甲藻门 11 属 42 种，金藻门 1 属 2 种，绿藻门 2 属 2 种，裸藻门 1 属 1 种，隐藻门 1 属 1 种，蓝藻门 1 属 1 种。

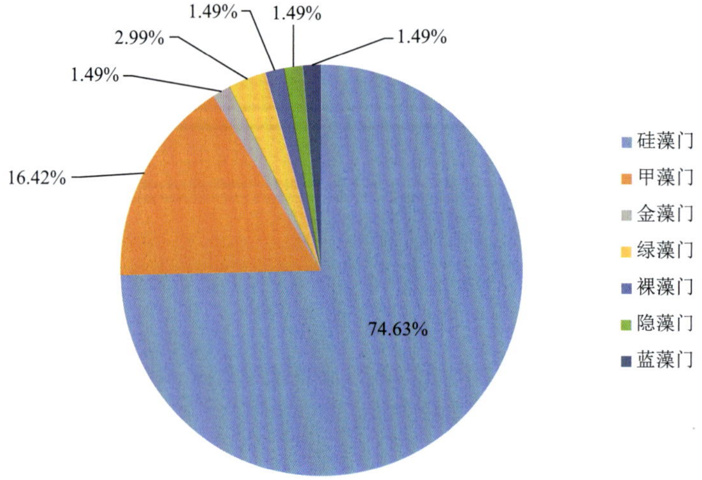

图 7-3　东沙滩浮游植物组成

2. 浮游植物时空变化

东沙滩海域浮游植物四季组成有明显的差别。如表 7-1 所示，夏季种类最多，共计 143 种，其次为秋季 118 种，冬季共发现 98 种，而春季种类最少，为 95 种。从组成上看，四个季节都是以硅藻门和甲藻门为主。如表 7-2 所示，全年浮游植物细胞丰度范围为 11.48×10^4～233.94×10^4 个/m^3，平均值为 77.04×10^4 个/ m^3。

表 7-1　浮游植物组成时空变化

类群	春季		夏季		秋季		冬季		总计	
	种数/种	占比/%	种数/种	占比 /%	种数/种	占比/%	种数/种	占比 /%	种数/种	占比/%
硅藻门	74	77.90	101	70.63	87	73.73	78	79.59	138	73.80
甲藻门	16	16.85	37	25.87	27	22.88	18	18.37	42	22.47
蓝藻门	1	1.05	—	—	—	—	—	—	1	0.53
裸藻门	1	1.05	1	0.70	1	0.85	—	—	1	0.53
金藻门	1	1.05	2	1.40	2	1.69	1	1.02	2	1.07
绿藻门	1	1.05	1	0.70	—	—	1	1.02	2	1.07
隐藻门	1	1.05	1	0.70	1	0.85	—	—	1	0.53
合计	95	100	143	100	118	100	98	100	187	100

表 7-2 东沙滩海域浮游植物细胞丰度

类群	春季		夏季		秋季		冬季	
	丰度/（10^4 个/ m^3）	占比/%	丰度/（10^4 个/ m^3）	占比/%	丰度/（10^4 个/ m^3）	占比/%	丰度/（10^4 个/ m^3）	占比/%
硅藻门	17.57	83.07	99.23	91.27	63.10	79.18	95.33	95.29
甲藻门	2.26	10.69	7.84	7.21	16.48	20.68	4.67	4.666
蓝藻门	0.85	4.024	—	—	—	—	—	—
裸藻门	0.019	0.089	0.72	0.66	0.06	0.075	—	—
金藻门	0.02	0.094	0.064	0.06	0.04	0.051	0.04	0.04
绿藻门	—	—	0.34	0.31	—	—	0.004	0.004
隐藻门	0.43	2.033	0.53	0.49	0.01	0.014	—	—
合计	21.15	100	108.72	100	79.69	100	100.044	100

3. 浮游植物优势种

东沙滩海域全年浮游植物优势种更迭见表 7-3。夏季中肋骨条藻（*S. costatum*）占主要优势；秋季角毛藻（*Chaetoceros* spp.）和角藻（*Ceratium* spp.）占主要优势；春季密联角毛藻（*chaetoceros densus*）占主要优势；冬季卡氏角毛藻占主要优势。从表 7-3 可以看出，全年浮游植物优势种主要为赤潮原因种。

表 7-3 东沙滩海域浮游植物优势种

季节	物种和优势度（*Y*）
春季	夜光藻（*Y*=0.044）、盔状舟形藻（*Y*=0.021）、中肋骨条藻（*Y*=0.15）、派格棍形藻（*Y*=0.098）、密联角毛藻（*Y*=0.18）和具槽直链藻（*Y*=0.039）
夏季	夜光藻（*Y*=0.046）、中肋骨条藻（*Y*=0.20）、格氏圆筛藻（*Y*=0.059）、虹彩圆筛藻（*Y*=0.020）和微小细柱藻（*Y*=0.096）
秋季	梭角藻（*Y*=0.169）、旋链角毛藻（*Y*=0.27）、深环沟角毛藻（*Y*=0.034）
冬季	夜光藻（*Y*=0.028）、短角弯角藻（*Y*=0.041）、柔弱几内亚藻（*Y*=0.050）、薄壁几内亚藻（*Y*=0.060）、密联角毛藻（*Y*=0.062）、卡氏角毛藻（*Y*=0.13）、窄隙角毛藻（*Y*=0.080）、旋链角毛藻（*Y*=0.024）、刚毛根管藻（*Y*=0.056）、柔弱角毛藻（*Y*=0.021）、膜状舟形藻（*Y*=0.084）和丹麦细柱藻（*Y*=0.028）

7.2.2 浮游动物

1. 浮游动物组成

东沙滩有浮游动物 10 类 51 种。如图 7-4 所示，桡足类 15 种，毛颚类 2 种，被囊类 1 种，糠虾类 1 种，十足类 1 种，腔肠动物 21 种，枝角类 1 种，端足类 5 种，磷虾类 2 种，浮游幼体 2 种。

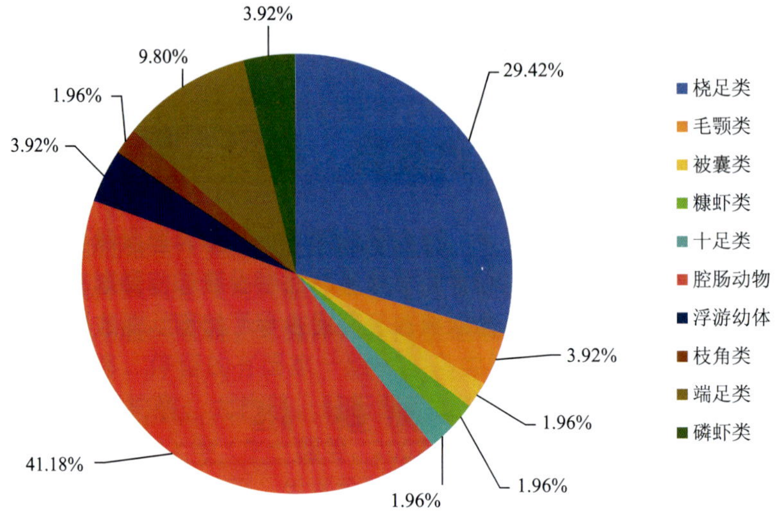

图 7-4　东沙滩浮游动物组成

2. 浮游动物时空变化

东沙滩浮游动物四季组成有明显的差别。如表 7-4 所示，秋季种类 33 种，数量最多，其次为夏季 30 种，春季 22 种，而冬季种类最少，仅为 16 种。从组成上看，四个季节都是以桡足类为主。全年浮游动物密度为 3513～7680 个/m^3，平均密度为 5175 个/ m^3，夏季＞春季＞秋季＞冬季。

表 7-4　浮游动物组成的时空变化

类群	春季		夏季		秋季		冬季	
	种数/种	占比/%	种数/种	占比/%	种数/种	占比/%	种数/种	占比/%
桡足类	9	40.91	11	36.68	9	27.28	9	56.25
端足类	1	4.54	1	3.33	2	6.06	1	6.25
磷虾类	—	—	1	3.33	1	3.03	—	—
糠虾类	1	4.54	1	3.33	—	—	1	6.25
十足类	1	4.54	1	3.33	1	3.03	—	—
毛颚类	1	4.54	1	3.33	2	6.06	1	6.25
腔肠动物	8	36.36	10	33.33	14	42.42	3	18.75
枝角类	—	—	1	3.33	1	3.03	—	—
被囊类	1	4.54	1	3.33	2	6.06	1	6.25
浮游幼体	—	—	2	6.68	1	3.03	—	—
总计	22	100	30	100	33	100	16	100

3. 浮游动物优势种

东沙滩全年浮游动物优势种有变化。如表 7-5 所示，春季中华哲水蚤（*Calanus sinicus*）

为优势种；夏季背针胸刺水蚤（*Centropages dorsispinatus*）、太平洋纺锤水蚤（*Acartia pacifica*）为主要优势种；秋季真刺唇角水蚤（*Labidocera euchaeta*）为优势种；冬季中华哲水蚤（*C. sinicus*）是主要优势种。

表 7-5　东沙滩浮游动物优势种

季节	物种和优势度（*Y*）
春季	中华哲水蚤（*Y*=0.81）、墨氏胸刺水蚤（*Y*=0.02）、短尾类溞状幼体（*Y*=0.02）和小拟哲水蚤（*Y*=0.05）
夏季	背针胸刺水蚤（*Y*=0.19）、强壮箭虫（*Y*=0.025）、长尾类溞状幼体（*Y*=0.035）、短尾类溞状幼体（*Y*=0.022）、真刺唇角水蚤（*Y*=0.024）和太平洋纺锤水蚤（*Y*=0.46）
秋季	背针胸刺水蚤（*Y*=0.17）、强壮箭虫（*Y*=0.12）、真刺唇角水蚤（*Y*=0.26）和太平洋纺锤水蚤（*Y*=0.22）
冬季	中华哲水蚤（*Y*=0.66）、墨氏胸刺水蚤（*Y*=0.15）和小拟哲水蚤（*Y*=0.053）

7.2.3　大型底栖无脊椎动物

1. 大型底栖无脊椎动物组成

东沙滩有大型底栖无脊椎动物 5 门 56 种。如图 7-5 所示，软体动物门最多共 24 种，甲壳动物门 22 种，环节动物门 8 种，腔肠动物门 1 种，螠虫动物门 1 种。

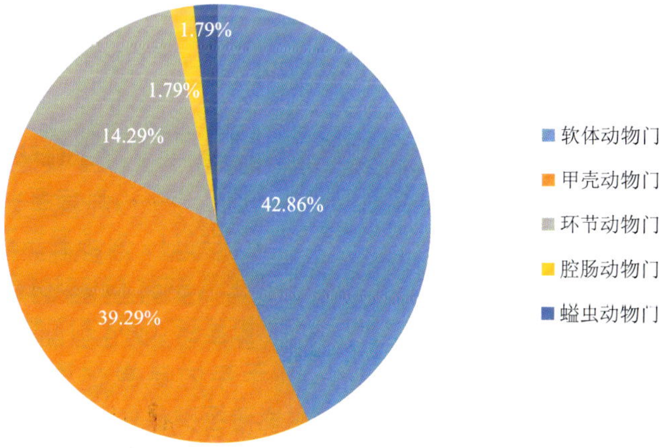

图 7-5　东沙滩大型底栖无脊椎动物组成

2. 常见大型底栖无脊椎动物

东沙滩海域常见大型底栖无脊椎动物为泥螺、文蛤、红线黎明蟹、日本大眼蟹、中华仙影海葵，其中泥螺、文蛤的特征和分布在 6.2.3 节，以及中华仙影海葵在 6.2.4 节已经介绍，此处不再赘述。

1）红线黎明蟹（*Matuta planipes*）

其属于馒头蟹科（Calappidae）黎明蟹属（*Matuta*），头胸甲近圆形，宽度稍大于长度；表面有 6 个不明显的疣状突起，密布由红点所连成的红线，前半部的红线常形成不完全的圆环，在后半部常形成窄长的纵形圈套；额窄，眼窝广大，背缘稍斜，腹绿有短毛；螯足强壮，长节外腹缘有 4～6 个突起，内腹面具短毛，腕节背面呈三角形，末缘具数突起，掌节背缘具 3～4 个钝齿，背面具两列突起，共 8～9 个，外侧面的基部具颗粒，并有一枚强壮的锐刺，内侧面的顶部具 2 个不等大而具刻纹的发声磨板，两指内缘有钝齿，可动指外侧面具一条有刻纹的隆脊；步足桨状，除第三对步足长节的后缘具锯齿外，其余长节的前后缘均具硬毛；雄性腹部呈锐三角形，雌性的呈长卵形。体色浅黄。其分布于韩国、日本、中国、澳大利亚、印度尼西亚、新加坡、越南、泰国、印度、伊朗、南非等印度洋至太平洋海域。

2）日本大眼蟹（*Macrophthalmus japonicus*）

其属于大眼蟹科（Macrophthalmidae）大眼蟹属（*Macrophthalmus*），头胸甲的宽度约为长度的 1.5 倍，表面具颗粒及软毛，雄性尤密。胃区略呈心形。心、肠区连成“T”字形，鳃区有 2 条平行的横行浅沟。额很窄，稍向下弯，表面中部有一纵痕。眼窝宽，背、腹缘均具锯齿。前侧缘第一齿（外眼窝齿）三角形，与第二齿有较深的缺刻相隔，末齿很小。口前板中部内凹。螯足壮大，长节内、腹面密具厚绒毛，无发音隆脊，掌部的长度约为高度的 2.1 倍，表面较光滑，两指均向下弯，指间无空隙，可动指内缘基部具一横切形大齿，不动指内缘近中部及中部各具大小不等的突齿。步足较粗壮，第一至第三对步足长节的背、腹缘均具颗粒及短毛，腕节背面具 1～2 条颗粒隆脊，前节前、后缘均具颗粒，指节扁平，前、后缘具短毛。雄性第一腹肢末端几丁质突起趋尖。腹部长条形，尾节末缘半圆形。雄性腹部圆大。雄性头胸甲长 21.5～25 mm，宽 31.7～39 mm；雌性长 20 mm，宽 30.5 mm。其分布于日本、朝鲜、新加坡、澳大利亚，以及中国台湾岛、海南岛、福建、浙江、山东、渤海湾、辽东湾、辽东半岛等地，生活环境为海水，常穴居于近海潮间带或河口处的泥沙滩上。

7.2.4　鸟类

1. 鸟类组成

本团队在 2022 年 3 月 2 日、6 月 13 日等日期 6 次登岛，共发现鸟类 21 种，分属于 4 目 7 科，其中鹬科种类数量最多，为 8 种，其次是鸥科，为 6 种。鸟类数量上在 7～8 月居多（表 7-6）。

2. 鸟类发生特点

东沙滩潮起淹没，潮退露滩，露滩持续时间为 3～4 h，而且东沙滩露滩区域距大丰陆地海岸最近距离在 12 km 以上，在一定程度上限制了一些小型鸟类和持续飞翔能力不强的鸟类去觅食，查见的鸟类多数以滩涂底栖生物为主要食源的中型-中小型鸟类。

表 7-6　东沙滩鸟类调查统计　　（单位：只）

序号	目	科	物种名	拉丁名	日期				
					3.2	6.13	7.14/15	8.26	11.19
1	鸽形目	鸠鸽科	山斑鸠	*Streptopelia orientalis*					1
2	鸻形目	鸻科	灰鸻	*Pluvialis squatarola*		4		7	13
3			环颈鸻	*Charadrius alexandrinus*	6	5	6	12	8
4		鹬科	斑尾塍鹬	*Limosa lapponica*			7		
5			白腰杓鹬	*Numenius arquata*	4			14	3
6			大杓鹬	*Numenius madagascariensis*			4		
7			青脚鹬	*Tringa nebularia*			1		
8			大滨鹬	*Calidris tenuirostris*			34	16	
9			三趾滨鹬	*Calidris alba*				2	
10			红颈滨鹬	*Calidris ruficollis*			14	52	
11			黑腹滨鹬	*Calidris alpina*	17	46	78	268	74
12		其他鸻鹬类			28	135	280	300	17
13		鸥科	红嘴鸥	*Larus ridibundus*	4				5
14			黑嘴鸥	*Larus saundersi*			2		
15			黑尾鸥	*Larus crassirostris*	39	22	34	19	5
16			西伯利亚银鸥	*Larus vegae*	16	9	1	4	2
17			普通燕鸥	*Sterna hirundo*			10	27	
18			灰翅浮鸥	*Chlidonias hybrida*			3		
19	鹈形目	鹭科	白鹭	*Egretta garzetta*	1				
20	雀形目	燕科	家燕	*Hirundo rustica*			2		
21		鹡鸰科	灰鹡鸰	*Motacilla cinerea*				1	
合　计					115	221	476	722	128

第8章 生态系统

8.1 盐城滨海盐沼湿地生态系统

滨海湿地（coastal wetland）是指陆地生态系统和海洋生态系统的交错过渡地带，上限为大潮线之上与内河流域相连的淡水或半咸水湖沼以及海水上溯未能抵达的入海河的河段，下限为大型海藻的生长区外缘（按《湿地公约》的定义，滨海湿地的下限为海平面以下 6 m 处），是同时受淡水、海洋水文以及气候影响的区域，也是世界上生产力最高的生态系统之一。它既为鸟类、底栖动物等生物类群提供了多元栖息地，也支持了高水平的陆生生物多样性。

滨海盐沼湿地主要位于海陆交错的滩涂区域，湿地植物-水-地貌-动物及微生物-气候等多种动力因子相互作用明显。滨海湿地的形成受入海径流量和输沙量影响较大。盐沼植物群落的分布通常呈现一定的分带性特征，与淹水时间、淡水入流形成的盐度梯度与营养供给及区域高程等环境因子密切相关，甚至丰水期的洪水径流、外海潮波和风暴潮灾害带来的冲蚀，也会使滨海湿地损失，这些通常被归类为物理因子。自然条件如海平面上升、降雨与蒸发变化等对盐沼植被群落的演替及兴衰有重要的影响。有研究发现，滨海湿地群落中海洋生物、微生物等生物因子对盐沼植被的生长也有重要影响，进而提出物理环境因子与生物因子的相互作用共同塑造了盐沼群落分布特征，决定了其演替过程。此外，湿地的生长与发育过程往往与人类活动紧密相关，主要体现在近海海洋工程、养殖池塘建设、近海环境污染等方面。

盐城滨海湿地由自然湿地和人工湿地组成，其中自然湿地主要包括米草沼泽、碱蓬沼泽、禾草滩沼泽和河口湿地，人工湿地主要包括盐田、旱地和人工修复湿地。

8.1.1 自然湿地

盐城沿海滩涂上的代表性植被主要有米草、碱蓬、獐毛及芦苇群落。滩涂湿地生态系统结构比较简单，演替时间短，在强烈的人工干预下，滩涂湿地生态系统原生演替序列出现异化现象。米草的引入加快了滩涂植被向光滩推进的速度，促进了滩涂的淤长，同时也加快了滩涂沉积物特征的改变。随着米草生长，滩面淤积淤长升高，潮侵频率下降，米草分布继续向海方向扩展，碱蓬在高位处逐渐取代米草并形成优势群落。碱蓬群落对沉积环境的改良，使得滩涂沉积物的盐分含量下降，有机质含量进一步上升，为獐毛、芦苇的生长奠定了基础。虽然滩涂主要植被的植物群落结构比较简单，有些区域甚至形成单种群落，但这些群落内的底栖动物、昆虫等种类往往比较丰富，为鸟类提供了重要的食物资源。

1. 米草沼泽

互花米草为禾本科多年生草本植物，高约 1.5 m，根系相当发达，草籽可随海潮四处漂流，迅速蔓延。盐城湿地滩涂的米草有大米草（*Spartina angilica*）和互花米草（*Spartina alterniflora*）两个种，前者为 1964 年引进，后来退化，现在珍禽保护区沿岸没有发现；互花米草为 1979 年引进，1982 年在苏北种植，江苏沿海现有大面积互花米草植被（图 8-1）。米草沼泽在盐城海岸广泛分布，但各地宽度及面积不等。2021 年，互花米草最大分布范围集中于珍禽保护区核心区至四卯酉闸范围内，最大宽度约为 11.58 km；另外，互花米草还存在于大丰港和川东港附近，呈狭窄的条带状分布，但基本不连续。互花米草的过度生长，使得沿海滩涂上原有的植物难以继续生长，许多滩涂上的动物数量也相继减少甚至消失，导致物种变得单一，严重破坏了沿海滩涂的生态环境。

图 8-1 米草沼泽

2. 碱蓬沼泽

碱蓬沼泽（又称盐蒿沼泽）位于高潮滩和中潮滩上部。截至 2021 年，在各种自然和人为因素的影响下，碱蓬主要分布于珍禽保护区核心区内，位于芦苇生境与米草生境之间的区域，受米草扩张的影响，其局部区域已难以连接成片，且呈不断退化趋势。另外，弶港附近由于潮沟活动频繁，围垦多限于较高的稳定潮滩，尚有较多的碱蓬沼泽分布（图 8-2）。

图 8-2　碱蓬沼泽

盐地碱蓬滩是滩涂的主要组成部分之一，盐地碱蓬群落是滨海盐生植被演替的中间类型，盐地碱蓬植株在初春和秋季呈暗红色。大部分盐地碱蓬地位于珍禽保护区的中部和南部，在海堤外侧，由于土壤中的盐分含量较高，不便开垦而未被围垦。盐地碱蓬滩中其他植物有碱蓬，少量獐毛、大穗结缕草、扁秆荆三棱和糙叶薹草等耐盐植物。随着滩涂的淤积，海岸线向外扩展，滩面升高逐渐远离海水，土壤中的盐分含量也降低，盐蒿群落发生演替，最终被獐毛等植被替代。

3. 禾草滩沼泽

禾草滩在地貌类型上属于超潮滩和部分高潮滩。植被类型为茅草草甸，其上部以白茅为主，常有芦苇混生，植被生长茂盛，盖度超过 95%；下部植被较为稀疏，獐毛多于白茅，并且混有碱蓬（图 8-3）。2021 年，芦苇滩主要大面积分布于珍禽保护区核心区内，其余皆零星分布于河流两侧。

图 8-3　禾草滩沼泽

禾草滩在低洼地和河口，优势物种为沼生植物，如荆三棱、扁秆荆三棱和糙叶薹草等；在较干燥的滩涂，优势种为獐毛、大穗结缕草、白茅等。禾草滩是丹顶鹤最重要的栖息地，但已经受到人类活动的干扰。冬季附近群众在禾草滩上收割茅草，春季则因拣石磺或挖沙蚕而放火烧荒，另有部分禾草滩被围垦变为耕地。

芦苇滩包括自然生长的芦苇群落和人工种植的芦苇基地。芦苇滩多分布于河口、洼地等水源充足处。人工芦苇与天然湿地芦苇群落相似，但人工种植的面积大，生物种类较单一。它是由人工围垦滩涂、灌溉并种植少量芦苇后繁衍而成的。自然生长的稀疏芦苇高度为1～2 m，是丹顶鹤良好的隐蔽物；但过高过密的芦苇丛反而会阻挡丹顶鹤的视线，不利于安全，不会吸引它们到其中停留。芦苇是造纸原料，是珍禽保护区及周边地区重要的经济作物。冬季当地居民会一片一片地收割芦苇，收割之后滩面暴露出来，为丹顶鹤活动觅食提供了方便。

4. 河口湿地

珍禽保护区内水系丰富，河流从珍禽保护区内穿境入海，形成形态不同的河口，如中山河口、废黄河口、入海水道、苏北灌溉总渠、射阳河口、新洋港河口、斗龙港河口、王港河口、四卯酉河口等。在入海河口的岸滩上分布了宽窄不等的芦苇群落，岸滩的芦苇可一直延伸到入海河口与米草群落连接（图 8-4）。

图 8-4 河口湿地

河流岸滩的芦苇湿地生态系统结构比滩涂上芦苇湿地生态系统结构更为复杂，河流岸滩上的芦苇湿地植物种类丰富，除了芦苇外，还有香蒲、菰、荆三棱等挺水植物，以及一些漂浮植物如喜旱莲子草、浮萍、荇菜等，一些河道内还分布有苦草、黑藻、狐尾藻等沉水植物，构成了比较完整的水生生态系统。在河滩的芦苇群落中，底栖动物有绯拟沼螺、光滑狭口螺、椭圆萝卜螺、纹沼螺、赤豆螺、褶痕相手蟹、痕掌沙蟹、小型毛刺蟹等，此外还有大量的鱼类以及昆虫分布。因此，珍禽保护区内的入海河流及其河口，对各种珍禽而言，是非常理想的生境，为各种珍禽的迁徙、栖息、觅食等提供了极为重要的生境。

8.1.2 人工湿地

1. 盐田

盐田由人工匡围而成，属于人工湿地，大部分位于珍禽保护区北部，生产采用滩晒法，通过阳光曝晒作用将海水逐渐浓缩。海水首先被引入大水库（扬水滩）中，再依次进入初级盐田、次级盐田、成盐池，最后产出食盐。扬水滩中的水直接引自海中，其水质、生物量及生物种类与附近海水相似，盐分浓度较低，水生生物较丰富，比较适合丹顶鹤栖息取食。随着盐田中海水逐渐浓缩，水的盐度增大，生物量减少，对丹顶鹤的适宜程度也逐渐下降。扬水滩面积大，一般在 20～600 km^2，水深小于 1.0 m，人类活动对其的干扰较小。冬季盐场停业，每年都有丹顶鹤在其中栖息。扬水滩中主要植物为川蔓藻、眼子菜，盐度低时有淡水植物扁秆荆三棱、芦苇生长，成为半咸淡水水塘。

2. 旱地

旱地多位于珍禽保护区的缓冲区与过渡区，海堤内外都有农田。农民将盐分含量低的土地围垦，种植棉花、小麦、大麦、大豆、油菜等作物。秋天稻田收割后残存的稻谷成为丹顶鹤的食物，每年都有为数不少的丹顶鹤在稻田中觅食。

3. 人工修复湿地

滩涂植被由米草群落开始，经过碱蓬、獐毛群落，逐步演替为芦苇群落，然后再进一步发育演化进入老化阶段，老化阶段的滩涂植被湿地植物成分逐步减少，芦苇群落明显退化，并开始向陆域生态系统演替。珍禽保护区的主要保护对象是滩涂珍禽水鸟，滩涂湿地的退化显然是十分不利的。为了避免滩涂湿地的退化，在一些发育相对成熟的高位滩地（局限在獐毛、芦苇群落以上的滩地）上，适当开挖一些人工沟河、湖泊，截留降水，培育芦苇等湿地植物，有利于营造珍禽鸟类生境（图 8-5）。

图 8-5 人工修复湿地

迄今为止，在保护区内的一些人工水体中已经形成了比较完善的人工湿地生态系统，特别是在核心区的一些人工水体中形成了以芦苇群落为代表的挺水植物群落，许多珍禽鸟类在芦苇荡中筑巢栖息、产卵繁育。在较深的水域，狐尾藻、川蔓藻等形成了茂密的沉水植物群落。同时，水中的淡水鱼类、底栖动物、水生昆虫也为鸟类提供了丰富的食物资源。

8.2　盐城滨海湿地生态系统时空演变特征

滨海湿地是介于陆地和海洋生态系统间复杂的自然综合体，是生物多样性最丰富、生产力最高、最具有保护价值的湿地生态系统。盐城滨海湿地是东亚-澳大利西亚候鸟迁徙的重要通道和停歇地，但沿海经济的快速发展和滨海滩涂的开发利用势必会对生物多样性、土地利用和景观格局产生影响。

8.2.1　珍禽保护区土地利用特征

1. 数据源及数据预处理

本书基于 2021 年多时相的 Landsat 8 遥感影像，运用 ENVI 5.3 软件对遥感影像进行辐射定标、大气校正和几何校正等预处理，具体数据源见表 8-1。综合多时相地物光谱特征的差异，以及海岸线等辅助地理数据，利用决策树方法对调查区域的土地利用类型进行信息提取，建立相应的数据库，并利用 ArcMap 软件进行空间分析。盐城滨海湿地土地利用分类系统见表 8-2。结合实际考察数据、地形图及高分辨遥感影像（GF 6 号）分别对分类结果进行精度验证，结果显示总体精度可达 87%，Kappa 系数为 0.86，其精度可以满足宏观尺度上珍禽保护区土地利用特征分析的要求。

表 8-1　遥感影像数据源

轨道号	成像时间	空间分辨率
120-036	2021-3-26（LC8）、2021-5-29（LC8）、2021-8-1（LC8）、2021-11-14（LC9）	30 m
119-037	2021-4-4（LC8）、2021-5-22（LC8）、2021-11-9（LC8）	30 m

注：LC8 为 Landsat 8 影像数据；LC9 为 Landsat 9 影像数据。

表 8-2　土地利用分类系统

序号	类别	描述	2021 年 4 月假彩色影像特征（752 波段合成）
1	光滩	潮间带滩涂无植被区域	
2	互花米草湿地	互花米草生长地带	

续表

序号	类别	描述	2021 年 4 月假彩色影像特征（752 波段合成）
3	碱蓬湿地	碱蓬生长地带	
4	芦苇湿地	芦苇生长地带	
5	林草地	天然林、经济林、防护林、道路旁茅草等其他禾草类	
6	河流湿地	天然形成的河流、坑塘等面状水体	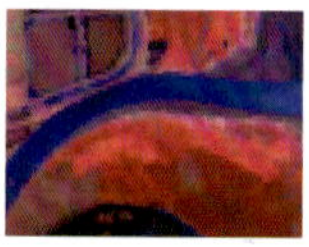
7	海域	海水覆盖区域	
8	农田	麦地、菜地等旱地和水田	
9	养殖塘	咸水和淡水养殖区	
10	盐田	晒盐场	
11	建设用地	居民地、道路、码头、光伏电厂等人工建筑地面	
12	未利用土地	裸露自然地面	

2. 土地利用分析

珍禽保护区核心区主要受自然因素影响，人类活动较少，湿地内部保持着自然植被演替格局，且由海到陆以互花米草沼泽、碱蓬沼泽和芦苇沼泽分布格局为主。

珍禽保护区南缓冲区、实验区土地利用方式以水产养殖业和农业活动为主，具体面积见图 8-6。

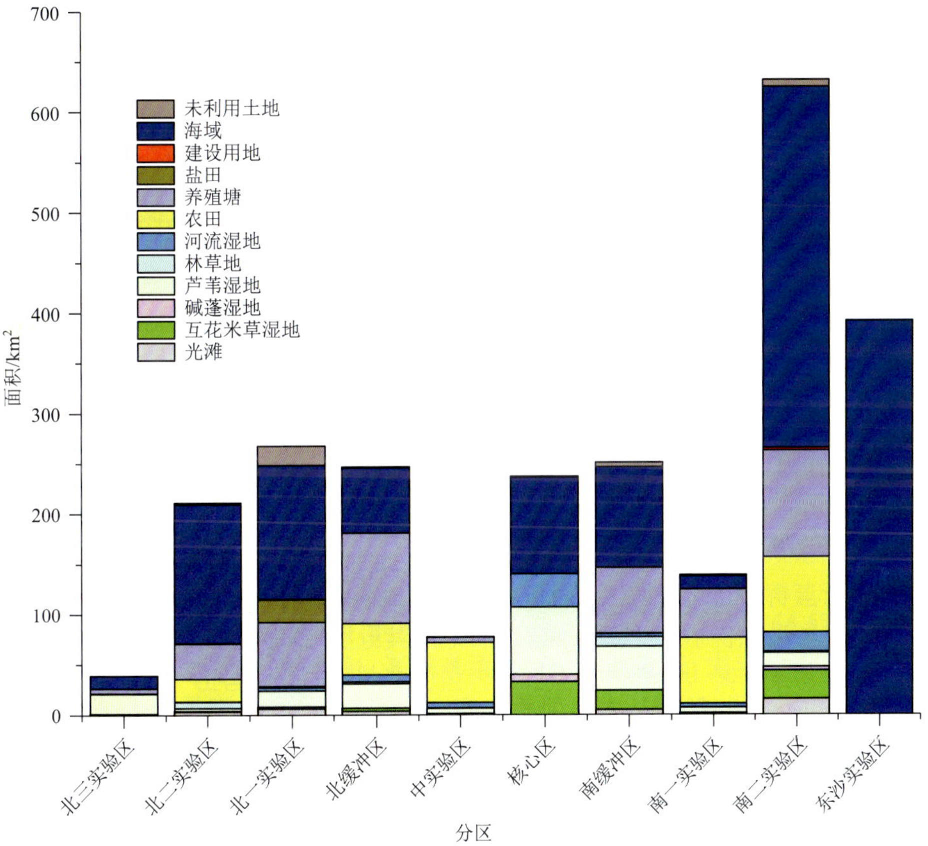

图 8-6 珍禽保护区分区土地利用组成

3. 区域土地利用实况

北实验区包含北一实验区、北二实验区和北三实验区，这些功能区主要位于响水县和滨海县沿海，该区域土地利用方式以农业、水产养殖业和工业为主，涵盖了水产养殖塘、旱地、工业园区等类型（表 8-3），不同利用形式的土地位置分布见图 8-7。

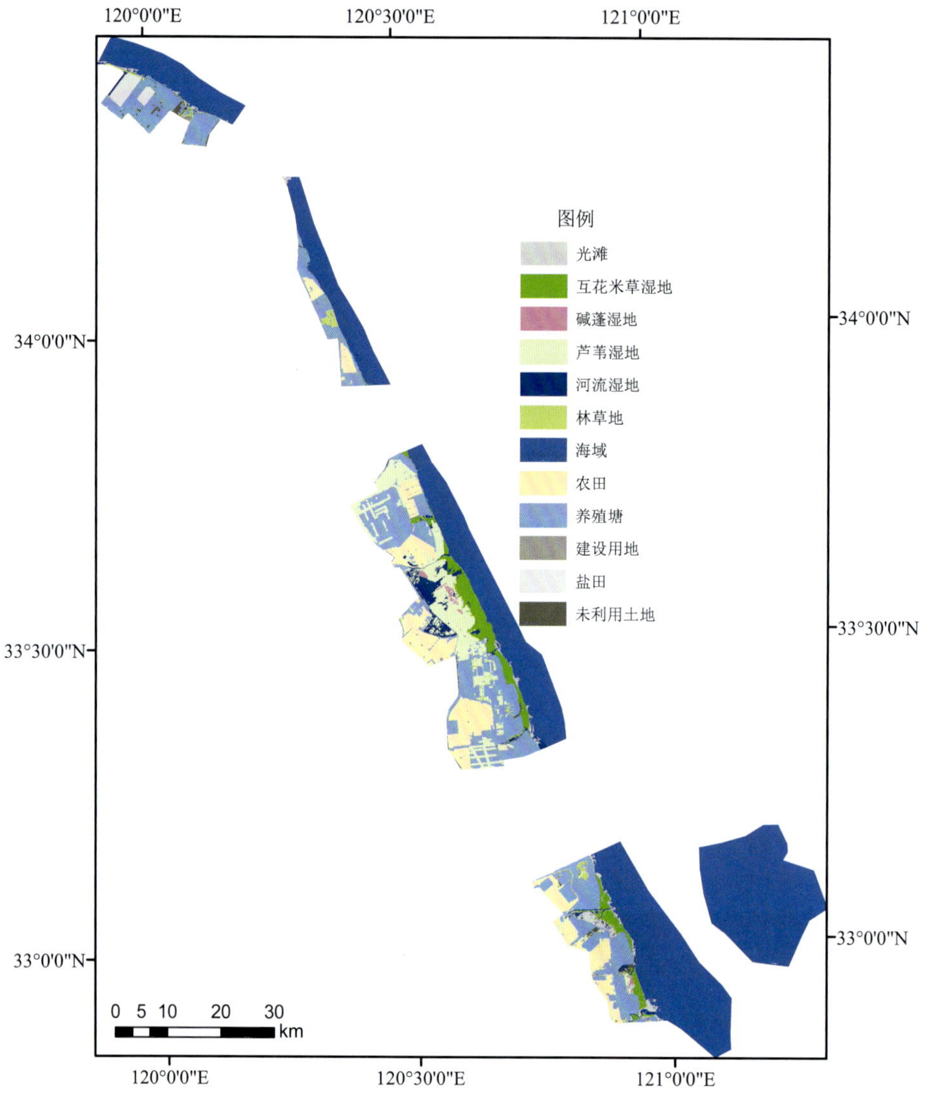

图 8-7　珍禽保护区土地利用遥感解译（2021 年）

表 8-3　分区土地利用类型统计　　（单位：km²）

分区	养殖塘	农田	芦苇湿地	未利用土地	互花米草湿地	光滩	碱蓬湿地	河流湿地	盐田	林草地	海域	建设用地
北一实验区	63.5	0.9	6.4	18.6	1.7	6.3	0.0	3.2	23.1	9.4	133.5	0.9
北二实验区	34.7	21.9	2.1	1.8	1.1	3.2	0.0	0.2	0.0	7.5	138.1	0.7
北三实验区	4.8	0.0	20.0	0.2	1.3	0.0	0.0	0.4	0.0	0.0	12.6	0.0
北缓冲区	89.9	51.0	24.1	1.1	8.1	1.1	0.0	4.6	0.0	2.0	65.2	0.0
中实验区	5.1	59.6	5.2	0.4	0.0	0.0	1.4	5.5	0.0	0.2	0.0	0.0
核心区	0.0	0.0	61.4	0.7	42.9	0.0	3.2	32.6	0.0	0.1	96.1	0.0

续表

分区	养殖塘	农田	芦苇湿地	未利用土地	互花米草湿地	光滩	碱蓬湿地	河流湿地	盐田	林草地	海域	建设用地
南缓冲区	65.7	0.1	43.5	1.8	19.2	4.9	0.0	3.4	0.0	12.0	100.5	0.0
南一实验区	48.4	65.0	5.5	1.2	0.2	1.3	0.0	3.7	0.0	0.5	13.1	0.0
南二实验区	106.3	73.1	11.8	7.2	29.9	13.6	3.4	8.1	0.0	7.8	369.8	0.3
合计	418.4	271.6	180	33	104.4	30.4	8	61.7	23.1	39.5	928.9	1.9

北缓冲区早年为芦苇养殖基地，近年来受经济效益的驱动，该区域以水产养殖业以及水稻和小麦等农业种植为主,大面积的水稻和小麦基地生长期和休耕期人为干扰较少，邻近的养殖塘等为核心区水鸟提供了重要的食物补充。北缓冲区中部的1号水库经过退渔还湿工程后，湿地生态快速恢复，浅水、深水以及稀疏芦苇交错分布，为雁鸭类和琵鹭类水鸟提供了良好的栖息场所。

核心区作为盐城沿海唯一一块自然湿地，保护措施极其严格。该区域主要受自然因素影响，人类活动较少，湿地内部保持着自然植被演替格局。

南实验区主要位于大丰港南北区域，该地区土地利用方式以水产养殖为主，而大丰港作为盐城沿海重要的国家级港口，其港口工业园区正快速发展，且以仓储和加工业为主。

东台条子泥区域作为近年来新围垦的区域，人类利用较少，大部分区域处于围而未用的状态，并形成扬水滩，成为鸻鹬类水鸟理想的高潮栖息地。垦区西部围垦年限较早，受限于土壤盐度较高，难以广泛种植作物，因此以水产养殖业、光伏发电和风能发电为主。

4. 第三次全国国土调查

珍禽保护区总面积为 247260 hm^2，其中，海域面积 56388.83 hm^2，陆域面积 190871.17 hm^2。珍禽保护区用地类型较为丰富，按照《第三次全国国土调查技术规程》（TD/T 1055—2019），结合调查数据，共划分为13种一级土地利用类型，包括湿地、水域及水利设施用地、耕地、草地、工矿用地、公共管理与公共服务用地、交通运输用地、林地、其他土地、商业服务用地、特殊用地、种植园用地、住宅用地，见表8-4。

表8-4 珍禽保护区湿地土地利用现状分类及面积统计

一级类	面积/hm^2	比例/%
草地	2700.75	1.09
耕地	18462.84	7.47
工矿用地	110.41	0.04
公共管理与公共服务用地	19.04	0.01
交通运输用地	1441.35	0.58

续表

一级类	面积/hm²	比例/%
林地	1203.44	0.49
其他土地	4146.14	1.68
商业服务用地	28.74	0.01
湿地	167857.02	67.89
水域与水利设施用地	50602.7	20.46
特殊用地	349.29	0.14
种植园用地	25.03	0.01
住宅用地	313.25	0.13

从表 8-4 中可以看出，珍禽保护区内湿地面积最大，是最主要的土地利用形式，总面积 167857.02 hm^2，占珍禽保护区总面积的 67.89%。水域及水利设施用地和耕地面积次之，分别为 50602.70 hm^2 和 18462.84 hm^2，占总面积的 20.46%和 7.47%。湿地、水域及水利设施用地和耕地是珍禽保护区的主要土地利用形式，共占珍禽保护区总面积的 95.82%。草地、工矿用地、公共管理与公共服务用地、交通运输用地、林地、其他土地、商业服务用地、特殊用地、种植园用地、住宅用地等土地面积较小，面积分别为 2700.75 hm^2、110.41 hm^2、19.04 hm^2、1441.35 hm^2、1203.44 hm^2、4146.14 hm^2、28.74 hm^2、349.29 hm^2、25.03 hm^2、313.25 hm^2，占总面积的 1.09%、0.04%、0.01%、0.58%、0.49%、1.68%、0.01%、0.14%、0.01%、0.13%。

8.2.2 景观格局时空演变特征

盐城滨海湿地景观格局的形成是其特定的非生物环境（气候、海洋水文和土壤等）、生物作用和人类活动等因素综合作用的结果，其显著特征是动态变迁的带状景观空间异质性，形成高、低对比度兼有的景观结构。

以盐城滨海湿地中部（包括北缓冲区、中实验区、核心区和南实验区）土地利用解析为基础，结合景观模型的分析软件 Fragstats 3.3 来分析本研究区的各个斑块类型的景观指数（表 8-5），分别采用了景观水平指数和类别水平指数。景观水平指数为扩散度指数（CONTAG）、香农多样性指数（SHDI）；类别水平指数为斑块数量（NP）、斑块密度（PD）、景观形状指数（LSI）、斑块集中度（COHESION）。

表 8-5 盐城滨海湿地中部景观指数

时期	NP	PD	LSI	SHDI	CONTAG	COHESION
2002 年	23041	23.29	61.42	1.83	40.88	99.03
2013 年	14872	15.04	40.83	1.55	47.42	99.34
2021 年	20309	20.53	59.25	1.64	46.14	99.08

扩散度指数（CONTAG）反映景观类型水平的斑块排列方式和连接度状况。2002～2013 年扩散度指数增大表明小斑块变少，这是由于为了经济的发展人们把一些自然景观用作养殖池和耕地；2013～2021 年扩散度指数开始减小，因为耕地和养殖池开始慢慢被还原成自然景观，小斑块数量增多。

景观形状指数（LSI）反映了地形的复杂性，其数值越大，则形状也就越复杂。2002～2013 年，LSI 减小，这是由于人工围垦的力度加大，许多不规则的自然景观斑块被规则的人工景观斑块代替，形状渐渐变得单一且规则；2013～2021 年，由于退耕还湿、退渔还湿等一系列政策，形状不规则的自然湿地面积慢慢被还原，形状复杂度渐渐变大，LSI 变大。

斑块集中度（COHESION）是反映斑块在景观中聚集和分散状态的指标。它与景观破碎化和生物多样性丧失密切相关。该指标值越高，斑块内聚度越高。随着沿海滩涂的开发与保护政策的变化，盐城滨海湿地 COHESION 先增加、后减小。这是由于前期人们大量围垦使得人工景观更加紧凑，集中度略微增大，后期退渔还湿使得南部地区大量养殖池和耕地变成自然景观让斑块类型渐渐分散，集中度下降。

斑块数量（NP）和斑块密度（PD）可反映出景观整体的异质性与破碎度以及某一类型的破碎化程度，体现景观单位面积上的异质性。2002～2021 年，NP 和 PD 先减小后增大，这是芦苇、碱蓬、互花米草等自然景观的小斑块被围垦成人工景观的耕地和养殖池，导致盐城滨海湿地的斑块数量变少，养殖池和耕地斑块面积变大；2013～2021 年，因为退耕还湿、退渔还湿等政策，人工湿地养殖池逐渐被还原成芦苇、碱蓬等自然景观，使得斑块数量和密度增加。

8.2.3 盐城滨海湿地生态系统状况

1. 植被生长状况

植被生长状况用植被覆盖度、叶面积指数（LAI）和光合有效辐射分数（Fpar）三个指标进行分析。所采用的数据源为 2021 年的 MODIS 数据，参照《生态环境状况评价技术规范》（HJ 192—2015）开展植被覆盖度调查分析，并按照植被覆盖度 0%～10%、10%～30%、30%～50%、50%～70%和 70%以上的区间，将植被覆盖度划分为低覆盖度、较低覆盖度、中等覆盖度、较高覆盖度、高覆盖度 5 个等级。

$$\text{植被覆盖度} = \text{NDVI}_{\text{区域均值}} = A_{\text{veg}} \times \frac{\sum_{i=1}^{n} P_i}{n}$$

式中，P_i 为 5～9 月像元 NDVI 月最大值的均值；n 为区域像元数：A_{veg} 为植被覆盖指数的归一化系数。区域单位面积归一化植被指数（NDVI）采用 MODIS 卫星的 NDVI 数据。

图 8-8～图 8-11 表明，珍禽保护区（除东沙滩外）2021 年平均植被覆盖度为 24.5%，低植被覆盖区主要分布在光滩以及养殖塘等区域，高植被覆盖区主要分布在农田、芦苇和互花米草分布区；就叶面积指数而言，核心区叶面积指数主要分布在 1～2，光合有效辐射分数主要分布在 4～5，珍禽保护区中段主要以中等以上植被覆盖度为主，珍禽保护区近年来实施的退渔还湿以及中实验区的湿地补水与维护工程成为改变区域植被覆盖度的主要影响因子。

图 8-8　珍禽保护区植被覆盖度空间分布特征（2021 年）

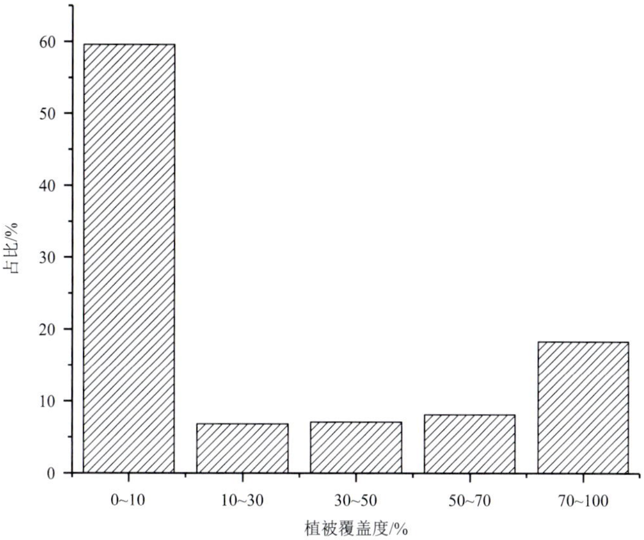

图 8-9 珍禽保护区植被覆盖度组成

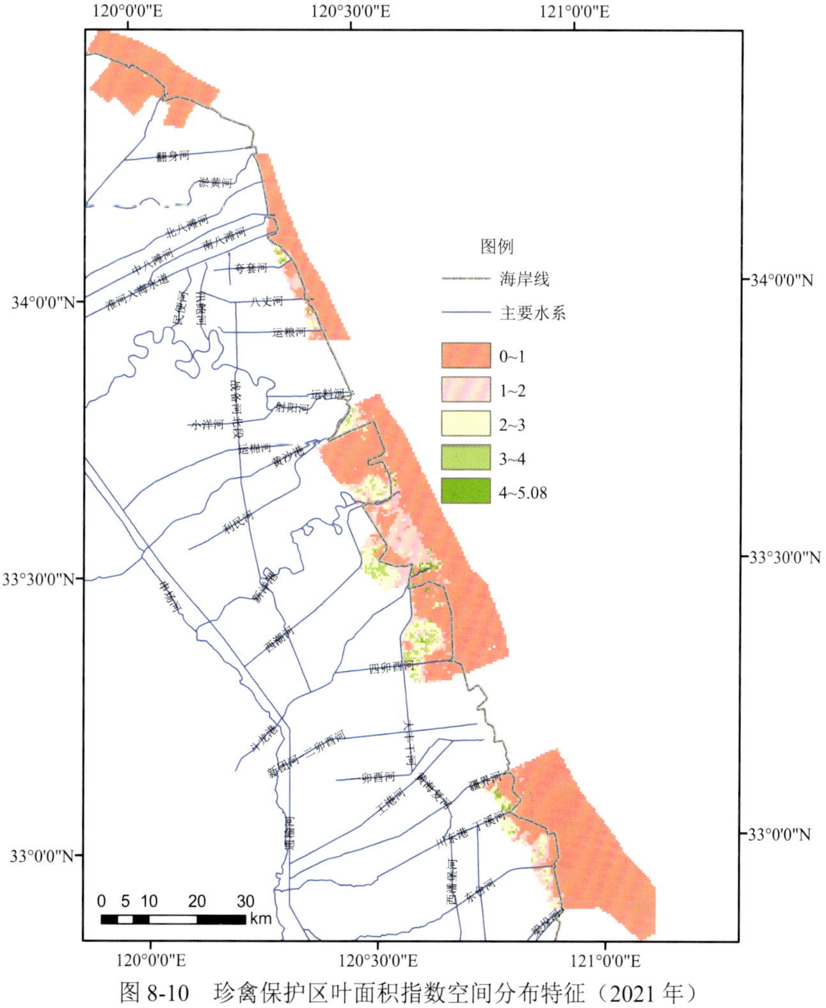

图 8-10 珍禽保护区叶面积指数空间分布特征（2021 年）

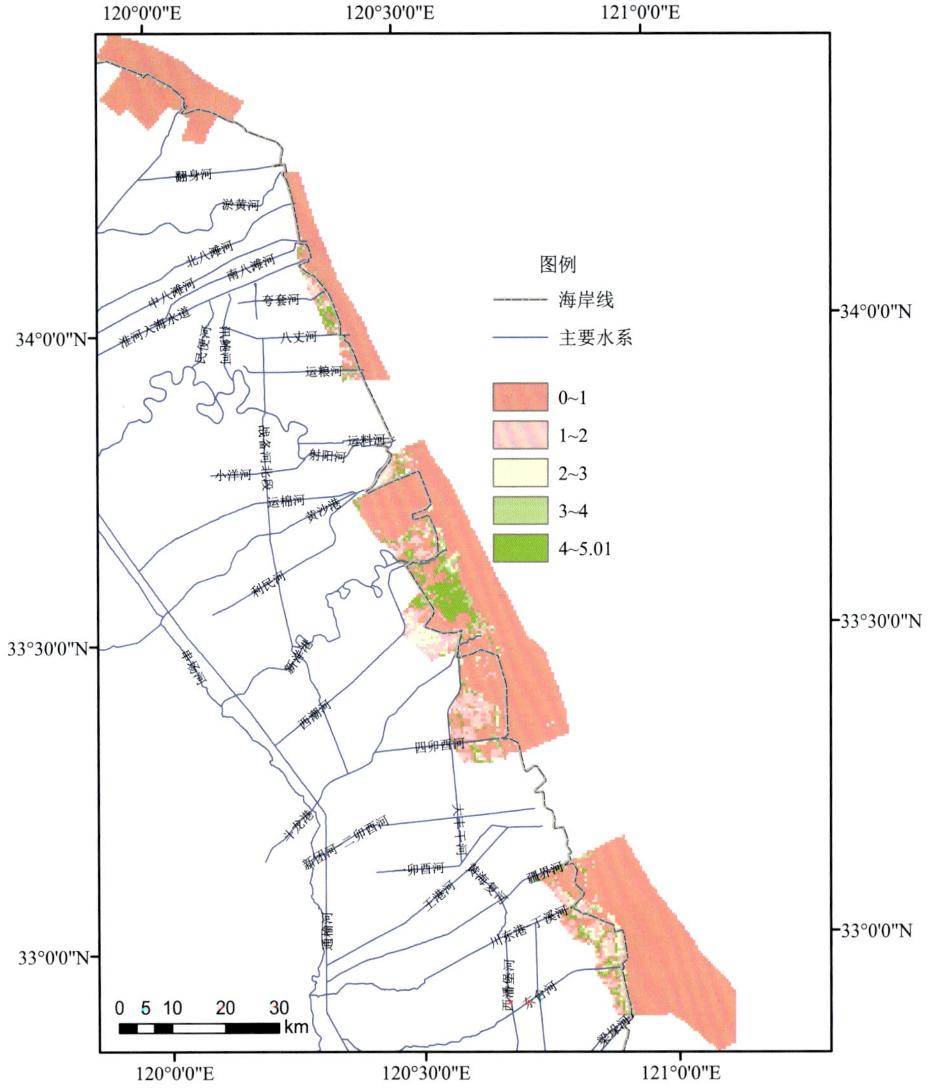

图 8-11　珍禽保护区光合有效辐射分数空间分布特征（2021 年）

2. 外来物种入侵状况

核心区互花米草入侵发生在 1993 年，少量互花米草在大米草外侧和一些潮沟生长，但互花米草比大米草耐淹，光合效率高，加之江苏沿海的气候、水文以及淤泥质潮滩为互花米草的传播提供了适宜条件，以围垦为主的人类活动大大减少了碱蓬和芦苇等自然盐沼植被的面积，这为互花米草单种群落扩张提供了有利条件，使其很快占据整个潮间带生态位。

近年来互花米草受到人类围填海活动、港口建设和人为控制的影响而呈小幅减少趋势。互花米草减少的区域主要有以下几个：①珍禽保护区核心区，主要由于芦苇生态位的提升，大量互花米草盐沼被芦苇取代。②中部大丰港南侧的王港河口区域，主要原因是实施了围填海工程。③川东港口南侧麋鹿保护区，减少原因主要为人为实施的互花米草治理措施。互花米草盐沼仍是大丰滨海湿地中的优势景观类型。

3. 人工堤坝建设变化

通过五期遥感图像对比（图 8-12）可以看出，人工管理区中堤坝明显增多。2021 年，人工筑堤长度达到 218.5 km。通过修筑堤坝，引入淡水，阻挡潮汐的进退，加快了湿地土壤的脱盐进程，改变了原生生态系统。自然植被的延续和演变进程遭到破坏，大面积的滩涂湿地转变为水域，使得獐、丹顶鹤等的栖息地遭到破坏，活动面积大幅度缩小，有必要进行一定程度的生态恢复。将沟渠网络、堤防、道路引入原本广阔、无缝的湿地景观中，导致自然湿地生态系统的分割和连通性丧失，对区域水系格局的自然分布模式产生显著影响，水文连通性能发生明显变化。伴随这种变化，剩余的栖息地斑块越来越小，彼此之间空间隔离程度越来越强。

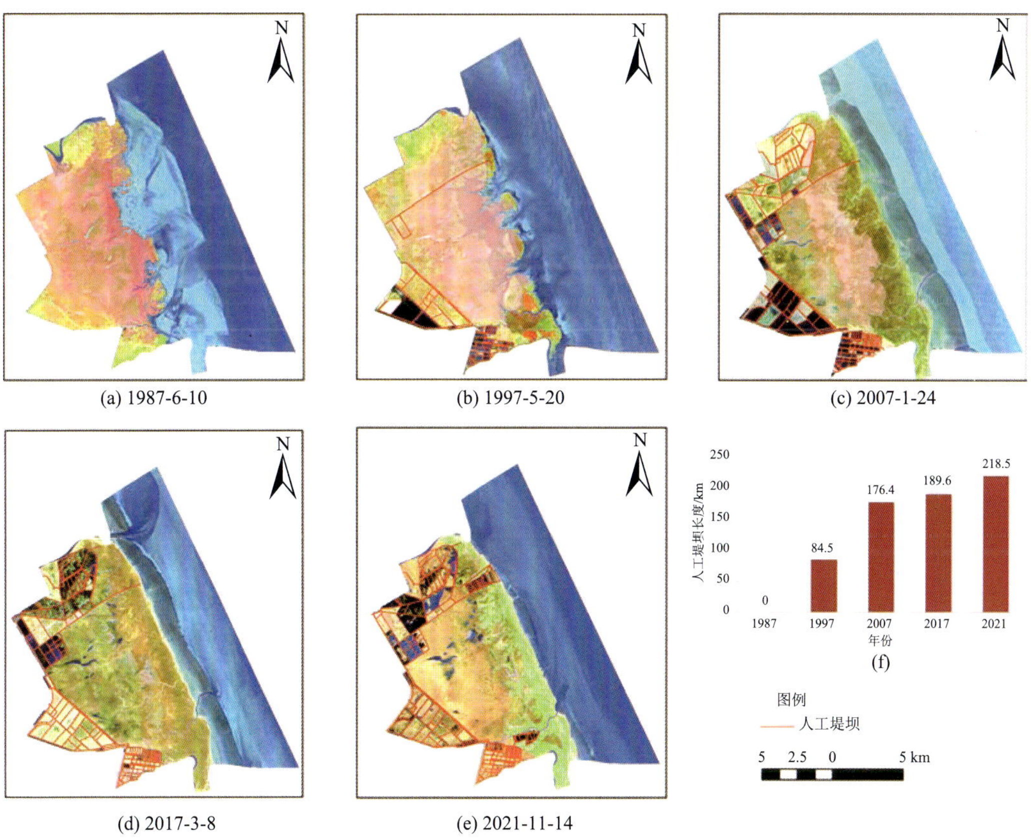

图 8-12　人工堤坝建设变化示意图

8.3 盐城滨海湿地生境质量评估与分析

8.3.1 盐城滨海湿地生境质量评估

通过 ArcGIS 和 InVEST 软件进行盐城滨海湿地生境质量评估，获得 1984～2021 年珍禽保护区的相关生境质量指数数据。1994～2004 年珍禽保护区的生境质量指数略有下降，但在 2004 年之后该指数一直处于上升状态，特别是在 2014～2021 年，生境质量指数上升明显，并且在 2021 年达到最高值 0.712。珍禽保护区生境质量指数变化趋势与江苏滨海湿地生态现状和沿海发展战略基本吻合。1997 年，互花米草扩张成较大斑块、“海上苏东”战略开始实施，盐城滨海湿地进入围垦、养殖、港口开发建设阶段，珍禽保护区生境质量指数开始下降。但从 2017 年开始，江苏省启动“生态特区”建设，将盐城滨海湿地列入世界自然遗产地名录，盐城滨海湿地实施了一系列的退渔还湿、互花米草清理以及生态修复等项目，珍禽保护区生境质量指数开始明显上升。

8.3.2 滨海湿地生境退化因素分析

随着区域社会经济的快速发展，滨海湿地资源在自然与人为因素的共同作用下，正在遭受破坏并逐渐退化。湿地面积不断减少，生境呈破碎化，原来的湿地生态系统与自然平衡机制不复存在，使滨海湿地保护与生态恢复形势越来越严峻。自然因素主要包括海岸侵蚀、海平面上升等，人为因素主要包括水产养殖、水环境污染、滨海湿地资源的不合理利用、外来物种入侵等。

1. 滨海湿地围垦

滨海湿地作为重要的后备土地资源具有很大的开发利用潜力，大规模围垦湿地不仅可以缓解人多地少的矛盾，还可为社会经济的可持续发展拓展空间。开发利用方式主要包括养殖业、工业、城市建设、港口建设、旅游娱乐等，其中养殖用海面积所占比例最高，其次是工业用海。大规模湿地围垦除了造成湿地面积萎缩、纳潮量变少、水体自净能力减弱外，还会破坏生物生境，使动植物栖息地不断丧失，严重影响到滨海湿地的生态功能。大规模围垦湿地造成的湿地面积剧减，已成为滨海湿地保护面临的最大威胁。

2. 水产养殖

近年来，沿岸水产养殖业蓬勃发展，滨海湿地的开发利用强度日益加大，水产养殖在丰富人们的物质生活并带来一定经济效益的同时，也在不断压缩滨海湿地空间。水产养殖业在一定程度上会引起海水富营养化，造成湿地环境污染。另外，养殖区面积的不断增加，会使滨海湿地景观体系发生变化，景观类型趋于单一化，这在一定程度上会减弱滨海湿地的生态系统服务功能，降低生物多样性，不利于生态系统的稳定发展，水产养殖是滨海湿地退化的原因之一。

3. 区域湿地旱化趋势显著

珍禽保护区内滩涂主要是1128～1855年黄河大量倾注入海的泥沙，以及海底的部分泥沙在潮流等海洋动力作用下淤积而形成的粉砂淤泥质滨海平原，为盐城创造了大量土地。其间的沉积作用造成近海陆地平均高程达到2 m左右，现有陆地高程高于高潮位，而在现有海岸线以外则形成了大量沙洲。黄河北迁后，源自上游的泥沙骤减，总体的淤积速率降低，泥沙仅在内部迁移，区内主要河流因规模问题无法对原有地貌形成较大影响，因此区内河床下切。目前新海堤以西主要河流常水位约0.6 m，洪水位约1.2 m，水位多数低于底面平均高程，不能在区内自流形成淡水湖泊和洲滩；因此一百多年来，该区域逐渐脱离了海水以及河水的影响，湿地旱化趋势显著，这一自然驱动的过程在珍禽保护区建立以前就已存在。

4. 外来物种入侵

外来物种入侵是滨海湿地生态环境的重要影响因素，是导致生物多样性丧失、湿地退化的原因之一。研究表明，江苏沿海在水文及气候特征等方面与互花米草原产地美国东海岸相近，互花米草是高耐盐碱植物，对总磷、氨氮等净化效果良好。但互花米草引入盐城滨海湿地后迅速繁殖，抢占潮滩，本区原来的优势种如白茅、盐蒿等已逐渐被其取代。互花米草的疯长，抢占了大面积滩涂，使文蛤、泥螺等贝类的生存空间缩减、生境恶化、产量减少，同时也破坏了丹顶鹤等珍稀鸟类的栖息环境。由此可见，外来物种入侵会破坏盐城滨海湿地的生物多样性，并严重影响滨海湿地生态系统的健康发展。

5. 海岸侵蚀

最新的实地调查（图8-13）表明，苏北地区的侵蚀岸段南界已由双洋港口移至珍禽保护区核心区，即新洋港与斗龙港之间的区域。自2012年至今，核心区范围内米草滩下边缘已发生显著侵蚀。核心区北部侵蚀现象明显，核心区南侧斗龙港附近侵蚀现象较弱。尽管盐沼前缘陡坎的成因及其形成环境目前尚未达成统一认识，但盐沼前缘的侵蚀陡坎常被认为是盐沼边缘侵蚀后退的标志，其与相对海平面变化、盐沼向海扩张、近岸沉积物堆积、波浪作用与潮差以及盐沼边缘潮沟的形成和摆动等因素有关。

图 8-13 核心区海岸侵蚀

6. 海平面上升

全球气候变暖造成极地冰川不断融化、上层海水热膨胀，使海平面不断上升。滨海湿地作为海陆过渡地带，是承受海平面上升影响最主要、最前沿的缓冲带。近 50 年来，我国海平面平均以 1.0～3.0 mm/a 的速率上升，且速度正逐年加快，预测到 2100 年，海平面的上升速度将会达到 4～6 mm/a，由于沿海地面沉降，上升速度还会增大。海平面上升会导致滨海湿地面积迅速减少，并向陆地退化，光滩被淹没甚至消失，草滩不断萎缩甚至可能退化为光滩。预测到 2080 年，因海平面上升，全球滨海湿地面积将减少约 22%。因此，海平面上升对滨海湿地的影响是十分显著的。

8.4 湿地生态修复工程

滨海湿地具有多种生态服务功能，如碳存储、维持生物多样性、截留及降解污染物、调节局部气候、涵养水源、分洪蓄洪等，其在维持滨海生态安全方面发挥了重要作用。修复湿地生态系统是解决滨海湿地生境退化问题的有效途径。本节将列举近几年江苏盐城湿地珍禽国家级自然保护区的生态修复项目成果，内容涵盖生物资源、土壤、水文、能源等。

8.4.1 盐城滨海湿地修复概况

珍禽保护区主要保护的是丹顶鹤和麋鹿等珍稀野生动物及其赖以生存的滩涂湿地生态系统。截至 2022 年底，盐城滨海湿地共修复 10.64 万亩，详情见表 8-6。

表 8-6 修复面积统计表

参数	核心区	北缓冲区 1 号水库	蹲门地域	台丰线	南缓冲区	新滩盐场	旭强地域	四卯西区域	射阳海涂公司	合计
修复面积/万亩	2.2	0.87	1.6	0.2	0.45	1.9	0.3	0.32	2.8	10.64

8.4.2 大丰四卯西闸生态修复项目

珍禽保护区南实验区四卯西示范区将 3200 亩鱼塘改造为有机稻麦轮作区和生态沟渠湿地的复合体，改水泥鱼塘硬质地表旧貌，变为植被丰富、多种生物和谐生长的新型湿地（图 8-14）。项目于 2016 年 9 月实施，2017 年 3 月建成，是滩涂湿地一个典型的主动修复案例，修复过程主要是通过拆除房屋、水泥料台、硬质护坡等固化设施，将所有灌溉设施埋于地下，将养殖户全部迁出，同时栽植芦苇、菖蒲等本土植物，为动物提供栖息地；轮作有机稻麦，为鸟类提供更丰富的食源，修复过程中充分发挥人类活动的正面作用。该模式施行初期便已吸引了灰鹤群的造访，后又陆续发现多种鸟类聚集于此，对所保护的鸻鹬类、雁鸭类、鹤类等珍禽的觅食、栖息起到了正面作用，推动了生态良性发展。

（a）修复前 （b）修复后

图 8-14 四卯西闸生态修复项目修复前后效果对比图

8.4.3 射阳盐场 1 号水库生态修复项目

射阳盐场 1 号水库位于珍禽保护区缓冲区内，总面积约 580 hm^2。水库原为射阳盐场储存盐业生产原料水的水库，因近海滩涂淤长、引潮河淤塞、水库库底淤抬，于 2010

年前后无法引水而逐步干涸沙化，导致局部生态环境恶化，丧失滨海湿地功能。水库周边缓冲区仍保留有相当面积的自然景观，如芦苇群落、米草群落等，是鸟类重要的越冬区域，每年都会有 100～300 只丹顶鹤在此觅食、栖息（图 8-15 和图 8-16）。

图 8-15 射阳盐场 1 号水库修复前现场

图 8-16 改造后的泥滩地和鸟群

1. 引水补湿

通过引水工程解决工程区土地旱化及土壤盐碱化问题。经过西部引水渠以及沿途两个泵站将利民河的淡水引至水库南侧的进水总渠，通过泵站提水进入水库。通过水库内布设的排水支沟排水，水流入水库北部的排水干沟，后经盐场海堤东排水渠入主通道，最终流入射阳河而排入大海。同时，建设相应的控制系统，调控进出水口，保证生态需水位。当蒸发和下渗导致水量低于设计水位时，通过引水工程，增加水量；当降雨导致水量过大及冬季需水位降低时，可通过排水系统，降低水位。该方案一次性投资低，后期管理简便，虽然引排水费用稍高，但效果较好。

2. 地形改造

通过地形改造，构造鸟类栖息地，一是构建缓坡增加竖向生境多样性，同时增加可供鸟类栖息的面积；二是打通埝埂，制造洲、岛等，创造较小的半连续水面和类型丰富的鸟类栖息空间。

基于不同鸟类种群生境的需要设计不同的水深，较缓驳岸可保证各种水深生境的面积。在构建缓坡的同时，保证一定比例的敞水面区域，以利于鱼类栖息；洲、岛应有利于游禽休憩及避险，也是涉禽栖息中心区域。洲、岛等区域面积越大，越有利于食草鸟类生存，但面积过大不利于鱼类生存，也不利于食鱼鸟类栖息。此外，大的水面也会导致大风浪，侵蚀驳岸，破坏驳岸的稳定性，且过大的水面生境异质性较低，不利于生物多样性的提高。地形改造包括改造进水渠和排水沟周边，挖低拓宽埝埂，塑造深潭、浅水滩地和岛屿等。

3. 植被、底栖动物及鱼类恢复

通过引水及地形改造后，水库基本具备了鸟类栖息条件，但存在生物多样性及丰富度较低的问题。通过植被、底栖动物、鱼类恢复工程措施，加速水库湿地恢复进程，提高生物多样性及丰富度，为鸟类栖息、觅食提供足够的空间及来源。

1）植被恢复

植被恢复以盐生草本植物群落、挺水植物群落和沉水植物群落为主。在涉禽栖息地中心区，为满足不同涉禽需求，可种植部分浮叶植物，部分岛屿周边也可种植浮叶植物，增加景观多样性。

2）鱼类恢复

主要投放一些体型较小的鱼类，供食鱼性鸟类食用，包括一些对半咸水适应能力较强的淡水鱼类，如鲤科、鳅科等。同时，也包括一些半咸水的鰕虎鱼科鱼类和弹涂鱼。此外，可放养少量大型半咸水鱼类，丰富水生生态系统。幼鱼倾向于栖息在水深较浅区域，很多小型鱼类也主要栖息在水深较浅区域。在水位上涨时，很多鱼类会到原陆域进行觅食，这些区域有较多的有机质及各种小型昆虫等。深水区域主要是一些体型较大鱼类的栖息地，同时也是很多鱼类的避险区域。

3）底栖类恢复

根据水库设计情况，投放泥螺、中华拟蟹守螺、珠带拟蟹守螺及绯拟沼螺等在底质面上生存的软体动物，以及缢蛏、无齿螳臂相手蟹、天津厚蟹、谭氏泥蟹及疣吻沙蚕等在底质面下生存的软体动物、节肢动物和环节动物。

4. 水文调控

通过计算季节性需水位，利用区域内进水渠、排水沟及其他水利设施，调控满足鸟类不同季节栖息地的水位需求。水文调控措施可保证水库维持半咸水生境，同时有效解决米草的入侵问题。

8.4.4 珍禽保护区缓冲区生态修复

工程概况：该项目的实施区域涵盖整个珍禽保护区范围（北纬 32°36′51″～34°28′32″，东经 119°51′25″～121°5′47″），面积为 284179 hm^2。

工程建设目标：恢复湿地原始生境，保护和恢复海涂湿地生态系统结构完整性，优化湿地景观格局，为鸟类等其他湿地动物提供适宜的栖息和繁衍场所，提高生物多样性；加强珍禽保护区的管护能力、科研能力、科普教育能力、社区共建能力建设，实现湿地生态环境保护、生态定位监测、湿地科普教育一体化。将珍禽保护区打造成全国沿海滩涂湿地生态保护、恢复及珍禽保护的规范化建设的示范保护区。项目区主要建设内容包括湿地恢复与重建工程、引水补湿工程、退渔还湿工程、互花米草控制工程、生物多样性监测与湿地研究中心建设工程、湿地生物多样性科普与环境教育基地建设工程、环境保护与卫生防护工程、社区共建工程。

工程效果：该项目已经于 2018 年 12 月全部建设完成并投入使用。通过亚行项目[亚洲开发银行（ADB）为了支持成员国的经济发展与创新，提供的贷款和相关服务的项目]的实施，先后实施了 540 hm^2 的湿地恢复与重建工程、1435 hm^2 的退渔还湿工程、1630 hm^2 的引水补湿工程、207 hm^2 的互花米草控制工程这四大湿地生态修复工程，使得珍禽保护区内人工湿地功能得到提升，鸟类栖息、觅食与繁殖生境得到营造。珍禽保护区管护能力、科研基础研究能力、环境教育与宣传能力、生态旅游能力得到了加强（图 8-17）。

（a）修复前　　（b）修复后

图 8-17　缓冲区生态修复前后效果对比图

8.4.5 旭强新能源响水 100 MWp 光伏发电项目补偿性生态修复工程

为补偿周边光电项目对鸟类栖息生境的影响，对项目区进行生态修复。通过对项目区进行地形改造、植被恢复、鱼类及底栖动物恢复以及水文调控等工程，将项目区改造为更适合湿地水鸟生存的生境，提高实验区生态系统服务功能。项目地点位于江苏省盐城市响水县城东北侧的三圩盐场内，占地面积为 200 hm^2，东侧为灌东盐场 9-1 水库，南侧为灌东盐场 8-1 水库。项目总投资为 5561.76 万元。

地形改造工程土方约 344 万 m^3；为满足鸟类栖息需求，种植灌丛、盐地草本、挺水、沉水植物约 20.89 hm^2，其中，盐地草本、挺水和沉水植物为总恢复面积的 1/10；为满足鸟类觅食需求，投放鱼类和底栖动物 5634 kg；为满足冬季鸟类需要大量泥滩地及湿地生态系统对水位变化的需求，建设补水泵站和退水闸各 1 座。工程结束后次年即观测到 12 只丹顶鹤栖息（图 8-18 和图 8-19）。

图 8-18　修复前的旭强新能源响水 100 MWp 光伏发电项目

图 8-19　修复后的旭强新能源响水 100 MWp 光伏发电项目

第 9 章　利用与提升

9.1　沿海旅游资源

盐城市历史悠久，海、盐、垦、殖和鹤文化底蕴浓厚，人文旅游资源遍布全市。江苏盐城湿地珍禽国家级自然保护区追溯至 1983 年批准建立的江苏省盐城地区省级沿海滩涂珍禽自然保护区，1992 年 10 月，经国务院批准成为国家级自然保护区，目前是我国最大的滨海湿地类型保护区、全球最大的野生丹顶鹤种群越冬保护地、国际重要生物多样性富集的热点地区，享有东部沿海“国家重要湿地基因库”之誉，优美的自然风光和人文景观每年吸引了大批中外游客前来观光旅游、观鸟拍照（施问超，2023）。中国黄（渤）海候鸟栖息地（第一期）成功申遗，更为盐城市的生态旅游带来了前所未有的发展机遇（果叮咚和许虎，2021）。江苏盐城在持续推进旅游发展的过程中，把自然景观与盐城市独具特色的乡土风情和民族文化整合在一起，以“保护优先”为原则，充分带动盐城旅游高质量发展，共建人与自然和谐共生的生态旅游产业。

9.1.1　自然旅游资源

1. *海岸线美丽生态风光带*

盐城整合了沿海林场、滩涂湿地、渔港风光以及海盐文化、红色文化等资源，突出了湿地、森林、海洋三大要素，全景展示沿海地区“生态绿+海洋蓝”。江苏盐城湿地珍禽国家级自然保护区是盐城旅游的重要组成部分，其地处江苏中部沿海，地跨响水、滨海、射阳、亭湖、大丰、东台六县（市、区），面积 247260 hm^2，海岸线长 582 km，是我国最大的海岸带保护区，主要湿地类型包括永久性浅海水域、滩涂、盐沼和人工湿地等，全域地势平坦，辽阔壮观，一望无垠（刘奕琳，2006）；由北到南可以看到冲刷型、淤长型和内冲外淤型三种不同类型的海岸带，由陆域向海边，地势由高渐低，植被类型演替阶段分明（吕士成，2011），可以看日出、赏红地毯、观海潮、挖海蟹、捡贝壳，还有品种各异的弹涂鱼、贻贝、瘤背石磺、海虾、蛤蜊等海产品。游客可以漫步海滨美景，真切感受大自然的非凡魅力。

2. *野生动物栖息地自然风光带*

珍禽保护区的淤积淤长型海岸带、丰富多样的滩涂湿地生态系统，孕育着异常丰富的生物多样性资源。至 2022 年底，珍禽保护区内有各类动物 1790 种（其中鸟类 421 种），高等植物 725 种。区内有国家重点保护野生动物 115 种，国家一级保护动物 30 种（鸟类 27 种），包括丹顶鹤、白头鹤、白鹤、东方白鹳、黑鹳、中华秋沙鸭、麋鹿等，国家二级保护动物 85 种（鸟类 77 种），有 17 个物种被列入《世界自然保护联盟濒危物种红色名录》。每年 10 月底至翌年 3 月有 400～600 只丹顶鹤在这里越冬。每年有 2000 多万只候鸟迁飞经过，有近百万只水禽在珍禽保护区内越冬。丰富的湿地自然环境原貌和生物资源，每年吸引大批的游客前来观察湿地的景观、物种、生境和生态系统等。

丹顶鹤（图 9-1）即传说中的仙鹤，凝聚了中国历史文化中最美好的向往和寓意，被公认为一等文禽，代表着幸福、吉祥、长寿和忠贞。明朝和清朝一品文官绣丹顶鹤，把它列为仅次于皇家专用的龙凤的重要标识，因而也称为“一品鸟”。由于丹顶鹤寿命长达 50～60 年，人们常把它和松树绘在一起，作为长寿的形象。丹顶鹤是候鸟，国家一级保护动物，全球丹顶鹤野生种群数量为 3800 只左右，每年有 400～600 只丹顶鹤选择到珍禽保护区越冬，这里是全球最大的丹顶鹤越冬地。这里充足的食物、安全隐蔽的栖息环境成了丹顶鹤越冬的终点站。它们会从 11 月一直停留到次年的 3 月份。整个冬天，它们在这里呼朋唤友、自由翱翔，有时集群多达 40～50 只，甚至 100 多只，成了珍禽保护区冬天的独特景观。丹顶鹤作为生活在沼泽或浅水地带的一种大型涉禽，被人冠以“湿地之神”的美称。

图 9-1　觅食中的丹顶鹤

图片来源：江苏盐城湿地珍禽国家级自然保护区

9.1.2　人文旅游资源

1. 世遗品牌构建全域旅游发展格局

2019 年 7 月 5 日，联合国教科文组织世界遗产委员会审议通过将中国黄（渤）海候鸟栖息地（第一期）列入《世界遗产名录》。位于盐城的该项目成为我国第 54 处世界遗产，江苏首项世界自然遗产，填补了我国滨海湿地类型遗产空白，成为全球第二块潮间带湿地遗产。盐城，一个让人打开心扉的地方，也拥有了丹顶鹤湿地生态旅游区、野鹿荡“暗夜星空保护地”等遗产地旅游品牌，形成了以黄海滩涂、湖荡湿地、海盐文化、田园花海等为主题的全市生态旅游新格局。盐城以珍禽保护区的珍禽保护展示、文旅集散、城市休憩为核心，以黄金海岸线等滨海风貌为基础，介绍盐城黄海湿地地理位置的重要性、生态系统的相对完整性、迁徙水鸟的重要栖息地和濒危物种保护措施，树立了“东方湿地之都”世遗旅游品牌形象，营造全域旅游、全景世遗的空间格局，形成丰富的旅游文化资源。

2. 一个真实的故事

有一首歌《一个真实的故事》传唱大江南北，讲述的是徐秀娟烈士的动人事迹。徐秀娟出生于 1964 年 10 月 16 日，黑龙江省齐齐哈尔市人，1981 年 8 月，不满 17 岁的她随父亲到黑龙江扎龙自然保护区驯养丹顶鹤，曾为党和国家领导人做过驯鹤表演，被评为“齐齐哈尔市最佳旅游服务员”。

她 21 岁自费进入东北林业大学进修。1986 年 5 月应聘到珍禽保护区工作，创办了南方的第一个鹤场。徐秀娟当年负责丹顶鹤和白枕鹤的人工孵化育雏、饲养驯化，全部取得成功，为在丹顶鹤越冬地建立不迁徙种群做出了卓越的贡献，同年被评为“盐城自然保护区先进工作者”，被吸纳为江苏省动物学会会员。1987 年 9 月 16 日，徐秀娟为寻找飞失的白天鹅，不幸溺水牺牲。盐城团市委追认她为“优秀共青团员”，1989 年 7 月 31 日，徐秀娟被中华人民共和国民政部追认为革命烈士，她也是我国环境保护战线上因公殉职第一人。她将 23 岁的青春年华，献给了一生热爱并为之呕心沥血的生态保护事业，为这片美丽的湿地留下一段感人的故事（汪永晨，2002）。徐秀娟精神穿越时空，历久弥新，永远是最宝贵的精神财富。珍禽保护区为传承弘扬徐秀娟精神，构建了革命红色与生态绿色交相辉映的生态保护教育基地（图 9-2），徐秀娟烈士被江苏省林业局推广为全省林业系统学习典型，在徐秀娟精神的感召下，每年有十数万的访客从徐秀娟不畏艰难、勇于献身的精神中汲取力量，鼓舞斗志。

图 9-2　徐秀娟烈士照片和雕像

图片来源：江苏盐城湿地珍禽国家级自然保护区

9.1.3　主要景点及网红打卡点

潮起潮落、海鸟逐浪、芦花飞扬、遍野红蒿、色彩斑斓、无限生机，尽显诗情画意，这就是盐城沿海的真实写照，盐城人民也抓住机遇，利用自身的沿海优势，经过多年的投资和建设，已形成了众多景点和网红打卡点，各景点名称、所在地区及特点见表 9-1。

表 9-1 盐城沿海主要景点

序号	景点名称	所在地区	特点
1	盐城丹顶鹤湿地生态旅游区	亭湖区黄尖镇	生态湿地，观野生动物；有丹顶鹤博物馆、丹顶鹤驯养中心、水禽湖、望鹤亭等景点
2	中华麋鹿园	大丰区草庙镇	以麋鹿保护为主，有生物大观园、麋光角影、睿桥、篮桥、太公亭、观鹿台、封神台等配套设施及湿地
3	江苏黄海海滨国家森林公园	东台市弶港镇	观光、休闲、垂钓、狩猎、吸氧，体味人与自然和谐共生的乐趣，有地貌景观、生物景观、森林浴场、水上泛舟、狩猎活动、度假疗养等
4	东台条子泥景区	东台市弶港镇	有鹬见、凤栖、乐涂、共生四座主题展馆，条子泥湿地观鸟塔、观鸟台、多功能厅等设施
5	盐城大丰港动物园	大丰区大丰港	北区为麋鹿苑，中区为珍禽园，南区有大熊猫乐园、虎狮熊豹猛兽馆、动物表演场、亲子动物区等景点
6	大丰港海洋世界	大丰区大丰港	海洋科技馆、海洋水族馆、海洋植物馆、明月湖、海洋剧场、海洋儿童乐园、海洋时尚美食坊、海滨驿站等景点
7	巴斗渔乡	东台市弶港镇	品海鲜、感受海文化韵味，听红色基地传奇故事，看海上日出，观赏勺嘴鹬等各种珍禽；有渔村民宿、海景餐厅、海滨沙滩浴场等
8	盐城滨海月亮湾	滨海县滨海港经济开发区	赏黄河诗画艺术廊、看日出，漫步月堤海景公园，凭栏听涛，另有星空泡泡屋、主题雕塑、水幕映画等景点
9	黄沙港湿地观光大桥	射阳县黄沙港镇	游原生态湿地，观光大桥雄伟壮观
10	射阳日月岛康养旅游度假区	射阳县海通镇	日月畅想主题馆、生态廊道和旅游驿站等景点
11	盐城沿海森林公园	亭湖区黄尖镇	观森林景观，享受绿色氧吧
12	黄尖牡丹园	亭湖区黄尖镇	有牡丹品种三百多种，红、黄、蓝、白、黑、粉、紫、绿八大色齐全
13	陈家港网红海滩	响水县陈家港镇	赏网红海、网红桥；看开山岛、海上风力发电；踏浪观海
14	蹲门湾湿地	东台市弶港镇	分为淡水区、麋鹿区、鸟类栖息区、盐蒿草种植区，并配套观鹿台、观鸟台等设施

从市区沿着海堤公路向南、向北，可以领略沿途无限风光。江苏盐城湿地珍禽国家级自然保护区充分利用丰富的以丹顶鹤为主的物种资源优势，因时制宜，发展生态旅游，创建了盐城丹顶鹤湿地生态旅游区，目前以“黄海明珠，生态廊道”之美誉、“大美湿地，仙鹤家园”著称，是盐城市新十景之一。旅游区获得的荣誉有江苏省科普教育基地、江苏省生态旅游示范区、国家环保科普基地、国家生态环境科普基地、国家 AAAA 级旅游景区，2019 年成为世界文化遗产，被盐城市委、市政府定位为盐城的“龙头景区、精品景区和核心景区”。

1. 盐城丹顶鹤湿地生态旅游区

1）丹顶鹤博物馆

这是我国规模大、等级高、以世界珍禽丹顶鹤为主题的专题博物馆（图 9-3）；其外形似一只展翅欲飞的千纸鹤，以广阔的黄海海滨湿地为背景，通过鹤之源仙鹤探秘、鹤之境湿地遨游、鹤之魂文化寻踪、鹤之友生态圆梦四个展厅向游客们讲述着丹顶鹤的故事。整座博物馆从北到南逐渐升高，昂扬的“鹤首”为最高点，顶端设有观景台，可以供游客一览保护区的自然风貌，而“鹤身”则是展览馆的主体。展览馆大厅内，12 只造型各异的丹顶鹤模型摆放在正中。

图 9-3　丹顶鹤博物馆

图片来源：江苏盐城湿地珍禽国家级自然保护区

丹顶鹤博物馆共设有四个主要展厅：鹤之源展厅——带领游客见证丹顶鹤爱情和亲情的感人瞬间，深入了解丹顶鹤的繁殖和家族生活。鹤之境展厅——展示丹顶鹤的生态习性、形态特征以及与其他鹤类的区别，让游客对丹顶鹤有更全面的认识。鹤之魂展厅——介绍从古至今灿烂辉煌的鹤文化世界，以及丹顶鹤作为图腾的渊源，展现鹤在中国文化中的重要地位。鹤之愿展厅（或称为鹤之友展厅）——向游客讲述保护丹顶鹤的真实故事，传承保护丹顶鹤的环保精神，激发游客对生态保护的关注和参与。

2）丹顶鹤驯养中心

这里展示的是人工驯化的丹顶鹤，是珍禽保护区长期科学研究的一个项目，旨在越冬地进行丹顶鹤的繁殖驯养工作。这里的丹顶鹤虽然体态上与野生丹顶鹤没有区别，但它们已经是严格意义上的留鸟，不再进行季节性的迁徙。这些丹顶鹤因为是人工驯养而成，可以与人群近距离地接触。其他驯养的物种还有白鹤、白枕鹤、灰鹤、赤颈鹤和黑颈鹤，弥补了游客难以近距离接触鹤的遗憾，使游客一睹全球各种鹤的风采，徜徉自然、仙鹤闲云（图 9-4）。

3）水禽湖

水禽湖是人工开挖的淡水湖，是仿珍禽保护区内部生态环境营造的野生水鸟湖泊，湖里有鱼，湖中有岛，岛上栽有树木，水面上有成群的野鸭、鸳鸯游弋，还有几只高贵的黑天鹅浮行其间（图 9-5），这些水禽各行其道，互不相扰。游客可以近距离欣赏鸟类，有“一行白鹭上青天”“春江水暖鸭先知”“雪颈霜毛红网掌”的感觉。

图 9-4　丹顶鹤和赤颈鹤

图片来源：江苏盐城湿地珍禽国家级自然保护区

图 9-5　水禽湖和天鹅

图片来源：江苏盐城湿地珍禽国家级自然保护区

4）望鹤亭

望鹤亭建立于 1989 年，亭共有三层，高 18 m，六角飞檐。由于滩涂地势平坦，这里为制高点。登高望远，可一览滩涂风光。亭前有碑，其上“望鹤亭”是有名的书法家、百岁老人武中奇先生所题，书法家将丹顶鹤的飘逸姿态融于其独特的书法艺术之中，三个字看似平淡，实则奥妙奇多。站在高处看，可以看到滩涂湿地一望无际的芦苇塘，曲折的河港湖汊穿插在一片片芦苇之间（图 9-6）。

图 9-6　望鹤亭和芦苇湿地

图片来源：江苏盐城湿地珍禽国家级自然保护区

盐城丹顶鹤湿地生态旅游区因其优越的地理位置和独一无二的自然景观以及特有的自然、人工湿地，汇聚了形态各异的珍禽等野生动物，并拥有独特的鹤文化，已接待来自英、美、法、德等国家及中国香港等地区的专家、学者和国内外数百万游客前来观察湿地的景观、物种、生境等。

2. 东台条子泥景区

该景区位于盐城南部的东台市，拥有“平原森林”“沿海湿地”“候鸟天堂”三张生态“金名片”。世界自然遗产地条子泥景区，拥有世界上面积最大的泥质潮间带湿地和辐射沙脊群，在此栖息、停留的有国家一级保护鸟类黑脸琵鹭、东方白鹳和黑嘴鸥，国家二级保护鸟类白腰杓鹬、大杓鹬、翻石鹬、大滨鹬和白琵鹭以及被誉为“鸟中大熊猫”的勺嘴鹬（图 9-7 左）等（牛一醒等，2002），麋鹿（图 9-7 右）也常来光顾。在“后世遗”时代，优化融合沿海文化、生态旅游资源，成为东台旅游发展的重中之重。东部以黄海森林公园为核心，新增迷雾森林、花漾森林、森林清吧等项目，大力推进精品酒店、生态民宿、人才公寓等建设，全力扮靓东台“城市生态客厅”。东台条子泥景区借助“海洋、森林、湿地”的独特景观，建设观鸟驿站和 18 km 旅游公路，加快建设蹲门湾湿地公园、微太湖景观项目，推进特色民宿、优质商业街等建设，增加巴斗、八里两个公路驿站，开发森林演艺、渔村民俗演艺活动，提升沿海旅游配套服务水平，将辖区各景点及大丰区的动物园、海洋世界、江苏大丰麋鹿国家级自然保护区有机串联，打造人文气息浓厚、生态环境优美、游客体验丰富的旅游景观带，在“旅游+”中融入健康养生、休闲文化等多业态，走出一条以绿色生态引领旅游高质量发展、以全域旅游引领社会全方位进步的“双引领”道路。

图 9-7　勺嘴鹬和麋鹿

图片来源：东台条子泥景区和中华麋鹿园

3. 盐城滨海月亮湾景区

该景区位于黄海之滨滨海月亮湾，占地 18.6 km^2，是古黄河文化核心承载地和滨海港城文化特色展示窗口，包括文明溯源游憩区、田园养生旅居区、古黄河文化体验区和国际滨海度假区四大旅游片区。在这里不仅可以看大海，还有著名红色文化旅游景点宋公亭、宋公堤纪念馆、云梯关遗址等可以参观，了解老一辈革命者在这片土地上的奋斗历程。月亮湾充分发挥海洋文化、红色文化、盐文化、古黄河文化、民俗文化等独特资源，联合响水县陈家港网红海滩、黄沙港湿地观光大桥、射阳日月岛康养旅游度假区等，打造生态康养旅游、湿地旅游，圆了很多盐城人家门口看海的梦想。

9.2　珍禽保护区管理与提升

9.2.1　基础设施

1. 交通道路设施

近几年，盐城市交通优势逐渐显现。珍禽保护区距盐城市区 50.9 km，车程 1 h，可充分发挥盐城城市集散功能。珍禽保护区有 G228 公路、1 号旅游公路、海堤路自北向南穿越全境，缓冲区和实验区内所有行政村和居民点都有乡村公路相通，主要河道和干渠均为通航道。

2. 通信和水电设施

区内通信条件十分发达，有线通信直通各村及主要居民点，无线通信已覆盖全区，实现无盲区通信。珍禽保护区内自来水普及率达到 95%以上，其余居民大多用手压井取水。2016 年，区内行政村已实施覆盖拉网式农村环境综合整治工作，强化污水处理、生活垃圾收集转运等基础建设工作。

3. 保护管理设施

珍禽保护区基础设施建设完备，符合珍禽保护区工程项目建设标准要求，能够有效支撑保护管理工作。界牌标识方面，在珍禽保护区边界、三区分界线上埋设界桩 179 根；在区内交通要道醒目处设立界碑 86 块，宣传牌 9 个；在核心区海域海水–3 m 处布设海上浮标 12 个。管理站方面，建设管理站 4 个，海上移动管理站（巡护船）2 个，管护点 6 个，监测站 4 个，所有站点均通水电；巡护设备齐全，配备了巡护快艇、巡护车、空气动力船、无人机、摩托车、手持 GPS、执法记录仪、单筒望远镜、双筒望远镜、数码相机、单反相机、红外夜视仪、高功率大频率对讲系统等巡护设备，能够满足全域管护需求。

巡护道路方面，整个珍禽保护区西沿建设有一条贯穿南北的海堤公路，路宽 8 m，总长约 350 km，均为沥青铺装路面，为日常主巡护道路；核心区内有一条长约 25 km 的砂石路，能够满足日常巡护需要。此外，区内还建设 6 座瞭望塔，建成高空视频监控系统，布设高清监控探头 46 个，实现对缓冲区、实验区的全覆盖。核心区实现全封闭管理，在核心区西沿设置物理屏障，开挖隔离河 22.5 km，设置隔离网 20 km。

珍禽保护区已建成国家级陆生野生动物疫源疫病监测站以及野生动物繁育与救护中心，配有笼舍 99 个，建有完善的视频监控系统，138 个监控探头覆盖整个中心，配备了全自动生化分析仪、血细胞测定仪、照蛋机、X 光机、孵化机、移液器、麻醉机等设备。

9.2.2　机构设置

珍禽保护区已经建立了独立的管理机构，自 1984 年获批成立管理机构后，于 1993 年正式更名为“江苏盐城国家级珍禽自然保护区管理处”，现为正处级建制，属公益一类事业单位。现机构设置与珍禽保护区总体规划相符合，珍禽保护区管理处下设一室五科，即办公室、资源管理与保护科、资源调查与监测科、宣传教育科、社会事业管理科、项目与财审科。设立基层管理站 5 个，海上巡护船 2 艘。为满足实际工作需要，珍禽保护区管理处还内设学术委员会、鸟类研究中心两个研究性机构。

9.2.3　保护管理

1. 公安机构和行政执法权

珍禽保护区没有设立单独的公安机构，但于 2020 年与盐城市生态环境局、盐城市自然资源和规划局、江苏大丰麋鹿国家级自然保护区签订了《自然保护地生态环境监督管理工作合作框架协议》，建立自然保护地生态保护联合执法工作机制，相关部门（单位）定期、不定期开展保护联合执法检查。珍禽保护区没有独立的行政执法权，但目前有 12 人已取得行政执法证。

2. 站点布局

因珍禽保护区面积大，分布狭长且分散，珍禽保护区的保护管理站、检查哨卡的设置和布局与珍禽保护区管理建设要求稍有差距，但能够基本实现保护管理区域的分区控制，珍禽保护区基础设施建设也较完备。目前海域管理无法完全覆盖珍禽保护区全部范围，陆域管理站相对珍禽保护区面积设置不足，单个管理站管护面积偏大。

3. 管理队伍

2021 年珍禽保护区管理处仅有 26 个编制，其中 13 个为全额拨款，13 个为自收自支，在职人员 25 人，其中专业技术人员 15 名（2 人双肩挑），管理人员 9 名（2 人双肩挑），工勤人员 3 名，45 岁以下人员占总人数的比例为 54.5%。2022 年，依据《省人力资源和社会保障厅关于调整江苏盐城国家级珍禽保护区管理处岗位设置方案的复函》（苏人社函〔2022〕154 号），珍禽保护区核定编制争取到 39 个。但是，管理人员仍然较为缺乏，人员专业结构不尽合理。面对 2473 km^2 的面积、582 km 的海岸线，珍禽保护区在编人员难以满足巡护管理需要，巡护等岗位依赖大量劳动派遣人员，职工队伍稳定性较差。

4. 职业培训

珍禽保护区管理处定期开展工作人员培训，自 2016 年以来，每年组织集中培训或外出考察交流不少于 20 次，并邀请专家来区授课，培训内容涵盖生态保护、鸟类监测、湿地文化、新媒体宣传等方面，有效地提升了珍禽保护区专职人员的综合素质，全面提升了管理服务水平。

9.2.4 管理制度

1. 法制建设

珍禽保护区认真贯彻执行《中华人民共和国野生动物保护法》《中华人民共和国湿地保护法》《中华人民共和国森林法》《中华人民共和国自然保护区条例》等国家、省、市级法律法规政策规定。珍禽保护区管理处以规范化管理为目标，在业务主管部门的指导下，制定了各项内部管理工作制度和规范化操作流程，如《保护区巡护管理办法》《管理站及工作人员职责》《网格化监管工作方案》《进入保护区进行科研考察活动的管理办法》等完善的规章制度，权责明确，各项保护管理工作有规可依，且严格按照规定执行。

2. 制度建设

珍禽保护区全面制定了保护管理工作的制度和相应的岗位责任制，建立了一套较为严格和完整的管理体制，制定了科室、站等一系列详细的工作制度，如日常巡护管理制度、管理站工作制度、管理站值班值宿制度等，使珍禽保护区的管理工作步入正轨。

9.2.5 科学研究

多年来，珍禽保护区与众多科研院所合作展开科学研究，现有合作伙伴包括北京林业大学、复旦大学、南京师范大学、中国科学院东北地理与农业生态研究所、南京大学、南京林业大学、生态环境部南京环境科学研究所、北京动物园、盐城工学院、盐城师范学院、江苏省林业局等单位。为了与国际、国内同类型湿地进行更为深入的对比，珍禽保护区还将拓展和加强与国际相关组织科研项目的合作。主要基础研究方向如下：

（1）珍禽保护区资源本底调查和综合科学考察，包括生物多样性调查、自然地理环境调查、威胁因素调查、世界遗产地的人文历史和社会基本情况调查等，科学评价珍禽保护区重点保护对象的动态变化和管理成效，并提出对应的保护建议和对策。

（2）对珍禽保护区的代表性生态系统进行长期定位监测研究，如候鸟迁飞通道的生境监测和管理，丹顶鹤、勺嘴鹬等重点保护鸟类的物种数量动态变化及栖息生境管理，滨海湿地植被演替研究，通过遥感数据以及野外监测和调查的数据建立 GIS 数据库，监测植被变化情况，湿地动态监测与分析等。

（3）基于地质历史时期和大江大河及潮流的相互作用，进行辐射沙脊群的形成、动态、水动力变化及地貌预测、海表流场遥感分析和沉积分布模拟等专项研究，发现江苏岸外辐聚辐散的流场不依赖于局部海底地形而独立存在，辐射沙脊群是废黄河北归约 150 年后，随着废黄河水下三角洲不断被侵蚀，辐聚辐散的潮流对不同来源物质重新塑造的结果，是动力-泥沙-地形相互作用的产物。

（4）在开展国际、国内科研合作的基础上，重点研究影响丹顶鹤越冬种群的综合因素，明确了气候因子的变化是对其行为产生直接影响的主要因素，温度、雨、雾、雪、风等发生大幅度变化时，都将导致越冬期丹顶鹤的行为发生相应的适应性变化，对迁徙行为的影响则更为明显。

另外，珍禽保护区还围绕稀缺资源的分配和人类行为管理开展了社会科学研究。例如，国际、国家与地方政府的相关政策（如联合国气候变化框架公约等）效益、相关国际组织（如联合国环境规划署等）的规则对保护和开发的影响研究；民族传统文化、社区发展等方面对珍禽保护区生态环境系统的影响研究；人类活动对动植物生境和动物活动的影响研究；珍禽保护区旅游活动、开发模式与旅游管理研究；区域性开发背景下的鸟类栖息地生境恢复研究。

20 多年来，珍禽保护区组织科研人员开展课题攻关，发表了论文 100 余篇，完成了资料本底调查，开展了越冬地丹顶鹤、獐、黑嘴鸥等研究、驯养和繁殖以及 GIS 在珍禽保护区管理中的运用等课题三十多项；筹资恢复湿地，建设了万亩芦苇湿地，修复了数千亩碱蓬群落，使鹤类和水禽有了良好的栖息场所，使越冬种群数量逐年增多；开展了国际合作和交流，配合国内外科研机构和高校举行了七次国际野生动物保护培训班，并同全球环境基金会、保护国际、世界自然基金会、国际鹤类基金会及中国香港、台湾等地区的组织开展了众多的合作项目，大大提高了珍禽保护区在境外的影响力。

9.3　威胁因子与提升路径

9.3.1　植物多样性威胁因子

1. 自然因素

江苏盐城湿地珍禽国家级自然保护区是江苏省最大的、自然状态保持最好的一块沿海滩涂湿地。珍禽保护区所在的这片滩涂受海洋气候影响，气候温和，雨量充沛，四季分明。滩涂上河道港汊纵横交错成网，多沼泽，植被生长繁茂。珍禽保护区的核心区是一片保存完好的芦苇湿地和滩涂湿地，是一些珍稀鸟类和其他野生生物的重要栖息地；缓冲区和实验区基本属于半自然或人工湿地及农田，常进行晒盐、水产养殖和农业生产等活动。

1）环境压力

目前，珍禽保护区面临的环境压力主要包括地面沉降和海平面上升。盐城沿海海岸线漫长，潮间带湿地资源丰富，沿海地区平原平均高程约为 3 m。自更新世以来，亚洲大陆东部有数条像黄河、长江这样的大河源源不断地将青藏高原、中亚荒漠的巨量物质向黄（渤）海输送，而黄（渤）海大陆架则处在持续的沉降过程中。沉积物堆积和地壳沉降，加上海洋水文过程和气候变化，共同塑造了黄（渤）海沿岸的海积滨海平原和辐射沙脊群自然景观，也形成了生态系统发生、演化的物质基础。此外，珍禽保护区的地貌单元包括废黄河三角洲平原和中部沿海海积平原，它所处的中纬度位置及滨海低洼的地势条件，使得海平面上升的灾害效应尤为明显。由全球变化驱动的海平面上升也是珍禽保护区面临的最主要长期压力之一。

2）海岸淤蚀，土壤盐碱化

海平面上升将逐渐淹没低洼地和滩涂资源，加大海水入侵的强度，加剧了海岸侵蚀。

珍禽保护区所在的海岸带兼有快速的淤长岸段及剧烈的蚀退岸段，以射阳河口为界，向北为侵蚀型海岸，向南为淤长型海岸。北部的侵蚀型海岸滩面下蚀变陡，百余年来，废黄河口附近岸段已经后退了数十千米。向南、向北侵蚀强度逐渐减缓，侵蚀范围不断扩大。但随着废黄河三角洲凸出岸段的侵蚀后退和岸线稳定，近年来的侵蚀强度有减缓趋势。由于珍禽保护区南部淤积的特性，滩涂植被伴随着滩面的淤长不断向海推进，使盐城滩涂湿地植被面积不断扩大。淤积淤高使得滩面不断升高，沉积物的动植物、水分、盐分等生物、物理、化学特性发生了显著变化。植被分布逐渐向淤长的滩涂扩张，植被的分布面积增加；滩涂的淤长使得近陆地区旱化速度加快，促进了植被的演替。

3）外来植物竞争

在珍禽保护区近海岸附近，外来植物互花米草已成为最优势的植物物种，并逐渐取代土著植物（碱蓬和芦苇）形成了单物种的互花米草植物群落。除此之外，在盐城市分布相对广泛且危害较重的有加拿大一枝黄花、喜旱莲子草、小蓬草、鬼针草等几种入侵植物，其中尤以加拿大一枝黄花危害最重。以上外来植物不仅改变了珍禽保护区内的水文条件和植物群落的演替动态、分带格局及生态系统生产力，还改变了湿地生态系统的生物多样性与分布，造成生态系统结构和功能的严重退化。

2. 人为因素

1）生境破碎，湿地萎缩

随着海岸线的变迁，滩涂沉积物盐度明显下降，有机质含量上升，逐步发育为适宜农业种植的土壤。围垦是指在沿江、滨湖和海边的滩地上圈筑围堤进行垦殖的工程技术。对海滩地的围垦又叫海涂围垦；对经常淹在水下的海湾浅滩的围垦又叫围海造田。在珍禽保护区内部人为活动较频繁的乡村，边缘农业有扩张的趋势。海涂围垦区首先清除土壤上原有的树木、灌木和草本植物；而后引淡水淋洗土壤盐分，并采取蓄淡养青、种植耐盐作物等措施积累土壤有机质，加速土壤脱盐与提高土壤肥力；最后改种粮食作物和经济作物，这也使得原有的生境发生翻天覆地的变化。在海涂围垦区内修建完整的排灌系统，排除地面径流，控制地下水位，并对种植的作物进行合理灌溉也会造成湿地面积的萎缩。

2）污染严重

珍禽保护区入海河道及河口湿地生态系统属于近岸海洋生态系统，整体处于脆弱状态。由于工业园的引入，入海河口和近岸海域受陆源污染，外来物种如互花米草等不断渗入内陆，入侵面积不断增大，占据很多土著动植物的栖息地；农药化肥的大量施用，使水体出现了一定程度的富营养化，有暴发赤潮、水华等生态灾害的可能性；水产养殖业产生的养殖废水也会对动植物的生存构成威胁。

3）植物种质过度开发，贸易谱狭窄

种植业是大农业的重要基础，不仅是人类赖以生存的食物与生活资料的主要来源，还为轻纺工业、食品工业提供原料，为畜牧业和渔业提供饲料。珍禽保护区周边农田种植的农作物主要有水稻、玉米、小麦、大麦、油菜、落花生、大豆、南瓜、番薯、向日葵、扁豆、豇豆、芋等。由于其性质，作物群落大都是单物种构成的群落。然而，农作物面积的增大会侵占原有植物的生存区域，进而影响植物多样性。

珍禽保护区内盐碱地较多，盐生植物资源丰富，包括食用盐生植物资源、饲用盐生植物资源、药用盐生植物资源、工业用盐生植物资源、保护和改善环境的盐生植物资源等。一些植物的种子、树皮、叶子等也是重要的工业资源。其中，柽柳树皮含鞣质，是提取栲胶的原料；田菁种子含有田菁胶，可作为树胶类盐生植物；碱蓬、灰绿藜叶子中含有钾盐，可从中提取钾素，用于工业生产；应当在不影响这些植物生存繁衍的前提下，对它们予以适当开发与利用。

9.3.2 动物多样性威胁因子

1. 自然因素

1）生态胁迫严重

珍禽保护区作为全球最大的丹顶鹤越冬地之一，其生态系统正面临多重生态胁迫。栖息地退化是首要威胁，受湿地围垦、填海造陆及海水东移影响，保护区核心区旱化面积不断扩大，原生芦苇滩、碱蓬滩等关键生境面积大幅缩减，导致丹顶鹤越冬种群数量近年来锐减至不足 500 只。外来物种入侵加剧生态失衡，互花米草在核心区肆意扩张，侵占滩涂后使底栖生物群落消亡，丹顶鹤等涉禽的食物资源锐减，适宜栖息地减少约 30%。气候变化进一步压缩了生态空间，全球变暖导致我国东部候鸟迁徙路线北移，盐城作为中途停歇地的生态适宜性可能下降，若中途停歇地持续遭到破坏，许多鸟类的迁徙将面临“无加油站”的生存危机。

2）自然灾害

极端气候事件如台风、江淮气旋、寒潮、暴雨、冰雹、龙卷风、风暴潮、水旱灾害等，造成的损失和影响越来越大，每年各种自然灾害所造成的损失中 95%以上是由气象及其衍生灾害带来的。极端气候事件的频繁发生，给珍禽保护区及其周边社区的基础设施和居民生产生活直接造成巨大危害。

台风是本区频繁发生和危害性最大的灾害性天气，台风与天文大潮相遇可导致风暴潮。受季风的影响，盐城多暴雨，年均暴雨次数为 3～4 次，暴雨主要发生在 6～9 月，特大暴雨主要发生在 7～8 月，与台风出现的时间一致，大多数台风本身就能带来大暴雨和特大暴雨，影响着众多动物的栖息和繁衍。

3）外来动物入侵

生物入侵造成的生态或进化后果相当严重。成功入侵的外来物种，常常直接或间接地降低被入侵地的生物多样性，改变当地生态系统的结构与功能，造成本地物种的丧生或灭绝，并最终导致生态系统的退化、生态系统功能和服务的丧失。在珍禽保护区内，外来入侵动物不断繁殖、扩散，严重威胁森林、草原、农田、水系等生态系统，对湿地的可持续发展产生了极大危害。

4）植被退化，自然资源消耗严重

外来植物互花米草入侵之后逐渐取代土著植物，入侵土著生境，形成单一的互花米草植物群落，改变了大型底栖动物的群落分布；同时，互花米草的促淤作用使土壤淤积，形成高坎，阻挡了潮水进入高潮滩，进一步改变了高潮滩其他生境中底栖动物的分布。因此，植被退化带来的食物短缺和栖息地减少等现象，对野外生存的动物来说是最为棘手的难题。

2. 人为因素

1）工业化产业威胁

生产性人为干扰包括工农业生产和非生态性湿地旅游开发等活动。这些活动对湿地生态系统的危害巨大，主要是片面追求经济效益，不注重产业结构调整和忽视生态环境保护所致。除生产性人为干扰、生活性人为干扰因素外，对珍禽保护区湿地生态系统健康的人为干扰因素还有围垦造田、围海养鱼等。这些产业大面积的发展是湿地面积萎缩的重要因素之一。

2）沿海地区的工程建设

在盐城沿海地区，港口建设、石油开采、高速公路修建、筑坝、填海等诸多工程极易改变湿地水状况，增加湿地沉积物的负载量，破坏湿地生态系统的完整性，影响湿地生态系统的存续，干扰湿地生物生境的连续性。

3）动物种质过度利用

在珍禽保护区内，经济发展对各类资源的需求不断攀升，且这种需求增速已超出资源自身的增长幅度，使资源总量呈现持续下降的趋势。部分珍稀野生动物种群，如丹顶鹤、青头潜鸭、勺嘴鹬等，其数量已减少至濒危和极危水平。尤其值得警惕的是，在市场高额利润的强烈诱惑下，一些不法分子无视法律法规，非法偷猎，甚至非法经营野生动物及其制品，加剧了物种灭绝的风险。尽管目前珍禽保护区在野生动物驯养繁殖方面已取得一定成效，初步探索出了一些可行的繁殖技术和模式，但总体发展水平仍然较低，尚未构建起规模化、集约化的繁育体系，野生动物种群的自我恢复能力有限，这无疑给野外种群的保护工作带来了巨大压力。

4）旅游压力

旅游业因其低污染，素有“无烟产业”之称，在发展过程中，人们往往更多地倾向于其经济效益和社会效益，对其环境保护重视不够。其实低污染并不等于无污染。事实上，旅游活动过程是与旅游资源环境的一种零距离接触过程，它对环境仍具有内在的、隐性的破坏力。就湿地生态旅游区而言，旅游者的各类行为，诸如随意丢弃垃圾、使用高污染能源设备等，以及旅游交通工具在运行过程中排放的尾气、产生的机械噪声等，均会引发大气污染、噪声污染和视觉污染问题；当客流量超出景区合理承载容量时，会对珍禽保护区的生态旅游环境造成极大压力，破坏湿地植被、干扰野生动物栖息与繁衍，进而严重干扰并破坏生物圈的正常循环，影响湿地生态系统的稳定性与可持续性。可见，旅游活动过程中所带来的破坏是直接的、近距离的，它与环境保护的冲突同样显而易见，且难以避免。

9.3.3 提升路径

1. 制定湿地保护相关的法规，完善东部沿海湿地管理体系

我国湿地保护工作相较于其他生态保护领域起步较晚，但近年来通过不懈努力与持续发展，已在湿地、水土及野生动物保护的法律体系建设上取得了显著进展，特别是2022年《中华人民共和国湿地保护法》的实施，标志着我国湿地保护迈入了法治化、规范化的新阶段。然而，当前湿地保护仍面临诸多挑战与不足，具体表现为：配套法规标准体系的不完善、各个部门制定规章标准时目的不同，使得一些重要的湿地生态系统保护原则和制度无法通过法律法规集中体现，湿地生态系统保护需要参照多部门的法律执行，导致湿地保护的效果在一定程度上受到了影响。

2. 摸清家底，建立健全湿地资源信息库

珍禽保护区可以与地方职能部门、监测机构、科研院所和高等院校深度合作，利用科研软件对湿地资源数据进行全面整理、核对，包括湿地资源调查数据、湿地生态效益补偿摸底调查数据及所有湿地资源分布图形库等。通过数据整理，进一步建立健全湿地资源信息库，以掌握湿地变化规律、生态多样性、动植物种植生存现状等各类资源消长变化，为全面、客观地分析评价以及合理地保护管理湿地资源工作提供完整、准确的基础资料和决策依据。

另外，为进一步提升湿地保护管理工作水平，珍禽保护区可以逐步建立和完善基于空间遥感监测技术的湿地资源监管模式与工作长效机制，对湿地内人类活动点位进行监测，及时发现、制止、处置涉及侵占湿地、违规违章建设等的违法行为，进一步提升湿地保护管理工作水平。

3. 坚持可持续发展路线，发展生态农业

生态农业的核心是使农业生产中的能量和物质流动实现良性循环，实现经济和生态环境协调发展。生态农业提倡减少农业化学品，如化肥、农药等的投入，对农业废弃物应考虑综合利用，实现资源化处理，使其对环境的不良影响降到最小。生态农业是涉及农业生态经济系统不同层次设计的良性循环农业体系。在大力发展生态农业的同时，必须注意保护耕地资源和水资源，使农业环境不影响湿地的可持续发展。对于湿地附近的边缘农业，珍禽保护区必要时可实行退渔、退田还湿，划定湿地生态红线，减缓湿地萎缩的趋势。

4. 科学研究湿地资源价值，合理开发经济潜力

珍禽保护区在“摸清家底”后，需综合评估湿地的社会经济功能和生态系统功能。湿地生态系统的直接使用价值，通常可分为物质性的和非物质性的两类，物质性的价值主要包括水生植物及水生动物等；非物质性的价值主要包括宣传教育、游玩休憩等。湿地系统的间接使用价值，通常可分为可利用的和不可利用的两类，可利用的价值主要包

括减缓温室效应、保水固土、水质净化等；不可利用的价值主要包括生态美学、精神满足等。而选择、遗传及存在价值均为非使用价值，选择价值是指生态系统的生物潜在价值；遗传价值是指当代人为生态系统构建付出，从而使子孙后代可持续获得某种价值；存在价值是指当代人为了保持生态系统而付出的费用。

在熟悉盐城湿地的资源价值后，珍禽保护区需因地制宜选择合理的湿地开发利用模式。湿地类型多样，所处地理位置各不相同，在选择开发利用模式时，应因地制宜，宜农则农，宜渔则渔，宜牧则牧。利用时应限制在生态系统最大可恢复的阈值范围内，对一些湖泊水塘、河滩洼地，应充分考虑其蓄水、防洪作用。我们应对盐城湿地的开发利用现状做一次全面调查，并依据湿地生态系统的特征和功能，综合考虑其经济、社会和环境价值，选择合理的开发模式，保障湿地资源的可持续利用。为了将环境影响降到最小，可对选择的模式先进行小规模的试点，成功后再推广。

5. 调整珍禽保护区周边的产业结构，整治污染问题

工业上，珍禽保护区入海河口和近岸海域由于工业园的引入而受到工业污染。农业生产上，农药、化肥的大量施用，使水体出现了一定程度的富营养化，有暴发赤潮、水华等生态灾害的可能性。水产养殖业上，养殖废水也会对动植物的生存造成不小的挑战。

周边的产业结构需要珍禽保护区和当地政府的协调管控，重点是要全面治理好两个污染源：一是要治理农村生活垃圾、生活污水，全面开展环境卫生整治、构建垃圾处理一体化体系；二是要治理农产品加工、畜禽养殖污染，彻底改善养殖方式，在湿地水域禁止投肥养殖全面控制面源污染，推广清洁能源。

6. 顺应自然规律，推进生态修复工程

珍禽保护区湿地的生态修复要因地制宜、科学合理，尊重自然规律，坚持节约优先、保护优先、自然恢复为主的方针，坚持宜林则林、宜草则草、宜荒则荒的理念，深入研究滨海滩涂湿地在未遭到破坏前的自然状况，基于湿地生态系统制定全面合理的生态修复方案，并对生态修复方案进行充分论证和系统评估，避免生态修复方案不合理导致的二次生态灾害，最终达到人与自然和谐共生。

由于周边水利工程的监测以及区内互花米草的入侵，珍禽保护区内的水文条件已经发生了明显的变化，植物群落及其环境正在经历快速的变化，湿地生态系统的结构和功能也因此而受损。

为此，我们建议：①将来在珍禽保护区周边进行任何形式的水利工程前，应严格评估工程对珍禽保护区可能造成的环境生态影响；②在珍禽保护区应实施开渠引潮等生态修复工程，以使潮水能进入高潮滩，维持海岸带盐沼湿地生态系统的基本水文条件；③在认识互花米草成功入侵的机制和影响基础上，对珍禽保护区及其邻近区域的种群进行有效的管理和控制，而且应在核心区内实施必要的生态工程，以生态控制互花米草的蔓延并改善鸟类的栖息地质量。

7. 湿地管理部门牵头，引导群众参与环境保护

珍禽保护区时时刻刻都与社区民众保持着千丝万缕的联系。盐城湿地珍禽国家级自然保护区和江苏大丰麋鹿国家级自然保护区工作人员大量艰苦的工作，让周围的社区群众把支持保护湿地看成光荣的事、义不容辞的事。在重点保护对象丹顶鹤越冬期主动护鹤，发现发生疾病的丹顶鹤主动举报或者护送病鹤到珍禽保护区进行治疗，发现人员捕杀野生动物、破坏湿地环境等行为立即向当地公安、林业和珍禽保护区管理部门报告。社区中过去的“猎人”变成了今天的“线人”，为全方位的保护赢得了充分的主动权。给予社区群众充分的知情权和信任权，将保护和社区发展结合起来，尽可能地支持地方经济和社会事业的发展，达到生态、社会、经济的可持续发展。为实现科普教育、科学研究的目的，珍禽保护区可以与不同的学校、机构、媒体建立长期的友好关系，普及湿地保护理念和知识。

9.4 自然保护区评价

9.4.1 保护管理历史沿革

中华人民共和国法律法规和江苏省地方性法规体系满足了珍禽保护区管理的需要，使珍禽保护区的保护与管理做到有法可依、依法保护，为湿地保护与管理规划的实施提供了法律保障。

2018 年 7 月，国务院下达《国务院关于加强滨海湿地保护严格管控围填海的通知》（国发〔2018〕24 号），要求严控新增项目、严格审批程序、全面开展现状调查并制定处理方案、妥善处置合法合规围填海项目、依法处置违法违规围填海项目、严守生态保护红线、加强滨海湿地保护、强化整治修复、健全调查监测体系、严格用途管制、加强围填海监督检查、明确部门职责、落实地方责任、推动公众参与。该通知全方位加强滨海湿地保护，严格管控围填海活动，有利于严守海洋生态保护红线，改善海洋生态环境，提升生物多样性水平，维护国家生态安全。

为了进一步贯彻中央文件精神，珍禽保护区组建了高素质的管理队伍，部门分工负责、互相配合、共同管理，为珍禽保护区保护管理规划的实施提供了强有力的组织保障。

9.4.2 珍禽保护区范围及功能区划评价

江苏盐城湿地珍禽国家级自然保护区位于江苏省盐城市沿海地带，地跨射阳、大丰、东台、滨海、响水、亭湖等六个县（市、区），总面积 247260 hm^2，主要保护丹顶鹤等珍稀野生动物及其赖以生存的滩涂湿地生态系统。丰富的滩涂湿地植被也为珍禽保护区内其他生物提供了理想的迁徙、觅食、栖息、繁衍场所。

根据保护区性质、保护对象及功能区划，保护区总体布局分为核心区、缓冲区和实验区。

核心区位于射阳县和大丰区境内，面积共 22596 hm^2。本区以自然生境为主，北核心区分布有为改善丹顶鹤栖息地而建设的近自然人工湿地，南核心区大部分保持原始滩涂面貌，是一块中国沿海唯一保存完好的原始滩涂。核心区保存着完好的天然状态的盐沼生态系统，是丹顶鹤等珍稀、濒危动植物的集中分布地，禁止任何单位和个人进入；除依照《中华人民共和国自然保护区条例》第二十七条的规定经批准外，也不允许进入从事科学研究活动。核心区也不得建设任何生产设施。

缓冲区由两块组成，在核心区南北各有一块缓冲区，面积共 56769.75 hm^2。北缓冲区位于射阳县境内，东至海水–3 m 等深线，南至新洋港出海河南岸，西至海堤公路东边线，北至射阳盐场北界路。南缓冲区位于亭湖区和大丰区境内，东界为海堤公路中心线东部界河、海堤公路东 145 m 平行线、斗龙港出海河及海水–3 m 等深线，南界为四卯西河出海河，西界为西潮河东堤、里道河东岸、一排河北岸、海堤公路东边线和海堤公路，北界为 S331 南边线。缓冲区禁止开展旅游和生产经营活动，不得建设任何生产设施。因教学科研的目的，需要进入自然保护区缓冲区从事非破坏性的科学研究、教学实习和标本采集活动的，应当事先向自然保护区管理机构提交申请和活动计划，经自然保护区管理机构批准。

实验区总面积 167894.25 hm^2，共有 7 块，其中北一实验区涉及响水、滨海县境；北二实验区位于滨海县境；北三实验区、中实验区位于射阳县；南一实验区位于大丰区；南二实验区涉及大丰区、东台市境；东沙实验区涉及大丰区和东台市的近岸海域。实验区内经管理机构同意可以开展科学试验、教学实习、参观考察、旅游以及驯化、繁殖珍稀、濒危野生动植物等活动。禁止在自然保护区内进行砍伐、放牧、狩猎、捕捞、采药、开垦、烧荒、开矿、采石、挖沙等活动；但是，法律、行政法规另有规定的除外。严禁开设与自然保护区保护方向不一致的参观、旅游项目。实验区内，不得建设污染环境、破坏资源或者景观的生产设施；建设其他项目，其污染物排放不得超过国家和地方规定的污染物排放标准。在自然保护区的实验区内已经建成的设施，其污染物排放超过国家和地方规定的排放标准的，应当限期治理；造成损害的，必须采取补救措施。在自然保护区内的单位、居民和经批准进入自然保护区的人员，必须遵守自然保护区的各项管理制度，接受自然保护区管理机构的管理。

9.4.3　主要保护对象动态变化评价

盐城沿海滩涂自 1128 年黄河夺淮夹带大量泥沙入海，在江苏沿海的北部不断淤长形成废黄河三角洲平原；南部长江尾闾东移，长江的泥沙与黄河入海的泥沙合并堆积形成江苏中部海积平原。1855 年黄河北归后，泥沙来源断绝，岸线侵蚀后退，在河口附近后退了数十千米，近 15000 km^2 土地被海洋吞食。目前，该段海岸带每年侵蚀 10～20 m。

射阳河口至斗龙港段为侵蚀到淤积的过渡段，且淤蚀分界点呈现南移趋势。20 世纪 60 年代淤蚀过渡岸段的分界点在射阳港以北，现在已延伸至射阳盐场。其岸滩的表现为高潮线附近继续淤长且速度逐渐变慢，低潮线附近开始侵蚀并有加快趋势；高潮滩继续淤长。资料分析表明，射阳河口附近平均高潮线的年均蚀退量不足 5 m，但平均低潮线附近的低潮滩年平均蚀退量却达 30 m 以上。斗龙港附近平均高潮线附近年均淤进 100 m，而平均低潮线年均淤进量只有 50 m。这说明射阳河口附近刚刚进入全剖面侵蚀期，平均高潮线附近侵蚀尚慢。而斗龙港附近则是即将进入过渡期的淤长型海岸，平均低潮线附近的淤长明显慢于平均高潮线，岸滩已开始陡化。

珍禽保护区淤积段新淤长的滩涂在最初的几年内处于淤长阶段；随后植被出现，互花米草为先锋种群首先出现在新淤长的滩涂上，米草的出现使得滩涂演变进入促淤阶段。随着滩面不断淤积淤高，滩涂植被及动物区系进一步演替，滩涂生态系统进入成熟阶段，并进一步发育达到以芦苇、獐毛等植被为代表的鼎盛期。滩涂植被群落对环境的不断改造，使得滩涂沉积物的盐度、水分、有机质、生物相等发生剧烈变化，加之滩面的不断淤高，潮侵频率逐渐减小，滩面沉积物含水率及地下水位下降，芦苇群落衰萎，湿生植物退化，滩涂动植物减少，滩涂进入老化阶段，甚至出现沙化现象。老化阶段的滩涂其沉积物盐度明显下降，有机质含量上升，逐步发育为适合农业种植的土壤。

9.4.4　管理有效性评价

珍禽保护区已经纳入江苏省社会经济发展总体规划和相关保护规划中，确立了湿地“科学规划、统一管理、严格保护、永续利用”的基本原则，制定了相关政策并执行，以保护湿地多样性。

盐城滩涂及其植被本身处于强烈的动态变化过程中，滩涂及植被的空间分布格局也在不断变化。根据滩涂淤蚀动态和植被消长变化，珍禽保护区适时调整保护的范围与格局，对滩涂湿地实施动态化管理是非常必要的，也是海岸管理科学化的体现。

滩涂植被是滩涂物质积累、生境形成的基础，也是珍禽以及其他保护动物赖以生存的基础。随着滩涂植被的不断演替，分布区逐渐向海推进，野生动物的分布也不断改变，因此，对淤积淤长型滩涂必须实施动态化管理与保护。根据滩涂淤积淤长趋势、滩涂植被发育演替状况，每隔一段时间对珍禽保护区的保护范围做一些调整，有利于珍禽保护区的可持续发展。

9.4.5　社会效益评价

湿地具有自然观光、旅游、娱乐等方面的功能，中国有许多重要的旅游风景区都分布在湿地地区。城市中的水体在美化环境、为居民提供休憩空间方面有着重要的社会效益。有效的湿地保护可产生良好的社会效益，最为主要的是景观、旅游价值。湿地旅游观光活动的主要对象是以江苏大丰麋鹿国家级自然保护区、江苏盐城湿地珍禽国家级自然保护区和条子泥景区为重点的沿海滩涂自然风光。江苏大丰麋鹿国家级自然保护区内拥有中华麋鹿园，2015 年被国家旅游局评定为盐城首个 5A 级旅游景区。条子泥景区形成了一道独特的观海风景线，潮起一片汪洋，潮落一马平川，令人叹为观止。人们可脱掉鞋子、卷起裤腿，走下大坝到海滩、海水里嬉戏，还可踩在泥泞里拾贝壳、螃蟹等，涨潮看海，落潮拾海贝，近距离接触大海。

此外，湿地丰富的野生动植物和遗传基因等为教育、科学研究提供了对象及实验基地。湿地保留的过去和现在的生物、地理等方面的演化进程信息，具有十分重要且独特的价值。

9.4.6　经济效益评价

盐城湿地生态系统物种丰富、水源充沛、肥力和养分充足，有利于水生动植物和水禽等野生生物生长，使得湿地具有较高的生物生产力，且自然湿地的生态系统结构稳定，可持续提供直接食用或用作加工原料的各种动植物产品，如水稻、肉类、鱼类、水生植物等一直是人类赖以生存和发展的基础。正是这些重要的经济功能，使湿地成为水产品捕捞、人工养殖和湿地经济植物种植的优良场所。

珍禽保护区还可以为人类社会的工业经济发展提供包括食盐、天然碱等在内的多种工业原料，以及硼、锂等稀有金属矿藏；湿地还有多种可作为工农业生产加工原料的生物产品，为工业社会的发展注入了强大活力；湿地通过航运、电能又为人类文明进步做出了巨大贡献。

珍禽保护区内人工湿地主要包括盐田、养殖水体和部分人工芦苇塘，分布最为广泛。1994 年以后核心区内部逐步增加人工湿地，以芦苇水面为主，主要分布有芦苇以及沉水植物，水体大部分为半咸水，水深 0.5～1.5 m，并适当放养鱼苗。构建人工湿地可以减轻或避免天然湿地老化。另有盐田分布于新洋港口以北响水、滨海等境内，形成了大面积水域，产生了较好的经济效益。

9.4.7　生态效益评价

盐城自然湿地遵循着自然演替规律，其生态系统结构的复杂性和稳定性较高，生物物种十分丰富，保护了生物和遗传多样性。珍禽保护区的大面积湿地既为水鸟提供了良好的觅食、栖息场所，又具有减缓径流、蓄洪防旱、调节区域气候、净化水质、防浪固岸等多种生态功能，产生了良好的生态效益。此外，水产养殖场广泛分布于珍禽保护区实验区近海滩涂，为丹顶鹤等珍禽提供了丰富的食物来源，有效维护了区域生物多样性。保护区内大面积的湿地植被通过光合作用吸收并固定大量的二氧化碳，具有显著的碳汇功能，确保了生态系统的稳定性和可持续性。

9.4.8　珍禽保护区综合效益评价

江苏盐城湿地珍禽国家级自然保护区是全球九大鸟类迁徙路线之一的东亚-澳大利西亚鸟类迁徙路线上重要的栖息地，享有“国家重要湿地基因库”之称，区内孕育着丰富的生物资源，每年有 2000 多万只候鸟迁飞经过，近百万只鸟类在此栖息，生物多样性较为丰富。近年来，保护区通过实施生态修复工程、鸟类栖息地生境质量提升项目、生态修复工程，如退渔还湿、增水控苇（蒲）工程、碱蓬湿地生境改造等，有效地改善了鸟类栖息环境，生物多样性得到进一步提升；保护区的独特生态景观和丰富的生物多样性吸引了大量游客前来观光旅游，带动了当地生态旅游产业及相关服务业等的发展；江苏盐城湿地珍禽国家级自然保护区为国内外科研人员提供了重要的研究平台，支持了大量关于湿地生态系统、生物多样性保护等方面的科学研究；它还是当地生态教育和自然教育的重要场所，为广大学生和社会公众提供了学习生态知识、培养环保意识的优质课堂。

综上所述，江苏盐城湿地珍禽国家级自然保护区在生态效益、社会效益、经济效益以及科研与教育价值等方面均取得了显著成效，为区域乃至全国的生态文明建设做出了重要贡献。

参 考 文 献

毕韬韬, 吴广辉, 马利娜, 等. 2022. 竹荪的深加工及营养成分功能性研究进展. 农产品加工(6): 80-82.

蔡春梅. 2023. 东台市滨海湿地资源特点及保护修复浅析. 江苏林业科技, 50(3): 49-53.

蔡凤娜. 2020. 中国大陆多疣壁虎的种群结构及壁虎属系统发生分析. 南京: 南京师范大学.

陈报阳. 2022. 中国陆栖哺乳动物地理分布格局研究. 湖南: 中南林业科技大学.

陈高, 代力民, 范竹华, 等. 2002. 森林生态系统健康及其评估监测. 应用生态学报, 13(5): 605-610.

陈可锋, 郑金海, 陆培东, 等. 2019. 南黄海辐射沙脊群形成演变的动力地貌过程数值模拟. 水科学进展, 30(2): 230-242.

陈立华, 张欢, 姚宇阗, 等. 2021. 盐地碱蓬覆被对滨海滩涂土壤理化性质的影响. 植物资源与环境学报, 30(2): 19-27.

陈林楠, 岳琳. 2022. 野生大豆资源利用研究综述. 种子科技, 40(11): 15-18.

陈艳, 张景发, 姜文亮, 等. 2017. 苏北盆地重力场及地壳结构特征. 地球物理学进展, 32(6): 2295-2303.

陈耀华, 焦梦菲, 陈远笛. 2021. 黄(渤)海候鸟栖息地(第一期)提名地保护管理规划简介. 自然与文化遗产研究, 6(2): 22-28.

陈志洲, 符兰吟, 陈亚芹, 等. 2023. 盐城沿海滩涂湿地不同植物群落对土壤理化性质的影响. 安徽农业科学, 51(19): 69-71.

程水明, 林范学, 林芳灿. 2005. 蕈菌交配型因子偏分离现象的研究进展. 华中农业大学学报(自然科学版), (6): 638-643.

崔海燕, 季静. 2009. 盐地碱蓬研究现状. 天津农业科学, 15(5): 13-16.

丁瑜欣, 吴娟, 成水平. 2020. 水盾草入侵机制及防治对策. 生物安全学报, 29(3): 176-180, 190.

董全. 1999. 生态功益: 自然生态过程对人类的贡献. 应用生态学报, 10(2): 233-240.

杜秀娟, 张金荣, 吉国强, 等. 2014. 中国访花食蚜蝇物种与访花特征研究概况与探讨. 吉林林业科技, 43(6): 30-38.

费梁, 胡淑琴, 叶昌媛, 等. 2009. 中国动物志. 两栖纲. 下卷. 无尾目 蛙科[M]. 北京: 科学出版社.

费梁, 叶昌媛, 江建平. 2012. 中国两栖动物及其分布彩色图鉴. 成都: 四川科学技术出版社.

费宜玲. 2012. 江苏省鸟类物种多样性及地理分布格局研究. 南京: 南京林业大学.

冯照军, 孙建梅. 2000. 江苏云台山地区两栖爬行动物多样性及地理区划. 四川动物, 19(2): 57-59.

国家统计局农村社会经济调查司. 2021. 中国县城统计年鉴(乡镇卷). 北京: 中国统计出版社.

果叮咚, 许虎. 2021. 鹤舞鹿鸣展魅力 海岸湿地生态优. 国土绿化(8): 32-35.

韩海亮, 章金明, 刘敏, 等. 2020. 扇吸式太阳能杀虫灯在鲜食玉米田的应用效果及对节肢动物生物多样性的影响. 植物保护学报, 47(6): 1234-1243.

韩曜平, 卢祥云. 2001. 江苏太湖流域啮齿类种类及鼠类群落的初步调查. 四川动物, 20(1): 38-40.

和七一, 余晓东. 2007. 一种有毒的游蛇: 虎斑颈槽蛇. 生物学杂志, 24(3): 55-57, 63.

黄文几, 温业新, 黄正一, 等. 1965. 江苏省哺乳动物调查报告. 复旦大学学报(自然科学)(4): 429-438.

黄贤克, 肖国强, 张鹏, 等. 2017. 微黄镰玉螺壳形态性状对体质量性状的影响. 水产养殖, 38(1): 25-29.

霍科科，郑哲民，张宏杰. 2002. 中国食蚜蝇科(Syrphidae)的研究进展. 汉中师范学院学报(自然科学), 20(1): 70-75.
江苏省统计局. 2004. 江苏统计年鉴 2003. 北京：中国统计出版社.
江苏省统计局. 2015. 江苏统计年鉴 2014. 北京：中国统计出版社.
江苏省统计局. 2021. 江苏统计年鉴 2020. 北京：中国统计出版社.
蒋炳兴. 1993. 江苏东沙的资源及其开发潜力. 自然资源学报, 8(1): 26-31.
荆英，黄建，黄蓬英. 2002. 有益瓢虫的生防利用研究概述. 山西农业大学学报(自然科学版)(4): 299-303.
柯坫华，邓卉，郭卫斌，等. 2014. 泽陆蛙种群年龄结构及其季节性变化. 动物学杂志, 49(3): 366-375.
雷泽锋. 2020. 盐城自然保护区丹顶鹤越冬生境适宜性评价及盐城湿地保护空缺分析. 哈尔滨：东北林业大学.
冷宇，张洪亮，王振钟. 2017. 黄渤海常见底栖动物图谱. 北京：海洋出版社.
李贲，张伟，束潇潇，等. 2017. 上海郊区三类典型生境的两栖类分布特征. 长江流域资源与环境, 26(6): 824-831.
李春荣，李雅，张涛，等. 2023. 江苏盐城湿地珍禽国家级自然保护区缓冲区鸟类种群组成及年际间变化. 中国禽业导刊, 40(10): 39-43.
李惠萍. 2010. 草兔形态地理变异. 杨凌：西北农林科技大学.
李楠楠，范瑞良，陈渊戈，等. 2023. 江苏启东潮间带滩涂底栖贝类生物多样性及分布格局. 中国水产科学, 30(11): 1327-1336.
李钦，张保国，方明月，等. 1995. 金钱白花蛇及其混淆品水赤链游蛇的鉴别研究. 开封医专学报(1): 49-53.
李世森. 2014. 虎纹蛙(*Hoplobatrachus chinensis*)在中国的地理分布及其生境选择研究. 杭州：浙江师范大学.
李潇，杨加猛. 2021. 盐城珍禽自然保护区景观格局分析. 南京林业大学学报(人文社会科学版), 21(5): 97-106.
李新正. 2011. 我国海洋大型底栖生物多样性研究及展望：以黄海为例. 生物多样性, 19(6): 676-684.
李玉凤，刘红玉，孙贤斌，等. 2010. 基于水文地貌分类的滨海湿地生态功能评价——以盐城滨海湿地为例. 生态学报, 30(7): 1718-1724.
梁宏伟，曹力欢，李翔，等. 2017. 三个不同品系中华鳖形态差异分析. 淡水渔业, 47(4): 91-96.
梁新合，王会，金平，等. 2018. 乌梢蛇鉴别技术研究. 吉林中医药, 38(5): 566-569.
林文荣. 2017. 南黄海辐射沙脊群南缘晚第四纪钻孔地层及沉积环境演化. 南京：南京大学.
林远锋，鲁长虎，许鹏，等. 2021. 1976 年以来丹顶鹤在我国的分布变迁及就地保护状况. 南京林业大学学报(自然科学版), 45(6): 200-208.
刘博. 2017.辐射沙脊群研究综述. 中国水运(下半月), 17(7): 379-380.
刘奕琳. 2006. 盐城海滨湿地生态系统的研究. 南京：南京林业大学.
陆宇燕，贾雅丽，刘金香，等. 2002. 山东省爬行动物新记录——中国石龙子. 四川动物(1): 35-36.
路亚北. 2004. 江苏药用昆虫资源概述. 江苏林业科技, 31(2):44-48.
伦小文. 2004. 洞栖蝙蝠回声定位声波及生态位分化研究. 长春：东北师范大学.
吕士成. 2011. 盐城世界生物圈保护区. 人与生物圈, 3: 54-55.
吕士成. 2020. 人类不可无珍禽 江苏盐城湿地珍禽国家级自然保护区的丹顶鹤. 地球(4): 6-13.

吕士成, 施问全, 孙明, 等. 2007. 江苏盐城沿海滩涂生物资源及其环境保护. 现代农业科技(24): 197-198, 201.
吕士成, 周世锷. 1990. 射阳林场鸟类调查. 江苏林业科技, 17(1): 27-35.
牟秀霞, 徐宾铎, 薛莹, 等. 2017. 黄海南部近岸海域鱼类群落结构与区系划分. 水产学报, 41(11): 1734-1743.
倪勇, 伍汉霖. 2006. 江苏鱼类志. 北京: 中国农业出版社.
牛一醒, 陈巧尔, 高帅, 等. 2022. 江苏东台条子泥湿地水鸟群落的季节变化和生境利用状况. 湿地科学, 20(3): 357-365.
朴正吉. 2018. 狗獾 超级适应者. 森林与人类(3): 48-63.
钱汝恩, 王浩, 何玉晓, 等. 2020. 江苏连云港两栖动物多样性及时空格局. 生态与农业环境学报, 36(6) :720-725.
强静. 1998. 江苏省刺猬资源及其保护对策. 基层中药杂志(3): 3-4.
曲方圆, 李淑芸, 赵林林, 等. 2021. 黄海生态区保护空缺分析. 生物多样性, 29(3): 385-393.
任美锷, 丁方叔, 万延森, 等. 1986. 江苏省海岸带和海涂资源综合调查报告. 北京: 海洋出版社.
任武阳. 2019. 滨海湿地生境多样性及其对越冬水鸟栖息地利用影响研究. 南京: 南京师范大学.
单秀娟, 陈云龙, 戴芳群, 等. 2014. 黄海中南部不同断面鱼类群落结构及其多样性. 生态学报, 34(2): 377-389.
沈盎绿, 王晓阳, 邵留. 2023. 东海近海常见浮游植物图谱. 青岛: 中国海洋大学出版社.
盛和林, 杨圭璋. 1979. 黄鼬的习性与驯化. 毛皮动物饲养(1): 24-26.
施问超. 2023. 江苏盐城国家级珍禽自然保护区创立前后. 钟山风雨(Z1): 29-34.
石凯, 周了菁. 2017. 内蒙古东部地区长蝽总科的分布及多样性分析. 东北农业大学学报, 48(10): 28-34.
司马小峰. 2023. 水生动物群落调控在富营养化水体治理中的研究进展. 环保科技, 29(4): 55-59.
孙晨旭, 张君义, 丁伟. 2011. 长白山水生动物图鉴. 长春: 吉林大学出版社.
孙德一. 2020. 东方蝙蝠幼蝠运动性玩耍行为及发育研究. 长春: 东北师范大学.
孙军, 宋煜尧, 施义锋, 等. 2022. 近十年中国海洋生物多样性研究进展. 生物多样性, 30(10): 177-191.
孙立才, 崔士友, 张蛟, 等. 2021. 江苏滨海盐土脱盐技术及应用前景. 农学学报, 11(1): 27-31.
孙明霞, 王心丽. 2006. 蝶角蛉科(脉翅目, 蚁蛉总科)中国一新纪录属记述(英文). 动物分类学报(2): 403-407.
孙松, 李超伦, 程方平, 等. 2015. 中国近海常见浮游动物图集. 北京: 海洋出版社.
唐伯平. 1990. 我国平原地区首次发现大鲵. 动物学杂志(5): 54.
唐龙. 2008. 刈割、淹水及芦苇替代综合控制互花米草的生态学机理研究. 上海: 复旦大学.
田耕芜. 1999. 江苏云台山自然保护区两栖爬行动物调查简报. 四川动物, 18(3): 129.
田嘉慧, 王凯红, 梁嘉慧, 等. 2023. 江苏盐城滨海湿地生态修复过程中的水环境质量评价. 环境影响评价, 45(5): 71-75.
万鹰, 彭清. 2010. 赤腹松鼠生物学特性及其防治. 中国林业(4): 43.
汪永晨. 2002. 破译丹顶鹤密码——徐秀娟留下的故事. 人与生物圈, 3: 42-51.
王储庆, 吴建平, 钟俊生, 等. 2015. 底质和饵料投喂对中华仙影海葵生长影响的研究. 上海海洋大学学报, 24(1): 53-59.
王春海. 2012. 河麂的食性分析及饲养繁殖研究. 辽宁林业科技(4): 5-8, 20.
王甫同, 安玉亭, 李春荣, 等. 2023. 江苏盐城湿地珍禽自然保护区自然教育的对策思考. 湿地科学与管理, 19(2): 87-90, 94.
王桂芝. 2007. 中国华北地区东方蜜蜂多样性及其分类研究. 泰安: 山东农业大学.
王国祥, 等. 2017. 盐城沿海湿地: 江苏盐城湿地珍禽国家级自然保护区综合科学考察报告. 北京: 科学出版社.
王国祥, 冯育青, 王尉, 等. 2023. 苏州湿地利用保护历史与人类生存及城市发展. 湿地科学与管理, 19(5): 15-19.
王加连, 刘忠权. 2006. 江苏盐城国家级珍禽自然保护区生物多样性保护现状与对策. 安徽师范大学学报(自然科学版), 29(5): 475-479.
王加连, 吕士成. 2008. 江苏省盐城滩涂野生动物资源调查研究. 四川动物(4): 620-625.
王娟, 张华兵, 李玉凤, 等. 2022. 盐城黄海湿地丹顶鹤越冬生境质量评估与管理对策研究. 湿地科学, 20(3): 334-340.
王立波, 姜慧, 安玉亭, 等. 2020. 中国麋鹿种群现状分析及保护对策探讨. 野生动物学报, 41(3): 806-813.
王香亭. 1991. 甘肃脊椎动物志. 兰州: 甘肃科学技术出版社.
王湘君, 赵尔宓. 2007. 长江中下游地区的短尾蝮分类地位的确定. 四川动物(2): 250-254.
王欣, 葛小平, 吴志伟, 等. 2020. 生态保护红线区域生态环境质量研究——以盐城湿地珍禽国家级自然保护区为例. 环境科学与管理, 45(8): 139-144.
王艳, 孔潇雅, 王佳啸, 等. 2023. 辽宁省珊瑚菜野生资源调查. 沈阳师范大学学报(自然科学版), 41(5): 408-413.
王业耀, 等. 2020. 中国流域常见水生生物图集(上下册). 北京: 科学出版社.
王意可, 邓代兰, 舒子豪, 等. 2021. 盐城湿地生境景观演变格局研究. 环境生态学, 3(8): 26-32.
王泽华, 石宝才, 魏书军, 等. 2012. 烟粉虱的识别与防治. 中国蔬菜(15): 27-28.
吴征镒. 1991. 中国种子植物属的分布区类型. 云南植物研究, 13(S4): 1-3.
夏非, 张永战, 刘德政. 2021. 南黄海辐射沙脊群西洋潮流通道的浅部沉积层序及其形成演化再认识. 海洋地质与第四纪地质, 41(4): 13-26.
夏非, 张永战, 王瑞发, 等. 2015. 苏北废黄河水下三角洲沉积范围研究述评. 地理学报, 70(1): 29-48.
萧野. 2015. 外展玉颜 暗施毒气 圆叶牵牛: 缠绵之中开疆霸土. 环境与生活(10): 50-56.
解瑞雪. 2017. 远东鼩鼱、细鼩鼱和大麝鼩的形态学研究. 牡丹江: 牡丹江师范学院.
谢宝华, 韩广轩. 2023. 入侵植物互花米草防治: 理念、技术与实践. 中国科学院院刊, 38(12): 1924-1938.
谢静, 郭艳峰, 林俊铭, 等. 2023. 不同干燥方式对黑皮鸡枞菌品质的影响. 食品工业, 44(5): 207-211.
徐循. 2012. 狗獾(*Meles meles*)的行为生态学研究. 上海: 华东师范大学.
徐兆礼, 张金标, 王云龙. 2003. 东海水螅水母类生态研究. 水产学报(S1): 91-97.
薛贤清. 1990. 灯诱森林害虫名录. 西北林学院学报, 5(1): 118-125.
严宏生. 2008. 盐城市沿海湿地生物多样性调查报告. 南京: 南京师范大学出版社.
严淋露, 庞博, 查穆哈, 等. 2024. 湿地食物网研究中基线物种及分馏因子的可变性对营养级评估的影响. 湿地科学, 22(2): 291-302.
言柯程, 李建超, 田永军, 等. 2023. 基于环境 DNA metabarcoding 和底拖网调查的南黄海西部鱼类多样性比较. 中国海洋大学学报, 53(5): 71-81.
盐城市地方志办公室. 2020. 盐城年鉴-2020(总第 23 卷). 北京: 方志出版社.
盐城市统计局, 国家统计局盐城调查队. 2022. 盐城统计年鉴 2022. 北京: 中国统计出版社.

杨柳燕, 张文, 陈乾坤, 等. 2016. 大型水生植物的资源化利用. 水资源保护, 32(5): 5-10.
杨铭, 杨桦, 杨少雄, 等. 2006. 农业外来有害生物入侵现状及防控对策. 陕西师范大学学报(自然科学版)(S1): 22-26.
姚崇勇, 龚大洁. 2012. 甘肃两栖爬行动物. 兰州: 甘肃科学技术出版社.
姚润森, 蒋科迪, 殷勇, 等. 2022. 晚更新世以来南黄海陆架沉积物源分析. 海洋通报, 41(2): 189-199.
姚志刚, 陈玉清, 陈昕. 2006. 国家重点保护野生动物在江苏的资源分布及保护探讨. 江苏林业科技, 33(3): 36-41, 54.
殷红桂, 唐子夏, 唐可欣, 等. 2017. 大型水生植物在水质修复过程中的应用现状及发展. 环境科技, 30(1): 67-70.
尤民生, 刘雨芳, 侯有明. 2004. 农田生物多样性与害虫综合治理. 生态学报, 24(1): 117-122.
于海澔, 吕田, 王慧圆, 等. 2022. 一个中国水生植被分类系统的初步方案. 生命科学, 52(9): 1335-1355.
虞国跃, 庞雄飞. 1992. 中国小毛瓢虫属厘订(鞘翅目: 瓢虫科). 华南农业大学学报(4): 39-47.
袁锋, 袁向群. 2006. 六足总纲系统发育研究进展与新分类系统. 昆虫分类学报, 28(1): 1-12.
袁周伟. 2022. 叶蝉群落结构与生物多样性对石漠化生态恢复的响应. 贵阳: 贵州师范大学.
曾涛, 庞雄飞. 2001. 食植瓢虫属 *Epilachna* 中国新记录种及两种幼虫的形态记(鞘翅目: 瓢虫科). 昆虫分类学报, 23(2): 114-119.
张大治, 郑哲民. 2004. 中国蜻蜓目昆虫研究现状. 陕西师范大学学报(自然科学版)(S2): 97-100.
张婧怡, 刘亮, 吴姗姗. 2023. 互花米草入侵对滨海湿地生物多样性的影响. 绿色科技, 25(24): 43-47.
张润志, 汪兴鉴, 阿地力・沙塔尔. 2007. 检疫性害虫枣实蝇的鉴定与入侵威胁. 昆虫知识, 44(6): 928-930.
张晓祥, 王伟玮, 严长清, 等. 2014. 南宋以来江苏海岸带历史海岸线时空演变研究. 地理科学, 34(3): 344-351.
张亚洲, 李振华. 2015. 2014 年春季东海带鱼资源保护区海域浮游动物群落结构. 浙江海洋学院学报(自然科学版), 34(4): 305-309.
张咏, 厉以强, 沈燕飞, 等. 2009. 江苏地表水体大型底栖无脊椎动物生物多样性状况研究. 中国环境监测, 25(5): 78-82.
赵尔宓. 1995. 中国两栖动物地理区划. 四川动物(增刊) : 83-86.
赵晗希, 费扬. 2022. 银杏叶提取物在糖尿病肾病中的研究进展. 浙江实用医学, 27(4): 357-360.
赵晖, 康晓光, 朱正杰, 等. 2023. 江苏海岸带互花米草防治策略探讨. 湿地科学与管理, 19(6): 77-80.
中华人民共和国民政部. 2014. 中华人民共和国政区大典. 北京: 中国社会出版社.
周凯, 孙柏林. 2015. 蝎蝽对池塘养殖南美白对虾的危害. 科学养鱼(11): 56.
朱瑾. 2018. 新纪录害虫菊方翅网蝽在上海的分布与危害. 安徽农业科学, 46(16): 153-156.
朱莹, 孔磊, 张霄, 等. 2014. 江苏盐城滩涂湿地植物区系及植物资源研究. 生物学杂志, 31(5): 71-75.
邹寿昌. 1983. 江苏省两栖类的资源及其保护利用. 昆虫天敌, 5(2): 116-121.
邹寿昌. 1995. 江苏省两栖动物区系及地理区划. 徐州师范学院学报(自然科学版), 13(1): 49-54.
Guo K, Ding G H, Sun Y Y, et al. 2015. Isolation and characterization of microsatellite loci in the northern grass lizard, *Takydromus septentrionalis* (Squamata: Lacertidae). Conservation Genetics Resources, 7(2): 583-584.
Liu L W, Liao J S, Wu Y B, et al. 2020. Breeding range shift of the red-crowned crane (*Grus japonensis*) under climate change. PLoS One, 15(3): e0229984.

附录 I　珍禽保护区湿地物种名录

一、珍禽保护区湿地浮游植物名录

硅藻门 Bacillariophyta

　羽纹纲 Pennatae

　　单壳缝目 Monoraphidales

　　　曲丝藻科 Achnanthidiaceae

　　　　真卵形藻属 *Eucocconeis*

　　　　　弯曲真卵形藻 *Eucocconeis flexella*

　　　曲壳藻科 Achnanthaceae

　　　　卵形藻属 *Cocconeis*

　　　　　扁圆卵形藻 *Cocconeis placentula*

　　　　　盾卵形藻 *Cocconeis scutellum*

　　　　　卵形硅藻 *Cocconeis* sp.

　　　　曲壳藻属 *Achnanthes*

　　　　　长柄曲壳藻 *Achnanthes longipes*

　　管壳缝目 Aulonoraphidinales

　　　菱形藻科 Nitzschiaceae

　　　　棍形藻属 *Bacillaria*

　　　　　派格棍形藻 *Bacillaria paxillifera*

　　　　菱形藻属 *Nitzschia*

　　　　　成列菱形藻 *Nitzschia seriata*

　　　　　尖菱形藻 *Nitzschia acuta*

　　　　　钝端菱形藻 *Nitzschia obtusa*

　　　　　尖刺菱形藻 *Nitzschia pungens*

　　　　　细齿菱形藻 *Nitzschia denticula* Grun.

　　　　　菱形藻 *Nitzschia* sp.

　　　　　洛伦菱形藻 *Nitzschia lorenziana*

　　　　　洛伦菱形藻细弱变种 *Nitzschia lorenziana* var. *subtilis*

　　　　　线形菱形藻 *Nitzschia linearis*

　　　　　奇异菱形藻 *Nitzschia paradoxa*

　　　　　琴氏菱形藻 *Nitzschia panduriformis*

　　　　　柔弱菱形藻 *Nitzschia delicatissima*

　　　　　蠕虫状菱形藻 *Nitzschia vermicularis*

丝状菱形藻 *Nitzschia filiformis*
长菱形藻弯端变种 *Nitzschia longissima* var. *reversa*
弯菱形藻 *Nitzschia sigma*
小新月菱形藻 *Nitzschia closterlum* f. *minutissima*
匈牙利菱形藻 *Nitzschia hungarica*
新月菱形藻 *Nitzschia closterlum*
长菱形藻 *Nitzschia longissima*
针状菱形藻 *Nitzschia acicularis*
拟菱形藻属 *Pseudo-nitzschia*
尖刺拟菱形藻 *Pseudo-nitzschia pungens*
柔弱拟菱形藻 *Pseudo-nitzschia delicatula*
双菱藻科 Surirellaceae
双菱藻属 *Surirella*
二列双菱藻 *Surirella biseriata*
流水双菱藻 *Surirella fluminensis*
粗壮双菱藻华彩变种 *Surirella robusta* var. *splendida*
褐指藻目 Phaeodactylales
褐指藻科 Phaeodactylaceae
褐指藻属 *Phaeodactylum*
三角褐指藻 *Phaeodactylum tricornutum*
双壳缝目 Biraphidinales
桥弯藻科 Cymbellaceae
桥弯藻属 *Cymbella*
偏肿桥弯藻 *Cymbella ventricosa*
桥弯藻 *Cymbella* sp.
双眉藻属 *Amphora*
双眉藻 *Amphora* sp.
异极藻科 Gomphonemaceae
异极藻属 *Gomphonema*
橄榄绿异极藻 *Gomphonema olivaceum*
异极藻 *Gomphonema* sp.
舟形藻科 Naviculaceae
布纹藻属 *Gyrosigma*
波罗的海布纹藻 *Gyrosigma balticum*
簇生布纹藻弧形变种 *Gyrosigma fasciola* var. *arcuata*
柔弱布纹藻 *Gyrosigma tenuissimum*
刀形布纹藻 *Gyrosigma scalproides*
美壁藻属 *Caloneis*

美壁藻 *Caloneis* sp.
茧形藻属 *Amphiprora*
翼茧形藻 *Amphiprora alata*
斜纹藻属 *Pleurosigma*
簇生曲舟藻 *Pleurosigma fasciola*
海洋斜纹藻 *Pleurosigma pelagicum*
紧密曲舟藻 *Pleurosigma compactum*
美丽斜纹藻 *Pleurosigma formosum*
诺马斜纹藻 *Pleurosigma normanii*
相似曲舟藻 *Pleurosigma affine*
双壁藻属 *Diploneis*
蜂腰双壁藻 *Diploneis bombus*
双壁藻 *Diploneis* sp.
唐氏藻属 *Donkinia*
唐氏藻 *Donkinia* sp.
羽纹藻属 *Pinnularia*
北方羽纹藻 *Pinnularia borealis*
微辐节羽纹藻 *Pinnularia microstauron*
羽纹藻 *Pinnularia* sp.
舟形藻属 *Navicula*
盔状舟形藻 *Navicula corymbosa*
膜状舟形藻 *Navicula membranacea*
尖头舟形藻 *Navicula cuspidata*
小双头舟形藻 *Navicula bicapitellata*
微小舟形藻 *Navicula parva*
直舟形藻 *Navicula directa*
线形舟形藻 *Navicula lineola*
辅节藻属 *Stauroneis*
紫心辅节藻 *Stauroneis phoneicenteron*
无壳缝目 Araphidiales
波纹藻科 Cymatosiraceae
鞍链藻属 *Campylosira*
桥弯形鞍链藻 *Campylosira cymbelliformis*
脆杆藻科 Fragilariaceae
脆杆藻属 *Fragilaria*
克罗脆杆藻 *Fragilaria crotonensis*
脆杆藻 *Fragilaria* sp.
钝脆杆藻 *Fragilaria capucina*

海毛藻属 *Thalassiothrix*
伏氏海毛藻 *Thalassiothrix frauenfeldii*
长海毛藻 *Thalassiothrix longissima*
锯齿海毛藻 *Thalassiothrix denticulata*
星杆藻属 *Asterionella*
加拉星杆藻 *Asterionella kariana*
日本星杆藻 *Asterionella japonica*
针杆藻属 *Synedra*
肘状针杆藻 *Synedra ulna*
平片针杆藻 *Synedra tabulata*
针杆藻 *Synedra* sp.
等片藻科 Diatomaceae
斑条藻属 *Grammatophora*
海生斑条藻 *Grammatophora marina*
斑条藻 *Grammatophora* sp.
等片藻属 *Diatoma*
普通等片藻 *Diatoma vulgare*
缝舟藻属 *Rhaphoneis*
双角缝舟藻 *Rhaphoneis amphiceros*
杆线藻属 *Rhabdonema*
亚得里亚杆线藻 *Rhabdonema adriaticum*
条纹藻属 *Striatella*
单点条纹藻 *Striatella unipunctata*
楔形藻属 *Licmophora*
短纹楔形藻 *Licmophora abbreviasa*
中心纲 Centricae
根管藻目 Rhizosoleniales
根管藻科 Rhizosoleniaceae
根管藻属 *Rhizosolenia*
覆瓦根管藻 *Rhizosolenia imbricata*
笔尖根管藻 *Rhizosolenia styliformis*
笔尖形根管藻 *Rhizosolenia styliformis* var. *styliformis*
粗根管藻 *Rhizosolenia robusta*
刚毛根管藻 *Rhizosolenia setigera*
厚刺根管藻 *Rhizosolenia crassispina*
尖根管藻 *Rhizosolenia acuminata*
伯氏根管藻 *Rhizosolenia bergonii*
柔弱根管藻 *Rhizosolenia delicatula*

斯氏根管藻 *Rhizosolenia stolterfothii*
透明根管藻 *Rhizosolenia hyalina*
距端根管藻 *Rhizosolenia calcar*
翼根管藻 *Rhizosolenia alata*
翼根管藻纤细变型 *Rhizosolenia alata* f. *gracillima*
翼根管藻印度变型 *Rhizosolenia alata* f. *indica*
笔尖形根管藻长棘变型 *Rhizosolenia stylifomis* var. *longispina*
长刺根管藻 *Rhizosolenia longiseta*
指管藻属 *Dactyliosolen*
脆指管藻 *Dactyliosolen fragilissimus*
盒形藻目 Biddulphiales
盒形藻科 Biddulphiaceae
半管藻属 *Hemiaulus*
霍氏半管藻 *Hemiaulus heurckii*
膜质半管藻 *Hemiaulus membranacus*
印度半管藻 *Hemiaulus indicus*
中华半管藻 *Hemiaulus sinensis*
盒形藻属 *Biddulphia*
活动盒形藻 *Biddulphia mobiliensis*
菱面盒形藻 *Biddulphia rhombus* f. *rhombus*
正盒形藻 *Biddulphia biddulphiana*
钝角盒形藻 *Biddulphia obtusa*
高盒形藻 *Biddulphia regia*
盒形硅藻 *Biddulphia* sp.
平滑盒形藻 *Biddulphia laevis*
颗粒盒形藻 *Biddulphia granulata*
菱形盒形藻 *Biddulphia rhombus*
美丽盒形藻 *Biddulphia pulchella*
托氏盒形藻 *Biddulphia tuomeyi*
网状盒形藻 *Biddulphia reticulata*
异角盒形藻 *Biddulphia heteroceros*
长耳盒形藻 *Biddulphia aurita*
长角盒形藻 *Biddulphia longicruris*
中华盒形藻 *Biddulphia sinensis*
华丽盒形藻 *Biddulphia elegantula*
三角藻属 *Triceratium*
蜂窝三角藻 *Triceratium favus*
改变三角藻 *Triceratium alternans*

美丽三角藻 *Triceratium formosum*
双尾藻属 *Ditylum*
布氏双尾藻 *Ditylum brightwellii*
太阳双尾藻 *Ditylum sol*
阿西藻属 *Attheya*
长角阿西藻 *Attheya longicornis*
褶盘藻属 *Trybliоptychus*
卵形褶盘藻 *Tryblioptychus cocconeiformis*
中鼓藻属 *Bellerochea*
锤状中鼓藻 *Bellerochea malleus*
角毛藻科 Chaetoceroceae
角毛藻属 *Chaetoceros*
艾氏角毛藻 *Chaetoceros eibenii*
扁面角毛藻 *Chaetoceros compressus*
并基角毛藻 *Chaetoceros decipiens*
齿角毛藻 *Chaetoceros denticulatus*
垂缘角毛藻 *Chaetoceros laciniosus*
大西洋角毛藻 *Chaetoceros atlanticus*
丹麦角毛藻 *Chaetoceros danicus*
并基角毛藻单胞变型 *Chaetoceros decipiens* f. *singularis*
短孢角毛藻 *Chaetoceros brevis*
发状角毛藻 *Chaetoceros crinitus*
放射角毛藻 *Chaetoceros radians*
根状角毛藻 *Chaetoceros radicans*
海洋角毛藻 *Chaetoceros pelagicus*
假弯角毛藻 *Chaetoceros pseudocurvlsetus*
咀状角毛藻 *Chaetoceros rostratus*
聚生角毛藻 *Chaetoceros socialis*
窄隙角毛藻绕孢变种 *Chaetoceros affinis* var. *circinalis*
卡氏角毛藻 *Chaetoceros castracanei*
克尼角毛藻 *Chaetoceros knipowitschii*
双突角毛藻 *Chaetoceros didymus*
链刺角毛藻 *Chaetoceros seiracanthus*
罗氏角毛藻 *Chaetoceros lauderi*
逻罗角毛藻 *Chaetoceros siamense*
洛氏角毛藻 *Chaetoceros lorenzianus*
秘鲁角毛藻 *Chaetoceros peruvianus*
密联角毛藻 *Chaetoceros densus*

冕孢角毛藻 *Chaetoceros subsecundus*
牟氏角毛藻 *Chaetoceros muelleri*
扭角毛藻 *Chaetoceros convolutus*
扭链角毛藻 *Chaetoceros tortissimus*
奇异角毛藻 *Chaetoceros paradoxus*
桥联角毛藻 *Chaetoceros anastomoasns*
绕孢角毛藻 *Chaetoceros cinctus*
日本角毛藻 *Chaetoceros nipponica*
柔弱角毛藻 *Chaetoceros debilis*
深环沟角毛藻 *Chaetoceros constrictus*
双孢角毛藻 *Chaetoceros didymus* var. *didymus*
假对称角毛藻 *Chaetoceros pseudosymmetricus*
亚盐角毛藻 *Chaetoceros subsalsum*
窄隙角毛藻威尔变种 *Chaetoceros affinis* var. *willei*
无沟角毛藻 *Chaetoceros holsaticus*
细刺毛角毛藻 *Chaetoceros hispidum*
细弱角毛藻 *Chaetoceros subtilis*
黄海角毛藻 *Chaetoceros huanghaiensis*
相似角毛藻 *Chaetoceros similis*
旋链角毛藻 *Chaetoceros curvixetux*
异常角毛藻 *Chaetoceros diversus*
范氏角毛藻 *Chaetoceros van heurckii*
圆柱角毛藻 *Chaetoceros teres*
窄隙角毛藻 *Chaetoceros affinis*
中肋角毛藻 *Chaetoceros costatus*
真弯藻科 Eucampiaceae
扭鞘藻属 *Streptotheca*
印度扭鞘藻 *Streptotheca indica* Karsten
泰晤士扭鞘藻 *Streptotheca tamesis*
梯形藻属 *Climacodium*
双凹梯形藻 *Climacodium biconcavum*
弯角藻属 *Eucampia*
短角弯角藻 *Eucampia zodiacus*
长角弯角藻 *Eucampia cornuta*
圆筛藻目 Coscinodiscales
辐杆藻科 Bacteriastraceae
辐杆藻属 *Bacteriastrum*
变异辐杆藻 *Bacteriastrum varians*

从毛辐杆藻 *Bacteriastrum comosum*
透明辐杆藻 *Bacteriastrum hyalinum*
优美辐杆藻 *Bacteriastrum delicatulum*
骨条藻科 Skeletonemaceae
骨条藻属 *Skeletonema*
中肋骨条藻 *Skeletonema costatum*
海链藻科 Thalassiosiraceae
海链藻属 *Thalassiosira*
圆海链藻 *Thalassiosira rotula*
假微型海链藻 *Thalassiosira pseudonana*
密集海链藻 *Thalassiosira condensata*
透明海链藻 *Thalassiosira hyalina*
海链藻 *Thalassiosira* sp.
离心列海链藻 *Thalassiosira eccentrica*
诺氏海链藻 *Thalassiosira nordenskiöldii*
太平洋海链藻 *Thalassiosira pacifica*
细弱海链藻 *Thalassiosira subtilis*
弯刺海链藻 *Thalassiosira curviseriata*
娄氏藻属 *Lauderia*
北方娄氏藻 *Laudcria borealis*
旭氏藻属 *Schröederella*
优美旭氏藻 *Schröderella delicatula*
优美旭氏藻矮小变型 *Schröderella delicatula* f. *schröderi*
棘冠藻科 Corethronaceae
棘冠藻属 *Corethron*
棘冠藻 *Corethron hystrix*
细柱藻科 Leptocylindraceae
细柱藻属 *Leptocylindrus*
丹麦细柱藻 *Leptocylindrus danicus*
几内亚藻属 *Guinardia*
锯齿几内亚藻 *Guinardia blavyana*
柔弱几内亚藻 *Guinardia delicatula*
薄壁几内亚藻 *Guinardia flaccida*
筒柱藻属 *Cylindrotheca*
新月筒柱藻 *Cylindrotheca closterium*
纺锤筒柱藻 *Cylindrotheca fusciformis*
圆筛藻科 Coscinodiscaceae
辐裥藻属 *Actinoptychus*

华美辐裥藻 *Actinoptuchus splendens*
波状辐裥藻 *Actinoptychus undulatus*
六幅辐裥藻 *Actinoptychus senarius*
三舌辐裥藻 *Actinoptychus trilingulatus*
辐环藻属 *Actinocyclus*
爱氏辐环藻 *Actinocyclus ehrenbergii*
厚辐环藻 *Actinocyclus crassus*
爱氏辐环藻（拉氏变种）*Actinocyclus ehrenbergii* var. *ralfsii*
漂流藻属 *Planktoniella*
美丽漂流藻 *Planktoniella formosa*
小环藻属 *Cyclotella*
梅尼小环藻 *Cyclotella meneghiniana*
扭曲小环藻 *Cyclotella comta*
条纹小环藻 *Cyclotella striata*
小环藻 *Cyclotella* sp.
广缘小环藻 *Cyclotella bodanica*
柱状小环藻 *Cyclotella stylorum*
星脐藻属 *Asteromphalus*
克氏星脐藻 *Asteromphalus cleveanus*
扇形星脐藻 *Asteromphalus flabellatus*
圆筛藻属 *Coscinodiscus*
辐射圆筛藻 *Coscinodiscus radiatus*
格氏圆筛藻 *Coscinodiscus granii*
虹彩圆筛藻 *Coscinodiscus oculus-iridis*
具边线形圆筛藻 *Coscinodiscus marginato lineatus*
具边圆筛藻 *Coscinodiscus marginatus*
孔圆筛藻 *Coscinodiscus perforates*
洛氏圆筛藻 *Coscinodiscus rothii*
明壁圆筛藻 *Coscinodiscus debilis*
偏心圆筛藻 *Coscinodiscus excentricus*
强氏圆筛藻 *Coscinodiscus janischii*
琼氏圆筛藻 *Coscinodiscus jonesianus*
高圆筛藻 *Coscinodiscus lacustris*
蛇目圆筛藻 *Coscinodiscus argus*
苏氏圆筛藻 *Coscinodiscus suzuki*
威利圆筛藻 *Coscinodiscus wailesii*
细弱圆筛藻 *Coscinodiscus subtilis*
细长列圆筛藻 *Coscinodiscus lineatus*

小形圆筛藻 *Coscinodiscus minor*
小眼圆筛藻 *Coscinodiscus lineatus* var. *oculatus*
星脐圆筛藻 *Coscinodiscus asteromphalus* var. *asteromphalus*
秀丽圆筛藻 *Coscinodiscus scitulu*
弓束圆筛藻 *Coscinodiscus curvatulus*
有棘圆筛藻 *Coscinodiscus spinosus*
巨圆筛藻 *Coscinodiscus gigas*
圆筛藻 *Coscinodiscus* sp.
整齐圆筛藻 *Coscinodiscus concinnus*
中心圆筛藻 *Coscinodiscus centralis*
壮丽圆筛藻 *Coscinodiscus nobilis*
半盘藻属 *Hemidiscus*
哈氏半盘藻 *Hemidiscus hardmannianus*
直链藻科 Melosiraceae
明盘藻属 *Hyalodiscus*
细弱明盘藻 *Hyalodiscus subtilis*
星形明盘藻 *Hyalodiscus stelliger*
直链藻属 *Melosira*
颗粒直链藻 *Melosira granulata*
具槽直链藻 *Melosira sulcata*
念珠直链藻 *Melosira moniliformis*
舟辐硅藻目 Rutilariales
舟辐硅藻科 Rutilariaceae
井字藻属 *Eunotogramma*
柔弱井字藻 *Eunotogramma debile*
甲藻门 Pyrrophyta
甲藻纲 Dinophyceae
多甲藻目 Peridiniales
多甲藻科 Peridiniaceae
多甲藻属 *Peridinium*
扁多甲藻 *Peridinium depressum*
光甲多甲藻 *Peridinium pallidium*
海洋多甲藻 *Peridinium oceanicum*
五角形多甲藻 *Peridinium pentagonum*
灰甲多甲藻 *Peridinium pellucidium*
锥形多甲藻 *Peridinium conicum*
舌甲藻属 *Lingulodinium*
多边舌甲藻 *Lingulodinium polyedrum*

纵裂甲藻属 *Pleromonas*

啮蚀纵裂甲藻 *Pleromonas erosa*

角藻科 Ceratiaceae

角藻属 *Ceratium*

叉状角藻 *Ceratium furca*

大角角藻 *Ceratium macroceros*

锚角藻大西洋变种 *Ceratium tripos* var. *atlanticum*

短角藻 *Ceratium breve*

粗刺角藻 *Ceratium horridum*

膨角藻 *Ceratium inflatum*

波状角藻 *Ceratium trichoceros*

锚角藻 *Ceratium tripos*

梭角藻 *Ceratium fusus*

长角角藻 *Ceratium longissimum*

考威甲藻科 Kolkwitziellaceae

翼藻属 *Diplopsalis*

透镜翼藻 *Diplopsalis lenticula*

异帽藻科 Heterocapsaceae

异帽藻属 *Heterocapsa*

环状异帽藻 *Heterocapsa circularisquama*

原多甲藻科 Protoperidiniaceae

原多甲藻属 *Protoperidinium*

叉分原多甲藻 *Protoperidinium divergens*

方格原多甲藻 *Protoperidinium thorianum*

格氏原多甲藻 *Protoperidinium granii*

海洋原多甲藻 *Protoperidinium oceanicum*

灰甲原多甲藻 *Protoperidinium pellucidum*

里昂原多甲藻 *Protoperidinium leonis*

球形原多甲藻 *Protoperidinium globulus*

斯氏原多甲藻 *Protoperidinium steinii*

微小原多甲藻 *Protoperidinium minutum*

五角原多甲藻 *Protoperidinium pentagonum*

亚梨形原多甲藻 *Protoperidinium subpyriforme*

原多甲藻 *Protoperidinium* sp.

扁平原多甲藻 *Protoperidinium depressum*

双脚原多甲藻 *Protoperidinium bipes*

双曲原多甲藻 *Protoperidinium conicoides*

裸甲藻目 Gymnodiniales

裸甲藻科 Gymnodiniaceae

裸甲藻属 *Gymnodinium*

链状裸甲藻 *Gymnodinium catenatum*

深绿裸甲藻 *Gymnodinium aeruginosum*

下沟藻属 *Katodinium*

灰白下沟藻 *Katodinium glaucum*

哈卡藻属 *Akashiwo*

血红哈卡藻 *Akashiwo sanguinea*

环沟藻属 *Gyrodinium*

螺旋环沟藻 *Gyrodinium spirale*

凯伦藻属 *Karenia*

米氏凯伦藻 *Karenia mikimotoi*

鳍藻目 Dinophysiales

鳍藻科 Dinophysiaceae

鳍藻属 *Dinophysis*

渐尖鳍藻 *Dinophysis acuminata*

具尾鳍藻 *Dinophysis caudata*

膝沟藻目 Goneaulacales

扁甲藻科 Pyrophacaceae

扁甲藻属 *Pyrophacus*

斯氏扁甲藻 *Pyrophacus steinii*

钟扁甲藻 *Pyrophacus horologicum*

尖甲藻科 Oxytoxaceae

尖甲藻属 *Oxytoxum*

查林尖甲藻 *Oxytoxum challengeroides*

异沟藻科 Heteraulacaceae

异沟藻属 *Heteraulacus*

多面异沟藻 *Heteraulacus polyedricus*

膝沟藻科 Gonyaulaceae

膝沟藻属 *Gonyaulax*

春膝沟藻 *Gonyaulax verior*

具刺膝沟藻 *Gonyaulax spinifera*

夜光藻目 Noctilucales

夜光藻科 Noctilucaceae

夜光藻属 *Noctiluca*

夜光藻 *Noctiluca scintillans*

原甲藻目 Prorocentrales

原甲藻科 Prorocentraceae

原甲藻属 *Prorocentrum*
反曲原甲藻 *Prorocentrum sigmoides*
海洋原甲藻 *Prorocentrum micans*
利马原甲藻 *Prorocentrum lima*
三叶原甲藻 *Prorocentrum triestinum*
金藻门 Chrysophyta
金藻纲 Chrysophyceae
金藻目 Chrysomonodales
硅鞭藻科 Dictyochaceae
硅鞭藻属 *Dictyocha*
小等刺硅鞭藻 *Dictyocha fibula*
锥囊藻科 Dinobryaceae
锥囊藻属 *Dinobryon*
锥囊藻 *Dinobryon* sp.
土栖藻纲 Prymnesiophyceae
土栖藻目 Prymnesiales
土栖藻科 Prymnesiaceae
土栖藻属 *Prymnesium*
小三毛金藻 *Prymnesium parvum*
蓝藻门 Cyanophyta
蓝藻纲 Cyanophyceae
颤藻目 Oscillatoriales
颤藻科 Oscillatoriaceae
颤藻属 *Oscillatoria*
颤藻 *Oscillatoria* sp.
小颤藻 *Oscillatoria tenuis*
席藻科 Phormidiaceae
束毛藻属 *Trichodesmium*
红海束毛藻 *Trichodesmium erythraeum*
念珠藻目 Nostocales
念珠藻科 Nostocaceae
念珠藻属 *Nostoc*
念珠藻 *Nostoc* sp.
鱼腥藻属 *Anabaena*
鱼腥藻 *Anabaena* sp.
项圈藻属 *Anabaenopsis*
阿氏项圈藻 *Anabaenopsis arnoldii*
尖头藻属 *Raphidiopsis*

中华尖头藻 *Raphidiopsis sinensia*

色球藻目 Chroococcales

色球藻科 Chroococcaceae

蓝纤维藻属 *Dactylococcopsis*

针状蓝纤维藻 *Dactylococcopsis acicularis*

色球藻属 *Chroococcus*

膨胀色球藻 *Chroococcus turgidus*

束缚色球藻 *Chroococcus tenax*

小形色球藻 *Chroococcus minor*

平裂藻科 Merismopediaceae

平裂藻属 *Merismopedia*

优美平裂藻 *Merismopedia elegans*

银灰平裂藻 *Merismopedia glauca*

微囊藻科 Microcystaceae

微囊藻属 *Microcystis*

铜绿微囊藻 *Microcystis aeruginosa*

裸藻门 Euglenophyta

裸藻纲 Euglenophyceae

裸藻目 Euglenales

裸藻科 Euglenaceae

裸藻属 *Euglena*

裸藻 *Euglena* spp.

绿藻门 Chlorophyta

双星藻纲 Conjugatophyceae

鼓藻目 Desmidiales

鼓藻科 Desmidiaceae

角星鼓藻属 *Staurastrum*

珍珠角星鼓藻 *Staurastrum margaritaceum*

纤细角星鼓藻 *Staurastrum gracile*

新月藻属 *Closterium*

纤细新月藻 *Closterium gracile*

绿藻纲 Chlorophyceae

刚毛藻目 Cladophorales

刚毛藻科 Cladophoraceae

硬毛藻属 *Chaetomorpha*

硬毛藻 *Chaetomorpha antennina*

羽藻目 Bryopsidales

松藻科 Codiaceae

松藻属 *Codium*
刺松藻 *Codium fragile*
绿球藻目 Chlorococcales
空星藻科 Coelastruaceae
空星藻属 *Coelastrum*
球形空星藻 *Coelastrum sphaericum*
水网藻科 Hydrodictyaceae
盘星藻属 *Pediastrum*
单角盘星藻 *Pediastrum simplex*
二角盘星藻 *Pediastrum duplex*
短棘盘星藻 *Pediastrum boryanum*
双射盘星藻 *Pediastrum biradiatum*
小球藻科 Chlorellaceae
小球藻属 *Chlorella*
普通小球藻 *Chlorella vulgaris*
纤维藻属 *Ankistrodesmus*
纤细纤维藻 *Ankistrodesmus gracilis*
栅藻科 Scenedesmaceae
十字藻属 *Crucigenia*
四足十字藻 *Crucigenia tetrapedia*
栅藻属 *Scenedesmus*
四尾栅藻 *Scenedesmus quadricauda*
二形栅藻 *Scenedesmus dimorphus*
斜生栅藻 *Scenedesmus obliquus*
石莼目 Ulvales
石莼科 Ulvaceae
浒苔属 *Enteromorpha*
条浒苔 *Enteromorpha clathrata*
扁浒苔 *Enteromorpha compressa*
缘管浒苔 *Enteromorpha linza*
盘苔属 *Blidingia*
盘苔 *Blidingia minima*
丝藻目 Ulotrichales
微孢藻科 Microsporaceae
微孢藻属 *Microspora*
方形微孢藻 *Microspora quadrata*
隐藻门 Cryptophyta
隐藻纲 Cryptophyceae

隐藻目 Cryptomonadales
隐藻科 Cryptomonadaceae
隐藻属 *Cryptomonas*
卵形隐藻 *Cryptomonas ovata*

二、珍禽保护区湿地高等植物名录

蕨类植物门 Pteridophyta
石松纲 Lycopodiopsida
卷柏目 Selaginellales
卷柏科 Selaginellaceae
卷柏属 *Selaginella*
卷柏 *Selaginella tamariscina*
中华卷柏 *Selaginella sinensis*
木贼纲 Equisetinae
紫萁目 Osmundales
紫萁科 Osmundaceae
紫萁属 *Osmunda*
紫萁 *Osmunda japonica*
木贼目 Equisetales
木贼科 Equisetaceae
木贼属 *Equisetum*
节节草 *Equisetum ramosissimum*
笔管草 *Equisetum ramosissimum* subsp. *debile*
厚囊蕨纲 Eusporangiopsida
瓶尔小草目 Ophioglossales
瓶尔小草科 Ophioglossaceae
瓶尔小草属 *Ophioglossum*
狭叶瓶尔小草 *Ophioglossum thermale*
薄囊蕨纲 Leptosporangiopsida
水龙骨目 Polypodiales
碗蕨科 Dennstaedtiaceae
碗蕨属 *Dennstaedtia*
溪洞碗蕨 *Dennstaedtia wilfordii*
细毛碗蕨 *Dennstaedtia hirsuta*
蕨科 Pteridiaceae
蕨属 *Pteridium*
蕨 *Pteridium aquilinum* var. *latiusculum*

海金沙科 Lygodiaceae
海金沙属 *Lygodium*
海金沙 *Lygodium japonicum*
蹄盖蕨科 Athyriaceae
蹄盖蕨属 *Athyrium*
日本蹄盖蕨 *Athyrium niponicum*
假蹄盖蕨属 *Athyriopsis*
假蹄盖蕨 *Athyriopsis japonica*
金星蕨科 Thelypteridaceae
金星蕨属 *Parathelypteris*
金星蕨 *Parathelypteris glanduligera*
凤尾蕨科 Pteridaceae
凤尾蕨属 *Pteris*
井栏边草 *Pteris multifida*
铁角蕨科 Aspleniaceae
铁角蕨属 *Asplenium*
东海铁角蕨 *Asplenium castaneoviride*
铁角蕨 *Asplenium trichomanes*
鳞毛蕨科 Dryopteridaceae
贯众属 *Cyrtomium*
全缘贯众 *Cyrtomium falcatum*
贯众 *Cyrtomium fortunei*
骨碎补科 Davalliaceae
骨碎补属 *Davallia*
骨碎补 *Davallia trichomanoides*
岩蕨科 Woodsiaceae
岩蕨属 *Woodsia*
耳羽岩蕨 *Woodsia polystichoides*
蘋目 Marsileales
蘋科 Marsileaceae
蘋属 *Marsilea*
蘋 *Marsilea quadrifolia*
槐叶蘋目 Salviniales
槐叶蘋科 Salviniaceae
槐叶蘋属 *Salvinia*
槐叶蘋 *Salvinia natans*
满江红科 Azollaceae
满江红属 *Azolla*

满江红 *Azolla pinnata* subsp. *asiatica*
裸子植物门 Gymnospermae
苏铁纲 Cycadopsida
苏铁目 Cycadales
苏铁科 Cycadaceae
苏铁属 *Cycas*
苏铁 *Cycas revoluta*
银杏纲 Ginkgopsida
银杏目 Ginkgoales
银杏科 Ginkgoaceae
银杏属 *Ginkgo*
银杏 *Ginkgo biloba*
松杉纲 Coniferopsida
松杉目 Pinales
松科 Pinaceae
雪松属 *Cedrus*
雪松 *Cedrus deodara*
松属 *Pinus*
黑松 *Pinus thunbergii*
海岸松 *Pinus pinaster*
湿地松 *Pinus elliottii*
银杉属 *Cathaya*
银杉 *Cathaya argyrophylla*
杉科 Taxodiaceae
杉木属 *Cunninghamia*
杉木 *Cunninghamia lanceolata*
柳杉属 *Cryptomeria*
柳杉 *Cryptomeria japonica* var. *sinensis*
日本柳杉 *Cryptomeria japonica*
落羽杉属 *Taxodium*
落羽杉 *Taxodium distichum*
北美红杉属 *Sequoia*
北美红杉 *Sequoia sempervirens*
水杉属 *Metasequoia*
水杉 *Metasequoia glyptostroboides*
柏科 Cupressaceae
侧柏属 *Platycladus*
侧柏 *Platycladus orientalis*

千头柏 *Platycladus orientalis* '*Sieboldii*'

柏木属 *Cupressus*

柏木 *Cupressus funebris*

刺柏属 *Juniperus*

圆柏 *Juniperus chinensis*

北美圆柏 *Juniperus virginiana*

铺地柏 *Juniperus procumbens*

龙柏 *Juniperus chinensis* '*Kaizuca*'

刺柏 *Juniperus formosana*

扁柏属 *Chamaecyparis*

线柏 *Chamaecyparis pisifera* cv. *Filifera*

罗汉松目 Podocarpales

罗汉松科 Podocarpaceae

罗汉松属 *Podocarpus*

罗汉松 *Podocarpus macrophyllus*

被子植物门 Angiospermae

单子叶植物纲 Monocotyledoneae

泽泻目 Alismatales

花蔺科 Butomaceae

花蔺属 *Butomus*

花蔺 *Butomus umbellatus*

岩菖蒲科 Tofieldiaceae

岩菖蒲属 *Tofieldia*

野州岩菖蒲 *Tofieldia furusei*

泽泻科 Alismataceae

泽泻属 *Alisma*

泽泻 *Alisma plantago-aquatica*

慈姑属 *Sagittaria*

野慈姑 *Sagittaria trifolia*

水鳖科 Hydrocharitaceae

水鳖属 *Hydrocharis*

水鳖 *Hydrocharis dubia*

黑藻属 *Hydrilla*

黑藻 *Hydrilla verticillata*

伊乐藻属 *Elodea*

伊乐藻 *Elodea nuttallii*

水车前属 *Ottelia*

龙舌草 *Ottelia alismoides*

苦草属 *Vallisneria*

苦草 *Vallisneria natans*

眼子菜科 Potamogetonaceae

眼子菜属 *Potamogeton*

菹草 *Potamogeton crispus*

眼子菜 *Potamogeton distinctus*

竹叶眼子菜 *Potamogeton wrightii*

鸡冠眼子菜 *Potamogeton cristatus*

小眼子菜 *Potamogeton pusillus*

篦齿眼子菜属 *Stuckenia*

篦齿眼子菜 *Stuckenia pectinata*

川蔓藻属 *Ruppia*

川蔓藻 *Ruppia maritima*

天南星科 Araceae

芋属 *Colocasia*

芋 *Colocasia esculenta*

半夏属 *Pinellia*

半夏 *Pinellia ternata*

虎掌 *Pinellia pedatisecta*

大薸属 *Pistia*

大薸 *Pistia stratiotes*

浮萍属 *Lemna*

浮萍 *Lemna minor*

紫萍属 *Spirodela*

紫萍 *Spirodela polyrhiza*

无根萍属 *Wolffia*

芜萍 *Wolffia arrhiza*

茨藻科 Najadaceae

茨藻属 *Najas*

大茨藻 *Najas marina*

小茨藻 *Najas minor*

棕榈目 Arecales

棕榈科 Arecaceae

棕榈属 *Trachycarpus*

棕榈 *Trachycarpus fortunei*

菖蒲目 Acorales

菖蒲科 Acoraceae

菖蒲属 *Acorus*

菖蒲 *Acorus calamus*

金钱蒲 *Acorus gramineus*

鸭跖草目 Commelinales

鸭跖草科 Commelinaceae

鸭跖草属 *Commelina*

鸭跖草 *Commelina communis*

饭包草 *Commelina benghalensis*

水竹叶属 *Murdannia*

水竹叶 *Murdannia triquetra*

雨久花科 Pontederiaceae

凤眼莲属 *Eichhornia*

凤眼莲 *Eichhornia crassipes*

雨久花属 *Monochoria*

鸭舌草 *Monochoria vaginalis*

禾本目 Graminales

灯心草科 Juncaceae

灯心草属 *Juncus*

灯心草 *Juncus effusus*

野灯心草 *Juncus setchuensis*

星花灯心草 *Juncus diastrophanthus*

扁茎灯心草 *Juncus gracillimus*

莎草科 Cyperaceae

三棱草属 *Bolboschoenus*

荆三棱 *Bolboschoenus yagara*

扁秆荆三棱 *Bolboschoenus planiculmis*

萤蔺属 *Schoenoplectiella*

萤蔺 *Schoenoplectiella juncoides*

水毛花 *Schoenoplectiella triangulata*

荸荠属 *Eleocharis*

野荸荠 *Eleocharis dulcis*

牛毛毡 *Eleocharis yokoscensis*

羽毛荸荠 *Eleocharis wichurae*

藨草属 *Scirpus*

球穗藨草 *Scirpus wichurae*

海三棱藨草 *Scirpus*×*mariqueter*

华东藨草 *Scirpus karuisawensis*

水葱属 *Schoenoplectus*

水葱 *Schoenoplectus tabernaemontani*

飘拂草属 *Fimbristylis*

两歧飘拂草 *Fimbristylis dichotoma*

水虱草 *Fimbristylis littoralis*

锈鳞飘拂草 *Fimbristylis sieboldii*

短尖飘拂草 *Fimbristylis squarrosa* var. *esquarrosa*

绢毛飘拂草 *Fimbristylis sericea*

拟二叶飘拂草 *Fimbristylis diphylloides*

长穗飘拂草 *Fimbristylis longispica*

结壮飘拂草 *Fimbristylis rigidula*

双穗飘拂草 *Fimbristylis subbispicata*

复序飘拂草 *Fimbristylis bisumbellata*

刺子莞属 *Rhynchospora*

华刺子莞 *Rhynchospora chinensis*

莎草属 *Cyperus*

香附子 *Cyperus rotundus*

碎米莎草 *Cyperus iria*

异型莎草 *Cyperus difformis*

头状穗莎草 *Cyperus glomeratus*

茳芏 *Cyperus malaccensis*

具芒碎米莎草 *Cyperus microiria*

褐穗莎草 *Cyperus fuscus*

长尖莎草 *Cyperus cuspidatus*

高秆莎草 *Cyperus exaltatus*

水莎草 *Cyperus serotinus*

水蜈蚣属 *Kyllinga*

无刺鳞水蜈蚣 *Kyllinga brevifolia* var. *leiolepis*

珍珠茅属 *Scleria*

高秆珍珠茅 *Scleria terrestris*

薹草属 *Carex*

灰化薹草 *Carex cinerascens*

白颖薹草 *Carex duriuscula* subsp. *rigescens*

糙叶薹草 *Carex scabrifolia*

单性薹草 *Carex unisexualis*

青绿薹草 *Carex breviculmis*

筛草 *Carex kobomugi*

松叶薹草 *Carex rara*

翼果薹草 *Carex neurocarpa*

二形鳞薹草 *Carex dimorpholepis*

乳突薹草 *Carex maximowiczii*

禾本科 Gramineae

业平竹属 *Semiarundinaria*

短穗竹 *Semiarundinaria densiflora*

刚竹属 *Phyllostachys*

刚竹 *Phyllostachys sulphurea* var. *viridis*

篌竹 *Phyllostachys nidularia*

黄竿乌哺鸡竹 *Phyllostachys vivax* cv. *Aureocaulis*

金镶玉竹 *Phyllostachys aureosulcata* cv. *Spectabilis*

粉绿竹 *Phyllostachys viridiglaucescens*

桂竹 *Phyllostachys reticulata*

淡竹 *Phyllostachys glauca*

谷雨竹 *Phyllostachys purpureociliata*

灰竹 *Phyllostachys nuda*

水竹 *Phyllostachys heteroclada*

瓜水竹 *Phyllostachys longiciliata*

箬竹属 *Indocalamus*

阔叶箬竹 *Indocalamus latifolius*

稻属 *Oryza*

稻 *Oryza sativa*

假稻属 *Leersia*

假稻 *Leersia japonica*

菰属 *Zizania*

菰 *Zizania latifolia*

芦竹属 *Arundo*

芦竹 *Arundo donax*

变叶芦竹 *Arundo donax* var. *versicolor*

芦苇属 *Phragmites*

芦苇 *Phragmites australis*

淡竹叶属 *Lophatherum*

淡竹叶 *Lophatherum gracile*

羊茅属 *Festuca*

苇状羊茅 *Festuca arundinacea*

小颖羊茅 *Festuca parvigluma*

鼠茅属 *Vulpia*

鼠茅 *Vulpia myuros*

早熟禾属 *Poa*

白顶早熟禾 *Poa acroleuca*

早熟禾 *Poa annua*
华灰早熟禾 *Poa sinoglauca*
硬质早熟禾 *Poa sphondylodes*
碱茅属 *Puccinellia*
朝鲜碱茅 *Puccinellia chinampoensis*
热河碱茅 *Puccinellia jeholensis*
微药碱茅 *Puccinellia micrandra*
柔枝碱茅 *Puccinellia manchuriensis*
碱茅 *Puccinellia distans*
硬草属 *Sclerochloa*
硬草 *Sclerochloa dura*
黑麦草属 *Lolium*
黑麦草 *Lolium perenne*
多花黑麦草 *Lolium multiflorum*
臭草属 *Melica*
臭草 *Melica scabrosa*
落草属 *Koeleria*
落草 *Koeleria macrantha*
甜茅属 *Glyceria*
东北甜茅 *Glyceria triflora*
雀麦属 *Bromus*
雀麦 *Bromus japonicus*
疏花雀麦 *Bromus remotiflorus*
短柄草属 *Brachypodium*
短柄草 *Brachypodium sylvaticum*
大麦属 *Hordeum*
大麦 *Hordeum vulgare*
小麦属 *Triticum*
小麦 *Triticum aestivum*
披碱草属 *Elymus*
鹅观草 *Elymus kamoji*
纤毛鹅观草 *Elymus ciliaris*
日本纤毛草 *Elymus ciliaris* var. *hackelianus*
东瀛鹅观草 *Elymus* × *mayebaranus*
白茅属 *Imperata*
白茅 *Imperata cylindrica*
三毛草属 *Sibirotrisetum*
三毛草 *Sibirotrisetum bifidum*

燕麦属 *Avena*

野燕麦 *Avena fatua*

虉草属 *Phalaris*

虉草 *Phalaris arundinacea*

黄花茅属 *Anthoxanthum*

光稃香草 *Anthoxanthum glabrum*

野青茅属 *Deyeuxia*

野青茅 *Deyeuxia pyramidalis*

拂子茅属 *Calamagrostis*

拂子茅 *Calamagrostis epigejos*

假苇拂子茅 *Calamagrostis pseudophragmites*

剪股颖属 *Agrostis*

华北剪股颖 *Agrostis clavata*

台湾剪股颖 *Agrostis sozanensis*

棒头草属 *Polypogon*

棒头草 *Polypogon fugax*

长芒棒头草 *Polypogon monspeliensis*

菵草属 *Beckmannia*

菵草 *Beckmannia syzigachne*

梯牧草属 *Phleum*

梯牧草 *Phleum pratense*

看麦娘属 *Alopecurus*

看麦娘 *Alopecurus aequalis*

日本看麦娘 *Alopecurus japonicus*

针茅属 *Stipa*

长芒草 *Stipa bungeana*

羽茅属 *Achnatherum*

大叶直芒草 *Achnatherum coreanum*

獐毛属 *Aeluropus*

獐毛 *Aeluropus sinensis*

画眉草属 *Eragrostis*

知风草 *Eragrostis ferruginea*

画眉草 *Eragrostis pilosa*

大画眉草 *Eragrostis cilianensis*

小画眉草 *Eragrostis minor*

乱草 *Eragrostis japonica*

隐子草属 *Cleistogenes*

北京隐子草 *Cleistogenes hancei*

朝阳隐子草 *Cleistogenes hackelii*

千金子属 *Leptochloa*

双稃草 *Leptochloa fusca*

千金子 *Leptochloa chinensis*

虮子草 *Leptochloa panicea*

䅟属 *Eleusine*

牛筋草 *Eleusine indica*

虎尾草属 *Chloris*

虎尾草 *Chloris virgata*

狗牙根属 *Cynodon*

狗牙根 *Cynodon dactylon*

米草属 *Spartina*

互花米草 *Spartina alterniflora*

鼠尾粟属 *Sporobolus*

鼠尾粟 *Sporobolus fertilis*

隐花草属 *Crypsis*

隐花草 *Crypsis aculeata*

乱子草属 *Muhlenbergia*

日本乱子草 *Muhlenbergia japonica*

三芒草属 *Aristida*

三芒草 *Aristida adscensionis*

结缕草属 *Zoysia*

结缕草 *Zoysia japonica*

细叶结缕草 *Zoysia pacifica*

大穗结缕草 *Zoysia macrostachya*

中华结缕草 *Zoysia sinica*

锋芒草属 *Tragus*

虱子草 *Tragus berteronianus*

黍属 *Panicum*

铺地黍 *Panicum repens*

稷 *Panicum miliaceum*

糠稷 *Panicum bisulcatum*

细柄黍 *Panicum sumatrense*

囊颖草属 *Sacciolepis*

囊颖草 *Sacciolepis indica*

求米草属 *Oplismenus*

求米草 *Oplismenus undulatifolius*

稗属 *Echinochloa*

稗 *Echinochloa crusgalli*
光头稗 *Echinochloa colona*
长芒稗 *Echinochloa caudata*
无芒稗 *Echinochloa crusgalli* var. *mitis*
细叶旱稗 *Echinochloa crusgalli* var. *praticola*
水田稗 *Echinochloa oryzoides*
野黍属 *Eriochloa*
野黍 *Eriochloa villosa*
雀稗属 *Paspalum*
雀稗 *Paspalum thunbergii*
双穗雀稗 *Paspalum distichum*
马唐属 *Digitaria*
马唐 *Digitaria sanguinalis*
升马唐 *Digitaria ciliaris*
止血马唐 *Digitaria ischaemum*
狗尾草属 *Setaria*
大狗尾草 *Setaria faberi*
狗尾草 *Setaria viridis*
皱叶狗尾草 *Setaria plicata*
金色狗尾草 *Setaria pumila*
南非狗尾草 *Setaria sphacelata*
狼尾草属 *Pennisetum*
狼尾草 *Pennisetum alopecuroides*
芒属 *Miscanthus*
五节芒 *Miscanthus floridulus*
荻 *Miscanthus sacchariflorus*
芒 *Miscanthus sinensis*
高粱属 *Sorghum*
光高粱 *Sorghum nitidum*
鸭嘴草属 *Ischaemum*
有芒鸭嘴草 *Ischaemum aristatum*
毛鸭嘴草 *Ischaemum anthephoroides*
荩草属 *Arthraxon*
茅叶荩草 *Arthraxon prionodes*
荩草 *Arthraxon hispidus*
束尾草属 *Phacelurus*
束尾草 *Phacelurus latifolius*
蜈蚣草属 *Eremochloa*

假俭草 *Eremochloa ophiuroides*
玉蜀黍属 *Zea*
玉蜀黍 *Zea mays*
香蒲科 Typhaceae
黑三棱属 *Sparganium*
黑三棱 *Sparganium stoloniferum*
香蒲属 *Typha*
水烛 *Typha angustifolia*
香蒲 *Typha orientalis*
姜目 Zingiberales
芭蕉科 Musaceae
芭蕉属 *Musa*
芭蕉 *Musa basjoo*
姜科 Zingiberaceae
姜属 *Zingiber*
姜 *Zingiber officinale*
美人蕉科 Cannaceae
美人蕉属 *Canna*
美人蕉 *Canna indica*
大花美人蕉 *Canna generalis*
天门冬目 Asparagales
天门冬科 Asparagaceae
玉簪属 *Hosta*
紫萼 *Hosta ventricosa*
万年青属 *Rohdea*
万年青 *Rohdea japonica*
天门冬属 *Asparagus*
文竹 *Asparagus setaceus*
沿阶草属 *Ophiopogon*
麦冬 *Ophiopogon japonicus*
山麦冬属 *Liriope*
山麦冬 *Liriope spicata*
丝兰属 *Yucca*
凤尾丝兰 *Yucca gloriosa*
阿福花科 Asphodelaceae
萱草属 *Hemerocallis*
黄花菜 *Hemerocallis citrina*
萱草 *Hemerocallis fulva*

芦荟属 *Aloe*

芦荟 *Aloe vera*

石蒜科 Amaryllidaceae

葱属 *Allium*

葱 *Allium fistulosum*

薤白 *Allium macrostemon*

蒜 *Allium sativum*

洋葱 *Allium cepa*

水仙属 *Narcissus*

欧洲水仙 *Narcissus tazetta*

鸢尾科 Iridaceae

鸢尾属 *Iris*

蝴蝶花 *Iris japonica*

鸢尾 *Iris tectorum*

香根鸢尾 *Iris pallida*

射干属 *Belamcanda*

射干 *Belamcanda chinensis*

唐菖蒲属 *Gladiolus*

唐菖蒲 *Gladiolus gandavensis*

兰科 Orchidaceae

白及属 *Bletilla*

白及 *Bletilla striata*

毛舌兰属 *Trichoglottis*

红色毛舌兰 *Trichoglottis rosea*

仙茅科 Hypoxidaceae

仙茅属 *Curculigo*

大叶仙茅 *Curculigo capitulata*

百合目 Liliales

百合科 Liliaceae

贝母属 *Fritillaria*

浙贝母 *Fritillaria thunbergii*

菝葜科 Smilacaceae

菝葜属 *Smilax*

菝葜 *Smilax china*

牛尾菜 *Smilax riparia*

薯蓣目 Dioscoreales

薯蓣科 Dioscoreaceae

薯蓣属 *Dioscorea*

薯蓣 *Dioscorea polystachya*

沼金花科 Nartheciaceae

肺筋草属 *Aletris*

肺筋草 *Aletris spicata*

双子叶植物纲 Dicotyledoneae

木兰目 Magnoliales

木兰科 Magnoliaceae

木兰属 *Magnolia*

荷花木兰 *Magnolia grandiflora*

玉兰属 *Yulania*

玉兰 *Yulania denudata*

紫玉兰 *Yulania liliiflora*

二乔木兰 *Yulania* × *soulangeana*

樟目 Laurales

蜡梅科 Calycanthaceae

蜡梅属 *Chimonanthus*

蜡梅 *Chimonanthus praecox*

樟科 Lauraceae

月桂属 *Laurus*

月桂 *Laurus nobilis*

樟属 *Cinnamomum*

樟 *Cinnamomum camphora*

毛茛目 Ranunculales

毛茛科 Ranunculaceae

毛茛属 *Ranunculus*

毛茛 *Ranunculus japonicus*

茴茴蒜 *Ranunculus chinensis*

小檗科 Berberidaceae

小檗属 *Berberis*

日本小檗 *Berberis thunbergii*

紫叶小檗 *Berberis thunbergii* 'Atropurpurea'

十大功劳属 *Mahonia*

十大功劳 *Mahonia fortunei*

阔叶十大功劳 *Mahonia bealei*

南天竹属 *Nandina*

南天竹 *Nandina domestica*

睡莲目 Nymphaeales

莼菜科 Cabombaceae

水盾草属 *Cabomba*

水盾草 *Cabomba caroliniana*

睡莲科 Nymphaeaceae

萍蓬草属 *Nuphar*

萍蓬草 *Nuphar pumila*

睡莲属 *Nymphaea*

睡莲 *Nymphaea tetragona*

芡属 *Euryale*

芡实 *Euryale ferox*

山龙眼目 Proteales

莲科 Nelumbonaceae

莲属 *Nelumbo*

莲 *Nelumbo nucifera*

蔷薇目 Rosales

悬铃木科 Platanaceae

悬铃木属 *Platanus*

二球悬铃木 *Platanus acerifolia*

金缕梅科 Hamamelidaceae

檵木属 *Loropetalum*

红花檵木 *Loropetalum chinense* var. *rubrum*

蚊母树属 *Distylium*

蚊母树 *Distylium racemosum*

枫香树属 *Liquidambar*

枫香树 *Liquidambar formosana*

海桐科 Pittosporaceae

海桐属 *Pittosporum*

海桐 *Pittosporum tobira*

景天科 Crassulaceae

景天属 *Sedum*

垂盆草 *Sedum sarmentosum*

八宝属 *Hylotelephium*

轮叶八宝 *Hylotelephium verticillatum*

蔷薇科 Rosaceae

绣线菊属 *Spiraea*

绣球绣线菊 *Spiraea blumei*

火棘属 *Pyracantha*

火棘 *Pyracantha fortuneana*

石楠属 *Photinia*

石楠 *Photinia serratifolia*
红叶石楠 *Photinia* × *fraseri*
枇杷属 *Eriobotrya*
枇杷 *Eriobotrya japonica*
木瓜属 *Chaenomeles*
皱皮木瓜 *Chaenomeles speciosa*
梨属 *Pyrus*
西洋梨 *Pyrus communis*
沙梨 *Pyrus pyrifolia*
苹果属 *Malus*
垂丝海棠 *Malus halliana*
苹果 *Malus pumila*
山楂属 *Crataegus*
山楂 *Crataegus pinnatifida*
棣棠花属 *Kerria*
棣棠花 *Kerria japonica*
悬钩子属 *Rubus*
插田泡 *Rubus coreanus*
茅莓 *Rubus parvifolius*
委陵菜属 *Potentilla*
朝天委陵菜 *Potentilla supina*
莓叶委陵菜 *Potentilla fragarioides*
草莓属 *Fragaria*
草莓 *Fragaria* × *ananassa*
蛇莓属 *Duchesnea*
蛇莓 *Duchesnea indica*
蔷薇属 *Rosa*
月季花 *Rosa chinensis*
玫瑰 *Rosa rugosa*
李属 *Prunus*
梅 *Prunus mume*
杏 *Prunus armeniaca*
桃 *Prunus persica*
碧桃 *Prunus persica* '*Duplex*'
榆叶梅 *Prunus triloba*
紫叶李 *Prunus cerasifera* '*Atropurpurea*'
樱属 *Cerasus*
日本晚樱 *Cerasus serrulata* var. *lannesiana*

榆科 Ulmaceae
榆属 *Ulmus*
榆树 *Ulmus pumila*
榔榆 *Ulmus parvifolia*
朴属 *Celtis*
朴树 *Celtis sinensis*
桑科 Moraceae
葎草属 *Humulus*
葎草 *Humulus scandens*
大麻属 *Cannabis*
大麻 *Cannabis sativa*
构属 *Broussonetia*
构 *Broussonetia papyrifera*
榕属 *Ficus*
无花果 *Ficus carica*
桑属 *Morus*
桑 *Morus alba*
荨麻科 Urticaceae
苎麻属 *Boehmeria*
苎麻 *Boehmeria nivea*
豆目 Fabales
豆科 Fabaceae
合欢属 *Albizia*
合欢 *Albizia julibrissin*
豇豆属 *Vigna*
贼小豆 *Vigna minima*
豇豆 *Vigna unguiculata*
草木犀属 *Melilotus*
黄香草木犀 *Melilotus officinalis*
黄耆属 *Astragalus*
紫云英 *Astragalus sinicus*
车轴草属 *Trifolium*
白车轴草 *Trifolium repens*
红车轴草 *Trifolium pratense*
苜蓿属 *Medicago*
小苜蓿 *Medicago minima*
南苜蓿 *Medicago polymorpha*
苜蓿 *Medicago sativa*

皂荚属 *Gleditsia*

　　皂荚 *Gleditsia sinensis*

决明属 *Senna*

　　决明 *Senna tora*

紫荆属 *Cercis*

　　紫荆 *Cercis chinensis*

槐属 *Styphnolobium*

　　槐 *Styphnolobium japonicum*

　　龙爪槐 *Styphnolobium japonicum* 'Pendula'

刀豆属 *Canavalia*

　　刀豆 *Canavalia gladiata*

土圞儿属 *Apios*

　　土圞儿 *Apios fortunei*

大豆属 *Glycine*

　　大豆 *Glycine max*

　　野大豆 *Glycine soja*

菜豆属 *Phaseolus*

　　菜豆 *Phaseolus vulgaris*

扁豆属 *Lablab*

　　扁豆 *Lablab purpureus*

野豌豆属 *Vicia*

　　蚕豆 *Vicia faba*

　　救荒野豌豆 *Vicia sativa*

　　四籽野豌豆 *Vicia tetrasperma*

　　长柔毛野豌豆 *Vicia villosa*

　　大花野豌豆 *Vicia bungei*

合萌属 *Aeschynomene*

　　合萌 *Aeschynomene indica*

豌豆属 *Pisum*

　　豌豆 *Pisum sativum*

紫穗槐属 *Amorpha*

　　紫穗槐 *Amorpha fruticosa*

刺槐属 *Robinia*

　　刺槐 *Robinia pseudoacacia*

田菁属 *Sesbania*

　　田菁 *Sesbania cannabina*

甘草属 *Glycyrrhiza*

　　刺果甘草 *Glycyrrhiza pallidiflora*

落花生属 *Arachis*

落花生 *Arachis hypogaea*

胡枝子属 *Lespedeza*

胡枝子 *Lespedeza bicolor*

截叶铁扫帚 *Lespedeza cuneata*

鸡眼草属 *Kummerowia*

鸡眼草 *Kummerowia striata*

长萼鸡眼草 *Kummerowia stipulacea*

远志科 Polygalaceae

远志属 *Polygala*

远志 *Polygala tenuifolia*

金鱼藻目 Ceratophyllales

金鱼藻科 Ceratophyllaceae

金鱼藻属 *Ceratophyllum*

金鱼藻 *Ceratophyllum demersum*

桃金娘目 Myrtiflorae

千屈菜科 Lythraceae

紫薇属 *Lagerstroemia*

紫薇 *Lagerstroemia indica*

石榴属 *Punica*

石榴 *Punica granatum*

菱科 Trapaceae

菱属 *Trapa*

野菱 *Trapa incisa*

欧菱 *Trapa natans*

柳叶菜科 Onagraceae

山桃草属 *Gaura*

小花山桃草 *Gaura parviflora*

丁香蓼属 *Ludwigia*

丁香蓼 *Ludwigia prostrata*

月见草属 *Oenothera*

月见草 *Oenothera biennis*

小二仙草科 Haloragidaceae

狐尾藻属 *Myriophyllum*

狐尾藻 *Myriophyllum verticillatum*

蓝果树科 Nyssaceae

喜树属 *Camptotheca*

喜树 *Camptotheca acuminata*

丝缨花目 Garryales

杜仲科 Eucommiaceae

杜仲属 *Eucommia*

杜仲 *Eucommia ulmoides*

壳斗目 Fagales

胡桃科 Juglandaceae

化香树属 *Platycarya*

化香树 *Platycarya strobilacea*

枫杨属 *Pterocarya*

枫杨 *Pterocarya stenoptera*

杨梅科 Myricaceae

杨梅属 *Morella*

杨梅 *Morella rubra*

石竹目 Caryophyllales

商陆科 Phytolaccaceae

商陆属 *Phytolacca*

商陆 *Phytolacca acinosa*

垂序商陆 *Phytolacca americana*

紫茉莉科 Nyctaginaceae

紫茉莉属 *Mirabilis*

紫茉莉 *Mirabilis jalapa*

叶子花属 *Bougainvillea*

橙斑叶子花 *Bougainvillea* × *buttiana* '*Orange Stripe*'

藜科 Chenopodiaceae

盐角草属 *Salicornia*

北美海蓬子 *Salicornia bigelovii*

菠菜属 *Spinacia*

菠菜 *Spinacia oleracea*

藜属 *Chenopodium*

藜 *Chenopodium album*

灰绿藜 *Chenopodium glaucum*

狭叶尖头叶藜 *Chenopodium acuminatum* subsp. *virgatum*

杂配藜 *Chenopodium hybridum*

小藜 *Chenopodium serotinum*

沙冰藜属 *Bassia*

地肤 *Bassia scoparia*

碱蓬属 *Suaeda*

碱蓬 *Suaeda glauca*

盐地碱蓬 *Suaeda salsa*
平卧碱蓬 *Suaeda prostrata*
苋科 Amaranthaceae
猪毛菜属 *Salsola*
无翅猪毛菜 *Salsola komarovii*
苋属 *Amaranthus*
苋 *Amaranthus tricolor*
凹头苋 *Amaranthus blitum*
皱果苋 *Amaranthus viridis*
长芒苋 *Amaranthus palmeri*
繁穗苋 *Amaranthus paniculatus*
反枝苋 *Amaranthus retroflexus*
绿穗苋 *Amaranthus hybridus*
合被苋 *Amaranthus polygonoides*
青葙属 *Celosia*
青葙 *Celosia argentea*
牛膝属 *Achyranthes*
牛膝 *Achyranthes bidentata*
莲子草属 *Alternanthera*
喜旱莲子草 *Alternanthera philoxeroides*
莲子草 *Alternanthera sessilis*
马齿苋科 Portulacaceae
马齿苋属 *Portulaca*
马齿苋 *Portulaca oleracea*
大花马齿苋 *Portulaca grandiflora*
落葵科 Basellaceae
落葵属 *Basella*
落葵 *Basella alba*
落葵薯属 *Anredera*
落葵薯 *Anredera cordifolia*
石竹科 Caryophyllaceae
拟漆姑属 *Spergularia*
拟漆姑 *Spergularia marina*
无心菜属 *Arenaria*
无心菜 *Arenaria serpyllifolia*
卷耳属 *Cerastium*
球序卷耳 *Cerastium glomeratum*
繁缕属 *Stellaria*

繁缕 *Stellaria media*
雀舌草 *Stellaria alsine*
鹅肠菜属 *Myosoton*
鹅肠菜 *Myosoton aquaticum*
漆姑草属 *Sagina*
漆姑草 *Sagina japonica*
石竹属 *Dianthus*
须苞石竹 *Dianthus barbatus*
石竹 *Dianthus chinensis*
粟米草科 Molluginaceae
粟米草属 *Trigastrotheca*
粟米草 *Trigastrotheca stricta*
白花丹科 Plumbaginaceae
补血草属 *Limonium*
补血草 *Limonium sinense*
烟台补血草 *Limonium franchetii*
柽柳科 Tamaricaceae
柽柳属 *Tamarix*
多枝柽柳 *Tamarix ramosissima*
柽柳 *Tamarix chinensis*
蓼目 Polygonales
蓼科 Polygonaceae
酸模属 *Rumex*
酸模 *Rumex acetosa*
齿果酸模 *Rumex dentatus*
羊蹄 *Rumex japonicus*
蓼属 *Polygonum*
绵毛酸模叶蓼 *Polygonum lapathifolium* var. *salicifolium*
扛板归 *Polygonum perfoliatum*
柔茎蓼 *Polygonum tenellum* var. *micranthum*
长鬃蓼 *Polygonum longisetum*
何首乌属 *Pleuropterus*
何首乌 *Pleuropterus multiflorus*
荞麦属 *Fagopyrum*
荞麦 *Fagopyrum esculentum*
珊瑚藤属 *Antigonon*
珊瑚藤 *Antigonon leptopus*
藤蓼属 *Fallopia*

齿翅蓼 *Fallopia dentatoalata*

虎耳草目 Saxifragales

芍药科 Paeoniaceae

芍药属 *Paeonia*

芍药 *Paeonia lactiflora*

牡丹 *Paeonia suffruticosa*

连香树科 Cercidiphyllaceae

连香树属 *Cercidiphyllum*

连香树 *Cercidiphyllum japonicum*

胡椒目 Piperales

胡椒科 Piperaceae

草胡椒属 *Peperomia*

草胡椒 *Peperomia pellucida*

马兜铃科 Aristolochiaceae

马兜铃属 *Aristolochia*

马兜铃 *Aristolochia debilis*

寻骨风 *Aristolochia mollissima*

管花目 Tubiflorae

狸藻科 Lentibulariaceae

狸藻属 *Utricularia*

黄花狸藻 *Utricularia aurea*

金虎尾目 Malpighiales

藤黄科 Guttiferae

金丝桃属 *Hypericum*

金丝桃 *Hypericum monogynum*

堇菜科 Violaceae

堇菜属 *Viola*

心叶堇菜 *Viola yunnanfuensis*

大戟科 Euphorbiaceae

大戟属 *Euphorbia*

匍匐大戟 *Euphorbia prostrata*

斑地锦草 *Euphorbia maculata*

铁苋菜属 *Acalypha*

铁苋菜 *Acalypha australis*

乌桕属 *Triadica*

乌桕 *Triadica sebifera*

秋枫属 *Bischofia*

重阳木 *Bischofia polycarpa*

蓖麻属 *Ricinus*

蓖麻 *Ricinus communis*

叶下珠科 Phyllanthaceae

叶下珠属 *Phyllanthus*

蜜甘草 *Phyllanthus ussuriensis*

杨柳科 Salicaceae

杨属 *Populus*

毛白杨 *Populus tomentosa*

加杨 *Populus*×*canadensis*

东北杨 *Populus girinensis*

意杨 *Populus*×*canadensis* '*I-214*'

柳属 *Salix*

垂柳 *Salix babylonica*

旱柳 *Salix matsudana*

腺柳 *Salix chaenomeloides*

山拐枣属 *Poliothyrsis*

山拐枣 *Poliothyrsis sinensis*

山桐子属 *Idesia*

山桐子 *Idesia polycarpa*

柞木属 *Xylosma*

柞木 *Xylosma congesta*

锦葵目 Malvales

梧桐科 Sterculiaceae

梧桐属 *Firmiana*

梧桐 *Firmiana simplex*

锦葵科 Malvaceae

苘麻属 *Abutilon*

苘麻 *Abutilon theophrasti*

蜀葵属 *Alcea*

蜀葵 *Alcea rosea*

棉属 *Gossypium*

陆地棉 *Gossypium hirsutum*

木槿属 *Hibiscus*

木槿 *Hibiscus syriacus*

野西瓜苗 *Hibiscus trionum*

木棉属 *Bombax*

木棉 *Bombax ceiba*

椴树科 Tiliaceae

黄麻属 *Corchorus*

黄麻 *Corchorus capsularis*

鼠李目 Rhamnales

鼠李科 Rhamnaceae

枣属 *Ziziphus*

酸枣 *Ziziphus jujuba* var. *spinosa*

葡萄科 Vitaceae

葡萄属 *Vitis*

山葡萄 *Vitis amurensis*

葡萄 *Vitis vinifera*

地锦属 *Parthenocissus*

地锦 *Parthenocissus tricuspidata*

乌蔹莓属 *Causonis*

乌蔹莓 *Causonis japonica*

葫芦目 Cucurbitales

葫芦科 Cucurbitaceae

赤瓟属 *Thladiantha*

南赤瓟 *Thladiantha nudiflora*

南瓜属 *Cucurbita*

南瓜 *Cucurbita moschata*

栝楼属 *Trichosanthes*

栝楼 *Trichosanthes kirilowii*

丝瓜属 *Luffa*

丝瓜 *Luffa aegyptiaca*

葫芦属 *Lagenaria*

葫芦 *Lagenaria siceraria*

苦瓜属 *Momordica*

苦瓜 *Momordica charantia*

冬瓜属 *Benincasa*

冬瓜 *Benincasa hispida*

西瓜属 *Citrullus*

西瓜 *Citrullus lanatus*

黄瓜属 *Cucumis*

黄瓜 *Cucumis sativus*

马瓟瓜 *Cucumis melo* var. *agrestis*

甜瓜 *Cucumis melo*

马瓞儿属 *Zehneria*

马瓞儿 *Zehneria japonica*

盒子草属 *Actinostemma*

盒子草 *Actinostemma tenerum*

杜鹃花目 Ericales

杜鹃花科 Ericaceae

杜鹃属 *Rhododendron*

杜鹃 *Rhododendron simsii*

柿科 Ebenaceae

柿属 *Diospyros*

柿 *Diospyros kaki*

山茶科 Theaceae

山茶属 *Camellia*

山茶 *Camellia japonica*

报春花科 Primulaceae

点地梅属 *Androsace*

点地梅 *Androsace umbellata*

伞形目 Apiales

五加科 Araliaceae

八角金盘属 *Fatsia*

八角金盘 *Fatsia japonica*

伞形科 Apiaceae

天胡荽属 *Hydrocotyle*

天胡荽 *Hydrocotyle sibthorpioides*

南美天胡荽 *Hydrocotyle verticillata*

积雪草属 *Centella*

积雪草 *Centella asiatica*

窃衣属 *Torilis*

小窃衣 *Torilis japonica*

胡萝卜属 *Daucus*

野胡萝卜 *Daucus carota*

胡萝卜 *Daucus carota* var. *sativa*

珊瑚菜属 *Glehnia*

珊瑚菜 *Glehnia littoralis*

芫荽属 *Coriandrum*

芫荽 *Coriandrum sativum*

水芹属 *Oenanthe*

水芹 *Oenanthe javanica*

山茱萸科 Cornaceae

桃叶珊瑚属 *Aucuba*

花叶青木 *Aucuba japonica* var. *variegata*

龙胆目 Gentianales

龙胆科 Gentianaceae

龙胆属 *Gentiana*

鳞叶龙胆 *Gentiana squarrosa*

荇菜属 *Nymphoides*

荇菜 *Nymphoides peltata*

夹竹桃科 Apocynaceae

罗布麻属 *Apocynum*

罗布麻 *Apocynum venetum*

长春花属 *Catharanthus*

长春花 *Catharanthus roseus*

萝藦属 *Metaplexis*

萝藦 *Metaplexis japonica*

鹅绒藤属 *Cynanchum*

鹅绒藤 *Cynanchum chinense*

牛皮消 *Cynanchum auriculatum*

茜草科 Rubiaceae

栀子属 *Gardenia*

栀子 *Gardenia jasminoides*

鸡矢藤属 *Paederia*

鸡矢藤 *Paederia foetida*

白马骨属 *Serissa*

六月雪 *Serissa japonica*

虎刺属 *Damnacanthus*

虎刺 *Damnacanthus indicus*

茜草属 *Rubia*

茜草 *Rubia cordifolia*

拉拉藤属 *Galium*

拉拉藤 *Galium spurium*

小叶猪殃殃 *Galium trifidum*

六叶葎 *Galium hoffmeisteri*

马钱科 Loganiaceae

马钱属 *Strychnos*

伞花马钱 *Strychnos umbellata*

唇形目 Lamiales

木樨科 Oleaceae

梣属 *Fraxinus*

白蜡树 *Fraxinus chinensis*

连翘属 *Forsythia*

连翘 *Forsythia suspensa*

金钟花 *Forsythia viridissima*

素馨属 *Jasminum*

迎春花 *Jasminum nudiflorum*

木樨属 *Osmanthus*

木樨 *Osmanthus fragrans*

女贞属 *Ligustrum*

女贞 *Ligustrum lucidum*

小蜡 *Ligustrum sinense*

小叶女贞 *Ligustrum quihoui*

紫葳科 Bignoniaceae

凌霄属 *Campsis*

凌霄 *Campsis grandiflora*

厚萼凌霄 *Campsis radicans*

马鞭草科 Verbenaceae

马鞭草属 *Verbena*

马鞭草 *Verbena officinalis*

牡荆属 *Vitex*

牡荆 *Vitex negundo* var. *cannabifolia*

玄参科 Scrophulariaceae

泡桐属 *Paulownia*

毛泡桐 *Paulownia tomentosa*

通泉草属 *Mazus*

弹刀子菜 *Mazus stachydifolius*

通泉草 *Mazus japonicus*

母草属 *Lindernia*

陌上菜 *Lindernia procumbens*

虻眼属 *Dopatricum*

虻眼 *Dopatricum junceum*

婆婆纳属 *Veronica*

直立婆婆纳 *Veronica arvensis*

阿拉伯婆婆纳 *Veronica persica*

婆婆纳 *Veronica polita*

地黄属 *Rehmannia*

地黄 *Rehmannia glutinosa*

爵床科 Acanthaceae

爵床属 *Justicia*

爵床 *Justicia procumbens*

车前科 Plantaginaceae

车前属 *Plantago*

车前 *Plantago asiatica*

长叶车前 *Plantago lanceolata*

唇形科 Lamiaceae

筋骨草属 *Ajuga*

金疮小草 *Ajuga decumbens*

多花筋骨草 *Ajuga multiflora*

夏枯草属 *Prunella*

夏枯草 *Prunella vulgaris*

黄芩属 *Scutellaria*

半枝莲 *Scutellaria barbata*

活血丹属 *Glechoma*

活血丹 *Glechoma longituba*

益母草属 *Leonurus*

益母草 *Leonurus japonicus*

錾菜 *Leonurus pseudomacranthus*

野芝麻属 *Lamium*

宝盖草 *Lamium amplexicaule*

鼠尾草属 *Salvia*

一串红 *Salvia splendens*

丹参 *Salvia miltiorrhiza*

石荠苎属 *Mosla*

石荠苎 *Mosla scabra*

大青属 *Clerodendrum*

海州常山 *Clerodendrum trichotomum*

地笋属 *Lycopus*

地笋 *Lycopus lucidus*

风轮菜属 *Clinopodium*

风轮菜 *Clinopodium chinense*

薄荷属 *Mentha*

薄荷 *Mentha canadensis*

留兰香 *Mentha spicata*

薰衣草属 *Lavandula*

薰衣草 *Lavandula angustifolia*

紫苏属 *Perilla*

紫苏 *Perilla frutescens*

芝麻科 Pedaliaceae

芝麻属 *Sesamum*

芝麻 *Sesamum indicum*

茄目 Solanales

茄科 Solanaceae

茄属 *Solanum*

白英 *Solanum lyratum*

龙葵 *Solanum nigrum*

马铃薯 *Solanum tuberosum*

茄 *Solanum melongena*

番茄 *Solanum lycopersicum*

枸杞属 *Lycium*

枸杞 *Lycium chinense*

酸浆属 *Physalis*

苦蘵 *Physalis angulata*

小酸浆 *Physalis minima*

辣椒属 *Capsicum*

辣椒 *Capsicum annuum*

朝天椒 *Capsicum annuum* var. *conoides*

碧冬茄属 *Petunia*

碧冬茄 *Petunia hybrida*

旋花科 Convolvulaceae

旋花属 *Convolvulus*

田旋花 *Convolvulus arvensis*

马蹄金属 *Dichondra*

马蹄金 *Dichondra micrantha*

打碗花属 *Calystegia*

肾叶打碗花 *Calystegia soldanella*

鼓子花 *Calystegia silvatica* subsp. *orientalis*

打碗花 *Calystegia hederacea*

番薯属 *Ipomoea*

瘤梗番薯 *Ipomoea lacunosa*

番薯 *Ipomoea batatas*

蕹菜 *Ipomoea aquatica*

三裂叶薯 *Ipomoea triloba*

茑萝 *Ipomoea quamoclit*

牵牛 *Ipomoea nil*

圆叶牵牛 *Ipomoea purpurea*
裂叶牵牛 *Ipomoea hederacea*
紫草目 Boraginales
紫草科 Boraginaceae
紫草属 *Lithospermum*
田紫草 *Lithospermum arvense*
附地菜属 *Trigonotis*
附地菜 *Trigonotis peduncularis*
斑种草属 *Bothriospermum*
斑种草 *Bothriospermum chinense*
盾果草属 *Thyrocarpus*
盾果草 *Thyrocarpus sampsonii*
川续断目 Dipsacales
忍冬科 Caprifoliaceae
接骨木属 *Sambucus*
接骨木 *Sambucus williamsii*
荚蒾属 *Viburnum*
珊瑚树 *Viburnum odoratissimum*
日本珊瑚树 *Viburnum odoratissimum* var. *awabuki*
琼花 *Viburnum keteleeri* Carrière
忍冬属 *Lonicera*
忍冬 *Lonicera japonica*
金银忍冬 *Lonicera maackii*
锦带花属 *Weigela*
海仙花 *Weigela coraeensis*
菊目 Asterales
菊科 Asteraceae
马兰属 *Kalimeris*
马兰 *Kalimeris indica*
全叶马兰 *Kalimeris integrifolia*
联毛紫菀属 *Symphyotrichum*
钻叶紫菀 *Symphyotrichum subulatum*
碱菀属 *Tripolium*
碱菀 *Tripolium pannonicum*
紫菀属 *Aster*
紫菀 *Aster tataricus*
一枝黄花属 *Solidago*
加拿大一枝黄花 *Solidago canadensis*

飞蓬属 *Erigeron*

　　春飞蓬 *Erigeron philadelphicus*

　　小蓬草 *Erigeron canadensis*

　　香丝草 *Erigeron bonariensis*

　　苏门白酒草 *Erigeron sumatrensis*

旋覆花属 *Inula*

　　欧亚旋覆花 *Inula britannica*

天名精属 *Carpesium*

　　烟管头草 *Carpesium cernuum*

　　金挖耳 *Carpesium divaricatum*

苍耳属 *Xanthium*

　　苍耳 *Xanthium strumarium*

百日菊属 *Zinnia*

　　百日菊 *Zinnia elegans*

　　多花百日菊 *Zinnia peruviana*

天人菊属 *Gaillardia*

　　天人菊 *Gaillardia pulchella*

秋英属 *Cosmos*

　　秋英 *Cosmos bipinnatus*

　　黄秋英 *Cosmos sulphureus*

松香草属 *Silphium*

　　串叶松香草 *Silphium perfoliatum*

豨莶属 *Siegesbeckia*

　　豨莶 *Siegesbeckia orientalis*

鳢肠属 *Eclipta*

　　鳢肠 *Eclipta prostrata*

向日葵属 *Helianthus*

　　向日葵 *Helianthus annuus*

　　菊芋 *Helianthus tuberosus*

泽兰属 *Eupatorium*

　　林泽兰 *Eupatorium lindleyanum*

大丽花属 *Dahlia*

　　大丽花 *Dahlia pinnata*

鬼针草属 *Bidens*

　　金盏银盘 *Bidens biternata*

　　鬼针草 *Bidens pilosa*

　　白花鬼针草 *Bidens alba*

　　大狼耙草 *Bidens frondosa*

万寿菊属 *Tagetes*
- 万寿菊 *Tagetes erecta*
- 孔雀草 *Tagetes patula*

茼蒿属 *Glebionis*
- 茼蒿 *Glebionis coronaria*

菊属 *Chrysanthemum*
- 野菊 *Chrysanthemum indicum*
- 菊花 *Chrysanthemum*×*morifolium*

雏菊属 *Bellis*
- 雏菊 *Bellis perennis*

牛蒡属 *Arctium*
- 牛蒡 *Arctium lappa*

蒿属 *Artemisia*
- 茵陈蒿 *Artemisia capillaris*
- 牡蒿 *Artemisia japonica*
- 南牡蒿 *Artemisia eriopoda*
- 盐蒿 *Artemisia halodendron*
- 黄花蒿 *Artemisia annua*
- 艾 *Artemisia argyi*
- 野艾蒿 *Artemisia lavandulifolia*
- 猪毛蒿 *Artemisia scoparia*
- 白莲蒿 *Artemisia stechmanniana*
- 碱蒿 *Artemisia anethifolia*
- 无毛牛尾蒿 *Artemisia dubia* var. *subdigitata*

蓟属 *Cirsium*
- 刺儿菜 *Cirsium arvense* var. *integrifolium*
- 蓟 *Cirsium japonicum*

泥胡菜属 *Hemisteptia*
- 泥胡菜 *Hemisteptia lyrata*

蒲公英属 *Taraxacum*
- 蒲公英 *Taraxacum mongolicum*
- 药用蒲公英 *Taraxacum officinale*

苦苣菜属 *Sonchus*
- 苦苣菜 *Sonchus oleraceus*
- 续断菊 *Sonchus asper*

苦荬菜属 *Ixeris*
- 苦荬菜 *Ixeris polycephala*
- 齿缘苦荬菜 *Ixeris dentata*

中华苦荬菜 *Ixeris chinensis*

小苦荬属 *Ixeridium*

抱茎小苦荬 *Ixeridium sonchifolium*

豚草属 *Ambrosia*

豚草 *Ambrosia artemisiifolia*

莴苣属 *Lactuca*

山莴苣 *Lactuca sibirica*

稻槎菜属 *Lapsanastrum*

稻槎菜 *Lapsanastrum apogonoides*

黄鹌菜属 *Youngia*

黄鹌菜 *Youngia japonica*

女菀属 *Turczaninovia*

女菀 *Turczaninovia fastigiata*

香青属 *Anaphalis*

香青 *Anaphalis sinica*

无患子目 Sapindales

卫矛科 Celastraceae

卫矛属 *Euonymus*

白杜 *Euonymus maackii*

冬青卫茅 *Euonymus japonicus*

银边黄杨 *Euonymus japonicu*s var. *albo-marginatus*

大花卫矛 *Euonymus grandiflorus*

扶芳藤 *Euonymus fortunei*

金边黄杨 *Euonymus japonicus* '*Aurea-marginatus*'

黄杨科 Buxaceac

黄杨属 *Buxus*

黄杨 *Buxus sinica*

锦熟黄杨 *Buxus sempervirens*

无患子科 Sapindaceae

栾属 *Koelreuteria*

栾树 *Koelreuteria paniculata*

复羽叶栾 *Koelreuteria bipinnata*

黄山栾树 *Koelreuteria bipinnata* '*integrifoliola*'

槭树科 Aceraceae

槭属 *Acer*

三角槭 *Acer buergerianum*

鸡爪槭 *Acer palmatum*

漆树科 Anacardiaceae

黄栌属 *Cotinus*

毛黄栌 *Cotinus coggygria* var. *pubescens*

盐麸木属 *Rhus*

火炬树 *Rhus typhina*

苦木科 Simaroubaceae

臭椿属 *Ailanthus*

臭椿 *Ailanthus altissima*

楝科 Meliaceae

楝属 *Melia*

楝 *Melia azedarach*

芸香科 Rutaceae

柑橘属 *Citrus*

枳 *Citrus trifoliata*

凤仙花科 Balsaminaceae

凤仙花属 *Impatiens*

凤仙花 *Impatiens balsamina*

牻牛儿苗目 Geraniales

蒺藜科 Zygophyllaceae

蒺藜属 *Tribulus*

蒺藜 *Tribulus terrestris*

酢浆草科 Oxalidaceae

酢浆草属 *Oxalis*

酢浆草 *Oxalis corniculata*

红花酢浆草 *Oxalis corymbosa*

牻牛儿苗科 Geraniaceae

老鹳草属 *Geranium*

野老鹳草 *Geranium carolinianum*

罂粟目 Rhoeadales

十字花科 Brassicaceae

芸薹属 *Brassica*

欧洲油菜 *Brassica napus*

芸薹 *Brassica rapa* var. *oleifera*

白菜 *Brassica rapa* var. *glabra*

青菜 *Brassica rapa* var. *chinensis*

芥菜 *Brassica juncea*

鸡冠菜 *Brassica celerifolia*

诸葛菜属 *Orychophragmus*

诸葛菜 *Orychophragmus violaceus*

蔊菜属 *Rorippa*

沼生蔊菜 *Rorippa palustris*

风花菜 *Rorippa globosa*

无瓣蔊菜 *Rorippa dubia*

菥蓂属 *Thlaspi*

菥蓂 *Thlaspi arvense*

离子芥属 *Chorispora*

离子芥 *Chorispora tenella*

播娘蒿属 *Descurainia*

播娘蒿 *Descurainia sophia*

独行菜属 *Lepidium*

北美独行菜 *Lepidium virginicum*

臭荠属 *Coronopus*

臭荠 *Coronopus didymus*

荠属 *Capsella*

荠 *Capsella bursa-pastoris*

葶苈属 *Draba*

葶苈 *Draba nemorosa*

萝卜属 *Raphanus*

萝卜 *Raphanus sativus*

紫罗兰属 *Matthiola*

紫罗兰 *Matthiola incana*

罂粟科 Papaveraceae

紫堇属 *Corydalis*

齿瓣延胡索 *Corydalis turtschaninovii*

三、珍禽保护区湿地大型真菌名录

子囊菌门 Ascomycota

盘菌纲 Pezizomycetes

盘菌目 Pezizales

羊肚菌科 Morchellaceae

羊肚菌属 *Morchella*

羊肚菌 *Morchella esculenta*

担子菌门 Basidiomycota

担子菌纲 Basidiomycetes

鬼笔目 Phallales

鬼笔科 Phallaceae

竹荪属 *Dictyophora*

长裙竹荪 *Dictyophora indusiata*

多孔菌目 Polyporales

灵芝科 Ganodermataceae

灵芝属 *Ganoderma*

灵芝 *Ganoderma lucidum*

树舌灵芝 *Ganoderma applanatum*

伞菌目 Agaricales

鬼伞科 Coprinaceae

鬼伞属 *Coprinus*

墨汁鬼伞 *Coprinus atramentarius*

晶粒鬼伞 *Coprinus micaceus*

毛头鬼伞 *Coprinus comatus*

光柄菇科 Pluteaceae

小包脚菇属 *Volvariella*

草菇 *Volvariella volvacea*

侧耳科 Pleurotaceae

侧耳属 *Pleurotus*

杏鲍菇 *Pleurotus eryngii*

糙皮侧耳 *Pleurotus ostreatus*

口蘑科 Tricholomatacete

金针菇属 *Flammulina*

金针菇 *Flammulina velutipes*

木菇属 *Lentinula*

香菇 *Lentinula edodes*

蚁巢伞属 *Termitomyces*

鸡枞菌 *Termitomyces albuminosus*

红盾鸡枞菌 *Termitomyces clypeatus*

泡头菌科 Physalacriaceae

蜜环菌属 *Armillaria*

蜜环菌 *Armillaria mellea*

粉褶蕈科 Entolomataceae

粉褶蕈属 *Entoloma*

晶盖粉褶蕈 *Entoloma clypeatum*

蘑菇科 Agaricaceae

蘑菇属 *Agaricus*

双孢蘑菇 *Agaricus bisporus*

球盖菇科 Strophariaceae

球盖菇属 *Stropharia*
皱环球盖菇 *Stropharia rugosoannulata*

四、珍禽保护区湿地浮游动物名录

节肢动物门 Arthropoda
甲壳纲 Crustacea
剑水蚤目 Cyclopoida
长腹剑水蚤科 Oithonidae
长腹剑水蚤属 *Oithona*
羽长腹剑水蚤 *Oithona plumifera*
简长腹剑水蚤 *Oithona simplex*
拟长腹剑水蚤 *Oithona similis*
细长腹剑水蚤 *Oithona attenuata*
短角长腹剑水蚤 *Oithona brevicornis*
隐长腹剑水蚤 *Oithona decipiens*
小长腹剑水蚤 *Oithona nana*
窄腹剑水蚤属 *Limnoithona*
四刺窄腹剑水蚤 *Limnoithona quadrispinosa*
猛水蚤目 Harpacticoida
暴猛水蚤科 Clytemnestridae
暴猛水蚤属 *Clytemnestra*
硬鳞暴猛水蚤 *Clytemnestra scutellata*
谐猛水蚤科 Euterpinidae
谐猛水蚤属 *Euterpina*
尖额谐猛水蚤 *Euterpina acutifrons*
长猛水蚤科 Ectinosomatidae
小毛猛水蚤属 *Microsetella*
挪威小毛猛水蚤 *Microsetella norvegica*
红小毛猛水蚤 *Microsetella rosea*
鞘口水蚤目 Poecilostomatoida
大眼水蚤科 Corycaeidae
大眼水蚤属 *Corycaeus*
平大眼水蚤 *Corycaeus*（*Ditrichocorycaeus*）*dahli*
近缘大眼水蚤 *Corycaeus*（*Ditrichocorycaeus*）*affinis*
叶水蚤科 Sapphirinidae
叶水蚤属 *Sapphirina*
黑点叶水蚤 *Sapphirina nigromaculata*

红叶水蚤 *Sapphirina scaralta*

哲水蚤目 Calanoida

纺锤水蚤科 Acartiidae

纺锤水蚤属 *Acartia*

双毛纺锤水蚤 *Acartia*（*Acanthacartia*）*bifilosa*

太平洋纺锤水蚤 *Acartia*（*Odontacartia*）*pacifica*

克氏纺锤水蚤 *Acartia*（*Acartiura*）*clause*

厚壳水蚤科 Scolecithricidae

小厚壳水蚤属 *Scolecithricella*

长刺小厚壳水蚤 *Scolecithricella longispinosa*

厚壳水蚤属 *Scolecithrix*

缘齿厚壳水蚤 *Scolecithrix nicobarica*

角水蚤科 Pontellidae

唇角水蚤属 *Labidocera*

双刺唇角水蚤 *Labidocera bipinnata*

真刺唇角水蚤 *Labidocera euchaeta*

简角水蚤属 *Pontellopsis*

瘦尾简角水蚤 *Pontellopsis tenuicauda*

钝简角水蚤 *Pontellopsis yamadae*

长足水蚤属 *Calanopia*

汤氏长足水蚤 *Calanopia thompsoni*

平头水蚤科 Candaciidae

平头水蚤属 *Candacia*

伯氏平头水蚤 *Candacia bradyi*

宽水蚤科 Temoridae

宽水蚤属 *Temora*

异尾宽水蚤 *Temora discaudata*

拟哲水蚤科 Paracalanidae

隆哲水蚤属 *Acrocalanus*

驼背隆哲水蚤 *Acrocalanus gibber*

拟哲水蚤属 *Paracalanus*

小拟哲水蚤 *Paracalanus parvus*

针刺拟哲水蚤 *Paracalanus aculeatus*

歪水蚤科 Tortanidae

歪水蚤属 *Tortanus*

须形歪水蚤 *Tortanus barbatus*

刺尾歪水蚤 *Tortanus spinicaudatus*

钳形歪水蚤 *Tortanus forcipatus*

虫肢歪水蚤 *Tortanus vermiculus*

伪镖水蚤科 Pseudodiaptomidae

许水蚤属 *Schmackeria*

火腿许水蚤 *Schmackeria poplesia*

指状许水蚤 *Schmackeria inopinus*

胸刺水蚤科 Centropagidae

胸刺水蚤属 *Centropages*

墨氏胸刺水蚤 *Centropages mcmurrichi*

瘦尾胸刺水蚤 *Centropages tenuiremis*

中华胸刺水蚤 *Centropages sinensis*

背针胸刺水蚤 *Centropages dorsispinatus*

镖水蚤科 Diaptomidae

新镖水蚤属 *Neodiaptomus*

右突新镖水蚤 *Neodiaptomus schmackeri*

哲水蚤科 Calanidae

哲水蚤属 *Calanus*

中华哲水蚤 *Calanus sinicus*

刺哲水蚤属 *Canthocalanus*

微刺哲水蚤 *Canthocalanus pauper*

小哲水蚤属 *Nannocalanus*

小哲水蚤 *Nannocalanus minor*

波水蚤属 *Undinula*

普通波水蚤 *Undinula vulgaris*

真刺水蚤科 Euchaetidae

真刺水蚤属 *Euchaeta*

精致真刺水蚤 *Euchaeta concinna*

平滑真刺水蚤 *Euchaeta plana*

真哲水蚤科 Eucalanidae

真哲水蚤属 *Eucalanus*

细真哲水蚤 *Eucalanus attenuatus*

次真哲水蚤属 *Subeucalanus*

狭额次真哲水蚤 *Subeucalanus subtenuis*

介形目 Myodocopida

达尔文介科 Darwinulidae

达尔文介属 *Darwinula*

史氏达尔文介 *Darwinula stevensoni*

枝角目 Cladocera

圆囊溞科 Podonidae

三角溞属 *Pseudevadne*

三角溞 *Pseudevadne* sp.

象鼻溞科 Bosminidae

基合溞属 *Bosminopsis*

颈沟基合溞 *Bosminopsis deitersi*

软甲纲 Malacostraca

端足目 Amphipoda

钩虾科 Gammaridae

钩虾属 *Gammarus*

钩虾 *Gammarus* sp.

普通钩虾 *Gammarus pulex*

蜾蠃蜚科 Corophiidae

蜾蠃蜚属 *Corophium*

中华蜾蠃蜚 *Corophium sinensis*

慎蛾科 Phronimoidea

法蛾属 *Themisto*

细足法蛾 *Themisto gracilipes*

糠虾目 Mysidacea

糠虾科 Mysidae

刺糠虾属 *Acanthomysis*

长额刺糠虾 *Acanthomysis longirostris*

中华刺糠虾 *Acanthomysis sinensis*

藤永刺糠虾 *Acanthomysis fujingai*

红糠虾属 *Erythrops*

小红糠虾 *Erythrops minuta*

囊糠虾属 *Gastrosaccus*

漂浮囊糠虾 *Gastrosaccus pelagicus*

拟节糠虾属 *Hemisiriella*

美丽拟节糠虾 *Hemisiriella pulchra*

磷虾目 Euphausiacea

磷虾科 Euphausiidae

磷虾属 *Euphausia*

太平洋磷虾 *Euphausia pacifica*

假磷虾属 *Pseudeuphausia*

中华假磷虾 *Pseudeuphausia sinica*

十足目 Decapoda

樱虾科 Sergestidae

毛虾属 *Acetes*

日本毛虾 *Acetes japonicus*
中国毛虾 *Acetes chinensis*
莹虾科 Luciferidae
莹虾属 *Lucifer*
刷状莹虾 *Lucifer penicillifer*
中型莹虾 *Lucifer intermedius*
毛颚动物门 Chaetognatha
箭虫纲 Sagittoidea
无横肌目 Aphragmophora
箭虫科 Sagittidae
箭虫属 *Sagitta*
强壮箭虫 *Sagitta crassa*
肥胖箭虫 *Sagitta enflata*
纳嘎箭虫 *Sagitta nagae*
腔肠动物门 Coelenterata
水螅纲 Hydrozoa
被鞘螅目 Leptothecata
玛拉水母科 Malagazziidae
玛拉水母属 *Malagazzia*
卡玛拉水母 *Malagazzia carolinae*
八拟杯水母属 *Octophialucium*
中型八拟杯水母 *Octophialucium medium*
花裸螅目 Anthoathecata
棒状水母科 Corymorphidae
真囊水母属 *Euphysora*
真囊水母 *Euphysora bigelowi*
枝管水母科 Proboscidactylidae
枝管水母属 *Proboscidactyla*
四枝管水母 *Proboscidactyla flavicirrata*
花水母目 Anthmedusae
棒螅水母科 Clavidae
灯塔水母属 *Turritopsis*
灯塔水母 *Turritopsis nutricula*
短炳灯塔水母 *Turritopsis lata*
筐水母目 Narcomedusae
间囊水母科 Aeginidae
八手筐水母属 *Aeginura*
八手筐水母 *Aeginura grimaldii*

囊泳目 Cystonectae
　僧帽水母科 Physaliidae
　　僧帽水母属 *Physalia*
　　　僧帽水母 *Physalia physalis*
丝螅水母目 Filifera
　鲍螅水母科 Bougainvillidae
　　八束水母属 *Koellikerina*
　　　八束水母 *Koellikerina fasciculate*
　　鲍螅水母属 *Bougainvillia*
　　　颠鲍螅水母 *Bougainvillia britannica*
　　单肢水母属 *Nubiella*
　　　间腺单肢水母 *Nubiella intergona*
　　　棍棒单肢水母 *Nubiella davifo*
头螅水母目 Capitata
　筒螅水母科 Tubulariidae
　　外肋水螅水母属 *Ectopleura*
　　　杜氏外肋水母 *Ectopleura dumortieri*
吻螅目 Proboscoida
　拟杯水母科 Phialuciidae
　　拟杯水母属 *Phialucium*
　　　真拟杯水母 *Phialucium mbenga*
　　　带拟杯水母 *Phialucium taeniogonia*
　钟螅科 Campanulariidae
　　美螅水母属 *Clytia*
　　　单囊美螅水母 *Clytia folleata*
　　薮枝螅水母属 *Obelia*
　　　薮枝螅水母 *Obelia* sp.
硬水母目 Trachymedusae
　怪水母科 Geryoniidae
　　小舌水母属 *Liriope*
　　　四叶小舌水母 *Liriope tetraphylla*
　棍手水母科 Rhopalonematidae
　　壮丽水母属 *Aglaura*
　　　半口壮丽水母 *Aglaura hemistoma*
　海棘水母科 Halicreatidae
　　异手水母属 *Varitentaculata*
　　　烟台异手水母 *Varitentaculata yantaiensis*
钟泳目 Calycophorae

杯水母科 Abylidae
杯水母属 *Phialidium*
盘形杯水母 *Phialidium discoida*
半球杯水母 *Phialidium hemisphaericum*
嵊山杯水母 *Phialidium chengshanense*
双生水母科 Diphyidae
双生水母属 *Diphyes*
拟双生水母 *Diphyes bojani*
双生水母 *Diphyes chamissonis*
浅室水母属 *Lensia*
拟细浅室水母 *Lensia subtiloides*
五角水母属 *Muggiaea*
五角水母 *Muggiaea atlantica*
锥螅水母目 Conica
触丝水母科 Lovenellidae
触丝水母属 *Lovenella*
四手触丝水母 *Lovenella assimilis*
真唇水母属 *Eucheilota*
真唇水母 *Eucheilota* sp.
心形真唇水母 *Eucheilota ventricularis*
黑球真唇水母 *Eucheilota menoni*
多管水母科 Aequoreidae
多管水母属 *Aequorea*
锥形多管水母 *Aequorea conica*
和平水母科 Eircnidae
和平水母属 *Eirene*
和平水母 *Eirene* sp.
细颈和平水母 *Eirene menoni*
锡兰和平水母 *Eirene ceylonensis*
短腺和平水母 *Eirene brevigona*
短柄和平水母 *Eirene brevistylus*
细腺和平水母 *Eirene tenuis*
蟹形和平水母 *Eirene kambara*
真瘤水母属 *Eutima*
真瘤水母 *Eutima* sp.
细真瘤水母 *Eutima gracilis*
帽形水母科 Tiaropsidae
帽形水母属 *Tiaropsis*

多手帽形水母 *Tiaropsis multicirrata*

秀氏水母科 Sugiuridae

秀氏水母属 *Sugiura*

嵊山秀氏水母 *Sugiura chengshanense*

无触手纲 Nuda

瓜水母目 Beroida

瓜水母科 Beroidae

瓜水母属 *Beroë*

瓜水母 *Beroë cucumis*

有触手纲 Tentaculata

球栉水母目 Cydippida

侧腕水母科 Pleurobrachidae

风球水母属 *Hormiphora*

掌状风球水母 *Hormiphora palnata*

侧腕水母属 *Pleurobrachia*

球型侧腕水母 *Pleurobrachia globosa*

五、珍禽保护区湿地底栖动物名录

半索动物门 Hemichordata

肠鳃纲 Enteropneusta

柱头虫目 Balanoglossida

玉钩虫科 Harrimaniidae

长吻虫属 *Saccoglossus*

黄岛长吻虫 *Saccoglossus hwangtauensis*

环节动物门 Annelida

多毛纲 Polychaeta

海稚虫目 Spionida

海稚虫科 Spionidae

海稚虫属 *Spio*

海稚虫 *Spio filicornis*

矶沙蚕目 Eunicida

花索沙蚕科 Arabellidae

花索沙蚕属 *Arabella*

花索沙蚕 *Arabella iricolor*

线沙蚕属 *Drilonereis*

丝线沙蚕 *Drilonereis filum*

矶沙蚕科 Eunicidae

岩虫属 *Marphysa*

岩虫 *Marphysa sanguinea*

索沙蚕科 Lumbrineridae

索沙蚕属 *Lumbrineris*

双唇索沙蚕 *Lumbrineris cruzensis*

柔弱索沙蚕 *Lumbrineris debilis*

异足索沙蚕 *Lumbrineris heteropoda*

躁索沙蚕 *Lumbrineris impatiens*

欧努菲虫科 Onuphidae

巢沙蚕属 *Diopatra*

东洋巢沙蚕 *Diopatra neapolitana*

智利巢沙蚕 *Diopatra chiliensis*

欧努菲虫属 *Onuphis*

欧努菲虫 *Onuphis eremita*

全鳃欧努菲虫 *Onuphis holobranchiata*

囊吻目 Scolecida

不倒翁虫科 Sternaspidae

不倒翁虫属 *Sternaspis*

不倒翁虫 *Sternaspis scutata*

海蛹科 Opheliidae

臭海蛹属 *Travisia*

日本臭海蛹 *Travisia japonica*

竹节虫科 Maldanidae

短脊虫属 *Asychis*

异齿短脊虫 *Asychis disparidentata*

真节虫属 *Euclymene*

持真节虫 *Euclymene annandalei*

锥头虫科 Orbiniidae

矛毛虫属 *Phylo*

叉毛矛毛虫 *Phylo ornatus*

沙蠋科 Arenicolidae

沙蠋属 *Arenicola*

海蚯蚓 *Arenicola cristata*

沙蚕目 Nereidida

齿吻沙蚕科 Nephtyidae

齿吻沙蚕属 *Nephtys*

加州齿吻沙蚕 *Nephtys californiensis*

囊叶齿吻沙蚕 *Nephtys caeca*

中华齿吻沙蚕 *Nephtys sinensis*
无疣齿吻沙蚕属 *Inermonephtys*
无疣齿吻沙蚕 *Inermonephtys inermis*
海女虫科 Hesionidae
小健足虫属 *Micropodarke*
双小健足虫 *Micropodarke dubia*
裂虫科 Syllidae
模裂虫属 *Typosyllis*
千岛模裂虫 *Typosyllis adamantens*
枝裂虫属 *Syllis*
枝裂虫 *Syllis fascrata*
沙蚕科 Nereididae
阔沙蚕属 *Platynereis*
双管阔沙蚕 *Platynereis bicanaliculata*
刺沙蚕属 *Neanthes*
日本刺沙蚕 *Neanthes japonica*
裸沙蚕属 *Nicon*
珠角裸沙蚕 *Nicon moniloceras*
美沙蚕属 *Lycastopsis*
多美沙蚕 *Lycastopsis augeneri*
全刺沙蚕属 *Nectoneanthes*
饭岛全刺沙蚕 *Nectoneanthes ijimai*
多齿全刺沙蚕 *Nectoneanthes multignatha*
全刺沙蚕 *Nectoneanthes oxypoda*
角沙蚕属 *Ceratonereis*
红角沙蚕 *Ceratonereis erythraeensis*
沙蚕属 *Nereis*
真齿沙蚕 *Nereis neoneanthes*
宽叶沙蚕 *Nereis grubei*
游沙蚕 *Nereis pelagica*
突齿沙蚕属 *Leonnates*
光突齿沙蚕 *Leonnates persica*
围沙蚕属 *Perinereis*
双齿围沙蚕 *Perinereis aibuhitensis*
弯齿围沙蚕 *Perinereis camiguinoides*
独齿围沙蚕 *Perinereis cultrifera*
佛州围沙蚕 *Perinereis floridana*
短角围沙蚕 *Perinereis nuntia brevicirris*

多齿围沙蚕 *Perinereis nuntia*
疣吻沙蚕属 *Tylorrhynchus*
疣吻沙蚕 *Tylorrhynchus heterochaetus*
叶须虫目 Phyllodocimorpha
多鳞虫科 Polynoidae
背鳞虫属 *Lepidonotus*
软背鳞虫 *Lepidonotus helotypus*
镰毛鳞虫属 *Sthenelais*
褐色镰毛鳞虫 *Sthenelais fusca*
脆鳞虫属 *Lepidasthenia*
斑目脆鳞虫 *Lepidasthenia ocellata*
哈鳞虫属 *Harmothoë*
覆瓦哈鳞虫 *Harmothoë imbricata*
哈鳞虫 *Harmothoë* sp.
海鳞虫属 *Halosydna*
海鳞虫 *Halosydna* sp.
短毛海鳞虫 *Halosydna brevisetosa*
角吻沙蚕科 Goniadidae
角吻沙蚕属 *Goniada*
日本角吻沙蚕 *Goniada japonica*
吻沙蚕科 Glyceridae
吻沙蚕属 *Glycera*
吻沙蚕 *Glycera* sp.
中锐吻沙蚕 *Glycera rouxii*
白色吻沙蚕 *Glycera alba*
长吻沙蚕 *Glycera chirori*
锥唇吻沙蚕 *Glycera onomichiensis*
强吻沙蚕 *Glycera robusta*
浅古铜吻沙蚕 *Glycera subaenea*
细弱吻沙蚕 *Glycera tenuis*
叶须虫科 Phyllodocidae
双须虫属 *Eteone*
张氏神须虫 *Eteone tchangsii*
缨鳃虫目 Sabellida
龙介虫科 Serpulidae
盘管虫属 *Hydroides*
内刺盘管虫 *Hydroides ezoensis*
蛰龙介目 Terebellida

扇毛虫科 Flabelligeridae
海扇虫属 *Pherusa*
孟加拉海扇虫 *Pherusa* cf. *bengalensis*
丝鳃虫科 Cirratulidae
须鳃虫属 *Cirriformia*
须鳃虫 *Cirriformia tentaculata*
蛰龙介科 Terebellidae
扁蛰虫属 *Loimia*
扁蛰虫 *Loimia medusa*
树蛰虫属 *Pista*
长突树蛰虫 *Pista elongata*
树蛰虫 *Pista cristata*
寡毛纲 Oligochaeta
单向蚓目 Haplotaxida
仙女虫科 Naididae
双毛虫属 *Amphichaeta*
亚洲双毛虫 *Amphichaeta asiatica*
棘皮动物门 Echinodermata
海参纲 Holothuroidea
无足目 Apodida
锚参科 Synaptidae
刺锚参属 *Protankyra*
棘刺锚参 *Protankyra bidentata*
芋参目 Molpadida
芋参科 Molpadiidae
芋参属 *Molpadia*
紫纹芋参 *Molpadia roretzi*
尻参科 Caudinidae
海棒槌属 *Paracaudina*
海棒槌 *Paracaudina chilensis*
海地瓜属 *Acaudina*
海地瓜 *Acaudina molpadioides*
枝手目 Dendrochirotida
沙鸡子科 Phyllophoridae
沙鸡子属 *Phyllophorus*
正环沙鸡子 *Phyllophorus ordinata*
海胆纲 Echinoidea
拱齿目 Camarodonta

刻肋海胆科 Temnopleuridae
刻肋海胆属 *Temnopleurus*
哈氏刻肋海胆 *Temnopleurus hardwicki*
细雕刻肋海胆 *Temnopleurus toreumaticus*
心形目 Spatangoida
拉文海胆科 Loveniidae
心形海胆属 *Echinocardium*
心形海胆 *Echinocardium cordatum*
海星纲 Asteroidea
瓣棘海星目 Valvatida
海燕科 Asterinidae
海燕属 *Asterina*
海燕 *Asterina pectinifera*
钳棘目 Forcipulatida
海盘车科 Asteriidae
海盘车属 *Asterias*
罗氏海盘车 *Asterias rollestoni*
柱体目 Paxillosida
砂海星科 Luidiidae
砂海星属 *Luidia*
砂海星 *Luidia quinaria*
蛇尾纲 Ophiuroidea
真蛇尾目 Ophiurida
真蛇尾科 Ophiuridae
真蛇尾属 *Ophiura*
金氏真蛇尾 *Ophiura kinbergi*
阳遂足科 Amphiuridae
阳遂足属 *Amphiura*
滩栖阳遂足 *Amphiura vadicola*
辐蛇尾科 Ophiactidae
紫蛇尾属 *Ophiopholis*
紫蛇尾 *Ophiopholis mirabilis*
刺蛇尾科 Ophiotrichidae
大刺蛇尾属 *Macrophiothrix*
长大刺蛇尾 *Macrophiothrix longipeda*
节肢动物门 Arthropoda
甲壳纲 Crustacea
藤壶目 Balanomorpha

藤壶科 Balanidae

藤壶属 *Balanus*

网纹藤壶 *Balanus reticulatus*

白脊藤壶 *Balanus albicostatus*

藤壶 *Balanus* sp.

纹藤壶属 *Amphibalanus*

纹藤壶 *Amphibalanus amphitrite*

软甲纲 Malacostraca

口足目 Stomatopoda

虾蛄科 Squillidae

口虾蛄属 *Oratosquilla*

口虾蛄 *Oratosquilla oratoria*

端足目 Amphipoda

钩虾科 Gammaridae

钩虾属 *Gammarus*

蚤状钩虾 *Gammarus pulex*

跳钩虾属 *Orchestia*

板跳钩虾 *Orchestia platensis*

十足目 Decapoda

瓷蟹科 Porcellanidae

细足蟹属 *Raphidopus*

绒毛细足蟹 *Raphidopus ciliatus*

大眼蟹科 Macrophthalmidae

大眼蟹属 *Macrophthalmus*

隆背大眼蟹 *Macrophthalmus convexus*

宽身大眼蟹 *Macrophthalmus dilatatum*

日本大眼蟹 *Macrophthalmus japonicus*

对虾科 Penaeidae

赤虾属 *Metapenaeopsis*

戴氏赤虾 *Metapenaeopsis dalei*

对虾属 *Penaeus*

日本对虾 *Penaeus japonicus*

宽沟对虾 *Penaeus latisulcatus*

中国对虾 *Penaeus chinensis*

仿对虾属 *Parapenaeopsis*

哈氏仿对虾 *Parapenaeopsis hardwickii*

刀额仿对虾 *Parapenaeopsis cultrirostris*

细巧仿对虾 *Parapenaeopsis tenella*

新对虾属 *Metapenaeus*

周氏新对虾 *Metapenaeus joyneri*

鹰爪虾属 *Trachysalambria*

鹰爪虾 *Trachysalambria curvirostris*

方蟹科 Grapsidae

大额蟹属 *Metopograpsus*

四齿大额蟹 *Metopograpsus quadridentatus*

厚蟹属 *Helice*

沈氏厚蟹 *Helice tridens sheni*

伍氏厚蟹 *Helice wuana*

天津厚蟹 *Helice tientsinensis*

近方蟹属 *Hemigrapsus*

绒螯近方蟹 *Hemigrapsus penicillatus*

肉球近方蟹 *Hemigrapsus sanguineus*

中华近方蟹 *Hemigrapsus sinensis*

螳臂相手蟹属 *Chiromantes*

无齿螳臂相手蟹 *Chiromantes dehaani*

相手蟹属 *Sesarma*

神妙相手蟹 *Sesarma picta*

褶痕相手蟹 *Sesarma plicata*

弓蟹科 Varunidae

绒螯蟹属 *Eriocheir*

狭颚绒螯蟹 *Eriocheir leptognathus*

中华绒螯蟹 *Eriocheir sinensis*

鼓虾科 Alpheidae

鼓虾属 *Alpheus*

短脊鼓虾 *Alpheus brevicristatus*

鲜明鼓虾 *Alpheus distinguendus*

刺螯鼓虾 *Alpheus hoplocheles*

日本鼓虾 *Alpheus japonicus*

关公蟹科 Dorippidae

关公蟹属 *Dorippe*

聪明关公蟹 *Dorippe astuta*

颗粒关公蟹 *Dorippe granulata*

日本关公蟹 *Dorippe japonica*

端正关公蟹 *Dorippe polita*

管鞭虾科 Solenoceridae

管鞭虾属 *Solenocera*

中华管鞭虾 *Solenocera crassicornis*

褐虾科 Crangonidae

褐虾属 *Crangon*

脊腹褐虾 *Crangon affinis*

圆腹褐虾 *Crangon cassiope*

活额寄居蟹科 Diogenidae

活额寄居蟹属 *Diogenes*

艾氏活额寄居蟹 *Diogenes edwardsii*

寄居蟹科 Paguridae

寄居蟹属 *Pagurus*

寄居蟹 *Pagurus minutus*

菱蟹科 Parthenopidae

菱蟹属 *Parthenope*

强壮菱蟹 *Parthenope validus*

武装紧握蟹属 *Enoplolambrus*

强壮武装紧握蟹 *Enoplolambrus valida*

蝼蛄虾科 Upogebiidae

蝼蛄虾属 *Upogebia*

大蝼蛄虾 *Upogebia major*

馒头蟹科 Calappidae

虎头蟹属 *Orithyia*

中华虎头蟹 *Orithyia sinica*

黎明蟹属 *Matuta*

红线黎明蟹 *Matuta planipes*

毛带蟹科 Dotillidae

泥蟹属 *Ilyoplax*

锯脚泥蟹 *Ilyoplax dentimerosa*

谭氏泥蟹 *Ilyoplax deschampsi*

美螯虾科 Cambaridae

原螯虾属 *Procambarus*

克氏原螯虾 *Procambarus clarkii*

美人虾科 Callianassidae

和美虾属 *Nihonotrypaea*

日本和美虾 *Nihonotrypaea japonica*

人面蟹科 Homolidae

毛刺蟹属 *Pilumnus*

小型毛刺蟹 *Pilumnus spinulus*

长崎蟹属 *Phalangipus*

丝状长崎蟹 *Phalangipus filiformis*
沙蟹科 Ocypodidae
股窗蟹属 *Scopimera*
双扇股窗蟹 *Scopimera bitympana*
圆球股窗蟹 *Scopimera globosa*
沙蟹属 *Ocypode*
痕掌沙蟹 *Ocypode stimpsoni*
招潮属 *Uca*
弧边招潮 *Uca arcuata*
梭子蟹科 Portunidae
短桨蟹属 *Thalamita*
短桨蟹 *Thalamita* sp.
青蟹属 *Scylla*
锯缘青蟹 *Scylla serrata*
梭子蟹属 *Portunus*
三疣梭子蟹 *Portunus trituberculatus*
蟳属 *Charybdis*
蟳 *Charybdis* sp.
变态蟳 *Charybdis variegata*
锐齿蟳 *Charybdis acuta*
双斑蟳 *Charybdis bimaculata*
钝齿蟳 *Charybdis hellerii*
日本蟳 *Charybdis japonica*
圆趾蟹属 *Ovalipes*
细点圆趾蟹 *Ovalipes punctatus*
樱虾科 Sergestidae
毛虾属 *Acetes*
日本毛虾 *Acetes japonicus*
中国毛虾 *Acetes chinensis*
玉蟹科 Leucosiidae
栗壳蟹属 *Arcania*
球形栗壳蟹 *Arcania globata*
拳蟹属 *Philyra*
豆形拳蟹 *Philyra pisum*
五角蟹属 *Nursia*
斜方五角蟹 *Nursia rhomboidalis*
藻虾科 Hippolytidae
安乐虾属 *Eualus*

中华安乐虾 *Eualus sinensis*

鞭腕虾属 *Lysmata*

红条鞭腕虾 *Lysmata vittata*

七腕虾属 *Heptacarpus*

直额七腕虾 *Heptacarpus rectirostris*

深额虾属 *Latreutes*

水母深额虾 *Latreutes anoplonyx*

疣背深额虾 *Latreutes planirostris*

长臂虾科 Palaemonidae

沼虾属 *Macrobrachium*

沼虾 *Macrobrachium* sp.

日本沼虾 *Macrobrachium nipponense*

罗氏沼虾 *Macrobrachium rosenbergii*

白虾属 *Exopalaemon*

安氏白虾 *Exopalaemon annandalei*

脊尾白虾 *Exopalaemon carinicauda*

长臂虾属 *Palaemon*

葛氏长臂虾 *Palaemon gravieri*

巨指长臂虾 *Palaemon macrodactylus*

敖氏长臂虾 *Palaemon ortmanni*

锯齿长臂虾 *Palaemon serrifer*

长额虾科 Pandalidae

等腕虾属 *Heterocarpoides*

滑脊等腕虾 *Heterocarpoides laevicarina*

长脚蟹科 Goneplacidae

隆背蟹属 *Carcinoplax*

泥脚隆背蟹 *Carcinoplax vestita*

盲蟹属 *Typhlocarcinus*

裸盲蟹 *Typhlocarcinus nudus*

长眼虾科 Ogyrididae

长眼虾属 *Ogyrides*

东方长眼虾 *Ogyrides orientalis*

哲扇蟹科 Menippidae

圆扇蟹属 *Sphaerozius*

光辉圆扇蟹 *Sphaerozius nitidus*

蜘蛛蟹科 Maiidae

矶蟹属 *Pugettia*

矶蟹 *Pugettia* sp.

真虾下目 Caridea
玻璃虾科 Pasiphaeidae
玻璃虾属 *Pasiphaea*
玻璃虾 *Pasiphaea* sp.
细螯虾属 *Leptochela*
细螯虾 *Leptochela gracilis*
腔肠动物门 Coelenterata
珊瑚虫纲 Anthozoa
海葵目 Actiniaria
海葵科 Actiniidae
侧花海葵属 *Anthopleura*
黄侧花海葵 *Anthopleura xanthogrammica*
绿侧花海葵 *Anthopleura midori*
亚洲侧花海葵 *Anthopleura asiatica*
链索海葵科 Hormathiidae
非红海葵属 *Adamsia*
非红海葵 *Adamsia* sp.
绿海葵科 Sagartiidae
仙影海葵属 *Cereus*
中华仙影海葵 *Cereus sinensis*
蠕形海葵科 Halcampidae
沙海葵属 *Harenactis*
渐狭沙海葵 *Harenactis attenuata*
细指海葵科 Metridiidae
细指海葵属 *Metridium*
中华细指海葵 *Metridium sinensis*
海鳃目 Pennatulacea
棒海鳃科 Veretillidae
海仙人掌属 *Cavernularia*
海仙人掌 *Cavernularia* sp.
沙箸海鳃科 Virgulariidae
沙箸属 *Virgularia*
沙箸 *Virgularia* sp.
水螅虫纲 Hydrozoa
头螅水母目 Capitata
筒螅水母科 Tubulariidae
筒螅属 *Tubularia*
筒螅 *Tubularia* sp.

软体动物门 Mollusca
　多板纲 Polyplacophora
　　锉石鳖亚目 Ischnochitonina
　　　锉石鳖科 Ischnochitonidae
　　　　锉石鳖属 *Ischnochiton*
　　　　　花斑锉石鳖 *Ischnochiton comptus*
　　　　　函馆锉石鳖 *Ischnochiton hakodadensis*
　　　　鳞带石鳖属 *Lepidozona*
　　　　　朝鲜鳞带石鳖 *Lepidozona coreanica*
　　毛肤石鳖亚目 Acanthochitonina
　　　毛肤石鳖科 Acanthochitonidae
　　　　毛肤石鳖属 *Acanthochiton*
　　　　　红条毛肤石鳖 *Acanthochiton rubrolineatus*
　腹足纲 Gastropoda
　　背楯目 Notaspidea
　　　侧鳃科 Pleurobranchidae
　　　　无壳侧鳃属 *Pleurobranchaea*
　　　　　蓝无壳侧鳃 *Pleurobranchaea novaezealandiae*
　　柄眼目 Stylommatophora
　　　石磺科 Onchidiidae
　　　　石磺属 *Onchidium*
　　　　　石磺 *Onchidium verruculatum*
　　基眼目 Basommatophora
　　　扁蜷螺科 Planorbidae
　　　　旋螺属 *Gyraulus*
　　　　　白旋螺 *Gyraulus albus*
　　　　　凸旋螺 *Gyraulus convexiusculus*
　　　　圆扁螺属 *Hippeutis*
　　　　　尖口圆扁螺 *Hippeutis cantori*
　　　菊花螺科 Siphonariidae
　　　　菊花螺属 *Siphonaria*
　　　　　日本菊花螺 *Siphonaria japonica*
　　　椎实螺科 Lymnaeidae
　　　　萝卜螺属 *Radix*
　　　　　耳萝卜螺 *Radix auricularia*
　　　　　椭圆萝卜螺 *Radix swinhoei*
　　　　椎实螺属 *Lymnaea*
　　　　　静水椎实螺 *Lymnaea stagnalis*

裸鳃目 Nudibranchia

片鳃科 Arminidae

片鳃属 *Armina*

微点舌片鳃 *Armina babai*

亮点舌片鳃 *Armina punctilucens*

三指海牛科 Aegiridae

鬈发海牛属 *Caloplocamus*

尖锐鬈发海牛 *Caloplocamus acutus*

多枝鬈发海牛 *Caloplocamus ramosus*

石磺海牛科 Homoiodorididae

石磺海牛属 *Homoiodoris*

日本石磺海牛 *Homoiodoris japonica*

头楯目 Cephalaspidea

阿地螺科 Atyidae

泥螺属 *Bullacta*

泥螺 *Bullacta exarata*

壳蛞蝓科 Philinidae

壳蛞蝓属 *Philine*

经氏壳蛞蝓 *Philine kinglipini*

囊螺科 Retusidae

囊螺属 *Retusa*

婆罗囊螺 *Retusa borneensis*

新腹足目 Neogastropoda

笔螺科 Mitridae

笔螺属 *Mitra*

中国笔螺 *Mitra chinensis*

蛾螺科 Buccinidae

香螺属 *Neptunea*

香螺 *Neptunea cumingii*

涡蜀螺属 *Volutharpa*

皮氏涡蜀螺 *Volutharpa ampullacea perryi*

榧螺科 Olividae

榧螺属 *Oliva*

伶鼬榧螺 *Oliva mustelina*

骨螺科 Muricidae

荔枝螺属 *Thais*

疣荔枝螺 *Thais clavigera*

红螺属 *Rapana*

脉红螺 *Rapana venosa*
核螺科 Columbellidae
小笔螺属 *Mitrella*
布尔小笔螺 *Mitrella burchardi*
丽小笔螺 *Mitrella bella*
盔螺科 Melongenidae
角螺属 *Hemifusus*
细角螺 *Hemifusus ternatamus*
衲螺科 Cancellariidae
三角口螺属 *Trigonostoma*
白带三角口螺 *Trigonostoma scalariformis*
衲螺属 *Cancellaria*
金刚衲螺 *Cancellaria spengleriana*
笋螺科 Terebridae
笋螺属 *Terebra*
白带笋螺 *Terebra dussumieri*
朝鲜笋螺 *Terebra koreana*
塔螺科 Turridae
棒螺属 *Clavus*
棒螺 *Clavus* sp.
裁判螺属 *Inquisitor*
杰氏裁判螺 *Inquisitor jeffreysii*
假裁判螺 *Inquisitor pseudoprincipalis*
短口螺属 *Brachytoma*
黄短口螺 *Brachytoma flavidula*
厚重螺属 *Crassispira*
假主厚旋螺 *Crassispira pseudoprinncipalis*
乐飞螺属 *Lophiotoma*
细肋蕾螺 *Lophiotoma deshayesii*
白龙骨乐飞螺 *Lophiotoma leucotropis*
拟塔螺属 *Turricula*
爪哇拟塔螺 *Turricula javana*
狭口螺属 *Stenothyra*
光滑狭口螺 *Stenothyra glabra*
织纹螺科 Nassariidae
织纹螺属 *Nassarius*
习见织纹螺 *Nassarius pyrrhus*
秀丽织纹螺 *Nassarius festivus*

半褶织纹螺 *Nassarius semiplicatus*
红带织纹螺 *Nassarius succinctus*
纵肋织纹螺 *Nassarius variciferus*
西格织纹螺 *Nassarius siquijorensis*
异腹足目 Heterogastropoda
瓷螺科 Eulimidae
瓷螺属 *Eulima*
双带瓷光螺 *Eulima bifascialis*
梯螺科 Epitoniidae
梯螺属 *Epitonium*
小梯螺 *Epitonium nanum*
梯螺 *Epitonium scalare*
罗毕海蛳螺 *Epitonium robillardi*
阿蚂螺属 *Amaea*
习氏阿蚂螺 *Amaea thielei*
棘梯螺属 *Spiniscala*
日本棘梯螺 *Spiniscala japonica*
旋螺属 *Acrila*
尖高旋螺 *Acrila acuminata*
原始腹足目 Archaeogastropoda
蜑螺科 Neritidae
蜑螺属 *Nerita*
齿纹蜑螺 *Nerita yoldi*
花帽贝科 Nacellidae
嫁蝛属 *Cellana*
嫁蝛 *Cellana toreuma*
笠贝科 Lottiidae
拟帽贝属 *Patelloida*
矮拟帽贝 *Patelloida pygmaea*
背尖贝属 *Notoacmea*
史氏背尖贝 *Notoacmea schrenckii*
笠螺科 Patellidae
笠螺属 *Patella*
笠螺 *Patella vulgata*
马蹄螺科 Trochidae
凹螺属 *Chlorostoma*
锈凹螺 *Chlorostoma rustica*
蜎螺属 *Umbonium*

托氏蜎螺 *Umbonium thomasi*

蜎螺 *Umbonium vestiarium*

单齿螺属 *Monodonta*

单齿螺 *Monodonta labio*

甲虫螺属 *Cantharus*

甲虫螺 *Cantharus cecillei*

蝾螺科 Turbinidae

小月螺属 *Lunella*

朝鲜花冠小月螺 *Lunella coreensis*

中腹足目 Mesogastropoda

爱神螺科 Eratoidae

原爱神螺属 *Proterato*

硬结原爱神螺 *Proterato callosa*

滨螺科 Littorinidae

结节滨螺属 *Nodilittorina*

小结节滨螺 *Nodilittorina exigua*

拟滨螺属 *Littoraria*

中间拟滨螺 *Littoraria intermedia*

滨螺属 *Littorina*

短滨螺 *Littorina brevicula*

豆螺科 Bithyniidae

豆螺属 *Bithynia*

赤豆螺 *Bithynia fuchsiana*

沼螺属 *Parafossarulus*

纹沼螺 *Parafossarulus striatulus*

帆螺科 Calyptraeidae

管帽螺属 *Siphopatella*

扁平管帽螺 *Siphopatella walshi*

冠螺科 Cassididae

鬘螺属 *Phalium*

短沟纹鬘螺 *Phalium flammiferum breviculum*

沟纹鬘螺 *Phalium flammiferum*

拟沼螺科 Assimineidae

拟沼螺属 *Assiminea*

堇拟沼螺 *Assiminea violacea*

绯拟沼螺 *Assiminea latericea*

滩栖螺科 Batillariidae

滩栖螺属 *Batillaria*

古氏滩栖螺 *Batillaria cumingi*
多形滩栖螺 *Batillaria multiformis*
纵带滩栖螺 *Batillaria zonalis*
玉螺科 Naticidae
扁玉螺属 *Neverita*
广大扁玉螺 *Neverita reiniana*
扁玉螺 *Neverita didyma*
镰玉螺属 *Euspira*
微黄镰玉螺 *Euspira gilva*
乳玉螺属 *Polinices*
福氏乳玉螺 *Polinices fortunei*
玉螺属 *Natica*
斑玉螺 *Natica tigrina*
真玉螺属 *Eunaticina*
乳头真玉螺 *Eunaticina papilla*
圆口螺科 Pomatiopsidae
钉螺属 *Oncomelania*
湖北钉螺 *Oncomelania hupensis*
双壳纲 Bivalvia
蚌目 Unionoida
蚌科 Unionidae
帆蚌属 *Hyriopsis*
三角帆蚌 *Hyriopsis cumingii*
海螂目 Myoida
缝栖蛤科 Hiatellidae
缝栖蛤属 *Hiatella*
东方缝栖蛤 *Hiatella orientalis*
海螂科 Myidae
海螂属 *Mya*
砂海螂 *Mya arenaria*
海笋科 Pholadidae
盾海笋属 *Aspidopholas*
吉村马特海笋 *Aspidopholas yoshimurai*
全海笋属 *Barnea*
大沽全海笋 *Barnea davidi*
宽壳全海笋 *Barnea dilatata*
篮蛤科 Corbulidae
河篮蛤属 *Potamocorbula*

光滑河篮蛤 *Potamocorbula laevis*
焦河篮蛤 *Potamocorbula ustulata*
蚶目 Arcoida
蚶科 Arcidae
蚶属 *Arca*
布氏蚶 *Arca boucardi*
毛蚶属 *Scapharca*
毛蚶 *Scapharca subcrenata*
泥蚶属 *Tegillarca*
泥蚶 *Tegillarca granosa*
拟蚶属 *Arcopsis*
间褶拟蚶 *Arcopsis interplicata*
细纹蚶科 Noetiidae
栉毛蚶属 *Didimacar*
褐蚶 *Didimacar tenebrica*
橄榄蚶属 *Estellarca*
橄榄蚶 *Estellarca olivacea*
胡桃蛤目 Nuculoida
胡桃蛤科 Nuculidae
胡桃蛤属 *Leionucula*
豆形胡桃蛤 *Leionucula faba*
日本胡桃蛤 *Leionucula nipponica*
吻状蛤科 Nuculanidae
云母蛤属 *Yoldia*
薄云母蛤 *Yoldia similis*
帘蛤目 Veneroida
刀蛏科 Cultellidae
刀蛏属 *Cultellus*
小刀蛏 *Cultellus attenuatus*
荚蛏属 *Siliqua*
小荚蛏 *Siliqua minima*
薄荚蛏 *Siliqua pulchella*
蛤蜊科 Mactridae
光蛤蜊属 *Mactrinula*
斧光蛤蜊 *Mactrinula dolabrata*
蛤蜊属 *Mactra*
中国蛤蜊 *Mactra chinensis*
四角蛤蜊 *Mactra veneriformis*

截蛏科 Solecurtidae
　缢蛏属 *Sinonovacula*
　　缢蛏 *Sinonovacula constricta*
棱蛤科 Trapeziidae
　棱蛤属 *Trapezium*
　　斑纹棱蛤 *Trapezium liratum*
帘蛤科 Veneridae
　巴非蛤属 *Paphia*
　　巴非蛤 *Paphia papilionacea*
　布目蛤属 *Protothaca*
　　江户布目蛤 *Protothaca jedoensis*
　蛤仔属 *Ruditapes*
　　菲律宾蛤仔 *Ruditapes philippinarum*
　镜蛤属 *Dosinia*
　　凸镜蛤 *Dosinia derupta*
　　日本镜蛤 *Dosinia japonica*
　　薄片镜蛤 *Dosinia corrugata*
　浅蛤属 *Gomphina*
　　等边浅蛤 *Gomphina aequilatera*
　　黑浅蛤 *Gomphina melnaegis*
　青蛤属 *Cyclina*
　　青蛤 *Cyclina sinensis*
　硬壳蛤属 *Mercenaria*
　　硬壳蛤 *Mercenaria mercenaria*
　文蛤属 *Meretrix*
　　文蛤 *Meretrix meretrix*
　小楔形蛤属 *Sunettina*
　　小楔形蛤 *Sunettina solanderii*
绿螂科 Glauconomitidae
　绿螂属 *Glauconome*
　　中国绿螂 *Glauconome chinensis*
蚬科 Corbiculidae
　蚬属 *Corbicula*
　　河蚬 *Corbicula fluminea*
樱蛤科 Tellinidae
　白樱蛤属 *Macoma*
　　异白樱蛤 *Macoma incongrua*
　角蛤属 *Angulus*

扁角蛤 *Angulus compressissimua*

明樱蛤属 *Moerella*

彩虹明樱蛤 *Moerella iridescens*

江户明樱蛤 *Moerella jedoensis*

红明樱蛤 *Moerella rutila*

竹蛏科 Solenidae

竹蛏属 *Solen*

短竹蛏 *Solen brevissimus*

长竹蛏 *Solen strictus*

大竹蛏 *Solen grandis*

杓蛤科 Cuspidariidae

杓蛤属 *Cuspidaria*

中国杓蛤 *Cuspidaria chinensis*

色雷西蛤科 Thracidae

蝶铰蛤属 *Trigonothracia*

金星蝶铰蛤 *Trigonothracia jinxingae*

鸭嘴蛤科 Laternulidae

鸭嘴蛤属 *Laternula*

渤海鸭嘴蛤 *Laternula marilina*

贻贝科 Mytilidae

肌蛤属 *Musculus*

凸壳肌蛤 *Musculus senhousia*

偏顶蛤属 *Modiolus*

麦氏偏顶蛤 *Modiolus metcalfei*

荞麦蛤属 *Xenostrobus*

黑荞麦蛤 *Xenostrobus atrata*

石蛏属 *Lithophaga*

石蛏 *Lithophaga curta*

贻贝属 *Mytilus*

紫贻贝 *Mytilus galloprovincialis*

隔贻贝属 *Septifer*

隔贻贝 *Septifer bilocularis*

不等蛤科 Anomiidae

不等蛤属 *Anomia*

中国不等蛤 *Anomia chinensis*

牡蛎科 Ostreidae

巨牡蛎属 *Crassostrea*

近江牡蛎 *Crassostrea ariakensis*

牡蛎属 *Ostrea*
密鳞牡蛎 *Ostrea denselamellosa*
囊牡蛎属 *Saccostrea*
僧帽牡蛎 *Saccostrea cucullata*
褶牡蛎属 *Alectryonella*
褶牡蛎 *Alectryonella plicatula*
扇贝科 Pectinidae
栉孔扇贝属 *Chlamys*
栉孔扇贝 *Chlamys farreri*
掌扇贝属 *Volachlamys*
平濑掌扇贝 *Volachlamys hirasei*
头足纲 Cephalopoda
八腕目 Octopoda
蛸科 Octopodidae
蛸属 *Octopus*
长蛸 *Octopus variabilis*
短蛸 *Octopus ocellatus*
枪形目 Teuthoidea
枪乌贼科 Loliginidae
枪乌贼属 *Loligo*
日本枪乌贼 *Loligo japonica*
火枪乌贼 *Loligo beka*
乌贼目 Sepioidea
耳乌贼科 Sepiolidae
耳乌贼属 *Sepiola*
双喙耳乌贼 *Sepiola birostrata*
四盘耳乌贼属 *Euprymna*
四盘耳乌贼 *Euprymna morsei*
腕足动物门 Brachiopoda
无铰纲 Inarticulata
海豆芽目 Lingulida
海豆芽科 Lingulidae
海豆芽属 *Lingula*
大海豆芽 *Lingula murphiana*
鸭嘴海豆芽 *Lingula anatina*
有铰纲 pygocaulia
钻孔贝目 Terebratulida
穿孔贝科 Terebratellidae

穿孔贝属 *Terebratella*

穿孔贝 *Terebratella* sp.

酸浆贝 *Terebratella coreanica*

星虫动物门 Sipuncula

方格星虫纲 Sipunculidea

方格星虫目 Sipunculiformes

方格星虫科 Sipunculidae

方格星虫属 *Sipunculus*

裸体方格星虫 *Sipunculus nudus*

革囊星虫纲 Phascolosomatidea

革囊星虫目 Phascolosomatiformes

革囊星虫科 Phascolosomatidae

反体星虫属 *Antillesoma*

安岛反体星虫 *Antillesoma antillarum*

螠虫动物门 Echiura

螠纲 Echiurida

无管螠目 Xenopneusta

刺螠科 Urchidae

刺螠属 *Urechis*

单环刺螠 *Urechis unicinctus*

螠目 Echiuroinea

螠科 Echiuridae

铲荚螠属 *Listriolobus*

短吻铲荚螠 *Listriolobus brevirostris*

无吻螠属 *Arhynchite*

多绉无吻螠 *Arhynchite rugosum*

六、珍禽保护区湿地昆虫名录

节肢动物门 Arthropoda

昆虫纲 Insecta

鞘翅目 Coleoptera

瓢虫科 Coccinellidae

异点瓢虫属 *Anisosticta*

展缘异点瓢虫 *Anisosticta kobensis*

长足瓢虫属 *Hippodamia*

十三星瓢虫 *Hippodamia tredecimpunctata*

和瓢虫属 *Harmonia*

异色瓢虫 *Harmonia axyridis*

瓢虫属 *Coccinella*

七星瓢虫 *Coccinella septempunctata*

龟纹瓢虫属 *Propylea*

龟纹瓢虫 *Propylea japonica*

宽柄月瓢虫属 *Menochilus*

六斑月瓢虫 *Menochilus sexmaculata*

大红瓢虫属 *Rodolia*

红环瓢虫 *Rodolia limbata*

裸瓢虫属 *Calvia*

四斑裸瓢虫 *Calvia muiri*

唇瓢虫属 *Chilocorus*

红点唇瓢虫 *Chilocorus kuwanae*

裂臀瓢虫属 *Henosepilachna*

茄二十八星瓢虫 *Henosepilachna vigintioctopunctata*

食植瓢虫属 *Epilachna*

菱斑食植瓢虫 *Epilachna insignis*

小毛瓢虫属 *Scymnus*

黑襟毛瓢虫 *Scymnus* (*Neopullus*) *hoffmanni*

黑背毛瓢虫 *Scymnus*（*Neopullus*）*babai*

褐菌瓢虫属 *Vibidia*

十二斑褐菌瓢虫 *Vibidia duodecimguttata*

素菌瓢虫属 *Illeis*

柯氏素菌瓢虫 *Illeis koebelei*

多异瓢虫属 *Adonia*

多异瓢虫 *Adonia variegata*

弯叶毛瓢虫属 *Nephus*

弯叶毛瓢虫 *Nephus* sp.

大丽瓢虫属 *Adalia*

二星瓢虫 *Adalia bipunctata*

小艳瓢虫属 *Sticholotis*

刻点小艳瓢虫 *Sticholotis punctata*

叶甲科 Chrysomelidae

合爪负泥虫属 *Lema*

枸杞负泥虫 *Lema decempunctata*

守瓜属 *Aulacophora*

黄足黑守瓜 *Aulacophora lewisii*

条跳甲属 *Phyllotreta*

黄曲条跳甲 *Phyllotreta striolata*
猿叶甲属 *Phaedon*
小猿叶甲 *Phaedon brassicae*
无缘叶甲属 *Colaphellus*
大猿叶甲 *Colaphellus bowringii*
榆叶甲属 *Ambrostoma*
榆紫叶甲 *Ambrostoma quadriimpressum*
拟步甲科 Tenebrionidae
伪叶甲属 *Lagria*
黑胸伪叶甲 *Lagria nigricollis*
邻烁甲属 *Plesiophthalmus*
中型邻烁甲 *Plesiophthalmus spectabilis*
土潜属 *Gonocephalum*
土甲 *Gonocephalum* sp.
粉甲属 *Tenebrio*
黄粉虫 *Tenebrio molitor*
步甲科 Carabidae
凹唇步甲属 *Catascopus*
唇步甲 *Catascopus* sp.
重唇步甲属 *Diplocheila*
宽重唇步甲 *Diplocheila zeelandica*
暗步甲属 *Amara*
暗步甲 *Amara* sp.
大步甲属 *Carabus*
疑步甲 *Carabus elysii*
青步甲属 *Chlaenius*
大黄缘青步甲 *Chlaenius nigricans*
后斑青步甲 *Chlaenius posticalis*
脊青步甲 *Chlaenius costiger*
屁步甲属 *Pheropsophus*
耶屁步甲 *Pheropsophus jessoensis*
爪哇屁步甲 *Pheropsophus javanus*
广屁步甲 *Pheropsophus occipitalis*
气步甲属 *Brachinus*
大气步甲 *Brachinus scotomedes*
婪步甲属 *Harpalus*
多毛婪步甲 *Harpalus eous*
平步甲属 *Planetes*

双斑平步甲 *Planetes puncticeps*

龙虱科 Dytiscidae

端毛龙虱属 *Agabus*

端毛龙虱 *Agabus* sp.

粒龙虱属 *Laccophilus*

粒龙虱 *Laccophilus* sp.

肖叶甲科 Eumolpidae

厚缘肖叶甲属 *Aoria*

厚缘肖叶甲 *Aoria* sp.

皱背肖叶甲属 *Abiromorphus*

皱背肖叶甲 *Abiromorphus anceyi*

光叶甲属 *Smaragdina*

黑额光叶甲 *Smaragdina nigrifrons*

萝藦肖叶甲属 *Chrysochus*

中华萝藦肖叶甲 *Chrysochus chinensis*

天牛科 Cerambycidae

筒天牛属 *Oberea*

短足筒天牛 *Oberea ferruginea*

粒肩天牛属 *Apriona*

粒肩天牛 *Apriona germari*

黄星天牛属 *Psacothea*

黄星天牛 *Psacothea hilaris*

星天牛属 *Anoplophora*

光肩星天牛 *Anoplophora glabripennis*

颈天牛属 *Aromia*

桃红颈天牛 *Aromia bungii*

白条天牛属 *Batocera*

云斑白条天牛 *Batocera horsfieldi*

白天牛属 *Olenecamptus*

黑点粉天牛 *Olenecamptus clarus*

茸天牛属 *Trichoferus*

家茸天牛 *Trichoferus campestris*

铁甲科 Hispidae

龟甲属 *Cassida*

甜菜大龟甲 *Cassida nebulosa*

虾钳菜披龟甲 *Cassida piperata*

梳龟甲属 *Aspidomorpha*

甘薯梳龟甲 *Aspidomorpha furcata*

薪甲科 Latridiidae

　花薪甲属 *Cortinicara*

　　隆背花薪甲 *Cortinicara gibbosa*

露尾甲科 Nitidulidae

　斑露尾甲属 *Glischrochilus*

　　四斑露尾甲 *Glischrochilus japonicus*

　果实露尾甲属 *Carpophilus*

　　小露尾甲 *Carpophilus pilosellus*

水龟虫科 Hydrophilidae

　水龟虫属 *Hydrous*

　　长须水龟虫 *Hydrous acuminatus*

虎甲科 Cicindelidae

　虎甲属 *Cicindela*

　　云纹虎甲 *Cicindela elisae*

　　芽斑虎甲 *Cicindela gemmata*

锹甲科 Lucanidae

　扁锹属 *Dorcus*

　　中华扁锹甲 *Dorcus titanus*

鳃金龟科 Melolonthidae

　天鹅绒金龟子属 *Serica*

　　东方绢金龟 *Serica orientalis*

　齿爪鳃金龟属 *Holotrichia*

　　华北大黑鳃金龟 *Holotrichia oblita*

　　棕色鳃金龟 *Holotrichia titanis*

花蚤科 Mordellidae

　花蚤属 *Mordella*

　　全黑花蚤 *Mordella holomelaena*

金龟科 Scarabaeidae

　异丽金龟属 *Anomala*

　　脊纹异丽金龟 *Anomala viridicostata*

　　铜绿异丽金龟 *Anomala corpulenta*

　星花金龟属 *Protaetia*

　　东方星花金龟 *Protaetia*（*Calopotosia*）*orientalis*

　　白星花金龟 *Protaetia brevitarsis*

　弧丽金龟属 *Popillia*

　　曲带弧丽金龟 *Popillia pustulata*

　　中华弧丽金龟 *Popillia quadriguttata*

　叉犀金龟属 *Allomyrina*

双叉犀金龟 *Allomyrina dichotoma*

隐翅虫科 Staphylinidae

毒隐翅虫属 *Paederus*

梭毒隐翅虫 *Paederus fuscipes*

布里隐翅虫属 *Bledius*

三角布里隐翅虫 *Bledius tricornis*

布里隐翅虫 *Bledius* sp.

黑尾隐翅虫属 *Astenus*

印度黑尾隐翅虫 *Astenus indicus*

吉丁虫科 Buprestidae

星吉丁属 *Chrysobothris*

印地星吉丁 *Chrysobothris indica*

平扁头吉丁 *Chrysobothris femorata*

拟宽头吉丁属 *Paracylindromorphus*

日本拟宽头吉丁 *Paracylindromorphus japanensis*

蛛甲科 Ptinidae

裸蛛甲属 *Gibbium*

拟裸蛛甲 *Gibbium aequinoctiale*

叩甲科 Elateridae

沟叩头虫属 *Pleonomus*

沟线角叩甲 *Pleonomus canaliculatus*

锥尾叩甲属 *Agriotes*

细胸金针虫 *Agriotes subvittatus*

豆象科 Bruchidae

豆象属 *Bruchus*

豌豆象 *Bruchus pisorum*

瘤背豆象属 *Callosobruchus*

绿豆象 *Callosobruchus chinensis*

锥胸豆象属 *Bruchidius*

皂角豆象 *Bruchidius dorsalis*

象甲科 Curculionidae

卵象属 *Calomycterus*

小卵象 *Calomycterus obconicus*

绿象属 *Chlorophanus*

隆脊绿象 *Chlorophanus lineolus*

沟眶象属 *Eucryptorrhynchus*

臭椿沟眶象 *Eucryptorrhynchus brandti*

米象属 *Sitophilus*

米象 *Sitophilus oryzae*
筒喙象属 *Lixus*
圆筒筒喙象 *Lixus manderanus*
甜菜筒喙象 *Lixus subtilis*
黑龙江筒喙象 *Lixus amurensis*
灰象属 *Sympiezomias*
大灰象 *Sympiezomias velatus*
跳象属 *Rhynchaenus*
榆跳象 *Rhynchaenus anli*
心茎龟象属 *Cardipennis*
沟胸龟象 *Cardipennis sulcithorax*
芫菁科 Meloidae
豆芫菁属 *Epicauta*
中华豆芫菁 *Epicauta chinensis*
斑芫菁属 *Mylabris*
眼斑芫菁 *Mylabris cichorii*
长蠹科 Bostrichidae
竹长蠹属 *Dinoderus*
竹长蠹 *Dinoderus minutus*
日本竹长蠹 *Dinoderus japonicus*
粉蠹科 Lyctidae
粉蠹属 *Lyctus*
褐粉蠹 *Lyctus brunneus*
粪金龟科 Geotrupidae
蜣螂属 *Catharsius*
神农洁蜣螂 *Catharsius molossus*
萤科 Lampyridae
脉翅萤属 *Curtos*
黄脉翅萤 *Curtos costipennis*
仰泳萤属 *Sclerotia*
付氏萤 *Sclerotia fui*
半翅目 Hemiptera
蝽科 Pentatomidae
菜蝽属 *Eurydema*
云南菜蝽 *Eurydema dominulus*
斑须蝽属 *Dolycoris*
斑须蝽 *Dolycoris baccarum*
茶翅蝽属 *Halyomorpha*

茶翅蝽 *Halyomorpha halys*
麻皮蝽属 *Erthesina*
麻皮蝽 *Erthesina fullo*
麦蝽属 *Aelia*
华麦蝽 *Aelia nasuta*
二星蝽属 *Eysarcoris*
锚纹二星蝽 *Eysarcoris montivagus*
二星蝽 *Eysarcoris guttiger*
蓝蝽属 *Zicrona*
蓝蝽 *Zicrona caerula*
刺黑蝽属 *Scotinophara*
弯刺黑蝽 *Scotinophara horvathin*
绿蝽属 *Nezara*
稻绿蝽 *Nezara viridula*
瓜蝽属 *Megymenum*
细角瓜蝽 *Megymenum gracilicorne*
谷蝽属 *Gonopsis*
谷蝽 *Gonopsis affinis*
蠋蝽属 *Arma*
蠋蝽 *Arma chinensis*
九香虫属 *Aspongopus*
九香虫 *Aspongopus chinensis*
网蝽科 Tingidae
方翅网蝽属 *Corythucha*
菊方翅网蝽 *Corythucha marmorata*
悬铃木方翅网蝽 *Corythucha ciliata*
膜肩网蝽属 *Hegesidemus*
柳膜肩网蝽 *Hegesidemus habrus*
兜蝽科 Dinidoridae
皱蝽属 *Cyclopelta*
大皱蝽 *Cyclopelta obscura*
小皱蝽 *Cyclopelta parva*
缘蝽科 Coreidae
棘缘蝽属 *Cletus*
稻棘缘蝽 *Cletus punctiger*
长肩棘缘蝽 *Cletus trigonus*
环缘蝽属 *Stictopleurus*
开环缘蝽 *Stictopleurus minutus*

蜂缘蝽属 *Riptortus*

条蜂缘蝽 *Riptortus linearis*

点蜂缘蝽 *Riptortus pedestris*

瘤缘蝽属 *Acanthocoris*

瘤缘蝽 *Acanthocoris scaber*

负蝽科 Belostomatidae

负蝽属 *Diplonychus*

锈色负子蝽 *Diplonychus rusticus*

田鳖属 *Lethocerus*

桂花负蝽 *Lethocerus deyrollei*

长蝽科 Lygaeidae

小长蝽属 *Nysius*

丝光小长蝽 *Nysius thymi*

小长蝽 *Nysius ericae*

狭长蝽属 *Dimorphopterus*

高粱狭长蝽 *Dimorphopterus spinolae*

大眼长蝽属 *Geocoris*

大眼长蝽 *Geocoris pallidipennis*

脊长蝽属 *Tropidothorax*

红脊长蝽 *Tropidothorax elegans*

迅足长蝽属 *Metochus*

短翅迅足长蝽 *Metochus abbreviatus*

土蝽科 Cydnidae

革土蝽属 *Macroscyrtus*

青革土蝽 *Macroscyrtus subaenus*

鳖土蝽属 *Adrisa*

大鳖土蝽 *Adrisa magna*

黾蝽科 Gerridae

大黾蝽属 *Aquarius*

长翅大黾蝽 *Aquarius elongatus*

圆臀大黾蝽 *Aquarius paludum*

蝎蝽科 Nepidae

蝎蝽属 *Nepa*

中国蝎蝽 *Nepa chinensis*

螳蝎蝽属 *Ranatra*

中华螳蝎蝽 *Ranatra chinensis*

姬蝽科 Nabidae

网姬蝽属 *Philobatus*

网姬蝽 *Philobatus christophi*
花姬蝽属 *Prostemma*
长胸花姬蝽 *Prostemma longicolle*
高姬蝽属 *Gorpis*
山高姬蝽 *Gorpis brevilineatus*
姬蝽属 *Nabis*
华姬蝽 *Nabis sinoferus*
划蝽科 Corixidae
烁划蝽属 *Sigara*
横纹划蝽 *Sigara substriata*
仰蝽科 Notonectidae
小仰蝽属 *Anisops*
小仰蝽 *Anisops* sp.
盲蝽科 Miridae
齿爪盲蝽属 *Deraeocoris*
斑楔齿爪盲蝽 *Deraeocoris ater*
黑食蚜齿爪盲蝽 *Deraeocoris punctulatus*
烟盲蝽属 *Nesidiocoris*
烟盲蝽 *Nesidiocoris tenuis*
赤须盲蝽属 *Trigonotylus*
赤须盲蝽 *Trigonotylus ruficonis*
苜蓿盲蝽属 *Adelphocoris*
中黑苜蓿盲蝽 *Adelphocoris suturalis*
曼盲蝽属 *Mansoniella*
樟颈曼盲蝽 *Mansoniella cinnamomi*
后丽盲蝽属 *Apolygus*
绿后丽盲蝽 *Apolygus lucorum*
斯氏后丽盲蝽 *Apolygus spinolae*
猎蝽科 Reduviidae
刺猎蝽属 *Sclomina*
齿缘刺猎蝽 *Sclomina erinacea*
普猎蝽属 *Oncocephalus*
普猎蝽 *Oncocephalus* sp.
黄足猎蝽属 *Sirthenea*
黄足猎蝽 *Sirthenea flavipes*
盗猎蝽属 *Pirates*
日月盗猎蝽 *Pirates arcuatus*
田猎蝽属 *Agriosphodrus*

多氏田猎蝽 *Agriosphodrus dohrni*
光猎蝽属 *Ectrychotes*
黑光猎蝽 *Ectrychotes andreae*
棘猎蝽属 *Polididus*
长棘猎蝽 *Polididus armatissimus*
跷蝽科 Berytidae
锤肋跷蝽属 *Yemma*
锤肋跷蝽 *Yemma signatus*
花蝽科 Anthocoridae
小花蝽属 *Orius*
微小花蝽 *Orius minutus*
蚜科 Aphididae
蚜属 *Aphis*
棉蚜 *Aphis gossypii*
豆蚜 *Aphis craccivora*
刺槐蚜 *Aphis robiniae*
修尾蚜属 *Megoura*
豌豆修尾蚜 *Megoura crassicauda*
绵叶蚜属 *Shivaphis*
朴绵叶蚜 *Shivaphis celti*
二叉蚜属 *Schizaphis*
麦二叉蚜 *Schizaphis graminum*
长管蚜属 *Sitobion*
麦长管蚜 *Sitobion avenae*
缢管蚜属 *Rhopalosiphum*
禾缢管蚜 *Rhopalosiphum padi*
瘤蚜属 *Myzus*
桃蚜 *Myzus persicae*
叶蝉科 Cicadellidae
大叶蝉属 *Tettigoniella*
黑尾大叶蝉 *Tettigoniella ferruginea*
小绿叶蝉属 *Empoasca*
茶小绿叶蝉 *Empoasca flavescens*
棉叶蝉 *Empoasca biguttula*
假眼小绿叶蝉 *Empoasca vitis*
叶蝉属 *Cicadella*
大青叶蝉 *Cicadella viridis*
菱纹叶蝉属 *Hishimonus*

凹缘菱纹叶蝉 *Hishimonus sellatus*
拟菱纹叶蝉属 *Hishimonoides*
中华拟菱纹叶蝉 *Hishimonoides chinensis*
印小叶蝉属 *Inazuma*
电光叶蝉 *Inazuma dorsalis*
嘎叶蝉属 *Alobaldia*
烟草嘎叶蝉 *Alobaldia tobae*
角蝉科 Membracidae
圆角蝉属 *Gargara*
黑圆角蝉 *Gargara genistae*
飞虱科 Delphacidae
白背飞虱属 *Sogatella*
白背飞虱 *Sogatella furcifera*
绿飞虱属 *Chloriona*
芦苇绿飞虱 *Chloriona tateyamana*
灰飞虱属 *Laodelphax*
灰飞虱 *Laodelphax striatellus*
褐飞虱属 *Nilaparvata*
褐飞虱 *Nilaparvata lugens*
蚧科 Coccidea
蜡蚧属 *Ceroplastes*
日本蜡蚧 *Ceroplastes japonicus*
白蜡蚧属 *Ericerus*
白蜡蚧 *Ericerus pela*
盾蚧科 Diaspididae
肾圆盾蚧属 *Aonidiella*
罗汉松红圆盾蚧 *Aonidiella torus*
粉蚧科 Pseudococcidae
巢粉蚧属 *Nesticoccus*
巢粉蚧 *Nesticoccus sinensis*
硕蚧科 Margarodidae
吹绵蚧属 *Icerya*
吹绵蚧 *Icerya purchasi*
草履蚧属 *Drosicha*
草履蚧 *Drosicha corpulenta*
粉虱科 Aleyrodidae
蜡粉虱属 *Trialeurodes*
温室白粉虱 *Trialeurodes vaporariorum*

小粉虱属 *Bemisia*

烟粉虱 *Bemisia tabaci*

桑粉虱 *Bemisia myricae*

木虱科 Psyllidae

异脉木虱属 *Anomoneura*

桑异脉木虱 *Anomoneura mori*

广翅蜡蝉科 Ricaniidae

疏广蜡蝉属 *Euricania*

透翅疏广蜡蝉 *Euricania clara*

带纹疏广翅蜡蝉 *Euricania facialis*

蜡蝉科 Fulgoridae

斑衣蜡蝉属 *Lycorma*

斑衣蜡蝉 *Lycorma delicatula*

沫蝉科 Cercopidae

尖胸沫蝉属 *Aphrophora*

尖胸沫蝉 *Aphrophora* sp.

蝉科 Cicadidae

蚱蝉属 *Cryptotympana*

蚱蝉 *Cryptotympana atrata*

蟪蛄属 *Platypleura*

蟪蛄 *Platypleura kaempferi*

双翅目 Diptera

食蚜蝇科 Syrphidae

细腹蚜蝇属 *Sphaerophoria*

细腹蚜蝇 *Sphaerophoria* sp.

黑带蚜蝇属 *Episyrphus*

黑带食蚜蝇 *Episyrphus* sp.

墨蚜蝇属 *Melanostoma*

墨蚜蝇 *Melanostoma* sp.

优蚜蝇属 *Eupeodes*

大灰优蚜蝇 *Eupeodes corollae*

管蚜蝇属 *Eristalis*

长尾管蚜蝇 *Eristalis tenax*

斑眼蚜蝇属 *Eristalinus*

斑眼蚜蝇 *Eristalinus* sp.

宽盾蚜蝇属 *Phytomia*

羽芒宽盾蚜蝇 *Phytomia zonata*

粗股蚜蝇属 *Syritta*

东方粗股蚜蝇 *Syritta orientalis*
条胸蚜蝇属 *Helophilus*
狭带条胸蚜蝇 *Helophilus virgatus*
裸眼蚜蝇属 *Citrogramma*
裸眼蚜蝇 *Citrogramma fascipleurum*
广口蝇科 Platystomatidae
广口蝇属 *Platystoma*
广口蝇 *Platystoma* sp.
长足虻科 Dolichopodidae
脉长足虻属 *Neurigona*
脉长足虻 *Neurigona* sp.
毛瘤长足虻属 *Condylostylus*
毛瘤长足虻 *Condylostylus* sp.
隐脉长足虻属 *Asyndetus*
长鬃隐脉长足虻 *Asyndetus clavipes*
小异长足虻属 *Chrysotus*
尖角小异长足虻 *Chrysotus gramineus*
水虻科 Stratiomyidae
水虻属 *Stratiomys*
水虻 *Stratiomys* sp.
斑翅柱角水虻 *Stratiomys choui*
脉水虻属 *Oplodontha*
绿脉水虻 *Oplodontha virdula*
扁角水虻属 *Hermetia*
亮斑扁角水虻 *Hermetia illucens*
距水虻属 *Allognosta*
奇距水虻 *Allognosta vagans*
潜蝇科 Agromyzidae
斑潜蝇属 *Liriomyza*
斑潜蝇 *Liriomyza* sp.
粪蝇科 Scathophagidae
粪蝇属 *Scathophaga*
小黄粪蝇 *Scathophaga stercoraria*
花蝇科 Anthomyiidae
地种蝇属 *Delia*
灰地种蝇 *Delia platura*
萝卜地种蝇 *Delia floralis*
葱地种蝇 *Delia antiqua*

植种蝇属 *Botanophila*

棘叶植种蝇 *Botanophila dissecta*

红额植种蝇 *Botanophila rubrifrons*

花蝇属 *Anthomyia*

横带花蝇 *Anthomyia illocata*

蝇科 Muscidae

厕蝇属 *Fannia*

夏厕蝇 *Fannia canicularis*

元厕蝇 *Fannia prisca*

家蝇属 *Musca*

家蝇 *Musca domestica*

齿股蝇属 *Hydrotaea*

斑跖齿股蝇 *Hydrotaea chalcogaster*

腐蝇属 *Muscina*

厩腐蝇 *Muscina stabulans*

芒蝇属 *Atherigona*

高粱芒蝇 *Atherigona soccata*

秽蝇属 *Coenosia*

暗黑秽蝇 *Coenosia atra*

瘦弱秽蝇 *Coenosia attenuata*

重毫蝇属 *Dichaetomyia*

铜腹重毫蝇 *Dichaetomyia bibax*

麻蝇科 Sarcophagidae

球麻蝇属 *Phallosphaera*

华南球麻蝇 *Phallosphaera gravelyi*

眼蕈蚊科 Sciaridae

迟眼蕈蚊属 *Bradysia*

韭菜迟眼蕈蚊 *Bradysia odoriphaga*

蚊科 Culicidae

伊蚊属 *Aedes*

白纹伊蚊 *Aedes albopictus*

埃及伊蚊 *Aedes aegypti*

环胫伊蚊 *Aedes desmotes*

朝鲜伊蚊 *Aedes koreicus*

按蚊属 *Anopheles*

中华按蚊 *Anopheles sinensis*

淡色按蚊 *Anopheles albimanus*

比伦按蚊 *Anopheles belenrae*

克鲁兹按蚊 *Anopheles cruzii*
巨型按蚊 *Anopheles gigas*
微小按蚊 *Anopheles minimus*
三环按蚊 *Anopheles triannulatus*
嗜人按蚊 *Anopheles anthropophagus*
八代按蚊 *Anopheles yatsushiroensis*
达林按蚊 *Anopheles darlingi*
库态按蚊 *Anopheles culicifacies*

库蚊属 *Culex*
二带喙库蚊 *Culex bitaeniorhynchus*
拟态库蚊 *Culex mimeticus*
凶小库蚊 *Culex modestus*
致倦库蚊 *Culex quinquefasciatus*
迷走库蚊 *Culex vagans*

轲蚊属 *Coquillettidia*
黄色轲蚊 *Coquillettidia ochracea*

摇蚊科 Chironomidae

雕翅摇蚊属 *Glyptotendipes*
雕翅摇蚊 *Glyptotendipes* sp.

底栖摇蚊属 *Benthalia*
分离底栖摇蚊 *Benthalia dissidens*

长跗摇蚊属 *Tanytarsus*
长跗摇蚊 *Tanytarsus* sp.

多足摇蚊属 *Polypedilum*
多足摇蚊 *Polypedilum* sp.

二叉摇蚊属 *Dicrotendipes*
二叉摇蚊 *Dicrotendipes* sp.

摇蚊属 *Chironomus*
尖附器摇蚊 *Chironomus cingulatus*
粗叉摇蚊 *Chironomus crassiforceps*
饰摇蚊 *Chironomus decorus*
黄色羽摇蚊 *Chironomus flaviplumus*
花翅摇蚊 *Chironomus kiiensis*
苍白双叶摇蚊 *Chironomus pallidivittatus*
羽摇蚊 *Chironomus plumosus*
伪图姆摇蚊 *Chironomus pseudothummi*
伸展双叶摇蚊 *Chironomus tentans*

矮突摇蚊属 *Nanocladius*

矮突摇蚊 *Nanocladius* sp.

直突摇蚊属 *Orthocladius*

直突摇蚊 *Orthocladius* sp.

环足摇蚊属 *Cricotopus*

环足摇蚊 *Cricotopus* sp.

异环足摇蚊属 *Acricotopus*

异环足摇蚊 *Acricotopus* sp.

拟枝角摇蚊属 *Paracladopelma*

拟枝角摇蚊 *Paracladopelma* sp.

长足摇蚊属 *Tanypus*

长足摇蚊 *Tanypus* sp.

菱跗摇蚊属 *Clinotanypus*

脉菱跗摇蚊 *Clinotanypus nervosus*

真开氏摇蚊属 *Eukiefferiella*

真开氏摇蚊 *Eukiefferiella* sp.

恩菲摇蚊属 *Einfeldia*

恩菲摇蚊 *Einfeldia* sp.

隐摇蚊属 *Cryptochironomus*

隐摇蚊 *Cryptochironomus* sp.

明摇蚊属 *Phaenopsectra*

明摇蚊 *Phaenopsectra* sp.

内摇蚊属 *Endochironomus*

内摇蚊 *Endochironomus* sp.

裸须摇蚊属 *Propsilocerus*

裸须摇蚊 *Propsilocerus* sp.

拟摇蚊属 *Parachironomus*

拟摇蚊 *Parachironomus* sp.

小摇蚊属 *Microchironomus*

小摇蚊 *Microchironomus* sp.

枝角摇蚊属 *Cladopelma*

绿枝角摇蚊 *Cladopelma virescens*

无突摇蚊属 *Ablabesmyia*

项圈无突摇蚊 *Ablabesmyia monilis*

瘿蚊科 Cecidomyiidae

柳瘿蚊属 *Rabdophaga*

柳瘿蚊 *Rabdophaga salicis*

安瘿蚊属 *Anaretella*

缺安瘿蚊 *Anaretella defecta*

稻瘿蚊属 *Orseolia*

稻瘿蚊 *Orseolia oryzae*

菌蚊科 Mycetophilidae

克菌蚊属 *Clastobasis*

特氏菌蚊 *Clastobasis tryoni*

大蚊科 Tipulidae

栉大蚊属 *Ctenophora*

栉大蚊 *Ctenophora* sp.

丽蝇科 Calliphoridae

丽蝇属 *Calliphora*

红头丽蝇 *Calliphora vicina*

反吐丽蝇 *Calliphora vomitoria*

乌拉尔丽蝇 *Calliphora uralensis*

伏蝇属 *Phormia*

伏蝇 *Phormia regina*

绿蝇属 *Lucilia*

丝光绿蝇 *Lucilia sericata*

金蝇属 *Chrysomya*

星岛金蝇 *Chrysomya chani*

帝王金蝇 *Chrysomya marginalis*

乌足金蝇 *Chrysomya nigripes*

绯颜金蝇 *Chrysomya rufifacies*

蓝蝇属 *Cynomya*

尸蓝蝇 *Cynomya mortuorum*

虻科 Tabanidae

黄虻属 *Atylotus*

骚扰黄虻 *Atylotus miser*

双斑黄虻 *Atylotus bivittateinus*

黄绿黄虻 *Atylotus horvathi*

虻属 *Tabanus*

中华虻 *Tabanus mandarinus*

斑虻属 *Chrysops*

莫氏斑虻 *Chrysops mlokosiewiczi*

合瘤斑虻 *Chrysops suavis*

食虫虻科 Asilidae

窄颌食虫虻属 *Stenopogon*

瘦窄颌食虫虻 *Stenopogon macilentus*

狐食虫虻属 *Cerdistus*

狐食虫虻 *Cerdistus* sp.

宽跗食虫虻属 *Astochia*

肿宽跗食虫虻 *Astochia virgatipes*

宽跗食虫虻 *Astochia* sp.

单羽食虫虻属 *Cophinopoda*

中华单羽食虫虻 *Cophinopoda chinensis*

蠓科 Ceratopogonidae

库蠓属 *Culicoides*

库蠓 *Culicoides latreille*

尖喙库蠓 *Culicoides oxystoma*

虚库蠓 *Culicoides schultzei*

贝蠓属 *Bezzia*

烟色贝蠓 *Bezzia fuliginata*

毛蠓属 *Dasyhelea*

泸定毛蠓 *Dasyhelea ludingensis*

寄蝇科 Tachinidae

饰腹寄蝇属 *Blepharipa*

柞蚕饰腹寄蝇 *Blepharipa tibialis*

追寄蝇属 *Exorista*

家蚕追寄蝇 *Exorista sorbillans*

球腹寄蝇属 *Gymnosoma*

普通球腹寄蝇 *Gymnosoma rotundatum*

筒腹寄蝇属 *Cylindromyia*

中介筒腹寄蝇 *Cylindromyia intermedia*

果蝇科 Drosophilidae

果蝇属 *Drosophila*

铃木氏果蝇 *Drosophila suzukii*

黑腹果蝇 *Drosophila melanogaster*

实蝇科 Tephritidae

果实蝇属 *Bactrocera*

瓜实蝇 *Bactrocera cucurbitae*

霍氏果实蝇 *Bactrocera holtmanni*

短羽实蝇属 *Acrotaeniostola*

斑翅短羽实蝇 *Acrotaeniostola dissimilis*

咔实蝇属 *Carpomya*

枣实蝇 *Carpomya vesuviana*

蜡实蝇属 *Ceratitis*

地中海实蝇 *Ceratitis capitata*

缟蝇科 Lauxaniidae

同脉缟蝇属 *Homoneura*

斑翅同脉缟蝇 *Homoneura trypetoptera*

膜翅目 Hymenoptera

隧蜂科 Halictidae

隧蜂属 *Halictus*

铜色隧蜂 *Halictus aerarius*

蚜小蜂科 Aphelinidae

恩蚜小蜂属 *Encarsia*

温室粉虱恩蚜小蜂 *Encarsia formosa*

蚜茧蜂属 *Aphidius*

烟蚜茧蜂 *Aphidius gifuensis*

姬蜂科 Ichneumonidae

埃姬蜂属 *Itoplectis*

螟蛉埃姬蜂 *Itoplectis naranyae*

蚜蝇姬蜂属 *Diplazon*

花胫蚜蝇姬蜂 *Diplazon laetatorius*

马尾姬蜂属 *Megarhyssa*

马尾姬蜂 *Megarhyssa* sp.

田猎姬蜂属 *Agrothereutes*

田猎姬蜂 *Agrothereutes fumipennis*

长凹姬蜂属 *Diaparsis*

额突长凹姬蜂 *Diaparsis frontella*

蛛蜂科 Pompilidae

弯沟蛛蜂属 *Cyphononyx*

背弯沟蛛蜂 *Cyphononyx fulvognathus*

小蜂科 Chalcididae

大腿小蜂属 *Brachymeria*

广大腿小蜂 *Brachymeria lasus*

茧蜂科 Braconidae

全脉蚜茧蜂属 *Ephedrus*

麦蚜茧蜂 *Ephedrus plagiator*

潜蝇茧蜂属 *Opius*

潜蝇茧蜂 *Opius* sp.

盘绒茧蜂属 *Cotesia*

菜蛾盘绒茧蜂 *Cotesia vestalis*

螟蛉盘绒茧蜂 *Cotesia ruficrus*

黏虫盘绒茧蜂 *Cotesia kariyai*

锤角细蜂科 Diapriidae

毛锤角细蜂属 *Trichopria*

毛锤角细蜂 *Trichopria* sp.

广肩小蜂科 Eurytomidae

广肩小蜂属 *Eurytoma*

黏虫广肩小蜂 *Eurytoma verticillata*

旋小蜂科 Eupelmidae

平腹小蜂属 *Anastatus*

天蛾卵平腹小蜂 *Anastatus acherontiae*

舞毒蛾卵平腹小蜂 *Anastatus japonicus*

姬小蜂科 Eulophidae

长尾啮小蜂属 *Aprostocetus*

长尾啮小蜂 *Aprostocetus* sp.

赤眼蜂科 Trichogrammatidae

赤眼蜂属 *Trichogramma*

稻螟赤眼蜂 *Trichogramma japonicun*

玉米螟赤眼蜂 *Trichogramma ostriniae*

三节叶蜂科 Argidae

三节叶蜂属 *Arge*

榆红胸三节叶蜂 *Arge captiva*

蜜蜂科 Apidae

木蜂属 *Xylocopa*

竹蜂 *Xylocopa dissimilis*

蜜蜂属 *Apis*

西方蜜蜂 *Apis mellifera*

中华蜜蜂 *Apis cerana*

胡蜂科 Vespidae

长脚胡蜂属 *Polistes*

果马蜂 *Polistes olivaceus*

黄星长脚胡蜂 *Polistes mandarinus*

蜾蠃科 Eumenidae

蜾蠃属 *Eumenes*

点蜾蠃 *Eumenes pomiformis*

泥蜂科 Sphecidae

捷小唇泥蜂属 *Tachytes*

中华捷小唇泥蜂 *Tachytes sinensis*

锯齿泥蜂属 *Sceliphron*

黄柄壁泥蜂 *Sceliphron madraspatanum*

蚁科 Formicidae

斜结蚁属 *Plagiolepis*

斜结蚁 *Plagiolepis* sp.

举腹蚁属 *Crematogaster*

黑褐举腹蚁 *Crematogaster rogenhoferi*

弓背蚁属 *Camponotus*

日本弓背蚁 *Camponotus japonicus*

小家蚁属 *Monomorium*

法老小家蚁 *Monomorium pharaonis*

叶蜂科 Tenthredinidae

麦叶蜂属 *Dolerus*

小麦叶蜂 *Dolerus tritici*

直翅目 Orthoptera

锥头蝗科 Pyrgomorphidae

负蝗属 *Atractomorpha*

短额负蝗 *Atractomorpha sinensis*

短翅负蝗 *Atractomorpha crenulata*

柳枝负蝗 *Atractomorpha psittacina*

剑角蝗科 Acrididae

剑角蝗属 *Acrida*

中华剑角蝗 *Acrida cinerea*

线剑角蝗 *Acrida lineata*

螽斯科 Tettigoniidae

草螽属 *Conocephalus*

中华草螽 *Conocephalus chinensis*

长瓣草螽 *Conocephalus gladiatus*

斑翅草螽 *Conocephalus maculatus*

蝈螽属 *Gampsocleis*

优雅蝈螽 *Gampsocleis gratiosa*

织娘属 *Mecopoda*

纺织娘 *Mecopoda elongata*

姬螽属 *Metrioptera*

姬螽 *Metrioptera* sp.

寰螽属 *Atlanticus*

寰螽 *Atlanticus* sp.

斑翅蝗科 Oedipodidae

疣蝗属 *Trilophidia*

疣蝗 *Trilophidia annulata*

绿纹蝗属 *Aiolopus*

花胫绿纹蝗 *Aiolopus tamulus*

绿纹蝗 *Aiolopus thalassinus*

斑腿蝗科 Catantopidae

稻蝗属 *Oxya*

中华稻蝗 *Oxya chinensis*

小稻蝗 *Oxya intricata*

网翅蝗科 Arcypteridae

竹蝗属 *Ceracris*

黄脊竹蝗 *Ceracris kiangsu*

蝼蛄科 Gryllotalpidae

蝼蛄属 *Gryllotalpa*

东方蝼蛄 *Gryllotalpa orientalis*

非洲蝼蛄 *Gryllotalpa africana*

蚱科 Tetrigidae

蚱属 *Tetrix*

日本蚱 *Tetrix japonica*

长背蚱属 *Paratettix*

长翅长背蚱 *Paratettix uvarovi*

菱蝗属 *Acrydium*

菱蝗 *Acrydium japouicum*

露螽科 Phaneropteridae

条螽属 *Ducetia*

日本条螽 *Ducetia japonica*

蛉蟋科 Trygoniidae

灰针蟋属 *Polionemobius*

斑翅灰针蟋 *Polionemobius taprobanensis*

蟋蟀科 Gryllidae

油葫芦属 *Teleogryllus*

黄脸油葫芦 *Teleogryllus mitratus*

大蟋属 *Tarbinskiellus*

花生大蟋 *Tarbinskiellus portentosus*

灶蟋属 *Gryllodes*

短翅灶蟋 *Gryllodes sigillatus*

树蟋属 *Oecanthus*

青树蟋 *Oecanthus euryelytra*

中华树蟋 *Oecanthus indicus*

蚤蝼科 Tridactylidae

蚤蝼属 *Tridactylus*

日本蚤蝼 *Tridactylus japonicus*

鳞翅目 Lepidoptera

灰蝶科 Lycaenidae

紫灰蝶属 *Chilades*

曲纹紫灰蝶 *Chilades pandava*

酢浆灰蝶属 *Pseudozizeeria*

酢浆灰蝶 *Pseudozizeeria maha*

灰蝶属 *Lycaena*

红灰蝶 *Lycaena phlaeas*

黄灰蝶属 *Japonica*

黄灰蝶 *Japonica lutea*

亮灰蝶属 *Lampides*

亮灰蝶 *Lampides boeticus*

粉蝶科 Pieridae

粉蝶属 *Pieris*

菜粉蝶 *Pieris rapae*

黄粉蝶属 *Eurema*

宽边黄粉蝶 *Eurema hecabe*

襟粉蝶属 *Anthocharis*

黄尖襟粉蝶 *Anthocharis scolymus*

云粉蝶属 *Pontia*

云粉蝶 *Pontia edusa*

蛱蝶科 Nymphalidae

钩蛱蝶属 *Polygonia*

黄钩蛱蝶 *Polygonia c-aureum*

脉蛱蝶属 *Hestina*

黑脉蛱蝶 *Hestina assimilis*

豹蛱蝶属 *Argyreus*

斐豹蛱蝶 *Argyreus hyperbius*

眼蝶科 Satyridae

眉眼蝶属 *Mycalesis*

稻眉眼蝶 *Mycalesis gotama*

林眼蝶属 *Aulocera*

细眉林眼蝶 *Aulocera merlina*

灯蛾科 Arctiidae

新鹿蛾属 *Caeneressa*

红带新鹿蛾 *Caeneressa rubrozonata*

鹿蛾属 *Amata*

虎纹鹿蛾 *Amata polymita*

污灯蛾属 *Spilarctia*

人纹污灯蛾 *Spilarctia subcarnea*

大丽灯蛾属 *Aglaomorpha*

大丽灯蛾 *Aglaomorpha histrio*

斑蛾科 Zygaenidae

斑蛾属 *Illiberis*

梨星毛虫 *Illiberis pruni*

锦斑蛾属 *Histia*

重阳木锦斑蛾 *Histia rhodope*

刺蛾科 Limacodidae

绿刺蛾属 *Latoia*

褐边绿刺蛾 *Latoia consocia*

扁刺蛾属 *Thosea*

中国扁刺蛾 *Thosea sinensis*

尺蛾科 Geometridae

金星尺蛾属 *Abraxas*

大叶黄杨尺蛾 *Abraxas miranda*

钩尺蛾属 *Ascotis*

大造桥虫 *Ascotis selenaria*

尺蛾属 *Buzura*

油桐尺蛾 *Buzura suppressaria*

木橑尺蛾属 *Culcula*

黄连木橑尺蛾 *Culcula panterinaria*

紫线尺蛾属 *Calothysanis*

紫线尺蛾 *Calothysanis comptaria*

姬尺蛾属 *Idaea*

小四点波姬尺蛾 *Idaea trisetata*

仿锈腰尺蛾属 *Chlorissa*

遗仿锈腰尺蛾 *Chlorissa obliterata*

夜蛾科 Noctuidae

地夜蛾属 *Agrotis*

黄地老虎 *Agrotis segetum*

布朗夜蛾 *Agrotis munda*

小地老虎 *Agrotis ipsilon*

大地老虎 *Agrotis tokionis*

灰翅夜蛾属 *Spodoptera*

甜菜夜蛾 *Spodoptera exigua*
斜纹夜蛾 *Spodoptera litura*
锹额夜蛾属 *Archanara*
黑纹锹额夜蛾 *Archanara neurica*
阿夜蛾属 *Achaea*
飞扬阿夜蛾 *Achaea janata*
银纹夜蛾属 *Argyrogramma*
道纹夜蛾 *Argyrogramma daubei*
银纹夜蛾 *Argyrogramma agnata*
白条银纹夜蛾 *Argyrogramma albostriata*
拟胸须夜蛾属 *Bertula*
双拟胸须夜蛾 *Bertula bistrigata*
铃夜蛾属 *Helicoverpa*
棉铃虫 *Helicoverpa armigera*
蛀茎夜蛾属 *Sesamia*
稻蛀茎夜蛾 *Sesamia inferens*
縻夜蛾属 *Senta*
縻夜蛾 *Senta flammea*
弱夜蛾属 *Ozarba*
弱夜蛾 *Ozarba punctigera*
黄夜蛾属 *Xanthodes*
黄夜蛾 *Xanthodes malvae*
桥夜蛾属 *Anomis*
中桥夜蛾 *Anomis mesogona*
委夜蛾属 *Athetis*
帕委夜蛾 *Athetis pallidipennis*
剑纹夜蛾属 *Acronicta*
桃剑纹夜蛾 *Acronicta increta*
梨剑纹夜蛾 *Acronicta rumicis*
秘夜蛾属 *Mythimna*
粘虫 *Mythimna separata*
兜夜蛾属 *Cosmia*
凡兜夜蛾 *Cosmia moderata*
歹夜蛾属 *Diarsia*
棕色歹夜蛾 *Diarsia brunnea*
燕蛾科 Uraniidae
线燕蛾属 *Acropteris*
斜线燕蛾 *Acropteris iphiata*

羽蛾科 Pterophoridae
　羽蛾属 *Pterophorus*
　　甘薯灰褐羽蛾 *Pterophorus monodactylus*
天蛾科 Sphingidae
　背线天蛾属 *Cechenena*
　　条背天蛾 *Cechenena lineosa*
　斜纹天蛾属 *Theretra*
　　芋双线天蛾 *Theretra oldenlandiae*
　　雀纹天蛾 *Theretra japonica*
　　西藏斜纹天蛾 *Theretra tibetiana*
　目天蛾属 *Smerinthus*
　　蓝目天蛾 *Smerinthus planus*
　豆天蛾属 *Clanis*
　　豆天蛾 *Clanis bilineata*
　虾壳天蛾属 *Agrius*
　　甘薯天蛾 *Agrius convolvuli*
　月天蛾属 *Parum*
　　构月天蛾 *Parum colligata*
　透翅天蛾属 *Cephonodes*
　　咖啡透翅天蛾 *Cephonodes hylas*
　绿天蛾属 *Callambulyx*
　　榆绿天蛾 *Callambulyx tatarinovi*
　面形天蛾属 *Acherontia*
　　芝麻鬼脸天蛾 *Acherontia styx*
　霜天蛾属 *Psilogramma*
　　霜天蛾 *Psilogramma menephron*
卷蛾科 Tortricidae
　褐带卷蛾属 *Adoxophyes*
　　小卷蛾 *Adoxophyes* sp.
　　苹褐带卷蛾 *Adoxophyes orana*
　灰纹卷蛾属 *Cochylidia*
　　一带灰纹卷蛾 *Cochylidia moguntiana*
　小食心虫属 *Grapholita*
　　梨小食心虫 *Grapholita molesta*
蛀果蛾科 Carposinidae
　蛀果蛾属 *Carposina*
　　桃蛀果蛾 *Carposina sasakii*
　豆食心虫属 *Leguminivora*

大豆食心虫 *Leguminivora glycinivorella*
谷蛾科 Tineidae
麦蛾属 *Sitotroga*
麦蛾 *Sitotroga cerealella*
草螟科 Crambidae
豆荚野螟属 *Maruca*
豆荚野螟 *Maruca testulalis*
暗水螟属 *Bradina*
白斑暗水螟 *Bradina atopalis*
透翅蛾科 Sesiidae
透翅蛾属 *Paranthrene*
白杨透翅蛾 *Paranthrene tabaniformis*
尖蛾科 Cosmopterygidae
尖蛾属 *Cosmopterix*
菲米内拉尖蛾 *Cosmopterix feminella*
齐格勒尖蛾 *Cosmopterix zieglerella*
凤蝶科 Papilionidae
凤蝶属 *Papilio*
玉带凤蝶 *Papilio polytes*
碧凤蝶 *Papilio bianor*
珠凤蝶属 *Pachliopta*
红珠凤蝶 *Pachliopta aristolochiae*
青凤蝶属 *Graphium*
青凤蝶 *Graphium sarpedon*
帅绢蝶属 *Archon*
帅绢蝶 *Archon apollinus*
弄蝶科 Hesperiidae
稻弄蝶属 *Parnara*
曲纹稻弄蝶 *Parnara ganga*
直纹稻弄蝶 *Parnara guttata*
毒蛾科 Lymantriidae
黄毒蛾属 *Euproctis*
黄尾白毒蛾 *Euproctis similes*
古毒蛾属 *Orgyia*
古毒蛾 *Orgyia antiqua*
肾毒蛾属 *Cifuna*
肾毒蛾 *Cifuna locuples*
雪毒蛾属 *Leucoma*

杨雪毒蛾 *Leucoma candida*
雪毒蛾 *Leucoma salicis*
素毒蛾属 *Laelia*
素毒蛾 *Laelia coenosa*
毒蛾属 *Lymantria*
舞毒蛾 *Lymantria dispar*
螟蛾科 Pyralidae
纵卷叶野螟属 *Cnaphalocrocis*
稻纵卷叶螟 *Cnaphalocrocis medinalis*
绢野螟属 *Diaphania*
黄杨绢野螟 *Diaphania perspectalis*
瓜绢野螟 *Diaphania indica*
茎禾螟属 *Chilo*
二化螟 *Chilo suppressalis*
白带野螟属 *Spoladea*
甜菜白带野螟 *Spoladea recurvalis*
蛀野螟属 *Dichocrocis*
桃蛀野螟 *Dichocrocis punctiferalis*
髓草螟属 *Calamotropha*
黄纹髓草螟 *Calamotropha paludella*
秆野螟属 *Ostrinia*
欧洲玉米螟 *Ostrinia nubilalis*
薄翅野螟属 *Evergestis*
薄翅野螟 *Evergestis* sp.
织蛾科 Oecophoridae
锦织蛾属 *Promalactis*
点线锦织蛾 *Promalactis suzukiella*
展足蛾属 *Stathmopoda*
桃展足蛾 *Stathmopoda auriferella*
绢蛾科 Scythrididae
绢蛾属 *Scythris*
中华绢蛾 *Scythris sinensis*
舟蛾科 Notodontidae
小舟蛾属 *Micromelalopha*
杨小舟蛾 *Micromelalopha troglodyta*
掌舟蛾属 *Phalera*
刺槐掌舟蛾 *Phalera grotei*
菜蛾科 Plutellidae

菜蛾属 *Plutella*

小菜蛾 *Plutella xylostella*

蚕蛾科 Bombycidae

家蚕蛾属 *Bombyx*

家蚕 *Bombyx mori*

野蚕蛾 *Bombyx mandarina*

桑螨属 *Rondotia*

桑螨 *Rondotia menciana*

天蚕蛾科 Saturniidae

柞蚕属 *Antheraea*

柞蚕 *Antheraea pernyi*

列蛾科 Autostichidae

列蛾属 *Autosticha*

和列蛾 *Autosticha modicella*

潜蛾科 Lyonetiidae

潜蛾属 *Lyonetia*

苹果潜蛾 *Lyonetia clerkella*

细蛾科 Gracillariidae

突瓣细蛾属 *Chrysaster*

刺槐突瓣细蛾 *Chrysaster ostensackenella*

革翅目 Dermaptera

蠼螋科 Labiduridae

球螋属 *Forficula*

华球螋 *Forficula sinica*

蠼螋属 *Labidura*

蠼螋 *Labidura riparia*

首垫跗螋属 *Proreus*

首垫跗螋 *Proreus simulans*

食毛目 Mallophaga

短角羽虱科 Menoponidae

羽虱属 *Menopon*

大鸡虱 *Menopon gallinae*

脉翅目 Neuroptera

草蛉科 Chrysopidae

草蛉属 *Chrysopa*

大草蛉 *Chrysopa pallens*

丽草蛉 *Chrysopa formosa*

通草蛉属 *Chrysoperla*

中华通草蛉 *Chrysoperla sinica*
褐蛉科 Hemerobiidae
褐蛉属 *Hemerobius*
褐蛉 *Hemerobius* sp.
蝶角蛉科 Ascalaphidae
脊蝶角蛉属 *Ascalohybris*
黄脊蝶角蛉 *Ascalohybris subjacens*
锯角蝶角蛉属 *Acheron*
锯角蝶角蛉 *Acheron trux*
螳螂目 Mantodea
螳科 Mantidae
斧螳属 *Hierodula*
广斧螳 *Hierodula patellifera*
静螳属 *Statilia*
棕静螳 *Statilia maculata*
大刀螳属 *Tenodera*
中华大刀螳 *Tenodera sinensis*
蜚蠊目 Blattaria
蜚蠊科 Blattidae
小蠊属 *Blattella*
德国小蠊 *Blattella germanica*
蜚蠊属 *Blatta*
东方蜚蠊 *Blatta orientalis*
大蠊属 *Periplaneta*
美洲大蠊 *Periplaneta americana*
姬蠊科 Blattellidae
玛蠊属 *Margattea*
玛蠊 *Margattea* sp.
广翅目 Megaloptera
齿蛉科 Corydalidae
斑鱼蛉属 *Neochauliodes*
中华斑鱼蛉 *Neochauliodes sinensis*
缨翅目 Thysanoptera
蓟马科 Thripidae
花蓟马属 *Frankliniella*
西花蓟马 *Frankliniella occidentalis*
蓟马属 *Chloethrips*
稻蓟马 *Chloethrips oryzae*

伪棍蓟马属 *Pseudodendrothrips*

桑伪棍蓟马 *Pseudodendrothrips mori*

简管蓟马属 *Haplothrips*

华简管蓟马 *Haplothrips chinensis*

等翅目 Isoptera

鼻白蚁科 Rhinotermitidae

乳白蚁属 *Coptotermes*

台湾乳白蚁 *Coptotermes formosanus*

弹尾目 Collembola

等节跳虫科 Entomobryidae

等节跳虫属 *Entomobrya*

等节跳虫 *Entomobrya* sp.

棘跳虫科 Onychiuridae

角跳虫属 *Ceratophysella*

齿跳虫 *Ceratophysella denticulata*

蜻蜓目 Odonata

蟌科 Coenagrionidae

黄蟌属 *Ceriagrion*

日本黄蟌 *Ceriagrion nipponicum*

翠胸黄蟌 *Ceriagrion auranticum*

长尾黄蟌 *Ceriagrion fallax*

异痣蟌属 *Ischnura*

褐斑异痣蟌 *Ischnura senegalensis*

东亚异痣蟌 *Ischnura asiatica*

长叶异痣蟌 *Ischnura elegans*

狭扇蟌属 *Copera*

东京狭扇蟌 *Copera tokyoensis*

尾蟌属 *Paracercion*

捷尾蟌 *Paracercion v-nigrum*

黑背尾蟌 *Paracercion melanotum*

蓝纹尾蟌 *Paracercion calamorum*

七条尾蟌 *Paracercion plagiosum*

扇蟌属 *Platycnemis*

叶足扇蟌 *Platycnemis phyllopoda*

斑蟌属 *Pseudagrion*

丹顶斑蟌 *Pseudagrion rubriceps*

蜻科 Libellulidae

宽腹蜻属 *Lyriothemis*

闪绿宽腹蜻 *Lyriothemis pachygastra*
红蜻属 *Crocothemis*
红蜻 *Crocothemis servilia*
锥腹蜻属 *Acisoma*
锥腹蜻 *Acisoma panorpoides*
多纹蜻属 *Deielia*
异色多纹蜻 *Deielia phaon*
疏脉蜻属 *Brachydiplax*
蓝额疏脉蜻 *Brachydiplax chalybea*
黄翅蜻属 *Brachythemis*
黄翅蜻 *Brachythemis contaminata*
玉带蜻属 *Pseudothemis*
玉带蜻 *Pseudothemis zonata*
丽翅蜻属 *Rhyothemis*
黑丽翅蜻 *Rhyothemis fuliginosa*
黄蜻属 *Pantala*
黄蜻 *Pantala flavescens*
灰蜻属 *Orthetrum*
白尾灰蜻 *Orthetrum albistylum*
狭腹灰蜻 *Orthetrum sabina*
异色灰蜻 *Orthetrum melania*
蜓科 Aeshnidae
伟蜓属 *Anax*
碧伟蜓东亚亚种 *Anax parthenope*
石蛃目 Archaeognatha
石蛃科 Machilidae
石蛃属 *Machilis*
石蛃 *Machilis* sp.
衣鱼目 Zygentoma
衣鱼科 Lepismatidae
衣鱼属 *Lepisma*
衣鱼 *Lepisma saccharina*
蚤目 Siphonaptera
蠕形蚤科 Vermipsyllidae
长喙蚤属 *Dorcadia*
羊长喙蚤 *Dorcadia ioffi*

七、珍禽保护区湿地鱼类名录

脊索动物门 Chordata
　软骨鱼纲 Chondrichthyes
　　扁鲨目 Squatiniformes
　　　扁鲨科 Squatinidae
　　　　扁鲨属 *Squatina*
　　　　　日本扁鲨 *Squatina japonica*
　　电鳐目 Torpediniformes
　　　单鳍电鳐科 Narkidae
　　　　单鳍电鳐属 *Narke*
　　　　　日本单鳍电鳐 *Narke japonica*
　　鲼目 Myliobatiformes
　　　魟科 Dasyatidae
　　　　魟属 *Dasyatis*
　　　　　赤魟 *Dasyatis akajei*
　　　　　中国魟 *Dasyatis sinensis*
　　　　　光魟 *Dasyatis laevigatus*
　　　　　尖嘴魟 *Dasyatis zugei*
　　　　　奈氏魟 *Dasyatis navarrae*
　　　燕魟科 Gymnuridae
　　　　燕魟属 *Gymnura*
　　　　　日本燕魟 *Gymnura japonica*
　　　鲼科 Myliobatidae
　　　　鲼属 *Myliobatis*
　　　　　鸢鲼 *Myliobatis tobijei*
　　　蝠鲼科 Mobulidae
　　　　蝠鲼属 *Mobula*
　　　　　日本蝠鲼 *Mobula japonica*
　　　　前口蝠鲼属 *Manta*
　　　　　双吻前口蝠鲼 *Manta birostris*
　　虎鲨目 Heterodontiformes
　　　虎鲨科 Heterodontidae
　　　　虎鲨属 *Heterodontus*
　　　　　宽纹虎鲨 *Heterodontus japonicus*
　　角鲨目 Squaliformes
　　　角鲨科 Squalidae

- 角鲨属 *Squalus*
  - 白斑角鲨 *Squalus acanthias*
  - 短吻角鲨 *Squalus brevirostris*
  - 长吻角鲨 *Squalus mitsukurii*

六鳃鲨目 Hexanchiformes
- 六鳃鲨科 Hexanchidae
  - 哈那鲨属 *Notorynchus*
    - 扁头哈那鲨 *Notorynchus cepedianus*

鳐形目 Rajiformes
- 鳐科 Rajidae
  - 鳐属 *Raja*
    - 斑鳐 *Raja kenojei*
    - 孔鳐 *Raja porosa*
    - 美鳐 *Raja pulchra*
- 团扇鳐科 *Platyrhinidae*
  - 团扇鳐属 *Platyrhina*
    - 中国团扇鳐 *Platyrhina sinensis*
- 犁头鳐科 Rhinobatidae
  - 犁头鳐属 *Rhinobatos*
    - 许氏犁头鳐 *Rhinobatos schlegelii*

鼠鲨目 Lamniformes
- 姥鲨科 Cetorhinidae
  - 姥鲨属 *Cetorhinus*
    - 姥鲨 *Cetorhinus maximus*
- 锥齿鲨科 Carchariidae
  - 锥齿鲨属 *Carcharias*
    - 欧氏锥齿鲨 *Carcharias owstoni*

银鲛目 Chimaeriformes
- 银鲛科 Chimaeridae
  - 银鲛属 *Chimaera*
    - 黑线银鲛 *Chimaera phantasma*

真鲨目 Carcharhiniformes
- 真鲨科 Carcharhinidae
  - 真鲨属 *Carcharhinus*
    - 阔口真鲨 *Carcharhinus plumbeus*
    - 黑印真鲨 *Carcharhinus menisorrah*
  - 斜齿鲨属 *Scoliodon*
    - 尖头斜齿鲨 *Scoliodon laticaudus*

双髻鲨科 Sphyrnidae
双髻鲨属 *Sphyrna*
路氏双髻鲨 *Sphyrna lewini*
锤头双髻鲨 *Sphyrna zygaena*
皱唇鲨科 Triakidae
星鲨属 *Mustelus*
灰星鲨 *Mustelus griseus*
白斑星鲨 *Mustelus manazo*
皱唇鲨属 *Triakis*
皱唇鲨 *Triakis scyllium*
猫鲨科 Scyliorhinidae
猫鲨属 *Scyliorhinus*
虎纹猫鲨 *Scyliorhinus torazame*
硬骨鱼纲 Osteichthyes
鮟鱇目 Lophiiformes
躄鱼科 Antennariidae
躄鱼属 *Antennarius*
三齿躄鱼 *Antennarius tridens*
鮟鱇科 Lophiidae
黄鮟鱇属 *Lophius*
黄鮟鱇 *Lophius litulon*
蝙蝠鱼科 Ogcocephalidae
棘茄鱼属 *Halieutaea*
棘茄鱼 *Halieutaea stellata*
刺鱼目 Gasterosteiformes
烟管鱼科 Fistulariidae
烟管鱼属 *Fistularia*
鳞烟管鱼 *Fistularia petimba*
海龙科 Syngnathidae
海马属 *Hippocampus*
日本海马 *Hippocampus mohnikei*
大海马 *Hippocampus kelloggi*
海龙属 *Syngnathus*
尖海龙 *Syngnathus acus*
冠海龙属 *Corythoichthys*
舒氏冠海龙 *Corythoichthys schultzi*
灯笼鱼目 Myctophiformes
龙头鱼科 Harpadontidae

龙头鱼属 *Harpadon*

龙头鱼 *Harpadon nehereus*

鲽形目 Pleuronectiformes

鲽科 Pleuronectidae

石鲽属 *Kareius*

石鲽 *Kareius bicoloratus*

虫鲽属 *Eopsetta*

虫鲽 *Eopsetta grigorjewi*

高眼鲽属 *Cleisthenes*

高眼鲽 *Cleisthenes herzensteini*

木叶鲽属 *Pleuronichthys*

角木叶鲽 *Pleuronichthys cornutus*

黄盖鲽属 *Pseudopleuronectes*

钝吻黄盖鲽 *Pseudopleuronectes yokohamae*

星鲽属 *Verasper*

圆斑星鲽 *Verasper variegatus*

舌鳎科 Cynoglossidae

舌鳎属 *Cynoglossus*

中华舌鳎 *Cynoglossus sinicus*

短吻三线舌鳎 *Cynoglossus abbreviatus*

窄体舌鳎 *Cynoglossus gracilis*

半滑舌鳎 *Cynoglossus semilaevis*

焦氏舌鳎 *Cynoglossus joyneri*

褐斑三线舌鳎 *Cynoglossus trigrammus*

须鳎属 *Paraplagusia*

日本须鳎 *Paraplagusia japonica*

鳎科 Soleidae

条鳎属 *Zebrias*

带纹条鳎 *Zebrias zebra*

牙鲆科 Paralichthyidae

牙鲆属 *Paralichthys*

牙鲆 *Paralichthys olivaceus*

斑鲆属 *Pseudorhombus*

桂皮斑鲆 *Pseudorhombus cinnamomeus*

鲱形目 Clupeiformes

鲱科 Clupeidae

鲱属 *Clupea*

太平洋鲱 *Clupea pallasi*

斑鰶属 *Konosirus*

斑鰶 *Konosirus punctatus*

小沙丁鱼属 *Sardinella*

金色小沙丁鱼 *Sardinella aurita*

青鳞小沙丁鱼 *Sardinella zunasi*

鲥属 *Tenualosa*

鲥 *Tenualosa reevesii*

锯腹鳓科 Pristigasteridae

鳓属 *Ilisha*

鳓 *Ilisha elongata*

鳀科 Engraulidae

小公鱼属 *Stolephorus*

康氏小公鱼 *Stolephorus commersonii*

鲚属 *Coilia*

短颌鲚 *Coilia brachygnathus*

刀鲚 *Coilia nasus*

凤鲚 *Coilia mystus*

鳀属 *Engraulis*

日本鳀 *Engraulis japonicus*

黄鲫属 *Setipinna*

黄鲫 *Setipinna taty*

棱鳀属 *Thryssa*

赤鼻棱鳀 *Thryssa kammalensis*

中颌棱鳀 *Thryssa mystax*

长颌棱鳀 *Thryssa setirostris*

鲑形目 Salmoniformes

银鱼科 Salangidae

间银鱼属 *Hemisalanx*

短吻间银鱼 *Hemisalanx brachyrostralis*

前颌间银鱼 *Hemisalanx prognathus*

银鱼属 *Salanx*

尖头银鱼 *Salanx acuticeps*

大头银鱼 *Salanx* spp.

有明银鱼 *Salanx ariakensis*

新银鱼属 *Neosalanx*

太湖新银鱼 *Neosalanx taihuensis*

安氏新银鱼 *Neosalanx anderssoni*

寡齿短吻银鱼 *Neosalanx oligodontis*

大银鱼属 *Protosalanx*

大银鱼 *Protosalanx hyalocranius*

海鲢目 Elopiformes

海鲢科 Elopidae

海鲢属 *Elops*

海鲢 *Elops saurus*

合鳃目 Synbranchiformes

合鳃科 Synbranchidae

黄鳝属 *Monopterus*

黄鳝 *Monopterus albus*

颌针鱼目 Beloniformes

飞鱼科 Exocoetidae

燕鳐属 *Cypselurus*

燕鳐 *Cypselurus agoo*

真燕鳐属 *Prognichthys*

真燕鳐 *Prognichthys agoo*

颌针鱼科 Belonidae

扁颌针鱼属 *Ablennes*

尖嘴扁颌针鱼 *Ablennes anastomella*

鱵科 Hemiramphidae

鱵属 *Hemiramphus*

间鱵 *Hemiramphus intermedius*

斑鱵 *Hemiramphus far*

下鱵属 *Hyporhamphus*

日本鱵 *Hyporhamphus sajori*

青鳉科 Adrianichthyidae

青鳉属 *Oryzias*

青鳉 *Oryzias latipes*

中华青鳉 *Oryzias sinensis*

胡瓜鱼目 Osmeriformes

香鱼科 Plecoglossidae

香鱼属 *Plecoglossus*

香鱼 *Plecoglossus altivelis*

鲤形目 Cypriniformes

鲤科 Cyprinidae

鱊属 *Acheilognathus*

白河鱊 *Acheilognathus peihoensis*

鳙属 *Aristichthys*

　　鳙 *Aristichthys nobilis*
小鳔鮈属 *Microphysogobio*
　　小口小鳔鮈 *Microphysogobio microstomus*
似鮈属 *Pseudogobio*
　　似鮈 *Pseudogobio vaillanti*
似鳊属 *Pseudobrama*
　　似鳊 *Pseudobrama simoni*
䱗属 *Hemiculter*
　　䱗 *Hemiculter leucisculus*
　　贝氏䱗 *Hemiculter bleekeri*
蛇鮈属 *Saurogobio*
　　蛇鮈 *Saurogobio dabryi*
　　长蛇鮈 *Saurogobio dumerili*
鳈属 *Sarcocheilichthys*
　　黑鳍鳈 *Sarcocheilichthys nigripinnis*
　　华鳈 *Sarcocheilichthys sinensis*
青鱼属 *Mylopharyngodon*
　　青鱼 *Mylopharyngodon piceus*
飘鱼属 *Pseudolaubuca*
　　寡鳞飘鱼 *Pseudolaubuca engraulis*
鳑鲏属 *Rhodeus*
　　中华鳑鲏 *Rhodeus sinensis*
麦穗鱼属 *Pseudorasbora*
　　稀有麦穗鱼 *Pseudorasbora fowleri*
　　麦穗鱼 *Pseudorasbora parva*
马口鱼属 *Opsariichthys*
　　马口鱼 *Opsariichthys bidens*
鱲属 *Zacco*
　　宽鳍鱲 *Zacco platypus*
鲢属 *Hypophthalmichthys*
　　鲢 *Hypophthalmichthys molitrix*
鲤属 *Cyprinus*
　　鲤 *Cyprinus carpio*
鲫属 *Carassius*
　　鲫 *Carassius auratus*
螖属 *Hemibarbus*
　　唇螖 *Hemibarbus labeo*
　　花螖 *Hemibarbus maculatus*

长吻䱻 *Hemibarbus longirostris*

红鲌属 *Erythroculter*

达氏红鲌 *Erythroculter dabryi*

翘嘴红鲌 *Erythroculter ilishaeformis*

蒙古红鲌 *Erythroculter mongolicus*

尖头红鲌 *Erythroculter oxycephalus*

颌须鮈属 *Gnathopogon*

隐须颌须鮈 *Gnathopogon nicholsi*

光唇鱼属 *Acrossocheilus*

光唇鱼 *Acrossocheilus fasciatus*

鳡属 *Ochetobius*

鳡 *Ochetobius elongatus*

鲴属 *Xenocypris*

银鲴 *Xenocypris argentea*

鳤属 *Elopichthys*

鳤 *Elopichthys bambusa*

鲂属 *Megalobrama*

团头鲂 *Megalobrama amblycephala*

三角鲂 *Megalobrama terminalis*

赤眼鳟属 *Squaliobarbus*

赤眼鳟 *Squaliobarbus curriculus*

刺鳑鲏属 *Acan*

兴凯刺鳑鲏 *Acan chankaensis*

大鳍刺鳑鲏 *Acan thorhodeus maciopterus*

草鱼属 *Ctenopharyngodon*

草鱼 *Ctenopharyngodon idella*

鳊属 *Parabramis*

鳊 *Parabramis pekinensis*

白甲鱼属 *Onychostoma*

多鳞白甲鱼 *Onychostoma macrolepis*

似鳊属 *Toxabramis*

似鳊 *Toxabramis swinhonis*

鳅科 Cobitidae

沙鳅属 *Botia*

带纹沙鳅 *Botia almorhae*

鳅属 *Cobitis*

花鳅 *Cobitis taenia*

中华花鳅 *Cobitis sinensis*

泥鳅属 *Oriental*

泥鳅 *Oriental weatherfish*

副泥鳅属 *Paramisgurnus*

大鳞副泥鳅 *Paramisgurnus dabryanus*

鲈形目 Perciformes

鲾科 Leiognathidae

鲾属 *Leiognathus*

鹿斑鲾 *Leiognathus ruconius*

鲳科 Stromateidae

鲳属 *Pampus*

银鲳 *Pampus argenteus*

灰鲳 *Pampus cinereus*

中国鲳 *Pampus chinensis*

刺鳅科 Mastacembelidae

刺鳅属 *Mastacembelus*

刺鳅 *Mastacembelus aculeatus*

大眼鲷科 Priacanthidae

大眼鲷属 *Priacanthus*

短尾大眼鲷 *Priacanthus macracanthus*

带鱼科 Trichiuridae

带鱼属 *Trichiurus*

带鱼 *Trichiurus lepturus*

小带鱼属 *Eupleurogrammus*

小带鱼 *Eupleurogrammus muticus*

鲷科 Sparidae

平鲷属 *Rhabdosargus*

平鲷 *Rhabdosargus sarba*

棘鲷属 *Acanthopagrus*

黑棘鲷 *Acanthopagrus schlegelii*

真鲷属 *Pagrus*

真鲷 *Pagrus major*

海鲫科 Embiotocidae

海鲫属 *Ditrema*

海鲫鱼 *Ditrema temmincki*

蝴蝶鱼科 Chaetodontidae

蝴蝶鱼属 *Chaetodon*

朴蝴蝶鱼 *Chaetodon modestus*

锦鳚科 Pholidae

锦鳚属 *Pholis*

方氏锦鳚 *Pholis fangi*

云纹锦鳚 *Pholis nebulosa*

军曹鱼科 Rachycentridae

军曹鱼属 *Rachycentron*

军曹鱼 *Rachycentron canadum*

蓝子鱼科 Siganidae

蓝子鱼属 *Siganus*

褐蓝子鱼 *Siganus fuscescens*

鳢科 Channidae

鳢属 *Channa*

月鳢 *Channa asiatica*

乌鳢 *Channa argus*

绵鳚科 Zoarcidae

绵鳚属 *Zoarces*

长绵鳚 *Zoarces elongatus*

鲯鳅科 Coryphaenidae

鲯鳅属 *Coryphaena*

鲯鳅 *Coryphaena hippurus*

鮨科 Serranidae

鳜属 *Siniperca*

鳜 *Siniperca chuatsi*

斑鳜 *Siniperca scherzeri*

鲭科 Scombridae

马鲛属 *Scomberomorus*

蓝点马鲛 *Scomberomorus niphonius*

朝鲜马鲛 *Scomberomorus koreana*

鲐属 *Pneumatophorus*

鲐鱼 *Pneumatophorus japonicus*

鲹科 Carangidae

沟鲹属 *Atropus*

沟鲹 *Atropus atropos*

鲹属 *Caranx*

马拉巴裸胸鲹 *Caranx malabaricus*

及达叶鲹 *Caranx djeddaba*

六带鲹 *Caranx sexfasciatus*

圆鲹属 *Decapterus*

蓝圆鲹 *Decapterus maruadsi*

竹荚鱼属 *Trachurus*

竹荚鱼 *Trachurus japonicus*

鲳鲹属 *Trachinotus*

卵形鲳鲹 *Trachinotus ovatus*

鰤属 *Seriola*

黄条鰤 *Seriola aureovittata*

石鲷科 Oplegnathidae

石鲷属 *Oplegnathus*

斑石鲷 *Oplegnathus punctatus*

条石鲷 *Oplegnathus fasciatus*

石鲈科 Pomadasyidae

髭鲷属 *Hapalogenys*

黑鳍髭鲷 *Hapalogenys nigripinnis*

横带髭鲷 *Hapalogenys mucronatus*

斜带髭鲷 *Hapalogenys nitens*

胡椒鲷属 *Plectorhynchus*

花尾胡椒鲷 *Plectorhynchus cinctus*

石首鱼科 Sciaenidae

白姑鱼属 *Pennahia*

白姑鱼 *Pennahia argentatus*

梅童鱼属 *Collichthys*

棘头梅童鱼 *Collichthys lucidus*

黑鳃梅童鱼 *Collichthys niveatus*

毛鲿鱼属 *Megalonibea*

褐毛鲿 *Megalonibea fusca*

黄姑鱼属 *Nibea*

黄姑鱼 *Nibea albiflora*

叫姑鱼属 *Johnius*

皮氏叫姑鱼 *Johnius belengeri*

黄鱼属 *Larimichthys*

大黄鱼 *Larimichthys crocea*

小黄鱼 *Larimichthys polyactis*

鮸属 *Miichthys*

鮸鱼 *Miichthys miiuy*

双鳍鲳科 Nomeidae

双鳍鲳属 *Psenes*

印度双鳍鲳 *Psenes indicus*

松鲷科 Lobotidae

松鲷属 *Lobotes*

松鲷 *Lobotes surinamensis*

沙塘鳢科 Odontobutidae

小黄黝鱼属 *Micropercops*

小黄黝鱼 *Micropercops swinhonis*

沙塘鳢属 *Odontobutis*

沙塘鳢 *Odontobutis obscurus*

䲢科 Uranoscopidae

䲢属 *Uranoscopus*

日本䲢 *Uranoscopus japonicus*

青䲢属 *Gnathagnus*

青䲢 *Gnathagnus elongatus*

天竺鲷科 Apogonidae

天竺鲷属 *Apogonichthys*

细条天竺鲷 *Apogonichthys lineatus*

乌鲳科 Formionidae

乌鲳属 *Parastromateus*

乌鲳 *Parastromateus niger*

鱚科 Sillaginidae

鱚属 *Sillago*

多鳞鱚 *Sillago sihama*

鰕虎鱼科 Gobiidae

鲻鰕虎鱼属 *Mugilogobius*

多鳞鲻鰕虎鱼 *Mugilogobius polylepis*

阿部鲻鰕虎鱼 *Mugilogobius abei*

黏皮鲻鰕虎鱼 *Mugilogobius myxodermus*

栉鰕虎鱼属 *Ctenogobius*

波氏栉鰕虎鱼 *Ctenogobius cliffordpopei*

裸项栉鰕虎鱼 *Ctenogobius gymnauchen*

黏皮栉鰕虎鱼 *Ctenogobius myxodermus*

普氏栉鰕虎鱼 *Ctenogobius pflaumi*

栉孔鰕虎鱼属 *Ctenotrypauchen*

中华栉孔鰕虎鱼 *Ctenotrypauchen chinensis*

小头栉孔鰕虎鱼 *Ctenotrypauchen microcephalus*

舌鰕虎鱼属 *Glossogobius*

舌鰕虎鱼 *Glossogobius giuris*

髯毛鰕虎鱼属 *Barbuligobius*

髯毛鰕虎鱼 *Barbuligobius boehlkei*

青弹涂鱼属 *Scartelaos*

青弹涂鱼 *Scartelaos histophorus*

拟鰕虎鱼属 *Pseudogobius*

爪哇拟鰕虎鱼 *Pseudogobius javanicus*

矛尾鰕虎鱼属 *Chaeturichthys*

六丝矛尾鰕虎鱼 *Chaeturichthys hexanema*

矛尾鰕虎鱼 *Chaeturichthys stigmatias*

鳗鰕虎鱼属 *Taenioides*

须鳗鰕虎鱼 *Taenioides cirratus*

狼牙鰕虎鱼属 *Odontamblyopus*

拉氏狼牙鰕虎鱼 *Odontamblyopus lacepedii*

孔鰕虎鱼属 *Trypauchen*

孔鰕虎鱼 *Trypauchen vagina*

蝌蚪鰕虎鱼属 *Lophiogobius*

睛尾蝌蚪鰕虎鱼 *Lophiogobius ocellicauda*

缟鰕虎鱼属 *Tridentiger*

短棘缟鰕虎鱼 *Tridentiger brevispinis*

暗缟鰕虎鱼 *Tridentiger obscurus*

髭缟鰕虎鱼 *Tridentiger barbatus*

纹缟鰕虎鱼 *Tridentiger trigonocephalus*

复鰕虎鱼属 *Synechogobius*

矛尾复鰕虎鱼 *Synechogobius hasta*

斑尾复鰕虎鱼 *Synechogobius ommaturus*

弹涂鱼属 *Periophthalmus*

弹涂鱼 *Periophthalmus cantonensis*

大鳍弹涂鱼 *Periophthalmus magnuspinnatus*

大弹涂鱼属 *Boleophthalmus*

大弹涂鱼 *Boleophthalmus pectinirostris*

刺鰕虎鱼属 *Acanthogobius*

长体刺鰕虎鱼 *Acanthogobius elongala*

棕刺鰕虎鱼 *Acanthogobius luridus*

背眼鰕虎鱼属 *Oxuderces*

犬齿背眼鰕虎鱼 *Oxuderces dentatus*

阿匍鰕虎鱼属 *Aboma*

乳色阿匍鰕虎鱼 *Aboma lactipes*

丝鰕虎鱼属 *Cryptocentrus*

长丝鰕虎鱼 *Cryptocentrus filifer*

线鳚科 Stichaeidae

多线鳚属 *Ernogrammus*

六线鳚 *Ernogrammus hexagrammus*

䲟科 Echeneidae

短䲟属 *Remora*

短䲟 *Remora remora*

䲟属 *Echeneis*

䲟 *Echeneis naucrates*

鲔科 Callionymidae

鲔属 *Callionymus*

绯鲔 *Callionymus beniteguri*

短鳍鲔 *Callionymus kitaharae*

香鲔 *Callionymus olidus*

李氏鲔 *Callionymus richardsoni*

玉筋鱼科 Ammodytidae

玉筋鱼属 *Ammodytes*

玉筋鱼 *Ammodytes personatus*

长鲳科 Centrolophidae

刺鲳属 *Psenopsis*

刺鲳 *Psenopsis anomala*

真鲈科 Percichthyidae

花鲈属 *Lateolabrax*

花鲈 *Lateolabrax japonicus*

鳗鲡目 Anguilliformes

鳗鲡科 Anguillidae

鳗鲡属 *Anguilla*

鳗鲡 *Anguilla japonica*

中华鳗鲡 *Anguilla sinensis*

康吉鳗科 Congridae

康吉鳗属 *Conger*

日本康吉鳗 *Conger japonicus*

海鳗科 Muraenesocidae

海鳗属 *Muraenesox*

海鳗 *Muraenesox cinereus*

蛇鳗科 Ophichthidae

须鳗属 *Cirrhimuraena*

中华须鳗 *Cirrhimuraena chinensis*

蛇鳗属 *Ophichthus*

暗鳍蛇鳗 *Ophichthus aphotistos*

尖吻蛇鳗 *Ophichthus apicalis*

鲇形目 Siluriformes

鲿科 Bagridae

鮠属 *Leiocassis*

长吻鮠 *Leiocassis longirostris*

粗唇鮠 *Leiocassis crassilabris*

黄颡鱼属 *Pelteobagrus*

长须黄颡鱼 *Pelteobagrus eupogon*

黄颡鱼 *Pelteobagrus fulvidraco*

光泽黄颡鱼 *Pelteobagrus nitidus*

瓦氏黄颡鱼 *Pelteobagrus vachelli*

拟鲿属 *Pseudobagrus*

长臀拟鲿 *Pseudobagrus analis*

短尾拟鲿 *Pseudobagrus brevicaudatus*

盎堂拟鲿 *Pseudobagrus ondon*

切尾拟鲿 *Pseudobagrus truncatus*

乌苏拟鲿 *Pseudobagrus ussuriensis*

鳠属 *Hemibagrus*

大鳍鳠 *Hemibagrus macropterus*

钝头鮠科 Amblycipitidae

鉠属 *Liobagrus*

黑尾鉠 *Liobagrus nigricauda*

司氏鉠 *Liobagrus styani*

海鲇科 Ariidae

海鲇属 *Arius*

中华海鲇 *Arius sinensis*

海鲇 *Arius thalassinus*

胡子鲇科 Clariidae

胡子鲇属 *Clarias*

胡子鲇 *Clarias fuscus*

鮰科 Ictaluridae

真鮰属 *Ictalurus*

斑点叉尾鮰 *Ictalurus punctatus*

鳗鲇科 Plotosidae

鳗鲇属 *Plotosus*

鳗鲇 *Plotosus anguillaris*

鲇科 Siluridae

鲇属 *Silurus*

鲇 *Silurus asotus*

鲀形目 Tetraodontiformes

鲀科 Tetraodontidae

东方鲀属 *Takifugu*

铅点东方鲀 *Takifugu alboplumbeus*

暗纹东方鲀 *Takifugu obscurus*

虫纹东方鲀 *Takifugu vermicularis*

弓斑东方鲀 *Takifugu ocellatus*

红鳍东方鲀 *Takifugu rubripes*

黄鳍东方鲀 *Takifugu xanthopterus*

菊黄东方鲀 *Takifugu flavidus*

双斑东方鲀 *Takifugu bimaculatus*

星点东方鲀 *Takifugu niphobles*

单角鲀科 Monacanthidae

马面鲀属 *Thamnaconus*

绿鳍马面鲀 *Thamnaconus modestus*

刺鲀科 Diodontidae

刺鲀属 *Diodon*

六斑刺鲀 *Diodon holocanthus*

三刺鲀科 Triacanthidae

三刺鲀属 *Triacanthus*

短吻三刺鲀 *Triacanthus brevirostris*

仙女鱼目 Aulopiformes

狗母鱼科 Synodontidae

蛇鲻属 *Saurida*

长蛇鲻 *Saurida elongata*

鳕形目 Gadiformes

鳕科 Gadidae

鳕属 *Gadus*

大头鳕 *Gadus macrocephalus*

鲟形目 Acipenseriformes

鲟科 Acipenseridae

鲟属 *Acipenser*

中华鲟 *Acipenser sinensis*

银汉鱼目 Atheriniformes

银汉鱼科 Atherinidae

银汉鱼属 *Allanetta*

银汉鱼 *Allanetta bleekeri*

鲉形目 Scorpaeniformes
　毒鲉科 Synanceiidae
　　虎鲉属 *Minous*
　　　虎鲉 *Minous monodactylus*
　　　白尾虎鲉 *Minous quincarinatus*
　　鬼鲉属 *Inimicus*
　　　鬼鲉 *Inimicus japonicus*
　杜父鱼科 Cottidae
　　松江鲈属 *Trachidermus*
　　　松江鲈 *Trachidermus fasciatus*
　鲂鮄科 Triglidae
　　绿鳍鱼属 *Chelidonichthys*
　　　绿鳍鱼 *Chelidonichthys kumu*
　　红娘鱼属 *Lepidotrigla*
　　　短鳍红娘鱼 *Lepidotrigla microptera*
　　　翼红娘鱼 *Lepidotrigla alata*
　六线鱼科 Hexagrammidae
　　六线鱼属 *Hexagrammos*
　　　斑头六线鱼 *Hexagrammos agrammus*
　　　大泷六线鱼 *Hexagrammos otakii*
　鲬科 Platycephalidae
　　大眼鲬属 *Suggrundus*
　　　大眼鲬 *Suggrundus meerdervoortii*
　前鳍鲉科 Congiopodidae
　　斯氏前鳍鲉属 *Snyderina*
　　　斯氏前鳍平鲉 *Snyderina yamanokami*
　绒皮鲉科 Aploactinidae
　　虻鲉属 *Erisphex*
　　　虻鲉 *Erisphex pottii*
　狮子鱼科 Liparidae
　　狮子鱼属 *Liparis*
　　　田中狮子鱼 *Liparis tanakae*
　鲬科 Platycephalidae
　　鳄鲬属 *Cociella*
　　　鳄鲬 *Cociella crocodilus*
　　鲬属 *Platycephalus*
　　　鲬 *Platycephalus indicus*
　鲉科 Scorpaenidae

菖鲉属 *Sebastiscus*

褐菖鲉 *Sebastiscus marmoratus*

平鲉属 *Sebastes*

许氏平鲉 *Sebastes schlegelii*

鲉属 *Scorpaena*

裸胸鲉 *Scorpaena izensis*

圆鳍鱼科 Cyclopteridae

雀鱼属 *Lethotremus*

雀鱼 *Lethotremus awae*

鼬鳚目 Ophidiiformes

鼬鳚科 Ophidiidae

刺鼬鳚属 *Hoplobrotula*

刺鼬鳚 *Hoplobrotula armata*

鲻形目 Mugiliformes

马鲅科 Polynemidae

马鲅属 *Polynemus*

五指马鲅 *Polynemus plebeius*

六指马鲅 *Polynemus sextarius*

多鳞马鲅属 *Eleutheronema*

多鳞四指马鲅 *Eleutheronema rhadinum*

四指马鲅 *Eleutheronema tetradactylum*

魣科 Sphyraenidae

魣属 *Sphyraena*

油魣 *Sphyraena pinguis*

鲻科 Mugilidae

鮻属 *Liza*

赤眼梭鲻 *Liza soiuy*

鮻 *Liza haematocheila*

棱鮻 *Liza carinata*

前鳞鮻 *Liza affinis*

鲻属 *Mugil*

鲻 *Mugil cephalus*

八、珍禽保护区湿地两栖动物名录

脊索动物门 Chordata

两栖纲 Amphibia

无尾目 Anura

蟾蜍科 Bufonidae
蟾蜍属 *Bufo*
中华蟾蜍 *Bufo gargarizans*
花背蟾蜍 *Bufo raddei*
雨蛙科 Hylidae
雨蛙属 *Hyla*
无斑雨蛙 *Hyla immaculata*
蛙科 Ranidae
陆蛙属 *Fejervarya*
泽陆蛙 *Fejervarya multistriata*
侧褶蛙属 *Pelophylax*
黑斑侧褶蛙 *Pelophylax nigromaculatus*
金线侧褶蛙 *Pelophylax plancyi*
姬蛙科 Microhylidae
姬蛙属 *Microhyla*
饰纹姬蛙 *Microhyla ornata*
狭口蛙属 *Kaloula*
北方狭口蛙 *Kaloula borealis*

九、珍禽保护区湿地爬行动物名录

脊索动物门 Chordata
爬行纲 Reptilia
龟鳖目 Testudoformes
龟科 Emydidae
乌龟属 *Chinemys*
乌龟 *Chinemys reevesii*
拟水龟属 *Mauremys*
黄喉拟水龟 *Mauremys mutica*
鳖科 Trionychidae
鳖属 *Pelodiscus*
鳖 *Pelodiscus sinensis*
有鳞目 Squamata
壁虎科 Gekkonidae
壁虎属 *Gekko*
多疣壁虎 *Gekko japonicus*
蜥蜴科 Lacertidae
草蜥属 *Takydromus*

北草蜥 *Takydromus septentrionalis*

白条草蜥 *Takydromus wolteri*

麻蜥属 *Eremias*

丽斑麻蜥 *Eremias argus*

石龙子科 Scincidae

石龙子属 *Eumeces*

中国石龙子 *Eumeces chinensis*

游蛇科 Colubridae

颈槽蛇属 *Rhabdophis*

虎斑颈槽蛇 *Rhabdophis tigrinus*

乌梢蛇属 *Zaocys*

乌梢蛇 *Zaocys dhumnades*

锦蛇属 *Elaphe*

王锦蛇 *Elaphe carinata*

双斑锦蛇 *Elaphe bimaculata*

红点锦蛇 *Elaphe rufodorsata*

黑眉锦蛇 *Elaphe taeniura*

赤峰锦蛇 *Elaphe anomala*

华游蛇属 *Sinonatrix*

赤链华游蛇 *Sinonatrix annularis*

链蛇属 *Dinodon*

赤链蛇 *Dinodon rufozonatum*

蝰科 Viperidae

亚洲蝮属 *Gloydius*

短尾蝮 *Gloydius brevicaudus*

十、珍禽保护区湿地鸟类名录

脊椎动物亚门 Vertebrata

鸟纲 Aves

鸡形目 Galliformes

雉科 Phasianidae

鹌鹑 *Coturnix japonica*

环颈雉 *Phasianus colchicus*

雁形目 Anseriformes

鸭科 Anatidae

红胸黑雁 *Branta ruficollis*

鸿雁 *Anser cygnoides*

豆雁 *Anser fabalis*
白额雁 *Anser albifrons*
小白额雁 *Anser erythropus*
灰雁 *Anser anser*
雪雁 *Anser caerulescens*
小天鹅 *Cygnus columbianus*
大天鹅 *Cygnus cygnus*
疣鼻天鹅 *Cygnus olor*
赤麻鸭 *Tadorna ferruginea*
翘鼻麻鸭 *Tadorna tadorna*
针尾鸭 *Anas acuta*
绿翅鸭 *Anas crecca*
花脸鸭 *Anas formosa*
罗纹鸭 *Anas falcata*
绿头鸭 *Anas platyrhynchos*
斑嘴鸭 *Anas poecilorhyncha*
赤颈鸭 *Anas penelope*
白眉鸭 *Anas querquedula*
赤膀鸭 *Anas strepera*
琵嘴鸭 *Anas clypeata*
丑鸭 *Histrionicus histrionicus*
长尾鸭 *Clangula hyemalis*
红头潜鸭 *Aythya ferina*
白眼潜鸭 *Aythya nyroca*
斑背潜鸭 *Aythya marila*
青头潜鸭 *Aythya baeri*
凤头潜鸭 *Aythya fuligula*
鹊鸭 *Bucephala clangula*
斑头秋沙鸭 *Mergus albellus*
红胸秋沙鸭 *Mergus serrator*
中华秋沙鸭 *Mergus squamatus*
普通秋沙鸭 *Mergus merganser*
斑脸海番鸭 *Melanitta stejnegeri*
黑海番鸭 *Melanitta nigra*
棉凫 *Nettapus coromandelianus*
鸳鸯 *Aix galericulata*

䴙䴘目 Podicipediformes

䴙䴘科 Podicipedidae

小䴙䴘 *Tachybaptus ruficollis*
赤颈䴙䴘 *Podiceps grisegena*
凤头䴙䴘 *Podiceps cristatus*
黑颈䴙䴘 *Podiceps nigricollis*
角䴙䴘 *Podiceps auritus*

红鹳目 Phoenicopteriformes
红鹳科 Phoenicopteridae
大红鹳 *Phoenicopterus roseus*

鸽形目 Columbiformes
鸠鸽科 Columbidae
山斑鸠 *Streptopelia orientalis*
灰斑鸠 *Streptopelia decaocto*
火斑鸠 *Streptopelia tranquebarica*
珠颈斑鸠 *Spilopelia chinensis*
红翅绿鸠 *Treron sieboldii*

夜鹰目 Caprimulgiformes
夜鹰科 Caprimulgidae
普通夜鹰 *Caprimulgus indicus*
雨燕科 Apodidae
白腰雨燕 *Apus pacificus*
小白腰雨燕 *Apus affinis*
普通雨燕 *Apus apus*
白喉针尾雨燕 *Hirundapus caudacutus*

鹃形目 Cuculiformes
杜鹃科 Cuculidae
北棕腹鹰鹃 *Hierococcyx hyperythrus*
四声杜鹃 *Cuculus micropterus*
大杜鹃 *Cuculus canorus*
中杜鹃 *Cuculus saturatus*
东方中杜鹃 *Cuculus optatus*
小杜鹃 *Cuculus poliocephalus*
褐翅鸦鹃 *Centropus sinensis*
小鸦鹃 *Centropus bengalensis*
红翅凤头鹃 *Clamator coromandus*
噪鹃 *Eudynamys scolopacea*

鸨形目 Otidiformes
鸨科 Otididae
大鸨 *Otis tarda*

鹤形目 Gruiformes

秧鸡科 Rallidae

普通秧鸡 *Rallus indicus*

白胸苦恶鸟 *Amaurornis phoenicurus*

董鸡 *Gallicrex cinerea*

小田鸡 *Porzana pusilla*

红胸田鸡 *Porzana fusca*

花田鸡 *Coturnicops exquisitus*

黑水鸡 *Gallinula chloropus*

白骨顶 *Fulica atra*

鹤科 Gruidae

丹顶鹤 *Grus japonensis*

白头鹤 *Grus monacha*

白枕鹤 *Grus vipio*

灰鹤 *Grus grus*

白鹤 *Grus leucogeranus*

沙丘鹤 *Grus canadensis*

蓑羽鹤 *Grus virgo*

鸻形目 Charadriiformes

蛎鹬科 Haematopodidae

蛎鹬 *Haematopus ostralegus*

反嘴鹬科 Recurvirostridae

黑翅长脚鹬 *Himantopus himantopus*

反嘴鹬 *Recurvirostra avosetta*

鸻科 Charadriidae

剑鸻 *Charadrius hiaticula*

长嘴剑鸻 *Charadrius placidus*

环颈鸻 *Charadrius alexandrinus*

蒙古沙鸻 *Charadrius mongolus*

铁嘴沙鸻 *Charadrius leschenaultii*

东方鸻 *Charadrius veredus*

金眶鸻 *Charadrius dubius*

金鸻 *Pluvialis fulva*

灰鸻 *Pluvialis squatarola*

灰头麦鸡 *Vanellus cinereus*

凤头麦鸡 *Vanellus vanellus*

小嘴鸻 *Eudromias morinellus*

彩鹬科 Rostratulidae

彩鹬 *Rostratula benghalensis*

水雉科 Jacanidae

水雉 *Hydrophasianus chirurgus*

鹬科 Scolopacidae

翻石鹬 *Arenaria interpres*

小滨鹬 *Calidris minuta*

斑胸滨鹬 *Calidris melanotos*

尖尾滨鹬 *Calidris acuminata*

弯嘴滨鹬 *Calidris ferruginea*

黑腹滨鹬 *Calidris alpina*

长趾滨鹬 *Calidris subminuta*

大滨鹬 *Calidris tenuirostris*

红腹滨鹬 *Calidris canutus*

三趾滨鹬 *Calidris alba*

红颈滨鹬 *Calidris ruficollis*

青脚滨鹬 *Calidris temminckii*

勺嘴鹬 *Eurynorhynchus pygmeus*

阔嘴鹬 *Limicola falcinellus*

流苏鹬 *Philomachus pugnax*

扇尾沙锥 *Gallinago gallinago*

针尾沙锥 *Gallinago stenura*

大沙锥 *Gallinago megala*

孤沙锥 *Gallinago solitaria*

姬鹬 *Limnocryptes minimus*

半蹼鹬 *Limnodromus semipalmatus*

长嘴半蹼鹬 *Limnodromus scolopaceus*

黑尾塍鹬 *Limosa limosa*

斑尾塍鹬 *Limosa lapponica*

小杓鹬 *Numenius minutus*

中杓鹬 *Numenius phaeopus*

白腰杓鹬 *Numenius arquata*

大杓鹬 *Numenius madagascariensis*

鹤鹬 *Tringa erythropus*

红脚鹬 *Tringa totanus*

泽鹬 *Tringa stagnatilis*

青脚鹬 *Tringa nebularia*

小青脚鹬 *Tringa guttifer*

白腰草鹬 *Tringa ochropus*

林鹬 *Tringa glareola*
丘鹬 *Scolopax rusticola*
翘嘴鹬 *Xenus cinereus*
矶鹬 *Actitis hypoleucos*
灰尾漂鹬 *Tringa brevipes*
红颈瓣蹼鹬 *Phalaropus lobatus*
灰瓣蹼鹬 *Phalaropus fulicarius*
三趾鹑科 Turnicidae
黄脚三趾鹑 *Turnix tanki*
燕鸻科 Glareolidae
普通燕鸻 *Glareola maldivarum*
鸥科 Laridae
普通海鸥 *Larus canus*
西伯利亚银鸥 *Larus vegae*
小黑背银鸥 *Larus fuscus*
黄腿银鸥 *Larus cachinnans*
红嘴鸥 *Larus ridibundus*
黑嘴鸥 *Larus saundersi*
黑尾鸥 *Larus crassirostris*
小鸥 *Larus minutus*
灰背鸥 *Larus schistisagus*
北极鸥 *Larus hyperboreus*
三趾鸥 *Rissa tridactyla*
遗鸥 *Larus relictus*
渔鸥 *Larus ichthyaetus*
鸥嘴噪鸥 *Gelochelidon nilotica*
红嘴巨燕鸥 *Hydroprogne caspia*
乌燕鸥 *Onychoprion fuscatus*
普通燕鸥 *Sterna hirundo*
黑枕燕鸥 *Sterna sumatrana*
白额燕鸥 *Sterna albifrons*
粉红燕鸥 *Sterna dougallii*
灰翅浮鸥 *Chlidonias hybrida*
白翅浮鸥 *Chlidonias leucoptera*
海雀科 Alcidae
长嘴斑海雀 *Brachyramphus perdix*
扁嘴海雀 *Synthliboramphus antiquus*
潜鸟目 Gaviiformes

潜鸟科 Gaviidae

红喉潜鸟 *Gavia stellata*

黑喉潜鸟 *Gavia arctica*

黄嘴潜鸟 *Gavia adamsii*

鹱形目 Procellariiformes

海燕科 Hydrobatidae

黑叉尾海燕 *Hydrobates monorhis*

鹱科 Procellariidae

白额鹱 *Calonectris leucomelas*

鹳形目 Ciconiiformes

鹳科 Ciconiidae

东方白鹳 *Ciconia boyciana*

黑鹳 *Ciconia nigra*

鲣鸟目 Suliformes

军舰鸟科 Fregatidae

白斑军舰鸟 *Fregata ariel*

黑腹军舰鸟 *Fregata minor*

鸬鹚科 Phalacrocoracidae

普通鸬鹚 *Phalacrocorax carbo*

海鸬鹚 *Phalacrocorax pelagicus*

鹈形目 Pelecaniformes

鹮科 Threskiornithidae

黑头白鹮 *Threskiornis melanocephalus*

彩鹮 *Plegadis falcinellus*

白琵鹭 *Platalea leucorodia*

黑脸琵鹭 *Platalea minor*

鹭科 Ardeidae

苍鹭 *Ardea cinerea*

草鹭 *Ardea purpurea*

黄嘴白鹭 *Egretta eulophotes*

大白鹭 *Egretta alba*

中白鹭 *Egretta intermedia*

白鹭 *Egretta garzetta*

牛背鹭 *Bubulcus ibis*

绿鹭 *Butorides striatus*

夜鹭 *Nycticorax nycticorax*

池鹭 *Ardeola bacchus*

栗苇鳽 *Ixobrychus cinnamomeus*

黄（斑）苇鳽 *Ixobrychus sinensis*
紫背苇鳽 *Ixobrychus eurhythmus*
大麻鳽 *Botaurus stellaris*
黑（苇）鳽 *Ixobrychus flavicollis*
栗头鳽 *Gorsachius goisagi*
鹈鹕科 Pelecanidae
斑嘴鹈鹕 *Pelecanus philippensis*
卷羽鹈鹕 *Pelecanus crispus*
白鹈鹕 *Pelecanus onocrotalus*
鹰形目 Accipitriformes
鹗科 Pandionidae
鹗 *Pandion haliaetus*
鹰科 Accipitridae
凤头蜂鹰 *Pernis ptilorhynchus*
雀鹰 *Accipiter nisus*
赤腹鹰 *Accipiter soloensis*
苍鹰 *Accipiter gentilis*
日本松雀鹰 *Accipiter gularis*
松雀鹰 *Accipiter virgatus*
凤头鹰 *Accipiter trivirgatus*
金雕 *Aquila chrysaetos*
白肩雕 *Aquila heliaca*
乌雕 *Clanga clanga*
草原雕 *Aquila nipalensis*
秃鹫 *Aegypius monachus*
普通鵟 *Buteo japonicus*
大鵟 *Buteo hemilasius*
毛脚鵟 *Buteo lagopus*
灰脸鵟鹰 *Butastur indicus*
鹊鹞 *Circus melanoleucos*
白头鹞 *Circus aeruginosus*
黑翅鸢 *Elanus caeruleus*
黑鸢 *Milvus migrans*
白尾鹞 *Circus cyaneus*
白腹鹞 *Circus spilonotus*
草原鹞 *Circus macrourus*
白尾海雕 *Haliaeetus albicilla*
靴隼雕 *Hieraaetus pennatus*

白腹隼雕 *Aquila fasciata*
玉带海雕 *Haliaeetus leucoryphus*

鸮形目 Strigiformes

鸱鸮科 Strigidae

红角鸮 *Otus sunia*
北领角鸮 *Otus semitorques*
雕鸮 *Bubo bubo*
长耳鸮 *Asio otus*
短耳鸮 *Asio flammeus*
日本鹰鸮 *Ninox japonica*
灰林鸮 *Strix aluco*
领鸺鹠 *Glaucidium brodiei*
斑头鸺鹠 *Glaucidium cuculoides*
纵纹腹小鸮 *Athene noctua*
褐林鸮 *Strix leptogrammica*

草鸮科 Tytonidae

草鸮 *Tyto longimembri*

犀鸟目 Bucerotiformes

戴胜科 Upupidae

戴胜 *Upupa epops*

佛法僧目 Coraciformes

佛法僧科 Coraciidae

三宝鸟 *Eurystomus orientalis*

翠鸟科 Alcedinidae

普通翠鸟 *Alcedo atthis*
冠鱼狗 *Megaceryle lugubris*
斑鱼狗 *Ceryle rudis*
赤翡翠 *Halcyon coromanda*
蓝翡翠 *Halcyon pileata*
白领翡翠 *Todiramphus chloris*
白胸翡翠 *Halcyon smyrnensis*

啄木鸟目 Piciformes

啄木鸟科 Picidae

蚁䴕 *Jynx torquilla*
灰头绿啄木鸟 *Picus canus*
斑姬啄木鸟 *Picumnus innominatus*
棕腹啄木鸟 *Dendrocopos hyperythrus*
星头啄木鸟 *Picoides canicapillus*

大斑啄木鸟 *Dendrocopos major*

隼形目 Falconiformes

隼科 Falconidae

燕隼 *Falco subbuteo*

游隼 *Falco peregrinus*

红隼 *Falco tinnunculus*

红脚隼 *Falco amurensis*

黄爪隼 *Falco naumanni*

灰背隼 *Falco columbarius*

雀形目 Passeriformes

八色鸫科 Pittidae

仙八色鸫 *Pitta nympha*

黄鹂科 Oriolidae

黑枕黄鹂 *Oriolus chinensis*

山椒鸟科 Campephagidae

灰山椒鸟 *Pericrocotus divaricatus*

小灰山椒鸟 *Pericrocotus cantonensis*

暗灰鹃鵙 *Lalage melaschistos*

卷尾科 Dicruridae

黑卷尾 *Dicrurus macrocercus*

灰卷尾 *Dicrurus leucophaeus*

发冠卷尾 *Dicrurus hottentottus*

王鹟科 Monarchidae

寿带 *Terpsiphone incei*

紫寿带 *Terpsiphone atrocaudata*

伯劳科 Laniidae

红尾伯劳 *Lanius cristatus*

虎纹伯劳 *Lanius tigrinus*

牛头伯劳 *Lanius bucephalus*

棕背伯劳 *Lanius schach*

楔尾伯劳 *Lanius sphenocercus*

鸦科 Corvidae

灰喜鹊 *Cyanopica cyanus*

喜鹊 *Pica Pica*

大嘴乌鸦 *Corvus macrorhynchos*

白颈鸦 *Corvus pectoralis*

小嘴乌鸦 *Corvus corone*

秃鼻乌鸦 *Corvus frugilegus*
达乌里寒鸦 *Corvus dauuricus*
红嘴蓝鹊 *Urocissa erythroryncha*
灰树鹊 *Dendrocitta formosae*
松鸦 *Garrulus glandarius*

山雀科 Paridae

欧亚大山雀 *Parus major*
煤山雀 *Parus ater*
沼泽山雀 *Poecile palustris*
黄腹山雀 *Pardaliparus venustulus*

攀雀科 Remizidae

中华攀雀 *Remiz consobrinus*

百灵科 Alaudidae

云雀 *Alauda arvensis*
小云雀 *Alauda gulgula*
凤头百灵 *Galerida cristata*
短趾百灵 *Alaudala cheleensis*

扇尾莺科 Cisticolidae

棕扇尾莺 *Cisticola juncidis*
纯色山鷦莺 *Prinia inornata*

苇莺科 Acrocephalidae

黑眉苇莺 *Acrocephalus bistrigiceps*
东方大苇莺 *Acrocephalus orientalis*
钝翅苇莺 *Acrocephalus concinens*
细纹苇莺 *Acrocephalus sorghophilus*
厚嘴苇莺 *Arundinax aedon*

蝗莺科 Locustellidae

北蝗莺 *Locustella ochotensis*
矛斑蝗莺 *Locustella lanceolata*
苍眉蝗莺 *Locustella fasciolata*
小蝗莺 *Locustella certhiola*
斑背大尾莺 *Locustella pryeri*

燕科 Hirundinidae

崖沙燕 *Riparia riparia*
家燕 *Hirundo rustica*
金腰燕 *Cecropis daurica*
毛脚燕 *Delichon urbicum*

烟腹毛脚燕 *Delichon dasypus*

鹎科 Pycnonotidae

白头鹎 *Pycnonotus sinessis*

领雀嘴鹎 *Spizixos semitorques*

柳莺科 Phylloscopidae

褐柳莺 *Phylloscopus fuscatus*

黄眉柳莺 *Phylloscopus inornatus*

黄腰柳莺 *Phylloscopus proregulus*

极北柳莺 *Phylloscopus borealis*

冕柳莺 *Phylloscopus coronatus*

淡脚柳莺 *Phylloscopus tenellipes*

双斑绿柳莺 *Phylloscopus plumbeitarsus*

巨嘴柳莺 *Phylloscopus schwarzi*

树莺科 Cettiidae

短翅树莺 *Horornis diphone*

远东树莺 *Horornis canturians*

强脚树莺 *Horornis fortipes*

鳞头树莺 *Urosphena squameiceps*

长尾山雀科 Aegithalidae

银喉长尾山雀 *Aegithalos glaucogularis*

红头长尾山雀 *Aegithalos concinnus*

莺鹛科 Sylviidae

棕头鸦雀 *Sinosuthora webbiana*

灰头鸦雀 *Psittiparus gularis*

震旦鸦雀 *Paradoxornis heudei*

绣眼鸟科 Zosteropidae

暗绿绣眼鸟 *Zosterops simplex*

红胁绣眼鸟 *Zosterops erythropleurus*

鹪鹩科 Troglodytidae

鹪鹩 *Troglodytes troglodytes*

河乌科 Cinclidae

褐河乌 *Cinclus pallasii*

椋鸟科 Sturnidae

丝光椋鸟 *Spodiopsar sericeus*

灰椋鸟 *Spodiopsar cineraceus*

紫背椋鸟 *Agropsar philippensis*

紫翅椋鸟 *Sturnus vulgaris*

北椋鸟 *Agropsar sturninus*
黑领椋鸟 *Gracupica nigricollis*
八哥 *Acridotheres cristatellus*

鸫科 Turdidae

橙头地鸫 *Geokichla citrina*
白眉地鸫 *Geokichla sibirica*
虎斑地鸫 *Zoothera aurea*
乌鸫 *Turdus mandarinus*
红尾斑鸫 *Turdus naumanni*
斑鸫 *Turdus eunomus*
白腹鸫 *Turdus pallidus*
乌灰鸫 *Turdus cardis*
白眉鸫 *Turdus obscurus*
赤胸鸫 *Turdus chrysolaus*
灰背鸫 *Turdus hortulorum*
赤颈鸫 *Turdus ruficollis*
宝兴歌鸫 *Turdus mupinensis*

鹟科 Muscicapidae

蓝歌鸲 *Luscinia cyane*
红尾歌鸲 *Luscinia sibilans*
红喉歌鸲 *Luscinia calliope*
蓝喉歌鸲 *Luscinia svecica*
日本歌鸲 *Luscinia akahige*
红胁蓝尾鸲 *Tarsiger cyanurus*
北红尾鸲 *Phoenicurus auroreus*
鹊鸲 *Copsychus saularis*
红尾水鸲 *Phoenicurus fuliginosus*
黑喉石䳭 *Saxicola maurus*
灰林䳭 *Saxicola ferreus*
紫啸鸫 *Myiophoneus caeruleus*
蓝矶鸫 *Monticola solitarius*
白喉矶鸫 *Monticola gularis*
白眉姬鹟 *Ficedula zanthopygia*
黄眉姬鹟 *Ficedula narcissina*
鸲姬鹟 *Ficedula mugimaki*
白腹蓝（姬）鹟 *Cyanoptila cyanomelana*
红喉姬鹟 *Ficedula albicilla*

北灰鹟 *Muscicapa dauurica*
灰纹鹟 *Muscicapa griseisticta*
乌鹟 *Muscicapa sibirica*
铜蓝鹟 *Eumyias thalassinus*
戴菊科 Regulidae
戴菊 *Regulus regulus*
太平鸟科 Bombycillidae
太平鸟 *Bombycilla garrulus*
小太平鸟 *Bombycilla japonica*
梅花雀科 Estrildidae
白腰文鸟 *Lonchura striata*
雀科 Passeridae
麻雀 *Passer montanus*
鹡鸰科 Motacillidae
山鹡鸰 *Dendronanthus indicus*
黄头鹡鸰 *Motacilla citreola*
黄鹡鸰 *Motacilla tschutschensis*
灰鹡鸰 *Motacilla cinerea*
白鹡鸰 *Motacilla alba*
水鹨 *Anthus spinoletta*
田鹨 *Anthus richardi*
北鹨 *Anthus gustavi*
树鹨 *Anthus hodgsoni*
黄腹鹨 *Anthus rubescens*
红喉鹨 *Anthus cervinus*
燕雀科 Fringillidae
燕雀 *Fringilla montifringilla*
锡嘴雀 *Coccothraustes coccothraustes*
黑尾蜡嘴雀 *Eophona migratoria*
黑头蜡嘴雀 *Eophona personata*
金翅雀 *Chloris sinica*
黄雀 *Spinus spinus*
普通朱雀 *Carpodacus erythrinus*
北朱雀 *Carpodacus roseus*
红腹灰雀 *Pyrrhula pyrrhula*
铁爪鹀科 Calcariidae
铁爪鹀 *Calcarius lapponicus*

雪鹀 *Plectrophenax nivalis*

鹀科 Emberizidae

白头鹀 *Emberiza leucocephalos*

黄胸鹀 *Emberiza aureola*

灰头鹀 *Emberiza spodocephala*

黄喉鹀 *Emberiza elegans*

硫黄鹀 *Emberiza sulphurata*

三道眉草鹀 *Emberiza cioides*

栗耳鹀 *Emberiza fucata*

田鹀 *Emberiza rustica*

小鹀 *Emberiza pusilla*

黄眉鹀 *Emberiza chrysophrys*

苇鹀 *Emberiza pallasi*

芦鹀 *Emberiza schoeniclus*

栗鹀 *Emberiza rutila*

白眉鹀 *Emberiza tristrami*

红颈苇鹀 *Emberiza yessoensis*

灰鹀 *Emberiza variabilis*

十一、珍禽保护区湿地哺乳动物名录

脊椎动物亚门 Vertebrata

哺乳纲 Mammalia

猬形目 Erinaceomorpha

猬科 Erinaceidae

刺猬属 *Erinaceus*

东北刺猬 *Erinaceus amurensis*

食虫目 Insectivora

鼩鼱科 Soricidae

麝鼩属 *Crocidura*

长尾大麝鼩 *Crocidura fuliginosa*

大麝鼩 *Crocidura lasiura*

灰麝鼩 *Crocidura attenuata*

鼩鼱属 *Sorex*

普通鼩鼱 *Sorex araneus*

水鼩鼱属 *Neomys*

水鼩鼱 *Neomys fodiens*

鼩形目 Soricomorpha
　鼹科 Talpidae
　　缺齿鼹属 *Mogera*
　　　华南缺齿鼹 *Mogera latouchei*
翼手目 Chiroptera
　菊头蝠科 Rhinolophidae
　　菊头蝠属 *Rhinolophus*
　　　中菊头蝠 *Rhinolophus affinis*
　　　小菊头蝠 *Rhinolophus pusillus*
　　　角菊头蝠 *Rhinolophus cornutus*
　蹄蝠科 Hipposideridae
　　蹄蝠属 *Hipposideros*
　　　大蹄蝠 *Hipposideros armiger*
　　　普氏蹄蝠 *Hipposideros pratti*
　蝙蝠科 Vespertilionidae
　　鼠耳蝠属 *Myotis*
　　　长指鼠耳蝠 *Myotis longipes*
　　　水鼠耳蝠 *Myotis daubentonii*
　　　绯鼠耳蝠 *Myotis formosus*
　　伏翼属 *Pipistrellus*
　　　东亚伏翼 *Pipistrellus abramus*
　　蝙蝠属 *Vespertilio*
　　　东方蝙蝠 *Vespertilio sinensis*
　　长翼蝠属 *Miniopterus*
　　　亚洲长翼蝠 *Miniopterus fuliginosus*
兔形目 Lagomorpha
　兔科 Leporidae
　　兔属 *Lepus*
　　　草兔 *Lepus capensis*
啮齿目 Rodentia
　松鼠科 Sciuridae
　　丽松鼠属 *Callosciurus*
　　　赤腹松鼠 *Callosciurus erythraeus*
　仓鼠科 Cricetidae
　　田鼠属 *Microtus*
　　　东方田鼠 *Microtus fortis*
　　麝鼠属 *Ondatra*

麝鼠 *Ondatra zibethicus*

鼠科 Muridae

巢鼠属 *Micromys*

巢鼠 *Micromys minutus*

家鼠属 *Rattus*

黄胸鼠 *Rattus tanezumi*

褐家鼠 *Rattus norvegicus*

小鼠属 *Mus*

小家鼠 *Mus musculus*

姬鼠属 *Apodemus*

黑线姬鼠 *Apodemus agrarius*

食肉目 Carnivora

犬科 Canidae

狐属 *Vulpes*

赤狐 *Vulpes vulpes*

貉属 *Nyctereutes*

貉 *Nyctereutes procyonoides*

鼬科 Mustelidae

鼬属 *Mustela*

黄鼬 *Mustela sibirica*

貂属 *Martes*

黄喉貂 *Martes flavigula*

狗獾属 *Meles*

狗獾 *Meles meles*

猪獾属 *Arctonyx*

猪獾 *Arctonyx collaris*

水獭属 *Lutra*

欧亚水獭 *Lutra lutra*

猫科 Felidae

豹猫属 *Prionailurus*

豹猫 *Prionailurus bengalensis*

偶蹄目 Artiodactyla

鹿科 Cervidae

獐属 *Hydropotes*

獐 *Hydropotes inermis*

麋鹿属 *Elaphurus*

麋鹿 *Elaphurus davidianus*

附录Ⅱ　珍禽保护区湿地外来入侵物种名册

附表 2-1　珍禽保护区湿地外来入侵植物

编号	分类地位				物种名	拉丁名
	纲	目	科	属		
1	双子叶植物纲	睡莲目	莼菜科	水盾草属	水盾草	*Cabomba caroliniana*
2		胡椒目	胡椒科	草胡椒属	草胡椒	*Peperomia pellucida*
3		石竹目	藜科	藜属	杂配藜	*Chenopodium hybridum*
4				盐角草属	北美海蓬子	*Salicornia bigelovii*
5			苋科	莲子草属	喜旱莲子草	*Alternanthera philoxeroides*
6				苋属	皱果苋	*Amaranthus viridis*
7					凹头苋	*Amaranthus blitum*
8					繁穗苋	*Amaranthus paniculatus*
9					反枝苋	*Amaranthus retroflexus*
10					绿穗苋	*Amaranthus hybridus*
11					合被苋	*Amaranthus polygonoides*
12				青葙属	青葙	*Celosia argentea*
13			石竹科	卷耳属	球序卷耳	*Cerastium glomeratum*
14			商陆科	商陆属	垂序商陆	*Phytolacca americana*
15		锦葵目	锦葵科	苘麻属	苘麻	*Abutilon theophrasti*
16				木槿属	野西瓜苗	*Hibiscus trionum*
17		罂粟目	十字花科	臭荠属	臭荠	*Coronopus didymus*
18		豆目	豆科	草木犀属	黄香草木犀	*Melilotus officinalis*
19				车轴草属	白车轴草	*Trifolium repens*
20					红车轴草	*Trifolium pratense*
21				苜蓿属	南苜蓿	*Medicago polymorpha*
22				决明属	决明	*Senna tora*
23				紫穗槐属	紫穗槐	*Amorpha fruticosa*
24				田菁属	田菁	*Sesbania cannabina*
25		金虎尾目	大戟科	大戟属	匍匐大戟	*Euphorbia prostrata*
26					斑地锦草	*Euphorbia maculata*
27				蓖麻属	蓖麻	*Ricinus communis*
28		伞形目	伞形科	胡萝卜属	野胡萝卜	*Daucus carota*
29				天胡荽属	南美天胡荽	*Hydrocotyle verticillata*
30				芫荽属	芫荽	*Coriandrum sativum*
31		金龙胆目	夹竹桃科	长春花属	长春花	*Catharanthus roseus*

续表

编号	分类地位				物种名	拉丁名
	纲	目	科	属		
32	双子叶植物纲	茄目	茄科	酸浆属	苦蘵	*Physalis angulata*
33					小酸浆	*Physalis minima*
34			旋花科	番薯属	瘤梗番薯	*Ipomoea lacunosa*
35					三裂叶薯	*Ipomoea triloba*
36					牵牛	*Ipomoea nil*
37					圆叶牵牛	*Ipomoea purpurea*
38		唇形目	玄参科	婆婆纳属	阿拉伯婆婆纳	*Veronica persica*
39		牻牛儿苗目	牻牛儿苗科	老鹳草属	野老鹳草	*Geranium carolinianum*
40		菊目	菊科	一枝黄花属	加拿大一枝黄花	*Solidago canadensis*
41				飞蓬属	香丝草	*Erigeron bonariensis*
42					春飞蓬	*Erigeron philadelphicus*
43					小蓬草	*Erigeron canadensis*
44					苏门白酒草	*Erigeron sumatrensis*
45				百日菊属	多花百日菊	*Zinnia peruviana*
46				天人菊属	天人菊	*Gaillardia pulchella*
47				秋英属	秋英	*Cosmos bipinnatus*
48					黄秋英	*Cosmos sulphureus*
49				松香草属	串叶松香草	*Silphium perfoliatum*
50				向日葵属	菊芋	*Helianthus tuberosus*
51				鬼针草属	白花鬼针草	*Bidens alba*
52					鬼针草	*Bidens pilosa*
53					大狼耙草	*Bidens frondosa*
54				豚草属	豚草	*Ambrosia artemisiifolia*
55				苦苣菜属	苦苣菜	*Sonchus oleraceus*
56					续断菊	*Sonchus asper*
57				联毛紫菀属	钻叶紫菀	*Symphyotrichum subulatum*
58		桃金娘目	柳叶菜科	山桃草属	小花山桃草	*Gaura parviflora*
59				月见草属	月见草	*Oenothera biennis*
60	单子叶植物纲	禾本目	禾本科	燕麦属	野燕麦	*Avena fatua*
61				米草属	互花米草	*Spartina alterniflora*
62				雀稗属	双穗雀稗	*Paspalum distichum*
63				狗尾草属	南非狗尾草	*Setaria sphacelata*
64		鸭跖草目	雨久花科	凤眼莲属	凤眼莲	*Eichhornia crassipes*

附表 2-2 珍禽保护区湿地外来入侵动物

序号	纲	目	科	属	物种名	拉丁名
1	软甲纲	十足目	美螯虾科	原螯虾属	克氏原螯虾	*Procambarus clarkii*
2	昆虫纲	双翅目	实蝇科	咔实蝇属	枣实蝇	*Carpomya vesuviana*
3		半翅目	网蝽科	方翅网蝽属	菊方翅网蝽	*Corythucha marmorata*
4			粉虱科	小粉虱属	烟粉虱	*Bemisia tabaci*

附录III　珍禽保护区湿地国家重点保护野生动植物名册

附表 3-1　珍禽保护区湿地国家重点保护野生植物

编号	分类地位				物种名	拉丁名	保护级别	
	纲	目	科	属			Ⅰ级	Ⅱ级
1	苏铁纲	苏铁目	苏铁科	苏铁属	苏铁	*Cycas revoluta*	*	
2	银杏纲	银杏目	银杏科	银杏属	银杏	*Ginkgo biloba*	*	
3	松杉纲	松杉目	杉科	水杉属	水杉	*Metasequoia glyptostroboides*	*	
4	双子叶植物纲	豆目	豆科	大豆属	野大豆	*Glycine soja*		*
5		伞形目	伞形科	珊瑚菜属	珊瑚菜	*Glehnia littoralis*		*
6		桃金娘目	菱科	菱属	细果野菱	*Trapa incisa*		*
7		山龙眼目	莲科	莲属	莲	*Nelumbo nucifera*		*
8	单子叶植物纲	禾本目	禾本科	结缕草属	中华结缕草	*Zoysia sinica*		*

附表 3-2　珍禽保护区湿地国家重点保护野生动物

编号	分类地位				物种名	拉丁名	保护级别	
	纲	目	科	属			Ⅰ级	Ⅱ级
1	哺乳纲	食肉目	犬科	狐属	赤狐	*Vulpes vulpes*		*
2				貉属	貉	*Nyctereutes procyonoides*		*
3			鼬科	水獭属	欧亚水獭	*Lutra lutra*		*
4			猫科	豹猫属	豹猫	*Prionailurus bengalensis*		*
5		偶蹄目	鹿科	麋鹿属	麋鹿	*Elaphurus davidianus*	*	
6				獐属	獐	*Hydropotes inermis*		*
7	爬行纲	龟鳖目	龟科	乌龟属	乌龟	*Chinemys reevesii*		*
8	硬骨鱼纲	鲟形目	鲟科	鲟属	中华鲟	*Acipenser sinensis*	*	
9		鲱形目	鲱科	鲥属	鲥	*Tenualosa reevesii*	*	
10		鲉形目	杜父鱼科	松江鲈属	松江鲈	*Trachidermus fasciatus*		*
11	软骨鱼纲	鼠鲨目	姥鲨科	姥鲨属	姥鲨	*Cetorhinus maximus*		*
12	鸟纲	雁形目	鸭科	雁属	鸿雁	*Anser cygnoides*		*
13					白额雁	*Anser albifrons*		*
14					小白额雁	*Anser erythropus*		*
15				黑雁属	红胸黑雁	*Branta ruficollis*		*
16				天鹅属	小天鹅	*Cygnus columbianus*		*
17					大天鹅	*Cygnus cygnus*		*
18					疣鼻天鹅	*Cygnus olor*		*

续表

编号	分类地位				物种名	拉丁名	保护级别	
	纲	目	科	属			I 级	II 级
19	鸟纲	雁形目	鸭科	鸭属	花脸鸭	*Anas formosa*		*
20				潜鸭属	青头潜鸭	*Aythya baeri*	*	
21				秋沙鸭属	斑头秋沙鸭	*Mergus albellus*		*
22					中华秋沙鸭	*Mergus squamatus*	*	
23				棉凫属	棉凫	*Nettapus coromandelianus*		*
24				鸳鸯属	鸳鸯	*Aix galericulata*		*
25		䴙䴘目	䴙䴘科	䴙䴘属	赤颈䴙䴘	*Podiceps grisegena*		*
26					黑颈䴙䴘	*Podiceps nigricollis*		*
27					角䴙䴘	*Podiceps auritus*		*
28		鸽形目	鸠鸽科	绿鸠属	红翅绿鸠	*Treron sieboldii*		*
29		鹃形目	杜鹃科	鸦鹃属	褐翅鸦鹃	*Centropus sinensis*		*
30					小鸦鹃	*Centropus bengalensis*		*
31		鸨形目	鸨科	鸨属	大鸨	*Otis tarda*	*	
32		鹤形目	秧鸡科	花田鸡属	花田鸡	*Coturnicops exquisitus*		*
33			鹤科	鹤属	灰鹤	*Grus grus*		*
34					沙丘鹤	*Grus canadensis*		*
35					丹顶鹤	*Grus japonensis*	*	
36					白头鹤	*Grus monacha*	*	
37					白枕鹤	*Grus vipio*	*	
38					白鹤	*Grus leucogeranus*	*	
39					蓑羽鹤	*Grus virgo*		*
40		鸻形目	水雉科	水雉属	水雉	*Hydrophasianus chirurgus*		*
41			鹬科	阔嘴鹬属	阔嘴鹬	*Limicola falcinellus*		*
42				半蹼鹬属	半蹼鹬	*Limnodromus semipalmatus*		*
43				杓鹬属	小杓鹬	*Numenius minutus*		*
44					白腰杓鹬	*Numenius arquata*		*
45					大杓鹬	*Numenius madagascariensis*		*
46				滨鹬属	大滨鹬	*Calidris tenuirostris*		*
47				勺嘴鹬属	勺嘴鹬	*Eurynorhynchus pygmeus*	*	
48				鹬属	小青脚鹬	*Tringa guttifer*	*	
49				翻石鹬属	翻石鹬	*Arenaria interpres*		*
50				鸥属	小鸥	*Larus minutus*		*
51					黑嘴鸥	*Larus saundersi*	*	
52					遗鸥	*Larus relictus*	*	

续表

编号	分类地位				物种名	拉丁名	保护级别	
	纲	目	科	属			I 级	II 级
53	鸟纲	鹳形目	鹳科	鹳属	东方白鹳	*Ciconia boyciana*	*	
54					黑鹳	*Ciconia nigra*	*	
55		鲣鸟目	军舰鸟科	军舰鸟属	白斑军舰鸟	*Fregata ariel*		*
56			鸬鹚科	鸬鹚属	海鸬鹚	*Phalacrocorax pelagicus*		*
57		鹈形目	鹮科	白鹮属	黑头白鹮	*Threskiornis melanocephalus*	*	
58				彩鹮属	彩鹮	*Plegadis falcinellus*	*	
59				琵鹭属	白琵鹭	*Platalea leucorodia*		*
60					黑脸琵鹭	*Platalea minor*	*	
61			鹭科	白鹭属	黄嘴白鹭	*Egretta eulophotes*	*	
62			鹈鹕科	鹈鹕属	斑嘴鹈鹕	*Pelecanus philippensis*	*	
63					卷羽鹈鹕	*Pelecanus crispus*	*	
64					白鹈鹕	*Pelecanus onocrotalus*	*	
65		鹰形目	鹗科	鹗属	鹗	*Pandion haliaetus*		*
66			鹰科	蜂鹰属	凤头蜂鹰	*Pernis ptilorhynchus*		*
67				鹰属	雀鹰	*Accipiter nisus*		*
68					赤腹鹰	*Accipiter soloensis*		*
69					凤头鹰	*Accipiter trivirgatus*		*
70					苍鹰	*Accipiter gentilis*		*
71					松雀鹰	*Accipiter virgatus*		*
72					日本松雀鹰	*Accipiter gularis*		*
73				乌雕属	乌雕	*Clanga clanga*	*	
74				雕属	白肩雕	*Aquila heliaca*	*	
75					金雕	*Aquila chrysaetos*	*	
76					草原雕	*Aquila nipalensis*	*	
77				秃鹫属	秃鹫	*Aegypius monachus*	*	
78				鵟属	普通鵟	*Buteo japonicus*		*
79					大鵟	*Buteo hemilasius*		*
80					毛脚鵟	*Buteo lagopus*		*
81				鵟鹰属	灰脸鵟鹰	*Butastur indicus*		*
82					鹊鹞	*Circus melanoleucos*		*
83					白头鹞	*Circus aeruginosus*		*
84					白尾鹞	*Circus cyaneus*		*
85					白腹鹞	*Circus spilonotus*		*
86					草原鹞	*Circus macrourus*		*
87				黑翅鸢属	黑翅鸢	*Elanus caeruleus*		*
88				鸢属	黑鸢	*Milvus migrans*		*
89				海雕属	白尾海雕	*Haliaeetus albicilla*	*	

续表

编号	分类地位				物种名	拉丁名	保护级别	
	纲	目	科	属			I级	II级
90	鸟纲	鸮形目	鸱鸮科	鸺鹠属	领鸺鹠	*Glaucidium brodiei*		*
91					斑头鸺鹠	*Glaucidium cuculoides*		*
92				小鸮属	纵纹腹小鸮	*Athene noctua*		*
93				角鸮属	红角鸮	*Otus sunia*		*
94					北领角鸮	*Otus semitorques*		*
95				雕鸮属	雕鸮	*Bubo bubo*		*
96				耳鸮属	长耳鸮	*Asio otus*		*
97					短耳鸮	*Asio flammeus*		*
98				鹰鸮属	日本鹰鸮	*Ninox japonica*		*
99				林鸮属	灰林鸮	*Strix aluco*		*
100			草鸮科	草鸮属	草鸮	*Tyto longimembris*		*
101		隼形目	隼科	隼属	燕隼	*Falco subbuteo*		*
102					游隼	*Falco peregrinus*		*
103					红隼	*Falco tinnunculus*		*
104					红脚隼	*Falco amurensis*		*
105					黄爪隼	*Falco naumanni*		*
106					灰背隼	*Falco columbarius*		*
107		雀形目	八色鸫科	八色鸫属	仙八色鸫	*Pitta nympha*		*
108			百灵科	云雀属	云雀	*Alauda arvensis*		*
109			苇莺科	苇莺属	细纹苇莺	*Acrocephalus sorghophilus*		*
110			莺鹛科	鸦雀属	震旦鸦雀	*Paradoxornis heudei*		*
111			绣眼鸟科	绣眼鸟属	红胁绣眼鸟	*Zosterops erythropleurus*		*
112			燕雀科	朱雀属	北朱雀	*Carpodacus roseus*		*
113			鹀科	鹀属	黄胸鹀	*Emberiza aureola*	*	
114			鹟科	歌鸲属	红喉歌鸲	*Luscinia calliope*		*
115					蓝喉歌鸲	*Luscinia svecica*		*

附录Ⅳ　珍禽保护区湿地环境指示物种名册

附表 4-1　珍禽保护区湿地环境指示动物

编号	分类地位				物种名	拉丁名
	纲	目	科	属		
1	昆虫纲	鳞翅目	凤蝶科	凤蝶属	碧凤蝶	*Papilio bianor*
2					玉带凤蝶	*Papilio polytes*
3			眼蝶科	眉眼蝶属	稻眉眼蝶	*Mycalesis gotama*
4			蛱蝶科	豹蛱蝶属	斐豹蛱蝶	*Argyreus hyperbius*
5				钩蛱蝶属	黄钩蛱蝶	*Polygonia c-aureum*
6				脉蛱蝶属	黑脉蛱蝶	*Hestina assimilis*
7			弄蝶科	稻弄蝶属	直纹稻弄蝶	*Parnara guttata*
8					曲纹稻弄蝶	*Parnara ganga*
9			灰蝶科	灰蝶属	红灰蝶	*Lycaena phlaeas*
10				酢浆灰蝶属	酢浆灰蝶	*Pseudozizeeria maha*
11	哺乳纲	偶蹄目	鹿科	麋鹿属	麋鹿	*Elaphurus davidianus*
12		兔形目	兔科	兔属	草兔	*Lepus capensis*
13		啮齿目	松鼠科	丽松鼠属	赤腹松鼠	*Callosciurus erythraeus*
14		猬形目	猬科	猬属	东北刺猬	*Erinaceus amurensis*
15		食肉目	猫科	豹猫属	豹猫	*Prionailurus bengalensis*
16			鼬科	鼬属	黄鼬	*Mustela sibirica*
17		食虫目	鼩鼱科	麝鼩属	大麝鼩	*Crocidura lasiura*
18					灰麝鼩	*Crocidura attenuata*
19	鸟纲	雁形目	鸭科	雁属	鸿雁	*Anser cygnoides*
20					白额雁	*Anser albifrons*
21				天鹅属	小天鹅	*Cygnus columbianus*
22					大天鹅	*Cygnus cygnus*
23				鸭属	花脸鸭	*Anas formosa*
24				秋沙鸭属	斑头秋沙鸭	*Mergus albellus*
25				潜鸭属	青头潜鸭	*Aythya baeri*
26				棉凫属	棉凫	*Nettapus coromandelianus*
27				鸳鸯属	鸳鸯	*Aix galericulata*
28		鹃形目	杜鹃科	鸦鹃属	褐翅鸦鹃	*Centropus sinensis*
29					小鸦鹃	*Centropus bengalensis*

续表

编号	分类地位				物种名	拉丁名
	纲	目	科	属		
30	鸟纲	鹤形目	鹤科	鹤属	灰鹤	*Grus grus*
31					丹顶鹤	*Grus japonensis*
32					白头鹤	*Grus monacha*
33					白鹤	*Grus leucogeranus*
34		鸻形目	水雉科	水雉属	水雉	*Hydrophasianus chirurgus*
35			鹬科	阔嘴鹬属	阔嘴鹬	*Limicola falcinellus*
36				半蹼鹬属	半蹼鹬	*Limnodromus semipalmatus*
37				杓鹬属	小杓鹬	*Numenius minutus*
38					白腰杓鹬	*Numenius arquata*
39					大杓鹬	*Numenius madagascariensis*
40				滨鹬属	大滨鹬	*Calidris tenuirostris*
41				勺嘴鹬属	勺嘴鹬	*Eurynorhynchus pygmeus*
42				鹬属	小青脚鹬	*Tringa guttifer*
43			鸥科	鸥属	黑嘴鸥	*Larus saundersi*
44					遗鸥	*Larus relictus*
45		鹳形目	鹳科	鹳属	东方白鹳	*Ciconia boyciana*
46		鹈形目	鹮科	琵鹭属	白琵鹭	*Platalea leucorodia*
47					黑脸琵鹭	*Platalea minor*
48			鹭科	白鹭属	黄嘴白鹭	*Egretta eulophotes*
49		鹰形目	鹗科	鹗属	鹗	*Pandion haliaetus*
50			鹰科	蜂鹰属	凤头蜂鹰	*Pernis ptilorhynchus*
51				鹰属	雀鹰	*Accipiter nisus*
52					赤腹鹰	*Accipiter soloensis*
53					苍鹰	*Accipiter gentilis*
54				雕属	金雕	*Aquila chrysaetos*
55				鵟属	普通鵟	*Buteo japonicus*
56				鵟鹰属	灰脸鵟鹰	*Butastur indicus*
57				鹞属	白尾鹞	*Circus cyaneus*
58				黑翅鸢属	黑翅鸢	*Elanus caeruleus*
59		鸮形目	鸱鸮科	鸺鹠属	领鸺鹠	*Glaucidium brodiei*
60				小鸮属	纵纹腹小鸮	*Athene noctua*
61				耳鸮属	长耳鸮	*Asio otus*
62					短耳鸮	*Asio flammeus*
63		隼形目	隼科	隼属	燕隼	*Falco subbuteo*
64					游隼	*Falco peregrinus*
65					红隼	*Falco tinnunculus*
66					灰背隼	*Falco columbarius*

续表

编号	分类地位				物种名	拉丁名
	纲	目	科	属		
67	鸟纲	雀形目	八色鸫科	八色鸫属	仙八色鸫	*Pitta nympha*
68			百灵科	云雀属	云雀	*Alauda arvensis*
69			莺鹛科	鸦雀属	震旦鸦雀	*Paradoxornis heudei*
70			鹀科	鹀属	黄胸鹀	*Emberiza aureola*
71	两栖纲	无尾目	蟾蜍科	蟾蜍属	中华蟾蜍	*Bufo gargarizans*
72			雨蛙科	雨蛙属	无斑雨蛙	*Hyla immaculata*
73			蛙科	陆蛙属	泽陆蛙	*Fejervarya multistriata*
74				侧褶蛙属	黑斑侧褶蛙	*Pelophylax nigromaculatus*
75					金线侧褶蛙	*Pelophylax plancyi*
76			姬蛙科	姬蛙属	饰纹姬蛙	*Microhyla ornata*
77				狭口蛙属	北方狭口蛙	*Kaloula borealis*
78	硬骨鱼纲	鲱形目	鳀科	鲚属	刀鲚	*Coilia nasus*
79		颌针鱼目	青鳉科	青鳉属	青鳉	*Oryzias latipes*
80					中华青鳉	*Oryzias sinensis*
81		鲈形目	鰕虎鱼科	狼牙鰕虎鱼属	拉氏狼牙鰕虎鱼	*Odontamblyopus lacepedii*
82				弹涂鱼属	弹涂鱼	*Periophthalmus cantonensis*
83				大弹涂鱼属	大弹涂鱼	*Boleophthalmus pectinirostris*
84	多毛纲	沙蚕目	沙蚕科	围沙蚕属	双齿围沙蚕	*Perinereis aibuhitensis*
85					弯齿围沙蚕	*Perinereis camiguinoides*
86					独齿围沙蚕	*Perinereis cultrifera*
87					佛州围沙蚕	*Perinereis floridana*
88					短角围沙蚕	*Perinereis nuntia brevicirris*
89	双壳纲	帘蛤目	贻贝科	贻贝属	紫贻贝	*Mytilus galloprovincialis*
90	腹足纲	头楯目	阿地螺科	泥螺属	泥螺	*Bullacta exarata*
91	双壳纲	帘蛤目	牡蛎科	巨牡蛎属	近江牡蛎	*Crassostrea ariakensis*
92	甲壳纲	哲水蚤目	哲水蚤科	哲水蚤属	中华哲水蚤	*Calanus sinicus*
93				小哲水蚤属	小哲水蚤	*Nannocalanus minor*

附表 4-2　珍禽保护区湿地环境指示植物

编号	分类地位				物种名	拉丁名
	纲	目	科	属		
1	双子叶植物纲	石竹目	藜科	碱蓬属	碱蓬	*Suaeda glauca*
2					盐地碱蓬	*Suaeda salsa*
3				藜属	藜	*Chenopodium album*
4			柽柳科	柽柳属	柽柳	*Tamarix chinensis*
5			石竹科	繁缕属	繁缕	*Stellaria media*
6		蓼目	蓼科	蓼属	绵毛酸模叶蓼	*Polygonum lapathifolium* var. *salicifolium*

续表

编号	分类地位				物种名	拉丁名
	纲	目	科	属		
7	双子叶植物纲	蔷薇目	桑科	葎草属	葎草	*Humulus scandens*
8			蔷薇科	李属	桃	*Prunus persica*
9					杏	*Prunus armeniaca*
10				苹果属	垂丝海棠	*Malus halliana*
11		金虎尾目	杨柳科	柳属	旱柳	*Salix matsudana*
12					垂柳	*Salix babylonica*
13		茄目	茄科	茄属	番茄	*Solanum lycopersicum*
14					马铃薯	*Solanum tuberosum*
15		唇形目	车前科	车前属	车前	*Plantago asiatica*
16			木樨科	女贞属	女贞	*Ligustrum lucidum*
17			芝麻科	芝麻属	芝麻	*Sesamum indicum*
18		菊目	菊科	向日葵属	向日葵	*Helianthus annuus*
19				莴苣属	山莴苣	*Lactuca sibirica*
20				万寿菊属	万寿菊	*Tagetes erecta*
21		桃金娘目	千屈菜科	石榴属	石榴	*Punica granatum*
22		木兰目	木兰科	玉兰属	二乔玉兰	*Yulania × soulangeana*
23		无患子目	黄杨科	黄杨属	黄杨	*Buxus sinica*
24		虎耳草目	芍药科	芍药属	牡丹	*Paeonia suffruticosa*
25		葫芦目	葫芦科	南瓜属	南瓜	*Cucurbita moschata*
26		罂粟目	十字花科	萝卜属	萝卜	*Raphanus sativus*
27		豆目	豆科	皂荚属	皂荚	*Gleditsia sinensis*
28				菜豆属	菜豆	*Phaseolus vulgaris*
29				紫荆属	紫荆	*Cercis chinensis*
30		昆李目	葡萄科	葡萄属	葡萄	*Vitis vinifera*
31		壳斗目	胡桃科	枫杨属	枫杨	*Pterocarya stenoptera*
32		锦葵目	锦葵科	棉属	陆地棉	*Gossypium hirsutum*
33		樟目	蜡梅科	蜡梅属	蜡梅	*Chimonanthus praecox*
34	单子叶植物纲	天门冬目	鸢尾科	唐菖蒲属	唐菖蒲	*Gladiolus gandavensis*
35			阿福花科	芦荟属	芦荟	*Aloe vera*
36		禾本目	禾本科	米草属	互花米草	*Spartina alterniflora*
37				芦苇属	芦苇	*Phragmites australis*
38				燕麦属	野燕麦	*Avena fatua*
39				马唐属	马唐	*Digitaria sanguinalis*
40				早熟禾属	早熟禾	*Poa annua*
41				玉蜀黍属	玉蜀黍	*Zea mays*

续表

编号	分类地位				物种名	拉丁名
	纲	目	科	属		
42	单子叶植物纲	禾本目	香蒲科	黑三棱属	黑三棱	*Sparganium stoloniferum*
43				香蒲属	香蒲	*Typha orientalis*
44			莎草科	三棱草属	扁秆荆三棱	*Bolboschoenus planiculmis*
45				飘拂草属	复序飘拂草	*Fimbristylis bisumbellata*
46				莎草属	头状穗莎草	*Cyperus glomeratus*
47		泽泻目	眼子菜科	篦齿眼子菜属	篦齿眼子菜	*Stuckenia pectinata*
48			泽泻科	泽泻属	泽泻	*Alisma plantago-aquatica*
49				慈姑属	野慈姑	*Sagittaria trifolia*
50		鸭跖草目	鸭跖草科	鸭跖草属	鸭跖草	*Commelina communis*
51			雨久花科	雨久花属	鸭舌草	*Monochoria vaginalis*

附表 4-3　珍禽保护区湿地环境指示藻类

编号	分类地位				物种名	拉丁名
	纲	目	科	属		
1	甲藻纲	夜光藻目	夜光藻科	夜光藻属	夜光藻	*Noctiluca scintillans*
2	中心纲	圆筛藻目	骨条藻科	骨条藻属	中肋骨条藻	*Skeletonema costatum*
3	蓝藻纲	色球藻目	微囊藻科	微囊藻属	铜绿微囊藻	*Microcystis aeruginosa*